Python 编程从入门到实践

案例 视频版

未来科技　编著

中国水利水电出版社
www.waterpub.com.cn
· 北京 ·

内 容 提 要

《Python编程从入门到实践（案例视频版）》从初学者的角度出发，通过通俗易懂的语言、大量的上机练习、丰富的编程实例，由浅入深地讲解Python编程知识和应用技术，让读者在实践中学习，在实践中提升编程开发能力。全书分为四大部分，其中基础部分包括Python概述、Python语言基础、运算符和表达式、程序结构、列表和元组、字典和集合、字符串等；提高部分包括正则表达式、函数、面向对象编程、模块和包、异常处理和程序调试、文件和目录操作、数据库操作等；应用部分包括图形界面编程、网络编程、Web编程、Web框架、网络爬虫、进程和线程、游戏编程等；针对项目开发部分则以扫码阅读的形式提供了Python在界面设计、游戏开发、网站开发、爬虫开发、API应用、自动化运维、数据挖掘与机器学习、人工智能等8大应用领域的知识和47个经典实战案例，帮助读者学完基础做项目，全面提升Python实战开发技能，读者可扫码学习或者下载到电脑中进行编程练习。

本书在讲解知识点的过程中结合了具体上机练习或案例进行介绍，涉及的程序代码也给出了详细的注释，读者可轻松学习Python编程知识并领会Python程序开发的精髓。另外本书采用O2O教学新模式，线下与线上协同，以纸质内容为基础，配备了视频教学，在每章的结尾配备了更多超值的线上内容，帮助读者巩固所学，开阔视野，获取更多的相关知识。

本书配备了极为丰富的学习资源，除配套的373集同步教学视频和素材源文件外，还附赠了习题库、面试题库、刷题宝和8大类应用领域的编程工具及相关的拓展资源。

本书既可作为Python初学者的入门教材，也可作为高等院校Python编程专业的教学用书和相关培训机构的培训教材。

图书在版编目（CIP）数据

Python编程从入门到实践：案例视频版 / 未来科技编著. -- 北京 : 中国水利水电出版社，2022.4

ISBN 978-7-5170-9805-8

Ⅰ. ①P… Ⅱ. ①未… Ⅲ. ①软件工具－程序设计 Ⅳ. ①TP311.561

中国版本图书馆CIP数据核字(2021)第151855号

书　名	Python编程从入门到实践（案例视频版） Python BIANCHENG CONG RUMEN DAO SHIJIAN
作　者	未来科技　编著
出版发行	中国水利水电出版社 （北京市海淀区玉渊潭南路1号D座　100038） 网址：www.waterpub.com.cn E-mail：zhiboshangshu@163.com 电话：（010）62572966-2205/2266/2201（营销中心）
经　售	北京科水图书销售中心（零售） 电话：（010）88383994、63202643、68545874 全国各地新华书店和相关出版物销售网点
排　版	北京智博尚书文化传媒有限公司
印　刷	涿州市新华印刷有限公司
规　格	203mm×260 mm　16开本　29.25印张　750千字
版　次	2022年4月第1版　2022年4月第1次印刷
印　数	0001—5000册
定　价	89.80元

前　言

Preface

Python 语言自诞生至今经历了将近 30 年的时间，但是在前 20 年里，国内使用 Python 进行程序开发的程序员并不多，最近 10 年 Python 语言的热度才开始急速提升。一方面是因为 Python 语言的优点吸引了大量编程人员，更主要的是当下科学计算、人工智能、大数据和区块链等新技术的发展与 Python 语言非常契合。

Python 语言具有丰富的动态特性、简单的语法结构和面向对象的编程特点，并拥有成熟而丰富的第三方库，因此适合新兴技术领域的开发。Python 能够把用其他语言制作的各种模块（尤其是 C/C++）很轻松地连接在一起，大大拓展了 Python 的应用范畴。

由于 Python 语言简洁、易读，非常适合编程入门，现在很多学校都开设了 Python 编程课程，甚至连小学生都开始学习 Python 语言。本书从初学者的角度出发，循序渐进地讲解使用 Python 进行编程和应用开发的各项技术。

本书内容

本书分为 4 大部分，共 22 章，具体结构划分如下。

第 1 篇：基础部分。本篇包括 Python 概述、Python 语言基础、运算符和表达式、程序结构、列表和元组、字典和集合、字符串等 Python 语言的基础知识。每节通过大量的示例和案例，每章配套多个案例实战，使读者能快速掌握 Python 语言，并为今后编程奠定坚实的基础。

第 2 篇：提高部分。本篇包括正则表达式、函数、面向对象编程、模块和包、异常处理和程序调试、文件和目录操作、数据库操作等内容。学习完本篇，读者可以掌握 Python 实战开发技术。

第 3 篇：应用部分。本篇包括图形界面编程、网络编程、Web 编程、Web 框架、网络爬虫、进程和线程、游戏编程等内容。学习完本篇，读者能够开发简单的应用程序，解决实际问题等。

第 4 篇：项目实战。本篇通过 8 大应用领域 47 个经典案例的项目实战，引导读者学习如何进行软件项目的实践开发，带领读者亲身体验使用 Python 进行项目开发的全过程。此部分内容为线上资源，读者可扫码学习，或者发送地址到电脑中进行学习与实践。

本书编写特点

➘ 内容全面

本书内容由浅入深，循序渐进，从 Python 语言基础讲起，然后讲解了 Python 的进阶与提高技术，接下来再讲解 Python 的编程应用，最后学习完整的实战项目案例，内容安排合理全面，一站式教学服务，一本就够。

➘ 语言简练

本书语言通俗、简练，读起来不累、不绕，对于重难点技术和知识点，力求简洁明了，避免专业式说明，或者钻牛角尖。这对于初学者学习技术，理解和铭记一些重难点概念和知识是必要的。

➘ **视频教学**

书中每一章节均提供声图并茂的语音视频教学录像，读者可以通过手机扫码观看或者在计算机端下载后观看。这些视频能够引导初学者快速入门，感受编程的快乐和成就感，增强进一步学习的信心，从而快速成为编程高手。

➘ **实例丰富**

通过实例学习是最好的学习方式，本书通过一个知识点、一个例子、一个结果、一段评析、一个综合应用的模式，透彻详尽地讲述了实际开发中所需的各类知识。

➘ **上机机会多**

书中几乎每章都提供了大量案例，帮助读者实践与练习，读者能够通过反复上机练习重新回顾、熟悉所学的知识，并举一反三，为进一步学习做好充分的准备。

本书显著特色

➘ **体验好**

扫一扫二维码，随时随地看视频。本书中几乎每个章节都设有二维码，读者可以使用手机微信扫一扫，随时随地看视频；也可将资源包下载到计算机端后观看。

➘ **020 新模式**

O2O 学习新模式，线下线上协同。本书以纸质内容为基础，同时在每章结尾扩展了更多超值的线上内容，读者使用手机微信扫码学习或者将链接发送到电脑中进行学习，将极大地开阔读者的知识视野，获取超倍的知识价值。

在电脑端学习“在线支持”内容的操作如下：

使用手机微信扫一扫每章末尾的二维码，如图 0-1，进入“在线支持”页面，点击信件小图标，如图 0-2，跳出“收藏文本”页面，输入邮箱地址，点击“发送到邮箱”按钮，然后从电脑端的邮件里的链接中打开学习，如图 0-4。

1.4 在 线 支 持

图 0-1

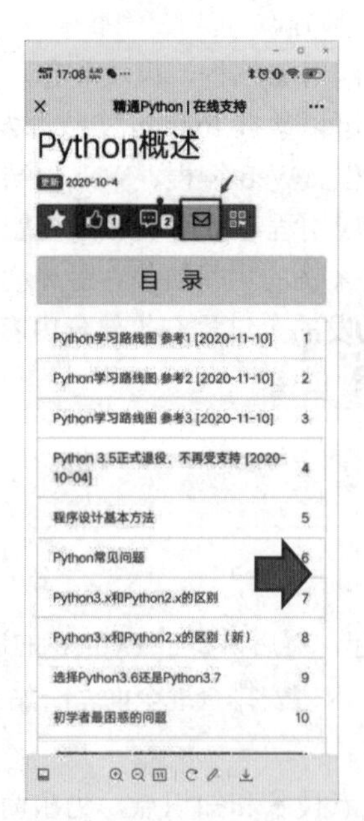

图 0-2

图 0-3

图 0-4

➘ 资源多

从配套到拓展，资源库一应俱全。本书提供海量的 Python 拓展学习资源，读者可按照前言中的资源获取方式的说明下载后学习。

➘ 案例多

实例案例丰富，边学边做更快捷。跟着大量案例去学习，边学边做，从做中学，学习可以更深入、更高效。

➘ 入门易

遵循学习规律，入门实战相结合。本书采用“基础知识+上机练习+实战案例”编写模式和“基础→提高→应用→实战”的学习路线，内容由浅入深，循序渐进，紧密结合实际应用，激发读者学习兴趣。

➘ 服务快

提供在线服务，随时随地可交流。提供 QQ 读者交流群、网站下载等多渠道的贴心、快捷服务。

本书学习资源列表及获取方式

本书学习资源十分丰富，全部资源分布如下。

配套资源

（1）本书配套的同步视频 373 集（可手机扫码观看或者在计算机端下载后观看）。

（2）本书的素材及源文件。

拓展学习资源

（1）习题库（1100 道习题）。

（2）刷题宝+在线代码测试。

（3）Python 面试题库（400 题）。

（4）编程工具库（Python 基础编程工具+正则表达式编程工具+数据库编程工具+网络编程工具+Web 编程工具+网络爬虫编程工具+界面编程工具+游戏编程工具+大数据处理编程工具+人工智能编程工具）。

以上资源获取及联系方式

（1）读者可以扫描下面的二维码或在微信公众号中搜索“人人都是程序猿”，关注后输入“PY098058”并发送到公众号后台，获取本书资源的下载链接，然后将此链接复制到计算机浏览器的地址栏中，根据提示在计算机端下载。

（2）加入本书 QQ 学习交流群 1020851641，可与作者及广大读者进行学习交流。

本书读者

本书适用于以下读者：

➘ 初学编程的自学者。

➘ 编程爱好者。

- 大、中专院校的老师和学生。
- 相关培训机构的老师和学员。
- 毕业设计的学生。
- 初、中级程序开发人员。
- 程序测试及维护人员。
- 参加实习的程序员。

本书约定

本书主要以 Windows 操作系统为学习平台，在上机练习本书示例之前，建议先安装或准备下列软件，具体说明可以参考第 1 章内容。

- Python 3.7+。
- Visual Studio Code。
- Windows 命令行 cmd。

针对每节示例可能需要的工具，读者可以参阅示例所在章节的详细说明进行操作。

为了方便读者学习，本书提供 QQ 群和邮箱（zhiboshangshu@163.com）进行答疑。有关本书的问题，读者均可选择其中一种方式进行交流互动，我们会在第一时间为您答疑解惑。

关于作者

本书由未来科技组织编写，由于作者水平有限，书中疏漏和不足之处在所难免，欢迎读者朋友不吝赐教。广大读者如有好的建议、意见，或在学习本书时遇到疑难问题，可以联系我们，我们会尽快为您解答。

感谢您购买本书，希望本书能成为您编程路上的领路人，祝您学习愉快！

编　者

本书学习指南

夯实基础，提升实战，学 Python 编程，一步到位

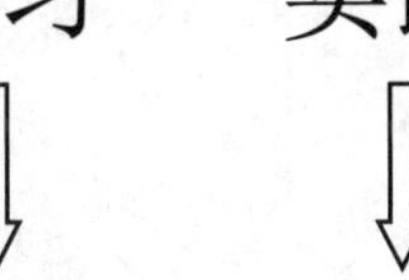

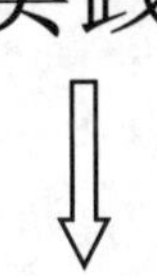

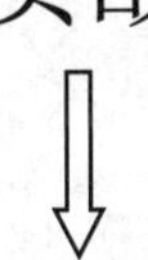

开发

思维导图

系统搭建 Python 编程思维框架

每章知识点

完整的知识体系，帮助掌握完整的编程语法与应用

上机练习

大量强化训练，巩固知识点

实战案例

灵活运用编程知识，解决大量接近现实的编程问题

编程应用

结合应用需求，配合更多的模块与插件，解决实际应用的编程问题

拓展与练习

在线支持、习题库、刷题宝、在线代码测试、面试题库，大量的拓展知识和习题，开拓视野，巩固基础提高应用

项目开发

47 个经典实战案例，综合应用编程知识，结合应用方向，解决更多编程实战问题

书本为主，视频为辅

在线学习，扩展应用，巩固提高

目　录

Contents

第 1 篇　基础部分

第2篇　提高部分

第 3 篇　应用部分

第 4 篇 项目实战

1 基础部分

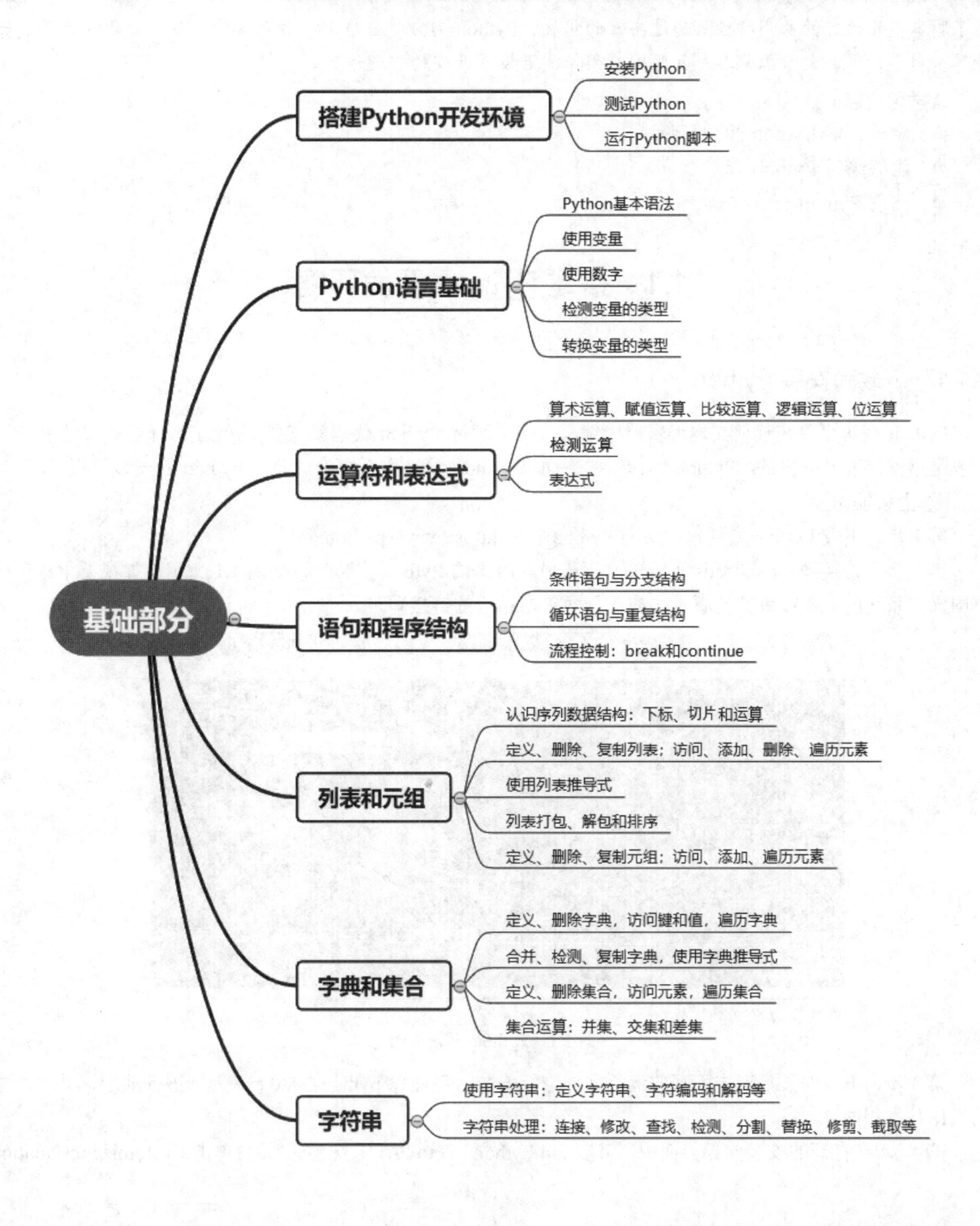

基础部分
搭建Python开发环境
安装Python
测试Python
运行Python脚本
Python语言基础
Python基本语法
使用变量
使用数字
检测变量的类型
转换变量的类型
运算符和表达式
算术运算、赋值运算、比较运算、逻辑运算、位运算
检测运算
表达式
语句和程序结构
条件语句与分支结构
循环语句与重复结构
流程控制：break和continue
列表和元组
认识序列数据结构：下标、切片和运算
定义、删除、复制列表：访问、添加、删除、遍历元素
使用列表推导式
列表打包、解包和排序
定义、删除、复制元组：访问、添加、遍历元素
字典和集合
定义、删除字典，访问键和值，遍历字典
合并、检测、复制字典，使用字典推导式
定义、删除集合，访问元素，遍历集合
集合运算：并集、交集和差集
字符串
使用字符串：定义字符串、字符编码和解码等
字符串处理：连接、修改、查找、检测、分割、替换、修剪、截取等

第 1 章　Python 概述

Python 是一门优雅而健壮的编程语言，它继承了传统编译类型语言的强大功能和通用特性，同时也借鉴了脚本类型语言的易用特性。通过丰富的扩展，Python 可以完成各种场景的高级开发，是人工智能、云计算、科学计算、大数据处理、互联网应用等前沿技术开发的首选语言。

【学习重点】

- 能够搭建 Python 开发环境。
- 能够编写 Python 程序。
- 熟悉 Python 开发工具。

1.1　搭建 Python 开发环境

扫一扫，看视频

1.1.1　下载和安装 Python

Python 代码可以在任何文本编辑器中编写，但是运行 Python 代码就需要 Python 解释器。安装 Python 一般是指安装官方提供的 CPython 解释器，下面以 Windows 操作系统为例演示 Python 的安装过程。

■ 上机操作

第 1 步，下载 Python 安装包。访问 Python 官网 https://www.python.org/。

第 2 步，切换到 Downloads 下载页，下载最新版本的 Python 安装包，如图 1.1 所示。如果要下载适应不同操作系统的版本或者其他版本，在该页面单击相应的链接即可。

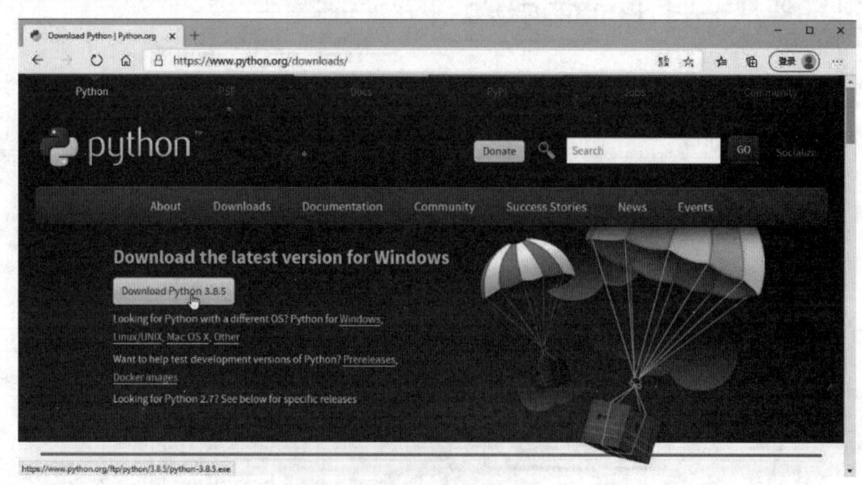

图 1.1　Python 下载页面

第 3 步，下载安装后双击下载的运行文件进行安装。下面以 python-3.8.0.exe 为例进行演示，其他版本的操作基本相同。

第 4 步，在打开的安装向导界面中，勾选 Add Python 3.8 to PATH 复选框，然后单击 Customize installation

按钮进行自定义安装，如图 1.2 所示。

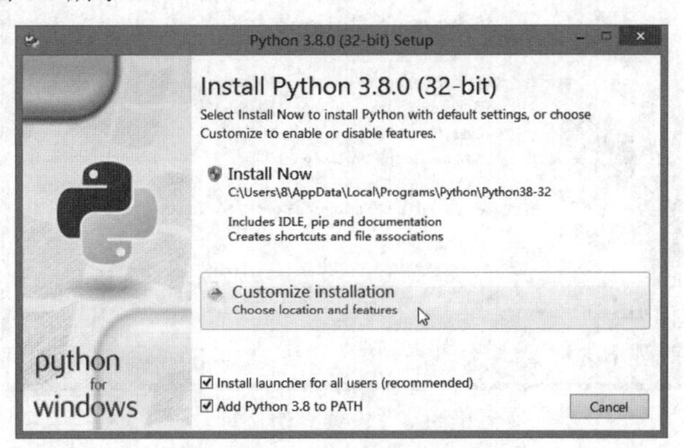

图 1.2　自定义安装 Python

提示：

如果单击 Install Now 按钮进行快速安装，将同时安装 IDLE 开发工具、pip 管理工具和帮助文档，以及创建快捷方式和文件关联。

pip 是 Python 包管理工具，可以在线查找、下载、安装和卸载 Python 包。Python 2.7.9 或 Python 3.4 以上的版本都自带 pip 工具。如果安装低版本 Python，就需要手动安装 pip 工具。

第 5 步，在自定义安装界面可以勾选需要安装的工具，如图 1.3 所示。建议全部勾选，因为这些工具在开发中都是需要使用的。

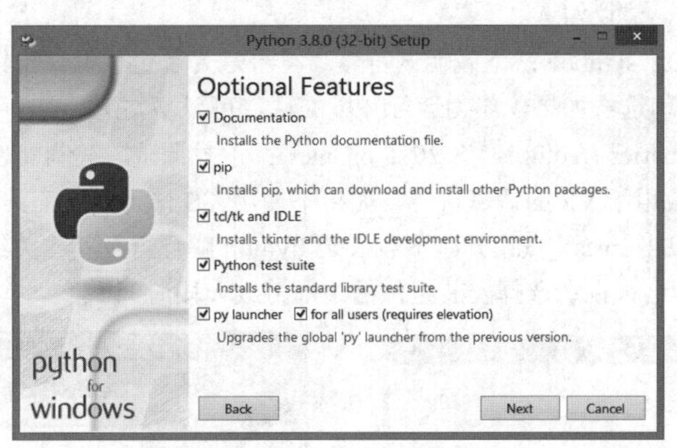

图 1.3　选择需要安装的工具

各选项简单说明如下。

- Documentation：安装 Python 帮助文档。
- pip：安装 Python 包管理工具，它可以快速下载并安装其他 Python 包。
- td/tk and IDLE：安装 Tkinter 和 IDLE 开发环境。Tkinter 是 Python 的标准 GUI 库，使用 Tkinter 可以快速创建界面应用程序。IDLE 是编写 Python 代码并进行测试的工具，IDLE 也是用 Tkinter 编写而成的。
- Python test suite：安装标准库测试套件。可以组织多个测试用例进行快速测试。
- py launcher：py 启动程序。
- for all users (requires elevation)：适用于所有用户。

第 6 步，单击 Next 按钮，在界面中设置安装路径以及其他高级选项，如图 1.4 所示。

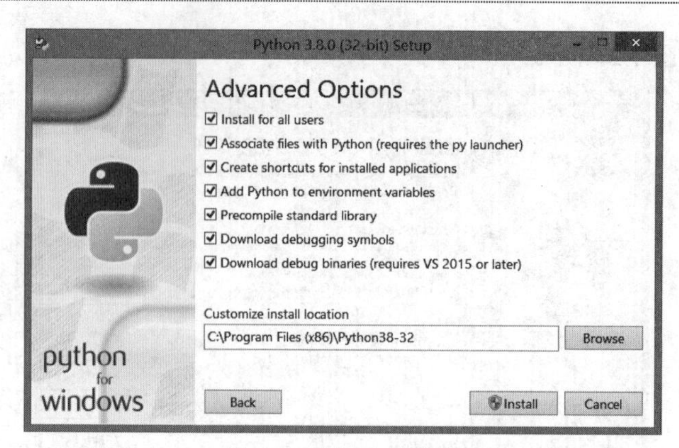

图 1.4　设置高级选项

各选项简单说明如下。

- Install for all users：为所有用户安装。
- Associate files with Python (requires the py launcher)：将 Python 相关文件与 Python 关联，需要安装 py 启动程序，参考上一步选项说明。
- Create shortcuts for installed applications：为已安装的应用程序创建快捷方式。
- Add Python to environment variables：将 python 命令添加到系统环境变量中，这样可以在交互式命令窗口中直接运行 Python，建议勾选该选项。
- Precompile standard library：安装预编译标准库。预编译的目的是提升后续运行速度，如果不打算对核心库做定制的话，建议勾选。
- Download debugging symbols：下载调试符号。符号是为了定位调试出错的代码行数，如果作为开发环境的话，建议勾选；如果仅作为运行环境的话，可以不勾选。
- Download debug binaries (requires VS 2015 or later)：下载调试二进制文件（需要 VS 2015 或更高版本）。表示是否下载用于 VS 的调试符号，如果不使用 VS 作为开发工具，则可以不勾选。

第 7 步，勾选之后，单击 Install 按钮开始下载安装 Python 解释器及其相关组件，界面中会显示安装进度，如图 1.5 所示，此过程会根据所选择安装组件的不同持续一段时间。

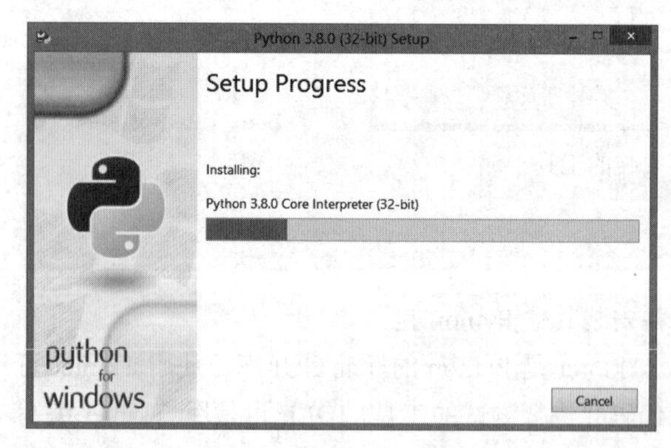

（a）安装核心解释器

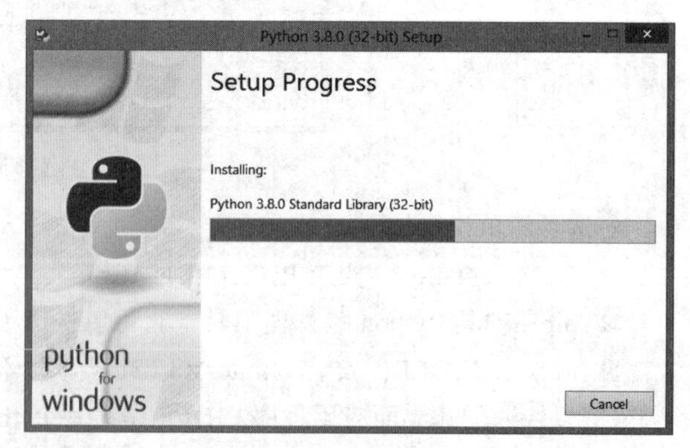

（b）安装标准库

图 1.5　Python 安装进度

第 8 步，安装过程完成后会显示如图 1.6 所示的界面，提示安装成功。

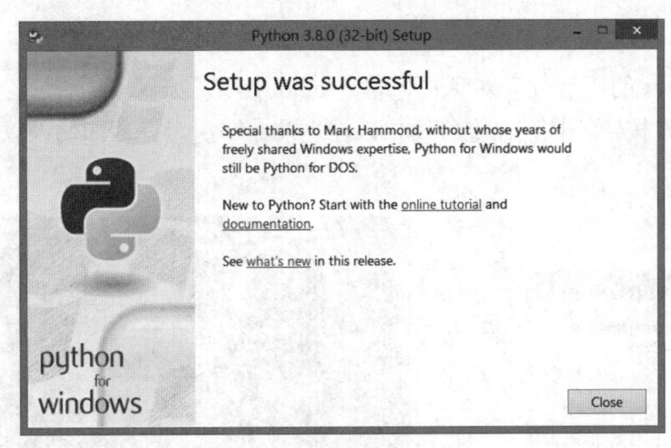

图 1.6　安装成功提示信息

扫一扫，看视频

1.1.2　访问 Python

安装成功之后，在 Windows 系统的开始菜单中会显示出下面 4 个快捷方式。具体快捷项目会根据安装时所勾选的组件而确定。

- IDLE (Python 3.8 32-bit)：启动 Python 集成开发环境界面，如图 1.7 所示。

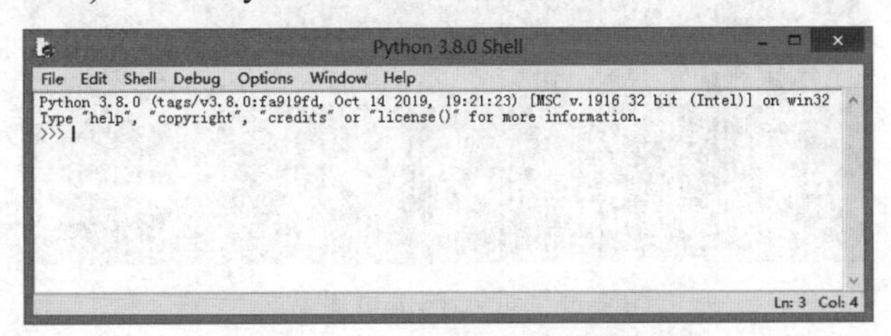

图 1.7　Python 集成开发环境界面

- Python 3.8 (32-bit)：进入交互式命令界面，运行 Python 3.8 解释器，如图 1.8 所示。

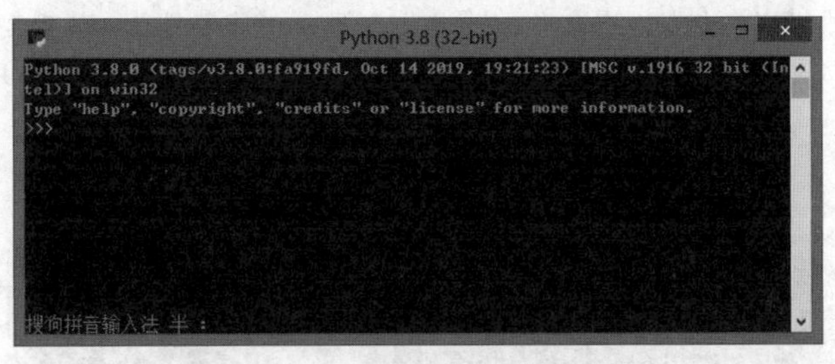

图 1.8　Python 解释器交互界面

- Python 3.8 Manuals (32-bit)：Python 3.8 参考手册。

提示：

上述界面为英文版，不方便读者学习和参考，建议访问 https://docs.python.org/zh-cn/3.8/，在线参考中文帮助手册。

- Python 3.8 Module Docs (32-bit)：Python 3.8 模块参考文档。

扫一扫，看视频

1.1.3　测试 Python

测试 Python 是否安装成功有多种方法。下面以 cmd 命令行工具进行测试。

■ 上机操作

第 1 步，打开 Windows 的“运行”对话框，输入 cmd 命令，如图 1.9 所示。

第 2 步，单击“确定”按钮，打开命令行窗口，在当前命令提示符后面输入以下命令，如图 1.10 所示。

```
> python
```

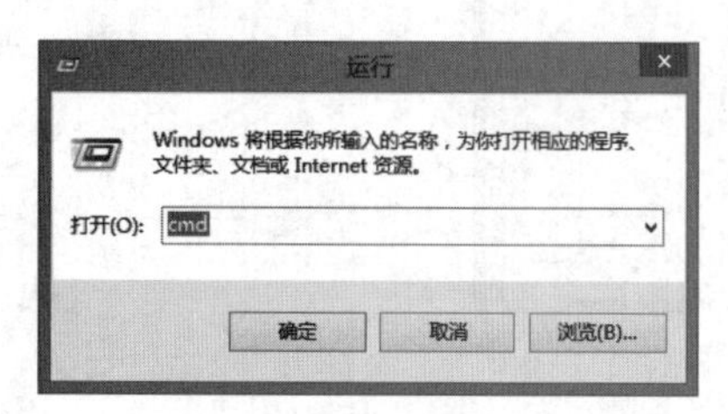

图 1.9　运行 cmd 命令

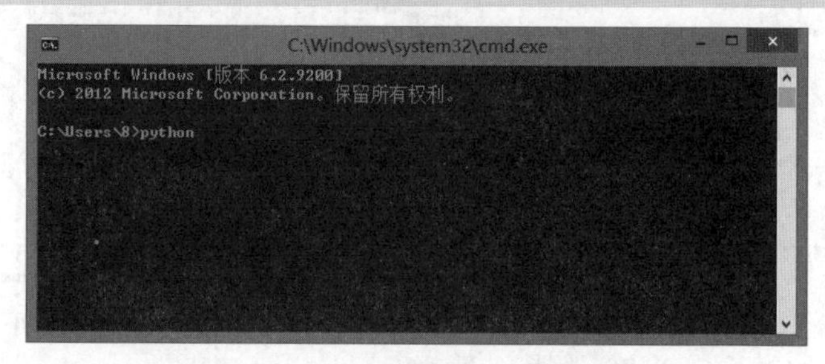

图 1.10　运行 python 命令

第 3 步，按 Enter 键确定，如果显示如图 1.11 所示的提示信息，其中包括 Python 版本号、版本发行的时间、安装包的类型等信息，则说明 Python 安装成功，同时进入 Python 解释器交互模式。

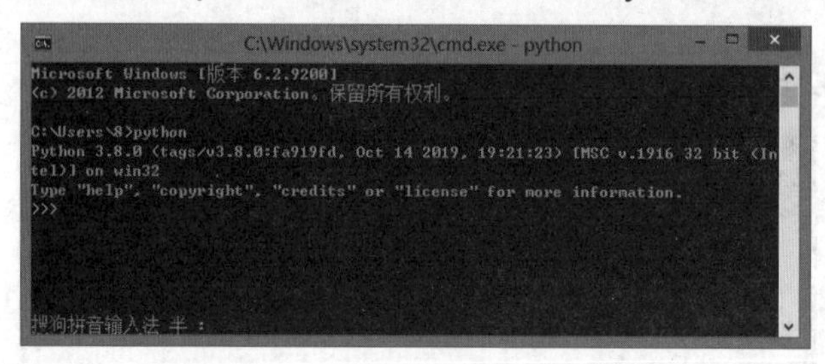

图 1.11　进入 Python 解释器

提示：

如果 cmd 不能够识别 python 命令，说明当前系统没有设置 Python 环境变量，可以在当前系统中添加 Python 安装目录的环境变量，也可以在命令行中使用 cd 命令进入 Python 安装目录，然后再使用 python 命令启动 Python 解释器，如图 1.12 所示。

```
> cd C:\Program Files (x86)\Python38-32
> python
```

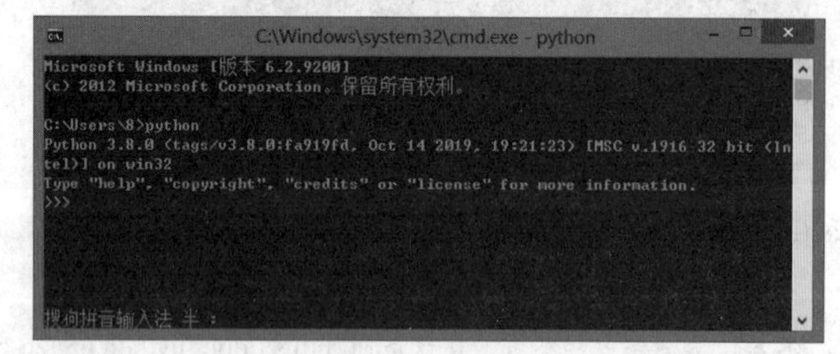

图 1.12　在安装目录中打开 Python 解释器

扫一扫，看视频

1.1.4　运行 Python 脚本

Python 代码可以在 Python 解释器的命令行中直接运行，也可以通过文件形式导入 Python 解释器，再批量执行。

1．命令行运行

➘ 使用 IDLE

参考 1.1.2 小节内容，打开 IDLE 交互界面，在>>>命令提示符后面输入如下代码：

```
print("Hi, Python")
```

按 Enter 键运行，则会输出"Hi, Python"的提示信息，如图 1.13 所示。print()是 Python 的输出函数，用于在屏幕上打印信息。

➘ 使用 Python 解释器

参考 1.1.2 小节内容，双击 Python 3.8 (32-bit)快捷方式，直接打开 Python 解释器，在>>>命令提示符后面输入 Python 代码，按 Enter 键运行，如图 1.14 所示。

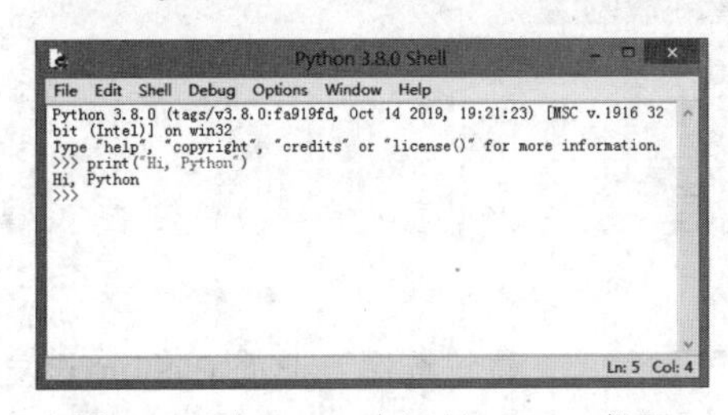

图 1.13　在 IDLE 中运行 Python 代码

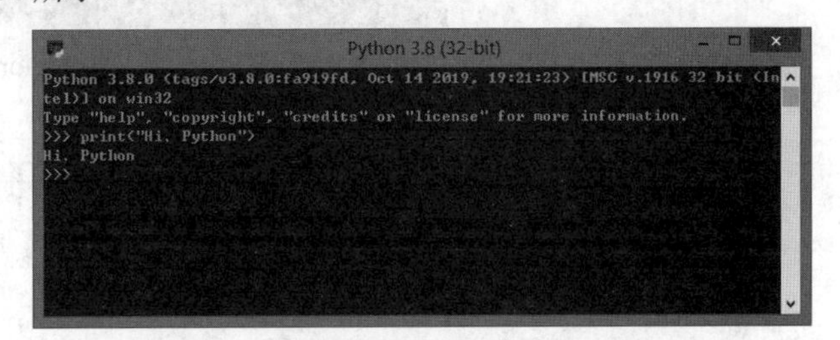

图 1.14　在 Python 解释器中运行 Python 代码

➘ 使用 cmd 命令

在 cmd 窗口中，通过 python 命令也可以打开 Python 解释器，然后在>>>命令提示符后面输入 Python 代码，按 Enter 键运行，如图 1.15 所示。

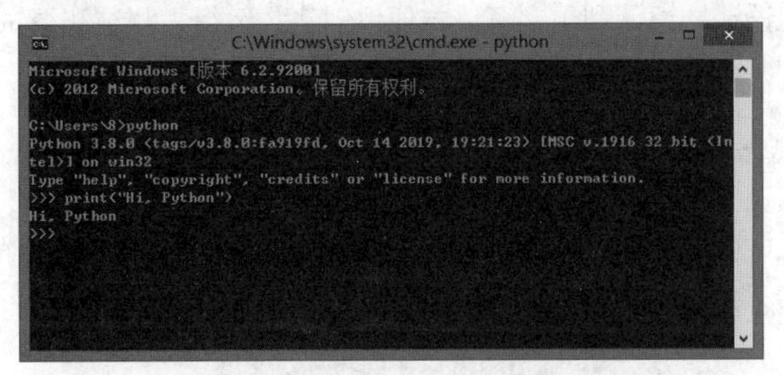

图 1.15　在 cmd 窗口中运行 Python 代码

2．执行 Python 文件

在命令行输入 Python 代码比较慢，仅适合简单的代码测试和快速计算，如果运行大段的 Python 代码，就应该使用 Python 文件。

Python 文件也是文本文件，扩展名为.py，可以通过任何文本编辑器打开并进行编辑。

【示例】新建文本文件，命名为 test1.py，注意扩展名为.py，而不是.txt。在文本文件中输入下面一行代码，然后保存到一个具体的目录下面。

```
print("Hi, Python")
```

第 1 步，参考 1.1.3 小节内容，打开 cmd 窗口。

第 2 步，在命令提示符后面，输入如下代码：

```
> python C:\Users\8\Documents\www\test1.py
```

提示：

如果文件的路径比较长，可以通过复制/粘贴的方式快速输入，也可以采用鼠标拖曳的方式，即先输入 python 命令，然后按空格键，再把要运行的 Python 文件拖入命令行窗口。

第 3 步，按 Enter 键运行代码，则运行 test1.py 文件并输出提示信息，如图 1.16 所示。

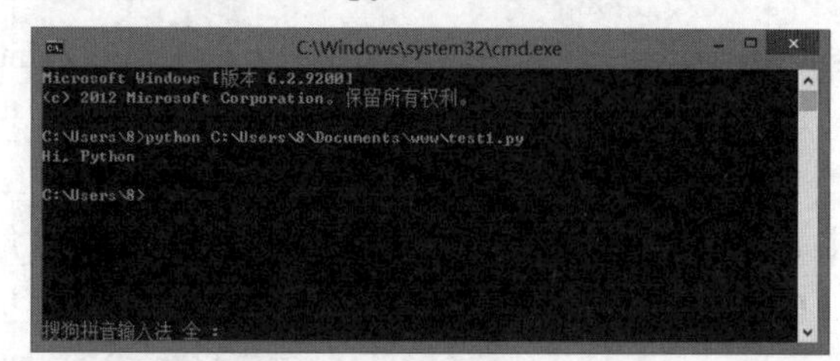

图 1.16　运行 Python 文件

1.2　Python 开发工具

使用任何文本编辑器都可以编写 Python 代码，但是为了提高开发效率，建议选用专业的 Python 开发工具。

扫一扫，看视频

1.2.1　使用 IDLE

IDLE 是 Python 安装包自带的集成开发环境，集成了 Python 解释器、代码编辑器和调试器。IDLE 适用于初学者了解 Python 的语法知识，利用它可以方便地创建、运行、测试和调试 Python 程序。

1．安装和启动 IDLE

IDLE 是与 Python 一起安装的，不过要确保在安装 Python 时勾选了 toV tk and IDLE 组件。默认该组件是处于选中状态的。

安装了 Python 之后，可以通过“开始”菜单→“所有程序”→Python 3.8→IDLE（Python 3.8 32-bit）启动 IDLE。IDLE 启动后的初始界面如图 1.17 所示。

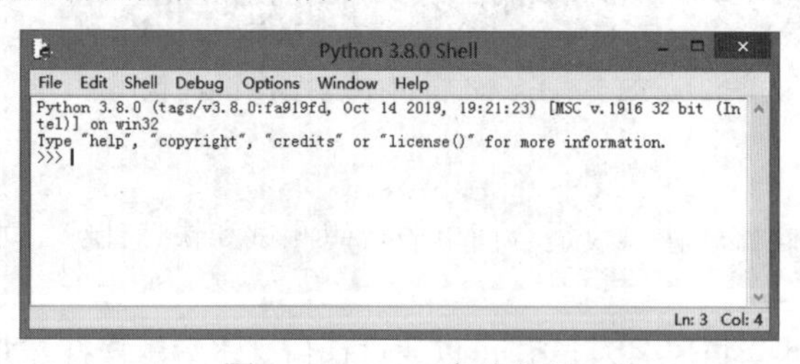

图 1.17　IDLE 启动界面

如图 1.17 所示，标题栏中显示 Python 3.8.0 Shell。直接在>>>命令提示符后面输入代码，可以在 IDLE 内执行 Python 命令。

除此之外，IDLE 还带有一个编辑器，用来编辑 Python 程序；一个交互式解释器用来解释执行 Python 语句；一个调试器用来调试 Python 脚本。

2．创建 Python 程序

IDLE 为开发人员提供了很多有用的特性，如自动缩进、语法高亮显示、单词自动完成以及历史命令等，在这些功能的帮助下，能够有效地提高开发效率。下面结合示例介绍这些特性。

■ 上机操作

第 1 步，利用 IDLE 编辑器创建 Python 程序。新建一个 Python 文件，先从 File 菜单中选择 New File 命令，打开一个新窗口。

第 2 步，在新窗口中输入下面的代码，如图 1.18 所示。

```
# 提示用户进行输入
int1 = input('请输入一个整数:')
int1 = int(int1)
int2 = input('请再次输入一个整数:')
int2 = int(int2)
if int1 > int2:
    print('%d > %d' % (int1, int2))
else:
    print('%d <= %d' % (int1, int2))
```

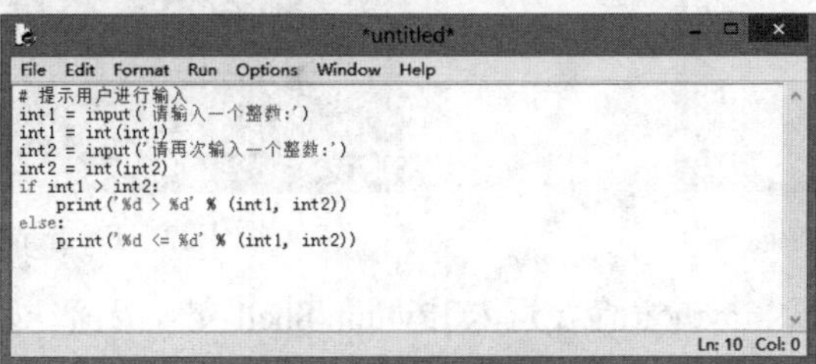

图 1.18　编写 Python 程序

提示：

通过输入代码的体验可以看到，IDLE 提供了自动缩进功能，默认 4 个空格。如果改变默认的缩进量，可以在 Format 菜单中选择 New indent width 选项进行修改。

第 3 步，创建好程序之后，从 File 菜单中选择 Save 命令保存程序。保存后，文件名会自动显示在窗口顶部的蓝色标题栏中。如果文件中存在尚未保存的内容，标题栏的文件名前后会显示“*”，如图 1.19 所示。

3. 运行 Python 程序

使用 IDLE 执行程序。从 Run 菜单中选择 Run Module 命令，功能是执行当前文件。针对本示例程序，运行结果如图 1.20 所示。

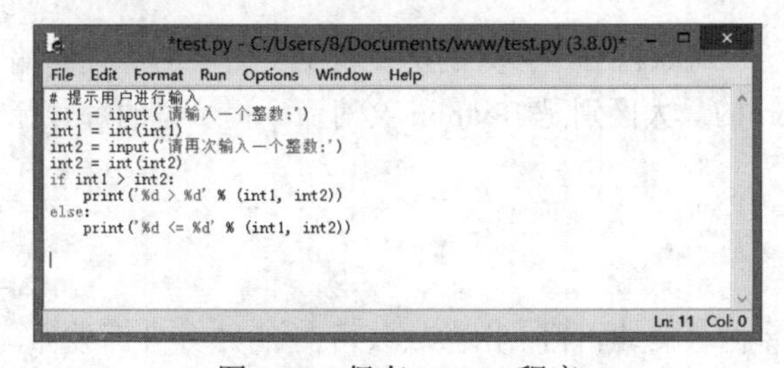

图 1.19　保存 Python 程序

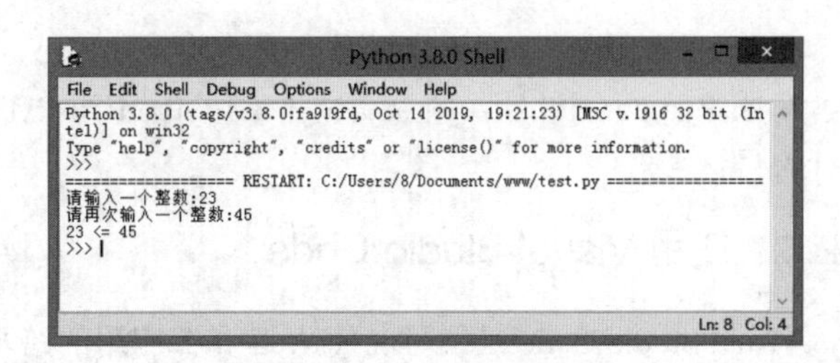

图 1.20　执行 Python 程序

1.2.2　使用 IPython

扫一扫，看视频

IPython 是一个 Python 交互式命令行解析器。支持变量自动补全、自动缩进，支持 bash shell 命令。IPython

内置了很多有用的功能和函数，帮助用户以更高的效率使用 Python。

1. 安装 IPython

使用 pip 管理工具可以快速安装 IPython。在 cmd 命令行中输入如下命令，然后按 Enter 键即可自动安装 IPython 及各种依赖包。

```
pip install ipython
```

2. 启动 IPython

启动 IPython 的方法是打开“运行”对话框，然后输入 ipython 命令，如图 1.21 所示。

单击“确定”按钮即可进入 IPython Shell 交互界面，如图 1.22 所示。

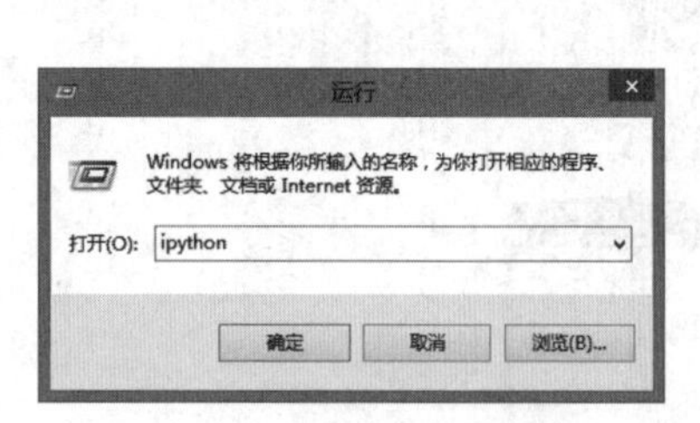

图 1.21　“运行”对话框

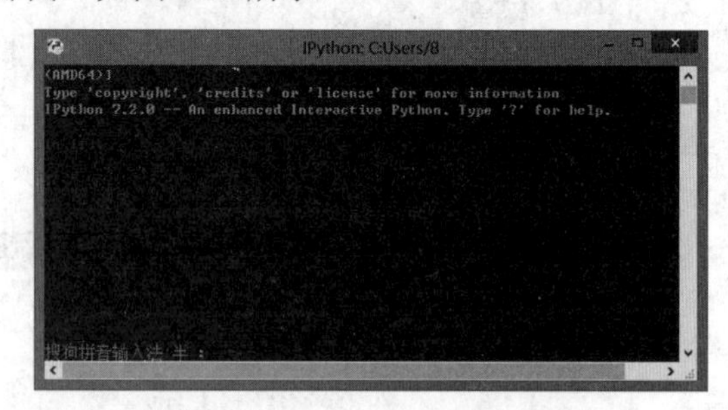

图 1.22　IPython Shell 交互界面

也可以在 cmd 命令行中输入 ipython 命令进入 IPython Shell 交互界面，如图 1.23 所示。

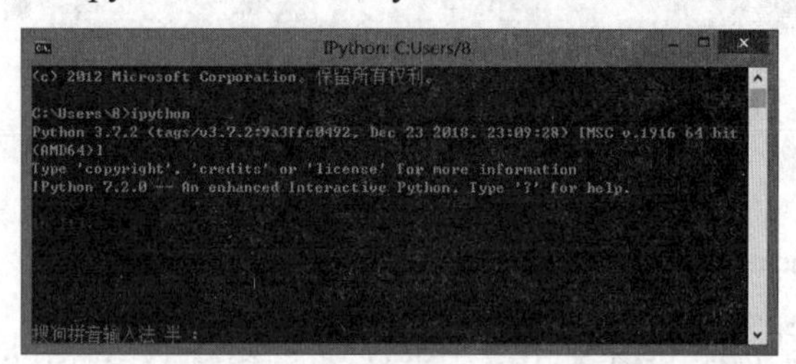

图 1.23　cmd 命令行中的 IPython 交互

提示：

IPython 使用 In [x]和 Out [x]表示输入和输出，并显示序号。实际上，In 和 Out 是两个保存历史信息的变量。

3. IPython 的功能

IPython 有很多 Python 交互没有的功能，如 Tab 补全、对象自省、强大的历史机制、内嵌的源代码编辑、集成 Python 调试器、断点调试等。IPython 和 Python 的最大区别是 IPython 会对命令提示符的每一行进行编号。

扫一扫，看视频

1.2.3　使用 Visual Studio Code

Visual Studio Code 是编写现代 Web 和云应用的跨平台源代码编辑器，由微软公司在 2015 年 4 月发布。它结合了轻量级文本编辑器的易用性和大型 IDE 的开发功能，具有强大的扩展能力和社区支持，是目前最受欢迎的编程工具。下面介绍基于 Visual Studio Code 搭建 Python 开发环境的步骤。

■ 上机操作

第1步，安装Visual Studio Code。访问官网下载Visual Studio Code，下载地址为https://code.visualstudio.com/Download，

下载时注意系统类型和版本。

第 2 步，安装成功之后，启动 Visual Studio Code，在界面左侧单击第 5 个图标按钮，打开扩展面板，然后输入关键词：Python，搜索 Python 插件，如图 1.24 所示。

图 1.24　安装 Python 插件

第 3 步，选择列表中第 1 个 Python 插件，单击 Install 按钮，安装 Python 插件。

第 4 步，配置 Python 插件。在菜单栏中选择 File→Preferences→Settings，打开 Settings 设置页面。

第 5 步，在窗口右上角单击 Open Settings 按钮，如图 1.25 所示。打开 Settings.json 文件，然后添加如下配置代码，设置调用 Python 解释器进行调试的安装路径。

```
"python.pythonPath": "D:\\Python38\\python.exe",
```

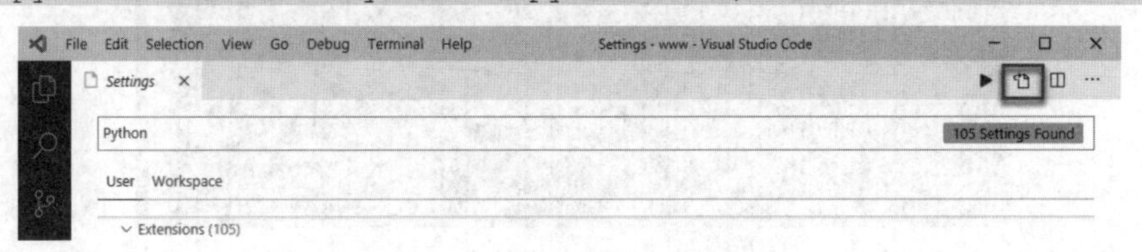

图 1.25　切换到 Settings.json 文件

1.3　案例实战

1.3.1　查看 Python 自带文档

扫一扫，看视频

■ 案例说明

Python 是自带文档的，在开发中经常需要帮助或参考，可以利用下面两个函数。

- dir()：列出指定类或模块包含的全部内容，包括函数、方法、类、变量等。
- help()：查看某个函数或方法的帮助文档。

■ 案例操作

【示例】Python 字符串由内建的 str 类代表，那么 str 类包含哪些方法呢？如果要查看 str 类包含的全部内容，可以在交互式解释器中输入如下命令，则会显示所有 str 类的成员，如图 1.26 所示。

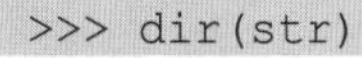

```
>>> dir(str)
```

```
C:\Program Files (x86)\Python38-32\python.exe
Python 3.8.0 (tags/v3.8.0:fa919fd, Oct 14 2019, 19:21:23) [MSC v.1916 32 bit (Intel)] on win32
Type "help", "copyright", "credits" or "license" for more information.
>>> dir(str)
['__add__', '__class__', '__contains__', '__delattr__', '__dir__', '__doc__', '__eq__', '__format__', '__ge__', '__getattribute__', '__getitem__', '__getnewargs__', '__gt__', '__hash__', '__init__', '__init_subclass__', '__iter__', '__le__', '__len__', '__lt__', '__mod__', '__mul__', '__ne__', '__new__', '__reduce__', '__reduce_ex__', '__repr__', '__rmod__', '__rmul__', '__setattr__', '__sizeof__', '__str__', '__subclasshook__', 'capitalize', 'casefold', 'center', 'count', 'encode', 'endswith', 'expandtabs', 'find', 'format', 'format_map', 'index', 'isalnum', 'isalpha', 'isascii', 'isdecimal', 'isdigit', 'isidentifier', 'islower', 'isnumeric', 'isprintable', 'isspace', 'istitle', 'isupper', 'join', 'ljust', 'lower', 'lstrip', 'maketrans', 'partition', 'replace', 'rfind', 'rindex', 'rjust', 'rpartition', 'rsplit', 'rstrip', 'split', 'splitlines', 'startswith', 'strip', 'swapcase', 'title', 'translate', 'upper', 'zfill']
>>>
```

图 1.26　查看 str 类的全部成员

在图 1.26 中列出了 str 类提供的所有方法，其中以“__”开头、“__”结尾的方法被约定成私有方法，不希望被外部直接调用。

如果要查看某个方法的用法，可以使用 help()函数。例如，在交互式解释器中输入如下命令，可以查看 title 方法的用法。

```
>>> help(str.title)
```

如图 1.27 所示，str 类的 title 方法的作用是将每个单词的首字母大写，其他字母保持不变。

```
C:\Program Files (x86)\Python38-32\python.exe
Python 3.8.0 (tags/v3.8.0:fa919fd, Oct 14 2019, 19:21:23) [MSC v.1916 32 bit (Intel)] on win32
Type "help", "copyright", "credits" or "license" for more information.
>>> help(str.title)
Help on method_descriptor:

title(self, /)
    Return a version of the string where each word is titlecased.

    More specifically, words start with uppercased characters and all remaining
    cased characters have lower case.

>>>
```

图 1.27　查看 str 类的全部成员

扫一扫，看视频

1.3.2　打印格式化字符串

本例练习在交互式命令行中输出格式化的字符串。

■ 案例操作

第 1 步，参考 1.1.2 小节操作步骤打开交互式命令窗口，进入 Python 解释器。

第 2 步，在命令提示符>>>后面输入如下代码，定义待格式化的字符串。

```
>>> s = "Python"
```

第 3 步，按 Enter 键，换行继续输入代码。使用 for 语句迭代字符串 Python 中的每个字符。

```
>>> for i in s:
```

第 4 步，按 Enter 键换行，此时可以看到命令提示符显示为“...”。

第 5 步，在命令提示符“...”后面输入 4 个空格，然后输入循环体代码。

```
...     print(i, end="  ")
```

提示：

在 Python 交互式命令行中，>>>为主提示符，提示解释器在等待用户输入下一条语句。“...”为次提示符，告诉用户解释器正在等待输入当前语句的其他部分。

Python 有两种主要的方式来完成用户的要求：语句和表达式。

- 语句使用关键字组成命令，告诉 Python 做什么，语句可以有输出，也可以没有输出。例如，在上面的代码中，使用 for 语句完成程序的循环操作。
- 表达式包括函数、运算表达式等，表达式没有关键字，它可以是使用运算符构成的运算表达式，也可以是使用括号调用的函数。它可以接受用户输入，也可以不接受用户输入，有些会有输出，有些则没有输出。例如，在上面的代码中，使用 print()函数输出字符串。

print()函数包含两个参数，第 1 个参数表示要输出的字符串；第 2 个参数 end 设置分隔符，默认为换行符，这里设置分隔符为多个空格。

第 6 步，按 Enter 键换行，可以继续在 for 循环体内输入代码。如果想结束循环体，可以再次按 Enter 键，Python 解释器开始执行循环结构，并输出格式化后的字符串，演示效果如图 1.28 所示。

```
C:\Program Files (x86)\Python38-32\python.exe
Python 3.8.0 (tags/v3.8.0:fa919fd, Oct 14 2019, 19:21:23) [MSC v.1916 32 bit (Intel)] on win32
Type "help", "copyright", "credits" or "license" for more information.
>>> s = "Python"
>>> for i in s:
...     print(i, end = "  ")
...
P  y  t  h  o  n  >>>
```

图 1.28　打印格式化的字符串

1.3.3　把 Python 当作计算器

扫一扫，看视频

■ 案例说明

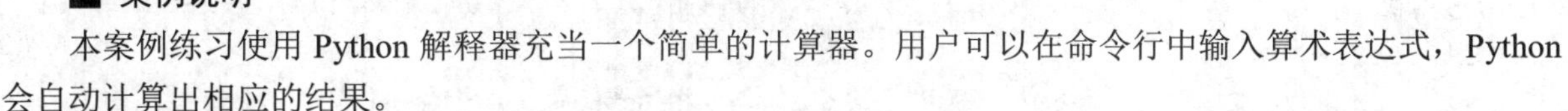

本案例练习使用 Python 解释器充当一个简单的计算器。用户可以在命令行中输入算术表达式，Python 会自动计算出相应的结果。

■ 案例操作

```
>>> 2 + 2
4
>>> 50 - 6*7
8
>>> (50 - 6*7) / 4
2.0
>>> 8 / 5
1.6
```

除法总是返回一个浮点数的值，如果要获得整数结果，可以使用//运算符；计算余数可以使用%运算符。

```
>>> 17 / 3                                    # 结果是浮点数
5.666666666666667
>>>
>>> 17 // 3                                   # 舍弃小数部分，只取得整数部分
```

```
5
>>> 17 % 3                                   # 只取余数
2
>>> 5 * 3 + 2                                # 加法和乘法混合运算
17
```

使用 Python 进行次方运算，即幂运算。

```
>>> 5 ** 2                                   # 5 的平方
25
>>> 2 ** 7                                   # 2 的 7 次方
128
```

等号运算符（=）用于赋值给变量，在下一个交互提示之前没有显示结果。

```
>>> width = 20                               # 20 赋值给 width
>>> height = 5 * 9
>>> width * height
900
```

如果混合运算，则将整数操作数转换为浮点数。

```
>>> 4 * 3.75 - 1
14.0
```

在交互模式下，使用“_”符号可以将最后一个表达式赋值给变量。这样，当使用 Python 作为桌面计算器时，继续计算会比较简洁，例如：

```
>>> tax = 12.5 / 100
>>> price = 100.50
>>> price * tax
12.5625
>>> price + _                                # _相当于最后一个表达式的值为 12.5625
113.0625
>>> round(_, 2)                              # _相当于最后一个表达式的值为 113.0625
                                             # round()函数保留小数点后两位，四舍五入
113.06
```

1.4 在线支持

扫码，拓展学习

第 2 章　Python 语言基础

学习一门语言，第一步先要了解它的基本语法和规则，Python 也不例外。一门语言的语法可以分为词法和句法两部分。

- 词法定义基本的名词规范，如字符如何编码、命名的规则、标识符的约定、关键字的范围、注释的方法、运算符的使用、分隔符的用法等。
- 句法定义程序运算的逻辑和执行顺序，如表达式运算、函数式运算、循环结构、分支结构、调试结构等。

本章重点介绍 Python 的词法基础，句法知识将在后面几章进行详细讲解。

【学习重点】

- 了解 Python 基本语法规则。
- 正确定义 Python 变量。
- 熟悉 Python 基本数据类型。
- 能够转换数据类型。
- 能够准确判断变量的数据类型。
- 熟练掌握 Python 基本输入和输出方法。

2.1　Python 基本语法

扫一扫，看视频

2.1.1　行与代码

■ 知识点

在 Python 中，行可以分为物理行和逻辑行。

- 物理行就是在窗口中能够识别的代码行，它通过回车符（CR）或换行符（LF）终止，在嵌入式源代码中也可以通过“\n”符号终止。
- 逻辑行：通过“新行”词符终止，它表示一条语句，如分号（;）、右小括号（)）、右中括号（]）、右大括号（}）。

提示：

Python 以新行作为一个语句的结束符。一般情况下，一个物理行就是一个逻辑行，但是也存在多个物理行构成一个逻辑行，或者多个逻辑行在一个物理行内显示的特殊情况。习惯上，建议一条语句占据一行进行书写。

■ 上机练习

【示例 1】一个物理行就是一个逻辑行。下面的代码按两行书写，定义两条语句，执行两条输出命令。

```
print("Hi,")                                # 输出字符串 Hi,
print("Python!")                            # 换行输出字符串 Python!
```

【示例 2】多个逻辑行在一个物理行内显示。下面的代码使用分号（;）分隔多个逻辑行，把多条语句写在同一个物理行中。

```
print("Hi,"); print("Python!")
```

一般不建议在同一行内编写多条语句，这不符合 Python 倡导的编码习惯。

注意：

在一行内输入的多个语句，它们应该属于同一层级的语句块，不能在其中开始一个新的代码块。代码块就是相邻的同一缩进级别的一个或多个语句组成的代码段。

两个或多个物理行可以连接为一个逻辑行，这样一条语句可以换行显示。

【示例 3】显式方式实现：多个物理行构成一个逻辑行。下面的代码在每一个物理行的末尾添加续行符（\），实现在多行中定义一个逻辑行，以便输出特殊形式的字符串。

```
num = '1_' \
      '2_' \
      '3_'
print(num)                                    # 输出 1_2_3_
```

注意：

续行符后面不能附加任何代码或注释信息，必须直接换行。

【示例 4】隐式方式实现：多个物理行构成一个逻辑行。在小括号（()）、中括号（[]）、大括号（{}）内包含多个物理行的代码，不需要添加续行符，Python 能够自动把它们视为一个逻辑行。

```
num =('1_'
      '2_'
      '3_')
print(num)                                    # 输出 1_2_3_
```

注意：

以这种方式定义逻辑行时，行内可以添加注释。

■ **补充**

在 Python 中，空行将被编译器忽略，不被解析。空行的作用是分隔两段不同功能或含义的代码，便于代码的阅读和维护。例如，函数、类的方法之间使用空行分隔，表示一段新代码的开始。

注意：

在交互模式中，空行也有特殊功能。例如，在标准交互模式解释器中，一个空行将结束一条多行复合语句，如函数、类、循环结构、条件结构等。

扫一扫，看视频

2.1.2 代码块的语法格式

■ **知识点**

大部分编程语言（如 C、Java 等）都使用大括号（{}）定义代码块，而 Python 使用冒号（:）加代码缩进定义代码块。这体现了 Python 语法简洁、代码清晰、结构简单的特色。

代码块的语法格式如下：

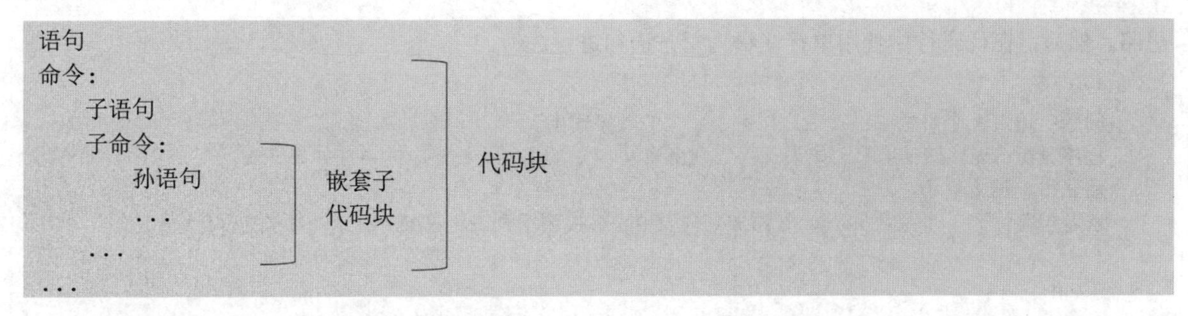

上一行结尾的冒号与下一行的代码缩进表示代码块的开始。一个代码块可以包含一条或多条语句。缩进终止（代码行突出）表示一个代码块的结束。

缩进可以使用空格键、Tab 键表示。一般是 4 个空格，或一个 Tab 键表示一级缩进宽度。

代码块的功能是定义函数、类，设计分支结构、循环结构、调试结构，设计上下文管理等。

■ 上机练习

【示例 1】调用 input()函数，要求输入一个整数，然后判断输入值是正数还是负数。

```
num = int(input("请输入一个数:"))          # 要求输入整数，然后把字符串转换为整数值
if num < 0 :                              # 对整数值进行简单判断：是否小于 0
    print("输入值为负数")
else:                                     # 如果不小于 0，则提示为正数
    print("输入值为正数")
```

【示例 2】使用 while 语句定义有限循环，打印 10 以内的偶数。设计方法：如果值与 2 的余数大于 0，表示不能被 2 整除，则忽略；否则输出显示。

```
i = 0                                     # 初始化变量 i 的值为 0
while i < 10:                             # 检测变量 i 的值是否小于 10
    i += 1                                # 递加变量 i
    if i%2 > 0:                           # 非偶数时跳过输出
        continue                          # 执行下一次循环
    print(i)                              # 输出偶数 2、4、6、8、10
```

注意：

在代码块中，同级代码行的缩进宽度没有明确要求，但是必须相同。本书由于排版等原因，部分代码显示未采取 4 个空格缩进，实际上代码格式都是采取相同的 4 个空格缩进宽度。

扫一扫，看视频

2.1.3　代码注释

■ 知识点

在源代码中，注释字符不被解析。注释的功能是对代码进行注解，以方便阅读和维护。Python 注释包括两种方法：单行注释和多行注释。

- 单行注释以符号#开始，直到物理换行符为止的所有字符都将被 Python 编译器忽略。单行注释可以出现在程序中任意行，以便对特定语句进行注解。
- 多行注释使用成对的'''（3 个单引号）和"""（3 个双引号）定义。多行注释一般位于程序的开头，或者代码块的开头，用于对 Python 模块、类、函数等添加说明。

■ 上机练习

【示例】在下面的示例中，开头使用多行注释添加程序说明，包括问题的提出、程序分析和新的解题

思路。然后，在代码行中使用单行注释为每条语句进行注解。

```
'''
问题：输入 3 个整数 x、y、z，按由小到大的顺序输出。
程序分析：先比较 x 与 y，如果 x>y，则交换 x 与 y 的值，再比较 x 与 z；如果 x>z，则交换 x 与 z 的值，最后获得 x 的值最小。
解题思路：把 3 个整数 x、y、z 添加到列表中，直接调用列表对象的 sort()方法进行排序。
'''
nums = []                                   # 定义临时列表
for i in range(3):                          # 循环接收输入的 3 个数
    x = int(input('输入 3 个任意整数:'))     # 把输入的数字转换为整数
    nums.append(x)                          # 把输入数添加到列表中
nums.sort()                                 # 对列表元素进行排序
print( nums)                                # 输出 3 个数字
```

注意：

使用多行注释时，开头 3 个单引号或双引号必须顶格写。由于 Python 允许使用 3 个引号定义多行字符串，如果 3 个引号出现在代码中，那么它就不是注释，而是字符串。例如：

```
'''
这里是多行注释，
下面单引号包含的信息是字符串
'''
print('''Hi,
Python''')
```

扫一扫，看视频

2.1.4 Python 编码与词符

■ **知识点**

Python 从第 3 个版本开始完全遵循 Unicode 字符编码规则，这意味着程序中所有字符都是 Unicode 字符。可以使用汉字定义标识符，但不建议使用，推荐使用 ASCII 字符来命名变量。

词符就是描述词法的符号，主要包括标识符、关键字、保留字、运算符、分隔符、字面值，以及新行、缩进和突出 3 个特殊词符。

注意：

空格（空白字符，不包含换行符）不是词符，它是词符之间的分隔符。

1. 标识符

标识符就是各种有效的名字，如变量、函数、形参、类、属性、方法等。标识符的第 1 个字符必须是字母或下划线（_），其他位置的字符必须是字母、数字或下划线。例如：

```
abc_123 = 10                                # 变量命名正确
123_abc = 10                                # 变量命名不合法
_abc123 = 10                                # 变量命名正确
```

注意：

Python 标识符严格区分大小写，没有长度限制。用户自定义的标识符不能使用 Python 关键字和保留字，也不建议使用 Python 内置函数，避免覆盖内置函数的功能。

标识符的命名方法：一般以小写形式为主，类名首字母大写，多词连接的名字可以采用驼峰命名法或下划线（_）连接法。例如：

```
firstName
first_name
```

2．关键字和保留字

关键字是 Python 预定义的名字，具有特定的功能。保留字是具有特殊含义的名字，命名模式以下划线开头或结尾。

- _*：开头有单下划线，表示模块内私有变量，仅在当前文件中使用。
- __*：开头有双下划线，表示类的私有变量，仅在类中使用，不能继承。
- __*__：开头和结尾都有双下划线，表示预定义变量，也称魔法变量或魔术方法。

3．运算符和分隔符

运算符就是执行特定运算的符号，如+、-、*、/等，详细说明请参考第 3 章内容。

分隔符不执行运算，仅表示语法标志，具体包括：

小括号（()）	中括号（[]）	大括号（{}）	逗号（,）
冒号（:）	点号（.）	分号（;）	@　->

下面的符号与其他字符结合，可以表示特殊的含义，如'和"定义字符串或注释，#定义注释，\定义转义字符。

```
'  "  #  \
```

4．字面值

字面值也称字面量、固定值，如数字、字符串、常量等。字面值一旦声明就不再变化。

5．空白

空白就是空字符，如空格、Tab 字符、换行符等不可见字符。这些空字符在逻辑行的行首具有语法意义，表示缩进。在字符串中表示实际字符的含义。但是，在其他位置，空字符没有任何语义，不会被解析，主要作用是区分不同的词符。

■ 上机练习

【示例】Python 标准库提供了一个 keyword 模块，可以输出当前版本的所有关键字。在交互式命令行中分别输入如下命令：

```
>>> import keyword
>>> keyword.kwlist
```

可以显示如下关键字列表信息：

```
['False', 'None', 'True', 'and', 'as', 'assert', 'async', 'await', 'break', 'class',
'continue', 'def', 'del', 'elif', 'else', 'except', 'finally', 'for', 'from', 'global',
'if', 'import', 'in', 'is', 'lambda', 'nonlocal', 'not', 'or', 'pass', 'raise',
'return', 'try', 'while', 'with', 'yield']
```

注意：

不同版本的 Python 关键字列表是不同的。

2.2 变　量

扫一扫，看视频

2.2.1 定义变量

■ 知识点

在 Python 中，变量不需要先声明再使用，也不需要指定变量的类型，直接赋值给变量就可以创建一个变量。语法格式如下：

```
变量名 = 值
```

在 Python 中，等号（=）是主要的赋值运算符，用来给变量赋值。等号左侧是一个变量名，右侧是一个值。

提示：

变量在使用前都必须先赋值，然后才能使用。Python 还包含其他的附加操作的赋值运算符，详细介绍请参考 3.2 节内容。

■ 上机练习

【示例 1】下面的代码定义常用的简单型变量，并赋值。

```
n = 10                                      # 定义整型变量
f = 1.28                                    # 定义浮点型变量
s = "字符串"                                # 定义字符串型变量
b = True                                    # 定义布尔型变量
```

【示例 2】Python 是一种动态类型的语言，因此不需要声明变量的类型，可以根据值的类型确定变量的类型。

```
n = 10
print(type(n))                              # 输出 <class 'int'>
n = "10"
print(type(n))                              # 输出 <class 'str'>
```

内置函数 type()可以返回变量的类型。该示例演示了变量 n 从整型变化为字符型的过程。

注意：

赋值并不是直接将一个值赋给一个变量。在 Python 中，任何值都是对象，对象都是通过引用传递的。在赋值时，不管这个对象是新创建的，还是已经存在的，都是将该对象的引用（并不是值本身）赋值给变量。

提示：

赋值是一条语句，不是一个表达式，因此赋值不能够当作表达式参与运算，这一点与 C 等其他语言不同。例如，下面的写法将抛出语法错误。

```
x = 1
y = (x = x + 1)
```

2.2.2 赋值变量

扫一扫，看视频

■ **知识点**

定义变量的过程，实际上已经给变量赋值了。Python 允许同时为多个变量赋值，包括两种形式：多重赋值和多元赋值。

■ **上机练习**

【示例 1】多重赋值的语法形式。下面的示例为变量 a、b、c 同时赋值字符串 abc。

```
a = b = c = "abc"
print(a, b, c)                                    # 输出 abc abc abc
```

这种形式也称为链式赋值。使用 print()函数同时输出变量 a、b、c 的值，输出的字符串以空格分隔。使用 id()函数查看 3 个变量在内存中的地址，会发现 3 个变量都指向同一个地址，说明它们都引用同一个值。

```
print(id(a))                                      # 输出 352187635784
print(id(b))                                      # 输出 352187635784
print(id(c))                                      # 输出 352187635784
```

【示例 2】多元赋值的语法形式。可以使用下面的方法为不同的变量同时赋不同的值。

```
a, b, c = 1, 2, 3
print(a, b, c)                                    # 输出 1 2 3
print(id(a))                                      # 输出 8775664788304
print(id(b))                                      # 输出 8775664788336
print(id(c))                                      # 输出 8775664788368
```

在该示例中，3 个整数 1、2 和 3 被分别赋值给 a、b 和 c。

采用这种方式赋值时，等号右边的 3 个值被视为一个元组对象（将在第 5 章详细讲解），这个过程也称为解包。因此，上面的代码等效于：

```
a, b, c = (1, 2, 3)
```

2.2.3 访问变量

扫一扫，看视频

■ **知识点**

在 Python 中，每个变量都会包含以下重要信息：

- 变量名。
- 变量的值。
- 变量的类型。
- 变量的地址。

变量被赋值后，可以通过变量名访问它的值，通过 type()函数判断变量的类型，通过 id()函数确定变量的地址。

注意：

变量的类型和地址，实际上是变量的值的类型和地址。

■ 上机练习

【示例】把 True 和 Flase 相加，则返回数字 1；两个字符串相加，会拼接成一个新的字符串；字符串乘以整数，可以生成重复字符串。

```
a = True
b = False
c = "Python "
d = "Hi "
print(a + b)                                # 输出 1
print(d + c)                                # 输出 Hi Python
print(c * 5)                                # 输出 Python Python Python Python Python
```

在 Python 中，两个数字变量可以直接进行算术运算；如果是布尔值，True 表示数字 1，False 表示数字 0；字符串相加（+）运算，可以拼接成新的字符串；字符串与整数相乘（*）运算，可以重复拼接字符串。

2.3 使 用 数 字

Python 支持 4 种数字类型，包括 int（整数）、float（浮点数）、bool（布尔值）和 complex（复数）。下面练习各种类型的数字运算。

扫一扫，看视频

2.3.1 整数的表示

■ 知识点

整数类型包括十进制整数、二进制整数、八进制整数、十六进制整数。

- 十进制整数不能以 0 开头。
- 二进制整数由 0 和 1 组成，逢二进一，以 0b 或 0B 开头。
- 八进制整数由 0~7 组成，逢八进一，以 0o 或 0O 开头。
- 十六进制整数由 0~9 和 a~f 组成，逢十六进一，以 0x 或 0X 开头。

■ 上机练习

【示例 1】针对十进制数字 10，分别使用二进制、八进制和十六进制进行表示。

```
print( 10 )                                 # 十进制数字 10
print( 0b1010 )                             # 二进制数字 10
print( 0o12 )                               # 八进制数字 10
print( 0xa )                                # 十六进制数字 10
```

【示例 2】整数最大值仅与系统位数有关，简单说明如下。

- 32 位：maxInt == 2**(32-1)-1
- 64 位：maxInt == 2**(64-1)-1

通过 sys.maxsize 查看系统最大整数值。

```
import sys                                  # 导入 sys 系统模块
print(sys.maxsize)                          # 输出 9223372036854775807
print(2**(32-1)-1)                          # 输出 2147483647
print(2**(64-1)-1)                          # 输出 9223372036854775807
```

提示：

如果整数超出系统计算能力，会自动被转换为高精度计算。

■ 补充

布尔值是特殊类型的整数，包含两个固定的值（True 和 False），其中 True 代表“真”，False 代表“假”。布尔值参与数字运算时，True 表示 1，False 表示 0。

而当参与布尔运算时，以下的值会被解释为 False，俗称为假值。

False　None　0　""　()　[]　{}

所有类型的数字 0（包括浮点型、整型和其他类型）、空序列（如空字符串、元组和列表），以及空的字典都为假值。其他一切值都被解释为真值，包括特殊值 True。

所有的值都可以参与布尔运算，不需要类型转换，Python 能够根据运算环境自动转换值。

提示：

虽然[]和""都是假值，但是它们并不相等。对于不同类型的假值也是如此。

2.3.2　浮点数的表示

扫一扫，看视频

■ 知识点

➘ 浮点数就是包含点号的数字，它由整数部分和小数部分组成，中间通过点号连接。语法格式如下：

```
数字.数字
```

其中，点号左侧数字表示整数部分；点号右侧数字表示小数部分，如果为 0，可以省略，如 5.0，可以简写为 5.。

➘ 浮点数也可以使用科学计数法表示。语法格式如下：

```
浮点数 e(或 E)整数
```

其中，e（或 E）表示底数，其值为 10，而 e 后面跟随的是 10 的指数。指数是一个整型数值，可以取正负值。

■ 上机练习

【示例 1】使用科学计数法表示浮点数 250 和 0.025。

```
2.5e2                                    # = 2.5×10^2 = 250
2.5e-2                                   # = 2.5×10^-2 = 0.025
```

【示例 2】使用 sys.float_info.max 查看系统最大浮点数。

```
import sys                               # 导入 sys 系统模块
print(sys.float_info.max)                # 输出 1.7976931348623157e+308
```

注意：

在浮点运算中，可能会出现精度丢失现象，因此要避免使用浮点数进行高精度计算。例如：

```
print(0.2+0.4)                           # 输出 0.6000000000000001
```

2.3.3　复数的表示

扫一扫，看视频

■ 知识点

复数由实数和虚数两部分构成。语法格式如下：

```
a + bj
```

其中，实部 a 和虚部 b 都是浮点型数字，也可以使用函数表示。

```
complex(a,b)
```

使用复数对象的 real 和 imag 属性可以访问实部和虚部的值。

■ 上机练习

【示例】定义两个复数，然后使用复数的 real 和 imag 属性分别读取实部和虚部的值，最后求两个复数的差值。

```
a = 1.56+1.2j
b = 1 - 1j
print(a.real)                           # 输出实部 1.56
print(a.imag)                           # 输出虚部 1.2
print(a-b)                              # 实部相减，虚部相减，输出 0.56+2.2j
```

2.4 检 测 类 型

Python 使用对象模型描述数据，任何值都是一个对象，都拥有 3 个基本特性：id（内存地址）、type（数据类型）和包含的值。

在 Python 中，内置了很多数据类型，常用的数据类型包括数字、字符串、列表、元组、集合、字典。根据值是否可以被修改，它们可以分为以下两类。

- 不可变类型：数字、字符串、元组。
- 可变类型：列表、字典、集合。

在 Python 中，判断值的数据类型有两种基本方法，具体说明如下。

扫一扫，看视频

2.4.1 使用 isinstance()函数

■ 知识点

isinstance()函数能够检测一个对象是否来自一个已知的类型。语法格式如下：

```
isinstance(object, type)
```

其中，参数 object 表示对象；参数 type 表示类型，如 int（整数）、float（浮点数）、str（字符串）、bool（布尔型）、list（列表）、tuple（元组）、dict（字典）、set（集合）等，或者是类型元组，如 int、list、float。返回值为布尔值，如果为 True，则表示参数对象为该类型的数据；如果为 False，则表示不是该类型的数据。

■ 上机练习

【示例】下面的代码分别使用不同的方式检测变量 a 的类型。

```
a = 4                                   # 定义整数变量 a
print(isinstance(a, int))               # 输出为 True
print(isinstance(a, str))               # 输出为 False
print(isinstance(a, (str, int, float))) # 输出为 True
print(isinstance(a, (str, list, dict))) # 输出为 False
```

2.4.2 使用 type()函数

■ **知识点**

type()函数可以返回对象的类型。语法格式如下：

```
type(object)
```

其中，参数 object 表示对象，返回值为一个类型，类型说明可以参考 2.4.1 小节知识点。

■ **上机练习**

【示例】下面的代码检测变量 val 的值，如果为整数，则提示检测通过；否则提示非法。

```
val = 23
if type(val) == int :
    print("检测通过，值为整数")
else:
    print("变量的值非法")
```

提示：

isinstance()函数与 type()函数的区别如下。

- type()函数不会认为子类是一种父类的类型，不考虑继承关系。
- isinstance()函数会认为子类是一种父类的类型，考虑继承关系。

也就是说，isinstance()函数能够检测一个对象是否属于某个类或基类。因此，如果要判断两个类型是否相同，推荐使用 isinstance()函数。

2.5 转换类型

数据类型转换主要通过 Python 内置函数实现。本节重点介绍简单值的类型转换，复杂的数据类型转换将在后面各章中讲解。

扫一扫，看视频

2.5.1 转换为字符串

■ **知识点**

把一个对象转换为字符串的方法有很多，简单说明如下。

1. 使用 str()函数

使用 str()函数可以接收任意类型的对象，并将其转换为字符串表示。如果是字符串，则直接返回该字符串。

2. 使用 repr()函数

repr()与 str()函数的功能和用法基本相同。它们的区别：str()函数返回的字符串适合人阅读，repr()函数返回的字符串适合 Python 编译器理解。当调用 eval()函数时，可以将字符串还原为对象，而 str()函数转换的字符串则无法还原。

3. 使用 chr()函数

chr()函数能够将一个整数转换为 Unicode 字符。参数可以是十进制或十六进制数字，数字范围为 Unicode

字符集。

4. 使用 hex()、bin()和 oct()函数

hex()函数能够将一个整数转换为十六进制格式的数字字符串。

bin()函数能够将一个整数转换为二进制格式的数字字符串。

oct()函数能够将一个整数转换为八进制格式的数字字符串。

■ 上机练习

【示例 1】在下面的代码中，分别使用 str()和 repr()函数把 python 转换为字符串，然后使用 eval()函数还原字符串，则会发现 repr(s)能够还原字符串，但 str(s)无法还原字符串，而是把字符串 python 视为一个未定义的变量。

```
s = "python"
a = str(s)
b = repr(s)
print( eval(b) )                                    # 可以还原
print( eval(a) )                                    # 无法还原，抛出一个异常
```

提示：

eval()函数能够执行一个字符串格式的 Python 表达式，并返回表达式运算的值。例如：

```
str1 = "1+2+3+4+5"
print( eval(str1) )                                 # 输出 15
```

【示例 2】要求输入 Unicode 编码起始值和终止值，然后打印该范围内所有字符，同时使用 oct()函数和 hex()函数，显示八进制编码和十六进制编码，演示效果如图 2.1 所示。

```
beg = int(input("请输入起始值："))
end = int(input("请输入终止值："))
print("十进制\t 二进制\t 八进制\t 十六进制\t 字符")
for i in range(beg, end+1):
    print("{}\t{}\t{}\t{}\t{}".format(i, bin(i), oct(i), hex(i), chr(i)))
```

```
PS D:\www_vs> & D:/python-3.9.0-amd64/python.exe d:/www_vs/test1.py
请输入起始值：100
请输入终止值：110
十进制  二进制  八进制  十六进制        字符
100     0b1100100       0o144   0x64    d
101     0b1100101       0o145   0x65    e
102     0b1100110       0o146   0x66    f
103     0b1100111       0o147   0x67    g
104     0b1101000       0o150   0x68    h
105     0b1101001       0o151   0x69    i
106     0b1101010       0o152   0x6a    j
107     0b1101011       0o153   0x6b    k
108     0b1101100       0o154   0x6c    l
109     0b1101101       0o155   0x6d    m
110     0b1101110       0o156   0x6e    n
PS D:\www_vs>
```

图 2.1　输出指定范围的 Unicode 编码字符

扫一扫，看视频

2.5.2 转换为整数

■ 知识点

使用 int()函数可以把数字字符串或数字转换为十进制的整数。语法格式如下：

```
int(x[, base=10])
```

其中，参数 x 为一个数字或数字字符串；参数 base 表示 x 参数的进制，默认为十进制。

注意：

如果是数字类型之间转换，则第 2 个参数不能使用。

■ **上机练习**

【示例 1】练习把浮点数、数字字符串和布尔值转换为整数。

```
print(int(10.9))                  # 浮点型转换为整型会进行向下取整，输出 10
print(int("0xa", 16))             # 输出 10
print(int("1010", 2))             # 输出 10
print(int(True))                  # 布尔值 True 转换为 1
print(int(False))                 # 布尔值 False 转换为 0
```

注意：

数字字符串转换为整数时，需要指定进制。

【示例 2】与 chr()函数相反，使用 ord()函数可以将一个字符转换为整数编码的值。

```
print(ord('a'))                   # 输出 97
print(ord('b'))                   # 输出 98
```

2.5.3 转换为浮点数

扫一扫，看视频

■ **知识点**

使用 float()函数可以把数字或数字字符串转换为浮点数。语法格式如下：

```
float(x)
```

其中，参数 x 只能是数字和一个点号的任意组合，如果出现多个点号，则会抛出异常。

■ **上机练习**

【示例】练习把整数、数字字符串转换为浮点数。

```
print(float(10))                  # 输出 10.0
print(float('100'))               # 输出 100.0
print(float('.1111'))             # 输出 0.1111
print(float('.98.'))              # 包含两个点号，则抛出异常
```

2.5.4 转换为复数

扫一扫，看视频

■ **知识点**

使用 complex()函数可以将一个字符串或数字转换为复数。语法格式如下：

```
complex([real[, imag]])
```

其中，参数 real 可以是整数、浮点数或字符串；imag 可以是整数或浮点数。如果第 1 个参数为字符串，则不需要指定第 2 个参数。

■ **上机练习**

【示例】练习把整数、数字字符串转换为复数。

```
print(complex(1, 2))              # 输出为 (1+2j)
```

```
print(complex(1))                                       # 输出为 (1+0j)
print(complex("1"))                                     # 输出为 (1+0j)
print(complex("1+2j"))                                  # 输出为 (1+2j)
```

扫一扫，看视频

2.5.5 转换为布尔值

■ 知识点

使用bool()函数可以将任意类型的值转换为布尔值。

详细说明可以参考2.3.1小节补充部分内容。

■ 上机练习

【示例】练习把各种类型的值转换为布尔值。

```
print(bool(0))                                          # 输出为 False
print(bool(45.3))                                       # 输出为 True
print(bool("234"))                                      # 输出为 True
```

注意：

除了假值：False、None、0、""、()、[]、{}以外，其他任意值都转换为True。

2.6 输入和输出

在Python中输入操作使用input()函数，输出显示使用print()函数。

扫一扫，看视频

2.6.1 使用input()函数

■ 知识点

input()函数可以接收用户的键盘输入。语法格式如下：

```
input([prompt])
```

其中，可选参数prompt为提示信息。可以接收任意形式的输入，并以字符串格式进行处理，然后返回字符串类型。

■ 上机练习

【示例】练习使用input()函数接收用户输入，然后计算两次输入数字的和。

```
print("求两个数的和？")
a = int(input("a: "))
b = int(input("b: "))
print(a + b)
```

提示：

如果要接收整数，可以使用int(input())语句进行转换；如果要接收任意类型的数字，可以使用float(input())把输入的字符串转换为浮点数。此时，输入任意非数字字符，Python将抛出异常。

扫一扫，看视频

2.6.2　使用 print()函数

■ **知识点**

print()函数可以将一个或多个位置参数以字符串的形式输出到命令行或控制台上显示。

print()函数还包含多个可选的关键字参数，其中常用的参数有两个，简单说明如下。

- sep：设置多个位置参数合并输出时的分隔符，默认为空格。
- end：设置每一次调用时，输出的结束标志，默认为换行符。

■ **上机练习**

【示例 1】练习使用 print()函数输出表达式运算的结果，或者合并输出字符串。

```
a = 1                                  # 定义变量 a
b = 2                                  # 定义变量 b
print(a, b)                            # 合并输出字符串 1 2
print(a + b)                           # 输出 a+b 表达式的和 3
print("a""b")                          # 连接输出两个字符串 ab
print("a" + "b")                       # 输出两个字符串的和 ab
print("a", "b")                        # 合并输出字符串 a b
print("a", "b", "c", sep="_")          # 设置合并字符串的分隔符 a_b_c
```

【示例 2】如果希望在一行内连续输出，可以设置 end 参数。设置 print()函数输出的数字在一行内显示。

```
for i in range(0,6):
    print (i, end=" ")                 # 输出为 0 1 2 3 4 5
```

2.7　案 例 实 战

2.7.1　%格式化输出

扫一扫，看视频

■ **知识点**

在字符串中，可以包含一个或多个%操作符，通过包含%操作符，可以实现值的格式化输出。语法格式如下：

```
"...%格式符号 1...% 格式符号 2...% 格式符号 3..." %(值 1, 值 2, 值 3...)
```

在%操作符后面附加格式符号或辅助指令，用来定义预备输出值的样式。Python 把这个字符串作为模板，%相当于占位符，字符串后面跟随的值会替换占位符，并根据格式符号来确定显示格式。

如果字符串中只包含一个%操作符，也可以直接传值。语法格式如下：

```
"...%符号..." % 值
```

格式符号主要定义值的显示类型，具体说明如表 2.1 所示。

表 2.1　%格式化符号

符　号	描　述
%c	格式化为字符（ASCII 码），仅适用于整数和字符
%r	使用 repr()函数格式化显示字符串
%s	使用 str()函数格式化显示字符串
%d、%i	格式化为有符号的十进制整数，仅适用于数字
%u	格式化为无符号的十进制整数，仅适用于数字
%o	格式化为无符号八进制数，仅适用于整数
%x	格式化为无符号十六进制数（小写形式），仅适用于整数
%X	格式化为无符号十六进制数（大写形式），仅适用于整数
%f、%F	格式化为浮点数，可指定小数点后的精度，仅适用于数字
%e	格式化为科学计数法表示（小写形式），仅适用于数字
%E	作用同%e，用科学计数法格式化浮点数（大写形式），仅适用于数字
%g	根据显示长度，选择%f 或%e 显示，仅适用于数字
%G	根据显示长度，选择%F 或%E 显示，仅适用于数字
%%	输出字符%自身

在字符串的后面，使用%()语法向字符串中的%操作符传值。%()语法的小括号内可以包含一个或多个值，多个值以逗号分隔。实际上它是一个元组类型，元组包含的值的数量、位置顺序都必须与字符串中%操作符的数量、位置顺序一一对应，按顺序传值，否则将抛出异常。

在格式化操作符%与格式类型符号之间，可以附加辅助指令，以便完善格式化操作，具体说明如表 2.2 所示。

表 2.2　%格式化辅助指令

指　令	功　能
-	左对齐显示。默认右对齐显示
+	在正数前面显示加号（+）
#	在八进制数前面显示零（0），在十六进制前面显示 0x 或者 0X（取决于用的是 x 还是 X）
0	在显示的数字前面填充 0，默认为空格
%	转义操作符，如%%表示输出一个%字符
(键名)	映射键值，通常用来处理键值类型的参数
m.n.	m 和 n 为整数，可以组合或单独使用 其中，m 表示最小显示的总宽度，如果超出，则原样输出；n 表示可保留的小数点后的位数或者字符串的个数
*	定义最小显示宽度或小数位数

■ 上机练习

【示例 1】练习将数字输出为十六进制、十进制和八进制格式的字符串。

```
n = 1000
print("Hex = %x Dec = %d Oct = %o" % (n, n, n))
# 输出为 Hex = 3e8 Dec = 1000 Oct = 1750
```

【示例 2】练习将数字输出为不同格式的浮点数字符串。

```
pi = 3.141592653
print('pi1 = %10.3f' % pi)                    # 总宽度为 10，小数位精度为 3
print("pi2 = %.*f" % (3, pi))                 # *表示从后面元组中读取 3，定义精度
print('pi3 = %010.3f' % pi)                   # 用 0 填充空白
print('pi4 = %-10.3f' % pi)                   # 左对齐，总宽度 10 个字符，小数位精度为 3
print('pi5 = %+f' % pi)                       # 在浮点数前面显示正号
```

输出字符串如下：

```
pi1 =      3.142
pi2 = 3.142
pi3 = 000003.142
pi4 = 3.142
pi5 = +3.141593
```

【示例 3】打印九九乘法表。以长方形格式输出，效果如图 2.2 所示。

```
for i in range(1, 10):                        # 循环 1 到 9，行数
    for j in range(1, 10):                    # 循环 1 到 9，列数
        print("%d*%d=%2d" % (i, j, i*j), end=" ")  # 输出行数与列数相乘的结果
    print("")                                 # 换行输出
```

```
PS D:\www_vs> & D:/python-3.9.0-amd64/python.exe d:/www_vs/test1.py
1*1= 1 1*2= 2 1*3= 3 1*4= 4 1*5= 5 1*6= 6 1*7= 7 1*8= 8 1*9= 9
2*1= 2 2*2= 4 2*3= 6 2*4= 8 2*5=10 2*6=12 2*7=14 2*8=16 2*9=18
3*1= 3 3*2= 6 3*3= 9 3*4=12 3*5=15 3*6=18 3*7=21 3*8=24 3*9=27
4*1= 4 4*2= 8 4*3=12 4*4=16 4*5=20 4*6=24 4*7=28 4*8=32 4*9=36
5*1= 5 5*2=10 5*3=15 5*4=20 5*5=25 5*6=30 5*7=35 5*8=40 5*9=45
6*1= 6 6*2=12 6*3=18 6*4=24 6*5=30 6*6=36 6*7=42 6*8=48 6*9=54
7*1= 7 7*2=14 7*3=21 7*4=28 7*5=35 7*6=42 7*7=49 7*8=56 7*9=63
8*1= 8 8*2=16 8*3=24 8*4=32 8*5=40 8*6=48 8*7=56 8*8=64 8*9=72
9*1= 9 9*2=18 9*3=27 9*4=36 9*5=45 9*6=54 9*7=63 9*8=72 9*9=81
PS D:\www_vs>
```

图 2.2　长方形完整格式

提示：

print("")表示换行，如果没有这条语句，输出的乘法表格式会出现错乱。

■ 课后练习

九九乘法表是初级编程经典范例，通过 Python 可以打印长方形、左上三角形、右上三角形、左下三角形，以及右下三角形 5 种格式的九九乘法表。感兴趣的读者可以扫码练习，主要目的是训练 Python 编码体验和趣味性。

扫码，拓展学习

2.7.2　format 格式化

扫一扫，看视频

■ 知识点

字符串对象的 format()方法能够为字符串中的{}操作符传递值，结合各种辅助指令可以实现灵活的格式化输出功能。语法格式如下：

```
# 格式 1
"{索引 1:辅助指令} {索引 2:辅助指令} {索引 3:辅助指令}...".format(值 1,值 2,值 3...)

# 格式 2
"{键名 1:辅助指令} {键名 2:辅助指令} {键名 3:辅助指令}..."
                                    .format(键值对 1, 键值对 2, 键值对 3...)
```

{}操作符可以包含索引，表示引用对应位置的参数，索引值从0开始，允许重复引用一个位置的参数。如果省略索引，则默认按顺序从0开始一一映射。也可以使用名称引用format()参数中名值对的值。参数中的名值对以等号相连，如name=value。

“:”符号后面可以附加多个可选的辅助指令，简单说明如下。

第1个指令定义填充字符，默认为空格。

第2个指令定义对齐方式，包括^、<、>、=，分别表示居中、左对齐、右对齐、右对齐。

第3个指令定义数字符号位填充，包括+、-、#，分别表示正数前面加“+”或不加“+”，以及进制数前面加标识符。

第4个指令是m.n，其中，m表示所占宽度，n表示小数位的位数。

第5个指令定义类型包括s、d、c、e/E、g/G、b、o、x/X、f/F、%，分别表示字符串、整数、Unicode字符、科学计数法、浮点数表示自动切换、二进制、八进制、十六进制、浮点数、百分比。

■ **上机练习**

【示例1】练习通过位置进行索引。

```
print('{0} {1}'.format('Python', 3.0))        # 输出为 Python 3.0
print('{} {}'.format('Python', 3.0))          # 输出为 Python 3.0
print('{1} {0} {1}'.format('Python', 3.0))    # 输出为 3.0 Python 3.0
```

【示例2】练习通过键名进行索引。

```
print('{name}年龄是{age}岁。'.format(age=18, name='张三'))
```

输出如下：

```
张三年龄是18岁。
```

【示例3】练习通过下标进行索引。

```
l = ['张三', 18]
print('{0[0]}年龄是{0[1]}岁。'.format(l))
```

输出如下：

```
张三年龄是18岁。
```

【示例4】设计输出8位字符，并分别设置不同的填充字符和值对齐方式。

```
print('{:>8}'.format('1'))                    # 总宽度为8，右对齐，默认空格填充
print('{:0>8}'.format('1'))                   # 总宽度为8，右对齐，使用0填充
print('{:a<8}'.format('1'))                   # 总宽度为8，左对齐，使用a填充
```

输出字符串如下：

```
       1
00000001
1aaaaaaa
```

【示例5】设计浮点数输出。

```
print('{:.2f}'.format(3.1415926))             # 输出为 3.14
```

其中，“.2”表示小数点后面的精度为2，f表示浮点数输出。

【示例 6】使用 b、d、o、x 分别表示二进制、十进制、八进制、十六进制数字。

```
n = 100
print('{:b}'.format(n))                    # 输出为 1100100
print('{:d}'.format(n))                    # 输出为 100
print('{:o}'.format(n))                    # 输出为 144
print('{:x}'.format(n))                    # 输出为 64
```

【示例 7】当填充字符为逗号(,)，且作用于整数或浮点数时，该整数（或浮点数）会以逗号分隔的形式输出，类似于千位分隔符。

```
print('{:,}'.format(1234567890))
```

输出字符串如下：

```
1,234,567,890
```

2.7.3　f-strings 格式化

扫一扫，看视频

■ **知识点**

f-strings 是 Python 3.6 新增的一种字符串格式化方法，语法格式如下：

```
f '...{Python 表达式 输出函数 : 格式化符号}...'
```

在字符串前加上 f 修饰符，然后就可以在字符串中使用{}操作符包含各种格式化指令。

- 表达式：输出表达式的运算值。
- 输出函数：为可选设置项，!s 为默认表达式输出方式，表示调用 str()函数；!r 表示调用 repr()函数；!a 表示调用 ascii()函数。
- 格式化符号，定义可选的指令，与 format()函数的指令相似，其中类型指令包括：c 表示字符；s 表示字符串；b 表示二进制数；o 表示八进制数；d 表示十进制数；x 表示十六进制数；f 表示浮点数；% 表示百分比数；e 表示科学计数法等。

■ **上机练习**

【示例 1】练习使用 f-strings 方法在字符串中嵌入变量和表达式。

```
name = "Python"                            # 字符串
ver = 3.6                                  # 浮点数
print( f"{name}-{ver}、{ver + 0.1 }、{ver + 0.2 }" )
```

输出字符串如下：

```
Python-3.6、3.7、3.8000000000000003
```

【示例 2】在示例 1 中，表达式计算浮点数时发生溢出，可以使用特殊格式化修饰符限定只显示一位小数。

```
name = "Python"                            # 字符串
ver = 3.6                                  # 浮点数
print( f"{name}-{ver}、{ver + 0.1 }、{ver + 0.2:.1f}" )
```

输出字符串如下：

```
Python-3.6、3.7、3.8
```

注意：

格式化符号通过冒号与前面的表达式相连，1f表示仅显示一位小数。

【示例 3】把十六进制数字 10 分别转换为十进制、十六进制、八进制和二进制表示。

```
n = 0x10                                        # 十六进制数字 10
print( f'dec: {n:d}, hex: {n:x}, oct: {n:o}, bin: {n:b}' )
```

输出字符串如下：

```
dec: 16, hex: 10, oct: 20, bin: 10000
```

注意：

{}操作符内不能包含反斜杠(\)，但可以使用引号，包括三引号。使用引号包含的变量或表达式，将不再表示一个变量或表达式，而是当作字符串来处理。如果要表示{、}，可以使用{{、}}转义表示。

【示例 4】如果要在多行中表示字符串，可以使用以下方式，在每一行子串前面都加上 f 修饰符。

```
name = "Python"                                 # 字符串
ver = 3.6                                       # 浮点数
s = f"{name}-" \
    f"{ver}"
print(s)                                        # 输出 Python-3.6
```

扫一扫，看视频

2.7.4 输出杨辉三角

■ **案例分析**

杨辉三角是一个经典的编程案例，它揭示了多次方二项式展开后各项系数的分布规律。简单描述，就是每行开头和结尾的数字为 1，除第 1 行外，每个数都等于它的上一行相邻两个数之和，如图 2.3 所示。

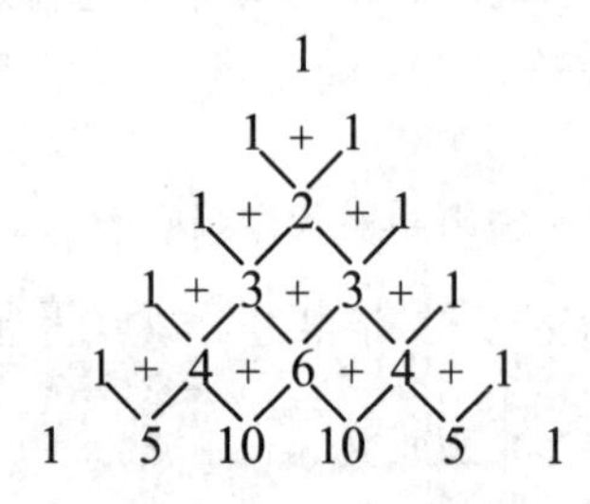

图 2.3 高次方二项式开方之后各项系数的数表分布规律

分析图 2.3 数字排列规律，可以发现：

第 1 步，第 1 行为 1，可以直接输出。

第 2 步，下面每一行的开头结尾都是 1，可以推导出每一行的规律为：1+…+1。

第 3 步，从第 3 行开始中间的 2，第 4 行中间的 3、3，第 5 行中间的 4、6、4 等可以发现，每一行的 list 中间值都等于上一行的 list：第 0 个元素+第 1 个元素，第 1 个元素+第 2 个元素，第 2 个元素+第 3 个元素，以此类推。

第 4 步，加上头、尾数字 1 就等于：[1] +[p[0]+p[1]]+[p[1]+p[2]]+…+[1]。

■ **案例实现**

程序设计的完整代码如下，演示效果如图 2.4 所示。

```
t = int(input("请输入幂数："))                     # 接收用户输入的数字
if t <= 0:                                          # 处理用户输入值，小于或等于 0，则默认为 7
    t = 7
    print("请输入正整数，下面演示为幂数为 7 的杨辉三角图形。")
w = 5                                               # 定义数字显示宽度
# 打印第 1 行
print('%*s' % (int((t-1)*w/2)+9-w, " "), end=" ") # 打印左侧空格
print('{0:^{1}}'.format(1, w))
# 打印第 2 行
line = [1, 1]
print('%*s' % (int((t-2)*w/2)+8-w, " "), end=" ") # 打印左侧空格
for i in line:                                      # 打印第 2 行中的每个数字
    print('{0:^{1}}'.format(i, w), end=" ")
print("")                                           # 换行显示
# 打印从第 3 行开始的其他行
for i in range(2, t):
    r = []
    for i in range(0, len(line)-1):                 # 按规律生成该行除两端以外的数字
        r.append(line[i]+line[i+1])
    line = [1]+r+[1]                                # 把两端的数字连上
    print('%*s' % (int((t-i)*w/2)-w, " "), end=" ")  # 打印左侧空格
    for i in line:                                  # 打印该行数字
        print('{0:^{1}}'.format(i, w), end=" ")
    print("")                                       # 换行显示
```

```
PS D:\www_vs> & D:/python-3.9.0-amd64/python.exe d:/www_vs/test1.py
请输入幂数：9
                     1
                  1    1
               1    2    1
            1    3    3    1
         1    4    6    4    1
       1    5   10   10    5    1
     1    6   15   20   15    6    1
   1    7   21   35   35   21    7    1
 1    8   28   56   70   56   28    8    1
PS D:\www_vs>
```

图 2.4 输出杨辉三角图形

2.8 在 线 支 持

扫码，拓展学习

第 3 章　运算符和表达式

运算符就是代表特定算法的符号，大部分运算符由标点符号表示（如+、-、=等），少数运算符由单词表示（如 in、is、and、or 和 not 等）。表达式是表示运算的式子，由运算符和操作数组成，并返回一个运算值，操作数包括值、变量、对象、表达式等。

本章重点介绍 Python 运算符的使用，以及表达式的灵活设计。

【学习重点】

- 了解运算符和表达式。
- 正确使用位运算符和算术运算符。
- 灵活使用逻辑运算符和关系运算符。
- 熟悉赋值运算符和其他运算符。

扫一扫，看视频

3.1 算 术 运 算

■ 知识点

算术运算也称为四则运算，是对两个操作数执行加、减、乘、除的计算。

在 Python 中，算术运算符共计 7 个，包括加（+）、减（-）、乘（*）、除（/）、求余（%）、求整（//）和求幂（**），简单说明如表 3.1 所示。

表 3.1　Python 算术运算符

运　算　符	描　　述	示　　例
+	两个数相加	7 + 2　　# 返回 9 "7" + "2"　　# 返回 "72" True + 1　　# 返回 2 [1, 2] + ["a", "b"]　　# 返回 [1, 2, 'a', 'b'] (1, 2) + ("a", "b")　　# 返回 (1, 2, 'a', 'b')
-	两个数相减	7 - 2　　# 返回 5 7 - True　　# 返回 6
*	两个数相乘 返回一个被重复若干次的字符串	7*2　　# 返回 14 "7" * 2　　# 返回 "77"
/	两个数相除	7 / 2　　# 返回 3.5
%	取模运算，返回除法的余数	7 % 2　　# 返回 1
**	幂运算，返回 x 的 y 次幂	7 ** 2　　# 返回 49
//	取整除运算，返回商的整数部分（向下取整）	7 // 2　　# 返回 3

注意：

- 使用 /、//、%运算符时，右侧操作数不能为 0，否则 Python 将抛出异常。

- +运算符不仅可以执行数字的相加操作，也可以执行字符串连接，对象合并操作。
- 浮点数运算的精度问题，如 1.1+2.2 运算结果为 3.3000000000000003。

上机练习

【示例 1】使用%运算符，计算 100 以内所有偶数和。

```
sum=0                                    # 临时汇总变量
for i in range(101):                     # 迭代 100 以内所有数字
    if i % 2 == 0:                       # 如果与 2 相除的余数为 0，则是偶数
        sum=sum+i                        # 叠加偶数和
print(sum)                               # 输出为 2550
```

提示：

重点掌握/、//、%这 3 个运算符的灵活应用，很多问题借助它们可以迎刃而解。

【示例 2】设计一个简单的四则运算器，允许用户输入两个数字和四则运算符，然后返回运算结果，演示效果如图 3.1 所示。

```
while True:                              # 无限循环计算
    x = int(input("  number1: "))        # 输入数字 1
    o = input("[+ - * /]: ")             # 输入运算符
    y = int(input("  number2: "))        # 输入数字 2
    operator = {                         # 字典结构，根据运算符返回不同运算结果
        '+': x+y,
        '-': x-y,
        '*': x*y,
        '/': x/y
    }
    result = operator.get(o, '输入运算符 + - * /')  # 根据用户输入的运算符，执行运算
    print("   result: %d" % result)      # 显示输出结果
    print()                              # 空行
    Continue = input("是否继续?y/n: ")    # 是否继续
    if Continue == 'y':                  # 如果输入字符 y，则继续
        print()                          # 空行
        continue                         # 返回继续
    elif Continue == 'n':                # 如果输入字符 n，则跳出循环
        break
    else:                                # 提示意外错误
        print("输入错误")
```

在上面的代码中，operator 变量引用一个字典对象，它包含 4 个元素，然后调用字典对象的 get()方法，返回用户输入的键的值，即四则运算表达式，并计算表达式的值。如果用户输入的字符不匹配字典的键，则返回默认值，即“输入运算符 + - * /”的字符串。

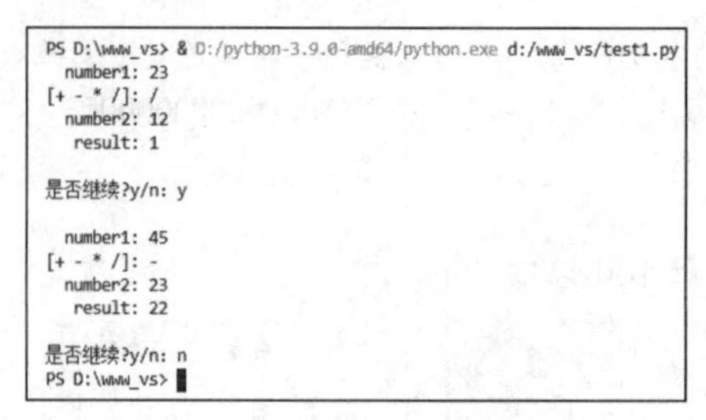
```
PS D:\www_vs> & D:/python-3.9.0-amd64/python.exe d:/www_vs/test1.py
  number1: 23
[+ - * /]: /
  number2: 12
   result: 1

是否继续?y/n: y

  number1: 45
[+ - * /]: -
  number2: 23
   result: 22

是否继续?y/n: n
PS D:\www_vs>
```

图 3.1　四则运算器效果

扫一扫，看视频

3.2 赋值运算

■ 知识点

赋值运算需要两个操作数，左侧操作数必须是变量、参数、属性或元素等标识符。赋值运算符有以下两种形式。

- 简单的赋值运算（=）：把等号右侧操作数的值，直接赋值给左侧的操作数，因此左侧操作数的值会发生变化。
- 附加操作的赋值运算：也称为增量赋值运算，赋值之前先对两侧操作数执行某种运算，然后把运算结果再赋值给左侧操作数。

在 Python 中，赋值运算符共计 8 个，与算术运算符存在对应关系，简单说明如表 3.2 所示。

表 3.2　Python 赋值运算符

运　算　符	描　　述	示　　例	
=	直接赋值	c = 10	#变量 c 的值为 10
+=	先相加、后赋值	c += a	#等效于 c = c + a
-=	先相减、后赋值	c -= a	#等效于 c = c - a
*=	先相乘、后赋值	c *= a	#等效于 c = c * a
/=	先相除、后赋值	c /= a	#等效于 c = c / a
%=	先取模、后赋值	c %= a	#等效于 c = c % a
**=	先求幂、后赋值	c **= a	#等效于 c = c ** a
//=	先整除、后赋值	c //= a	#等效于 c = c // a

■ 上机练习

【示例 1】简单练习赋值运算符的运算。

```
a = b = c = d = 10                      # 初始值为 10
a += 2                                  # a 为 12
b -= 2                                  # b 为 8
b **= 2                                 # b 为 64
c /= 2                                  # c 为 5.0
c %= 3                                  # c 为 2.0
d *= 3                                  # d 为 30
d //= 2                                 # d 为 15
print(a, b, c, d)                       # 输出为 12 64 2.0 15
```

【示例 2】与普通赋值不仅仅在写法上不同，在增量赋值中，如果第 1 个运算数为可变对象，则会修改原对象，id 不变；而不可变对象则会赋予一个新值，id 也随之变化。

```
m = 12                                  # 不可变对象
m %= 7
print(m)                                # 返回 5
m **= 2
print(m)                                # 返回 25
aList = [1, 'x']                        # 可变对象
aList += [2]
print(aList)                            # 返回[1, 'x', 2]
```

提示：

Python 不支持 C 语言中类似 x++或--x 这样的前置或后置的自增或自减运算。

3.3 比较运算

比较运算也称为关系运算，需要两个操作数，运算返回值总是布尔值。

在 Python 中，比较运算符共计 6 个，包括等于（==）、不等于（!=）、大于（>）、小于（<）、大于或等于（>=）和小于或等于（<=）。

3.3.1 比较数字大小

扫一扫，看视频

■ 知识点

比较大小关系的两个操作数必须是类型相同的。如果是数字，则直接比较大小。Python 中比较大小关系运算符共 4 个，如表 3.3 所示。

表 3.3　Python 中比较大小关系运算符

运 算 符	描　述	示　例
>	大于	(10 > 20)　# 返回 False
<	小于	(10 < 20)　# 返回 True
>=	大于或等于	(10 >= 20)　# 返回 False
<=	小于或等于	(10 <= 20)　# 返回 True

提示：

所有比较运算符返回 1 表示真；返回 0 表示假。这分别与 True 和 False 等价。如果操作数是布尔值，则先转换为数字，True 为 1，False 为 0，再进行比较。

■ 上机练习

【示例】在本示例中，要求输入 3 个整数 x、y、z，然后比较大小，找出其中最大数。

```
x = int(input("请输入 x 的值:"))        # 输入变量 x
y = int(input("请输入 y 的值:"))        # 输入变量 y
z = int(input("请输入 z 的值:"))        # 输入变量 z
if x > y and x > z:                     # 如果 x 是最大数
```

```
    print("最大数为:", x)                    # 输出 x 的值
elif y > z:                                  # 如果 x 不是最大数，而且 y 比 z 大
    print("最大数为:", y)                    # 输出 y 的值
else:                                        # 条件都不成立，z 就是最大数
    print("最大数为:", z)                    # 输出 z 的值
```

扫一扫，看视频

3.3.2 比较字符串大小

■ **知识点**

字符串将根据每个字符的编码进行比较。如果字符串包含多个字符，则按照从左到右的顺序，依次比较相应位置的字符编码值。如果前面字符相等，则按顺序比较下一个位置的字符，如果不相等，则返回比较的结果，并停止继续比较下面的字符。例如：

```
print("a" > "b")                 # 返回 False，因为 a 编码为 61，b 编码为 62
print("abda" > "abcb")           # 返回 True，前两个字符相等，则比较第 3 个字符
                                 # c 编码为 63，d 编码为 64，因此返回 True
```

注意：

字符比较是区分大小写的，一般小写字符大于大写字符。如果不区分大小写，则建议使用字符串的 upper()或 lower()方法把字符串统一转换为大写或小写形式之后再进行比较。

■ **上机练习**

【示例】在本示例中，要求输入 3 个字符串，并比较 3 个字符串的大小。

```
str1 = input(' str11:')                  # 接收字符串
str2 = input(' str12:')
str3 = input(' str3:')
print('比较前:',str1, str2, str3)         # 打印排序前字符串的顺序
if str1 > str2:                          # 判断两个字符的大小
    str1, str2 = str2, str1              # 交换两个字符串(第 5 章中元组解包方式交换)
if str1 > str3:
    str1, str3 = str3, str1
if str2 > str3:
    str2, str3 = str3, str2
print('比较后:',str1, str2, str3)         # 打印排序后的字符串顺序
```

扫一扫，看视频

3.3.3 相等比较

■ **知识点**

比较相等关系的两个操作数没有类型限制。如果类型不同，则不相等，直接返回 False；如果类型相同，再比较值是否相同，如果相同，则返回 True，否则返回 False。

相等关系运算符有 2 个，说明如表 3.4 所示。

表 3.4 Python 相等关系运算符

运 算 符	描 述	示 例
==	比较两个对象是否相等	(10 == 20) # 返回 False
!=	比较两个对象是否不相等	(10 != 20) # 返回 True

如果操作数是布尔值，则先转换为数字，True 为 1，False 为 0，再进行比较。

■ 上机练习

设计一个简单的程序，计算学生语文成绩的平均分，筛选出优秀学生的名单，输出最高分，完整代码如下，演示效果如图 3.2 所示。

```
china = {                                          # 学生语文成绩表，字典结构
    "张三": 89,
    "李四": 76,
    "王五": 95,
    "赵六": 64,
    "侯七": 86
}
sum = 0                                            # 总分，初始为 0
max = 0                                            # 最高分，初始为 0
max_name = ""                                      # 最高分学生姓名，初始为空
print("语文优秀生名单：")
for i in china:                                    # 迭代成绩表
    sum += china[i]                                # 汇总分数
    if china[i] >= 85:                             # 如果成绩大于或等于 85，则过滤出优秀生
        print("    %s(%.2f)" % (i, china[i]))
    if china[i] > max:                             # 过滤最高分
        max = china[i]                             # 记录最高分
        max_name = i                               # 记录最高分的学生姓名
print()                                            # 空行
print("语文平均分：%.2f" % (sum/len(china)))       # 输出平均分
print("语文最高分：%.2f(%s)" % (max, max_name))    # 输出最高分
```

在上面的代码中，使用字典结构记录学生成绩，通过 len()函数获取字典中包含的学生总人数。

```
PS D:\www_vs> & D:/python-3.9.0-amd64/python.exe d:/www_vs/test1.py
语文优秀生名单：
    张三(89.00)
    王五(95.00)
    侯七(86.00)

语文平均分：82.00
语文最高分：95.00(王五)
PS D:\www_vs>
```

图 3.2　统计和筛选学生成绩演示效果

3.4 逻辑运算

逻辑运算又称为布尔代数，就是布尔值（True 和 False）的“算术”运算。逻辑运算符包括逻辑与（and）、逻辑或（or）和逻辑非（not）。

扫一扫，看视频

3.4.1 逻辑与运算

■ 知识点

and（逻辑与运算）是 AND 布尔操作。只有当两个操作数都为 True 时，才返回 True，其他均返回 False，具体描述如表 3.5 所示。

表 3.5　逻辑与运算

第 1 个操作数	第 2 个操作数	运算结果
True	True	True
True	False	False
False	True	False
False	False	False

注意：

逻辑与是一种短路逻辑：如果左侧表达式为 False，则直接返回结果，不再执行右侧表达式。

逻辑与运算的操作数可以是任意类型的表达式，最后返回表达式的运算值，而不是布尔值。

注意：

在设计逻辑运算时，应确保逻辑运算符左侧的表达式返回值是一个可以预测的值。右侧表达式不应该包含有效运算，如函数调用等，因为当左侧表达式满足条件时，则直接跳过右侧表达式，给正常运算带来不确定性。

■ 上机练习

针对特招录取选拔设计一个简单的程序。假设某校招收特长生，设定以下 3 个招生标准。

- 第 1 类，如果钢琴等级在 9 级或以上，且计算机等级在 4 级或以上，则直接通过。
- 第 2 类，如果文化课非常优秀，可以适当降低特长标准，钢琴等级在 5 级或以上，且计算机等级在 2 级或以上。
- 第 3 类，如果文化课及格，则按正常标准录取，钢琴等级在 7 级或以上，且计算机等级在 3 级或以上。

根据上述设定条件，编写简单的特招录取检测程序如下，演示效果如图 3.3 所示。

```
id = int(input("请输入考号："))
whk = float(input("文化课成绩："))
gq = int(input("  钢琴等级："))
jsj =  int(input("计算机等级："))
if id > 20180100  and id < 20181000 :
    if (whk >= 60 and gq >= 7 and jsj >=3) or (gq >= 9 and jsj >=4)
      or (whk >= 90 and gq >= 5 and jsj >=2) :
        print("恭喜，您被我校录取。")
    else:
        print("很遗憾，您未被我校录取。")
else:
    print("考号输入有误，请重新输入。")
```

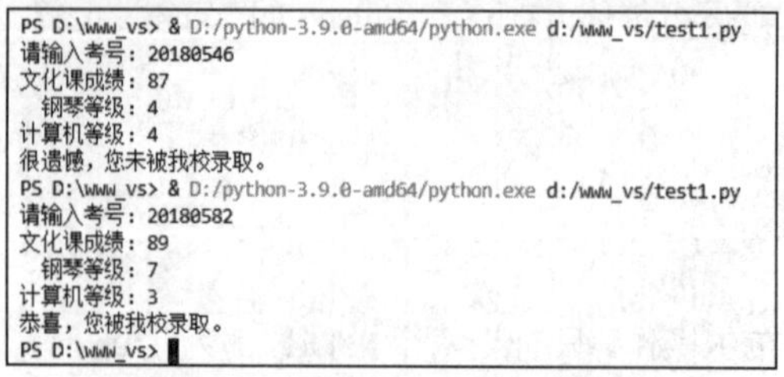

```
PS D:\www_vs> & D:/python-3.9.0-amd64/python.exe d:/www_vs/test1.py
请输入考号：20180546
文化课成绩：87
  钢琴等级：4
计算机等级：4
很遗憾，您未被我校录取。
PS D:\www_vs> & D:/python-3.9.0-amd64/python.exe d:/www_vs/test1.py
请输入考号：20180582
文化课成绩：89
  钢琴等级：7
计算机等级：3
恭喜，您被我校录取。
PS D:\www_vs>
```

图 3.3　特招录取检测演示效果

扫一扫，看视频

3.4.2 逻辑或运算

■ 知识点

or（逻辑或运算）是布尔 OR 操作。两个操作数中只要有一个为 True，就返回 True；否则返回 False。具体描述如表 3.6 所示。

表 3.6 逻辑或运算符

第 1 个操作数	第 2 个操作数	运算结果
True	True	True
True	False	True
False	True	True
False	False	False

注意：

逻辑或也是一种短路逻辑：如果左侧表达式为 True，则直接返回结果，不再执行右侧表达式。

■ 上机练习

使用逻辑运算可以代替条件语句执行条件运算。下面结合案例进行演示说明。

【示例 1】设计一个简单的条件语句，选择最大值。

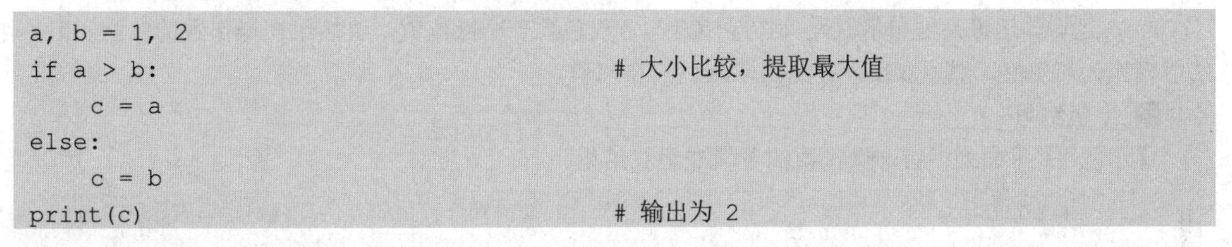

```
a, b = 1, 2
if a > b:                          # 大小比较，提取最大值
    c = a
else:
    c = b
print(c)                           # 输出为 2
```

使用逻辑运算实现如下：

```
a, b = 1, 2
c = (a > b and [a] or [b])[0]
print(c)                           # 输出为 2
```

根据 a 和 b 的值，则 a > b and [a] or [b]子表达式可以转换为：False and [1] or [2]。这里为什么要使用中括号包裹 a 和 b 呢？

因为 a 和 b 可能为假值，如果 a 的值为 0，转换为布尔值就是 False，则条件表达式就会被破坏，也就是说，不管 a > b 是否为 True，b 都将被运算。而列表只有为空时，转换为布尔值才为 False。0 转换为布尔值为 False，但是[0]转换为布尔值是 True。

如果 True 和[1]进行 and 运算，则应该返回[1]，然后[1]和[2]进行 or 运算，不为空的数列[1]转换为布尔值总是是 True，所以直接返回[1]，就不再运算[2]。最后，再使用下标取出符合条件的列表元素的值。

可以看到，False 和 True 与其他表达式做布尔运算时，将根据 and 运算，还是 or 运算，False 和 True 在前、在后会有不一样的运算规则。

【示例 2】使用多条件语句设计用户管理模块，对用户身份进行判断。

```
grade = int(input("请输入你的级别："))
if grade == 1:
```

```
    print("游客")
elif grade == 2:
    print("普通会员")
elif grade == 3:
    print("高级会员")
elif grade == 4:
    print("管理员")
else:
    print("无效输入")
```

使用逻辑运算设计，则实现代码如下：

```
grade = int(input("请输入你的级别: "))
str =(grade == 1 and ["游客"] or
      grade == 2 and ["普通会员"] or
      grade == 3 and ["高级会员"] or
      grade == 4 and ["管理员"] or
                   ["无效输入"] )[0]
print(str)
```

扫一扫，看视频

3.4.3 逻辑非运算

■ **知识点**

not（逻辑非运算）是布尔取反操作（NOT）。仅包含一个操作数，直接放在操作数的左侧，把操作数的值转换为布尔值，然后取反，并返回取反后的布尔值。

■ **上机练习**

【示例 1】下面列举特殊操作数的逻辑非运算结果。

```
print( not 1)                    # 如果操作数是非 0 的任何数字，则返回 False
print( not 0)                    # 如果操作数是 0，则返回 True
print( not ())                   # 如果操作数是空元组对象，则返回 True
print( not [])                   # 如果操作数是空数列，则返回 True
print( not {})                   # 如果操作数是空字典对象，则返回 True
print( not True)                 # 如果操作数是 True，则返回 False
print( not False)                # 如果操作数是 False，则返回 True
print( not None)                 # 如果操作数是 None，则返回 True
print( not "")                   # 如果操作数是空字符串，则返回 True
```

【示例 2】如果对操作数执行两次逻辑非运算操作，就相当于把操作数转换为布尔值。

```
print( not 0)                    # 返回 True
print( not not 0)                # 返回 False
```

注意：

逻辑与和逻辑或运算的返回值不必是布尔值，但是逻辑非运算的返回值一定是布尔值，而不是表达式的运算结果。

3.5 位 运 算

位运算就是对二进制数字进行逐位运算。例如，1+1=2，在十进制计算中是正确的，但是在二进制计算中，1+1= 10。在 Python 中，位运算符共有 6 个，分为以下两类。

- 逻辑位运算符：位与（&）、位或（|）、位异或（^）和位非（~）。
- 移位运算符：左移（<<）和右移（>>）。

提示：

位非运算符（~）仅需要一个操作数，其他位运算符都需要两个操作数。

扫一扫，看视频

3.5.1 位与运算

■ 知识点

&运算符（位与）对两个二进制操作数逐位进行比较，并根据如表 3.7 所示的换算表返回结果。

表 3.7　&运算符

第 1 个数的位值	第 2 个数的位值	运算结果
1	1	1
1	0	0
0	1	0
0	0	0

提示：

在位运算中数值 1 表示 True，0 表示 False，反之亦然。

■ 上机练习

【示例】12 和 5 进行位与运算，则返回值为 4。

```
print(12&5)                                    # 输出为 4
```

如图 3.4 所示，以算式的形式解析 12 和 5 进行位与运算。通过位与运算，只有第 3 位的值为全 True，故返回 True，其他位均返回 False。

```
  0000 0000 0000 0000   0000 0000 0000 1100 | = 12
& 0000 0000 0000 0000   0000 0000 0000 0101 | = 5
--------------------------------------------
  0000 0000 0000 0000   0000 0000 0000 0100 | = 4
```

图 3.4　12 和 5 进行位与运算

扫一扫，看视频

3.5.2 位或运算

■ 知识点

|运算符（位或）对两个二进制操作数逐位进行比较，并根据如表 3.8 所示的换算表返回结果。

表 3.8 |运算符

第 1 个数的位值	第 2 个数的位值	运算结果
1	1	1
1	0	1
0	1	1
0	0	0

■ 上机练习

【示例】12 和 5 进行位或运算，则输出为 13。

```
print(12|5)                                # 输出为 13
```

如图 3.5 所示，以算式的形式解析 12 和 5 进行位或运算。通过位或运算，只有第 2 位的值为 False，其他位均返回 True。

```
  0000 0000 0000 0000   0000 0000 0000 1100 | = 12
| 0000 0000 0000 0000   0000 0000 0000 0101 | = 5
--------------------------------------------
  0000 0000 0000 0000   0000 0000 0000 1101 | = 13
```

图 3.5 12 和 5 进行位或运算

扫一扫，看视频

3.5.3 位异或运算

■ 知识点

^运算符（位异或）对两个二进制操作数逐位进行比较，根据如表 3.9 所示的换算表返回结果。

表 3.9 ^运算符

第 1 个值的数位值	第 2 个值的数位值	运算结果
1	1	0
1	0	1
0	1	1
0	0	0

■ 上机练习

【示例】12 和 5 进行位异或运算，则输出为 9。

```
print(12^5)                                # 输出为 9
```

如图 3.6 所示，以算式的形式解析 12 和 5 进行位异或运算。通过位异或运算，第 1、4 位的值为 True，而第 2、4 位的值为 False。

```
    0000 0000 0000 0000   0000 0000 0000 1100 | = 12
 ^  0000 0000 0000 0000   0000 0000 0000 0101 | = 5
----------------------------------------------|
    0000 0000 0000 0000   0000 0000 0000 1001 | = 9
```

图 3.6　12 和 5 进行位异或运算

3.5.4　位非运算

扫一扫，看视频

■ 知识点

~运算符（位非）对一个二进制操作数逐位进行取反操作。

第 1 步，把运算数转换为二进制整数。

第 2 步，逐位进行取反操作。

第 3 步，把二进制反码转换为十进制浮点数。

■ 上机练习

【示例】对 12 进行位非运算，则输出为-13。

```
print(~12)                                  # 输出为 -13
```

如图 3.7 所示，以算式的形式解析对 12 进行位非运算。

```
 ~  0000 0000 0000 0000   0000 0000 0000 1100 | = 12
----------------------------------------------|
    1111 1111 1111 1111   1111 1111 1111 0011 | = -13
```

图 3.7　对 12 进行位非运算

提示：

位非运算实际上就是对数字进行取负运算再减 1。例如：

```
print(~12 == -12-1)                         # 输出 True
```

3.5.5　移位运算

扫一扫，看视频

■ 知识点

移位运算就是对二进制数进行有规律移位，通过移位运算可以设计很多奇妙的效果，在多媒体编程中广泛应用。

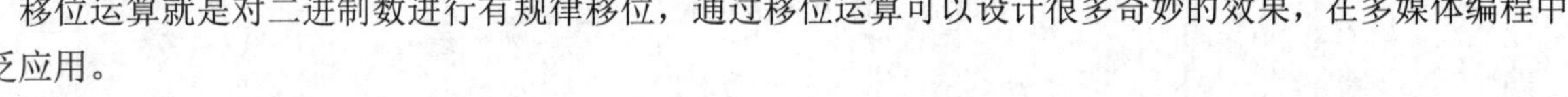

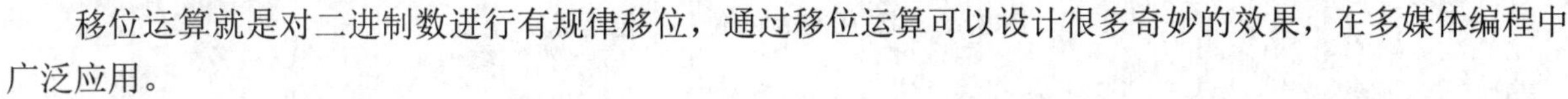

1. <<运算符

<<运算符执行左移位运算。在移位运算过程中，符号位始终保持不变，如果有右侧空出的位置，则自动填充为 0；如果超出 32 位的值，则自动丢弃。

2. >>运算符

>>运算符执行有符号右移位运算。与左移运算操作相反，它把 32 位的二进制数中的所有有效位整体右移，再使用符号位的值填充空位。移动过程中超出的值将被丢弃。

■ 上机练习

【示例 1】把数字 5 向左移动两位，则输出为 20。

```
print(5<<2)                                  # 输出为 20
```

用算式图进行演示如图 3.8 所示。

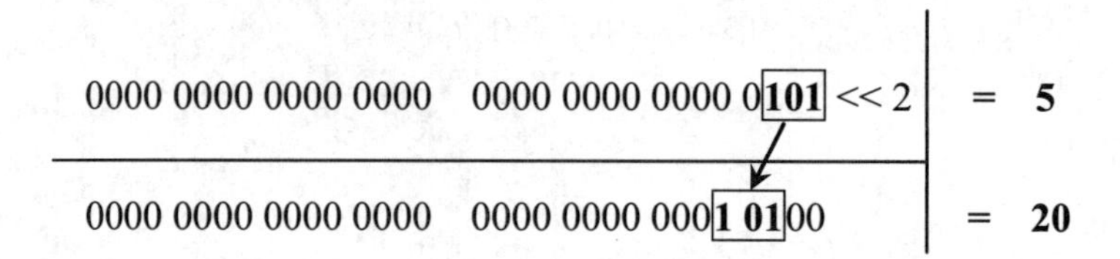

图 3.8　把 5 向左位移两位运算

【示例 2】把数值 1000 向右移 8 位，则输出为 3。

```
print(1000>>8)                               # 输出为 3
```

用算式图进行演示如图 3.9 所示。

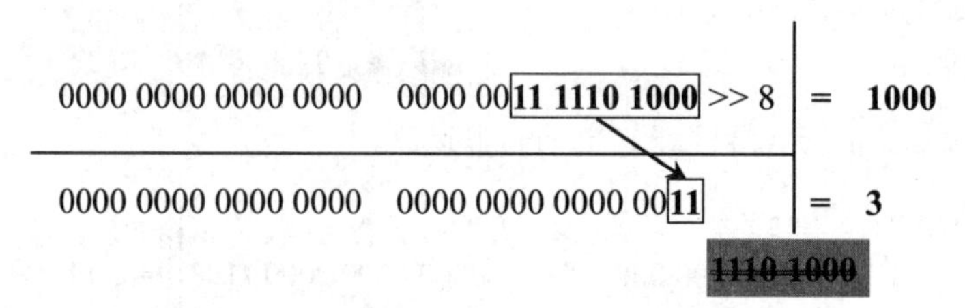

图 3.9　把 1000 向右位移 8 位运算

【示例 3】把数值-1000 向右移 8 位，则输出为-4。

```
print(-1000>>8)                              # 输出为 -4
```

用算式图进行演示如图 3.10 所示。当符号位值位为 1 时，则有效位左侧的空位全部使用 1 进行填充。

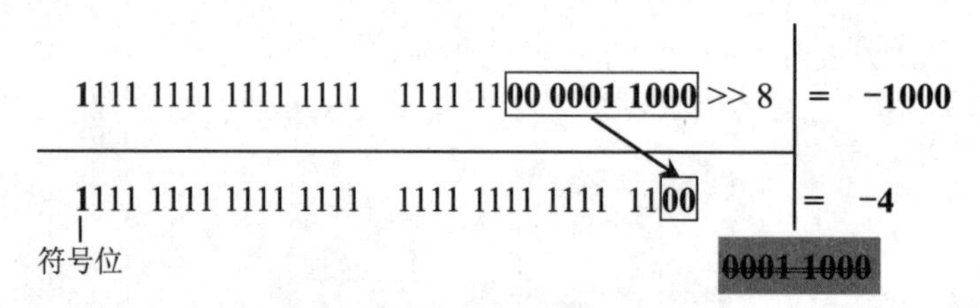

图 3.10　把-1000 向右位移 8 位运算

3.6　检测运算

3.6.1　成员检测

■ 知识点

成员运算符用于测试对象中是否包含指定成员。可检测的对象包括字符串、列表、元组、字典、集合等复合型数据。成员运算符说明如表 3.10 所示。

表 3.10　成员运算符

运 算 符	描　　述	示　　例
in	如果在指定的对象中找到元素值，则返回 True，否则返回 False	str = "abcdef" print("a" in str)　　# 输出 True
not in	如果在指定的对象中没有找到元素值，则返回 True，否则返回 False	str = "abcdef" print("a" not in str)　# 输出 False

■ **上机练习**

【示例】检测用户输入的数字是否存在于指定的列表中。如果不存在，则添加到列表中；已经存在则不添加。然后，要求继续输入或者退出，这样操作可以避免添加重复元素。

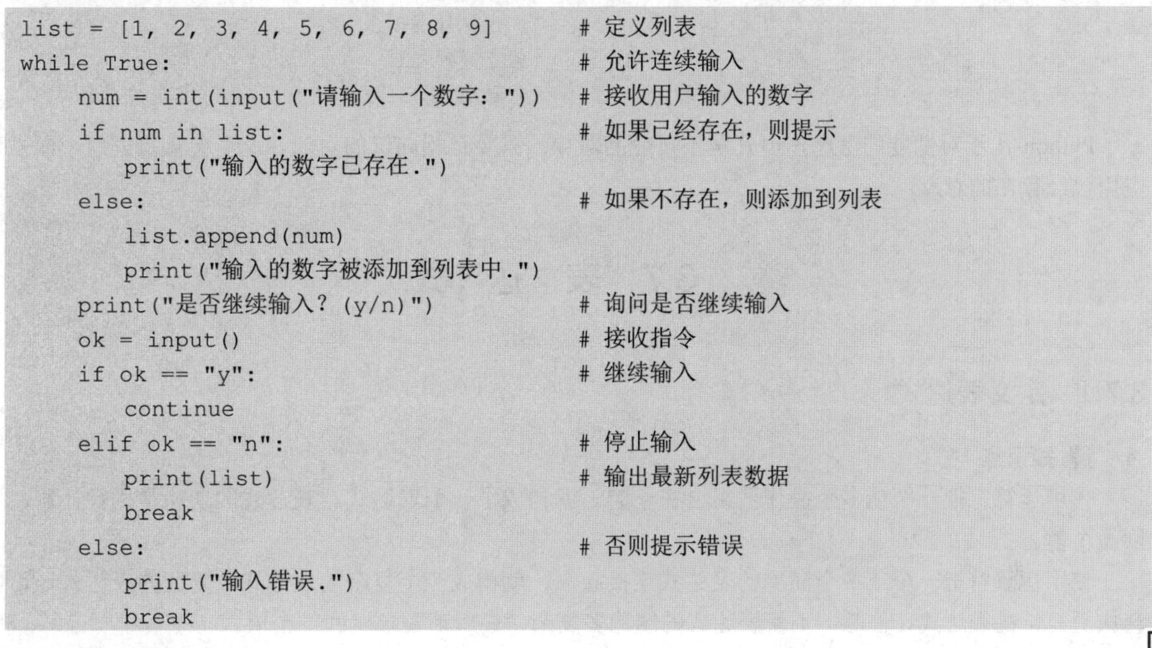

```
list = [1, 2, 3, 4, 5, 6, 7, 8, 9]          # 定义列表
while True:                                   # 允许连续输入
    num = int(input("请输入一个数字："))      # 接收用户输入的数字
    if num in list:                           # 如果已经存在，则提示
        print("输入的数字已存在.")
    else:                                     # 如果不存在，则添加到列表
        list.append(num)
        print("输入的数字被添加到列表中.")
    print("是否继续输入？(y/n)")              # 询问是否继续输入
    ok = input()                              # 接收指令
    if ok == "y":                             # 继续输入
        continue
    elif ok == "n":                           # 停止输入
        print(list)                           # 输出最新列表数据
        break
    else:                                     # 否则提示错误
        print("输入错误.")
        break
```

3.6.2　身份比较

扫一扫，看视频

■ **知识点**

身份运算符能够比较两个对象的地址是否相同，具体说明如表 3.11 所示。

表 3.11　身份运算符

运 算 符	描　　述	示　　例
is	判断两个标识符是否引用同一个对象	a = 1 b = 1 print(a is b)　　# 输出 True
is not	判断两个标识符是不是引用不同的对象	a = 1 b = 1 print(a is not b)　　# 输出 False

提示：

使用 id()函数可以获取对象的内存地址，而 is 运算符是比较两个对象的内存地址是否相同。因此，a is b 等效于 id(a)==id(b)。

注意：

is与==运算符的区别：is用于判断两个变量引用对象是否为同一个，即内存地址是否相等；而==运算符仅判断变量的类型和值是否相等。

■ 上机练习

【示例】对于可变数据，如列表、字典、集合，即使它们的值相同，也是不同的对象；而对于不可变数据，如果值相同，则它们是相同的对象，如数字、字符串、元组。

```
a = [1, 2, 3]                          # 定义列表a
b = [1, 2, 3]                          # 定义列表b
print(a is b)                          # 输出为 False
a = (1, 2, 3)                          # 定义列表a
b = (1, 2, 3)                          # 定义列表b
print(a is b)                          # 输出为 True
```

Python出于对性能的考虑，但凡是不可变的对象，只要是相同值的对象，就不会重复创建，而是直接引用已经存在的对象。

3.7 表 达 式

扫一扫，看视频

3.7.1 定义表达式

■ 知识点

使用运算符把一个或多个操作数组合在一起，就构成了一个表达式。表达式的功能是执行计算，并返回一个值。

使用运算符把一个或多个简单的表达式连接起来，就构成一个复杂的表达式。复杂的表达式还可以嵌套成更复杂的表达式。但是，不管表达式的结构多复杂，最后都要求返回一个值。

■ 上机练习

【示例】定义一个表达式，使一个数字连续运算3次，运算结果总等于6，如2+2+2=6。如果这个数字为1、2、3、4、5、6、7、8、9时，请分别编写表达式，确保每个表达式的值都为6。

- 当数字为2时，则表达式为2+2+2。

```
print(2+2+2)
```

- 当数字为3时，则表达式为3*3-3。

```
print(3*3-3)
```

- 当数字为5时，则表达式为5/5+5。

```
print(5/5+5)
```

- 当数字为6时，则表达式为6-6+6。

```
print(6-6+6)
```

- 当数字为7时，则表达式为7-7/7。

```
print(7-7/7)
```

➘ 当数字为 4 时，则表达式为$\sqrt{4}+\sqrt{4}+\sqrt{4}$。

```
print(4**0.5+4**0.5+4**0.5)
```

➘ 当数字为 8 时，则表达式为$\sqrt[3]{8}+\sqrt[3]{8}+\sqrt[3]{8}$。

```
print(8**(1/3)+8**(1/3)+8**(1/3))
print(pow(8, 1/3)+pow(8, 1/3)+pow(8, 1/3))
```

➘ 当数字为 9 时，则表达式为$\sqrt{9}*\sqrt{9}-\sqrt{9}$。

```
print(9**(1/2)*9**(1/2)-9**(1/2))
print(pow(9, 1/2)*pow(9, 1/2)-pow(9, 1/2))
```

➘ 当数字为 1 时，可以使用阶乘，则表达式为(1+1+1)!，3!=3*2*1。

```
import math                              # 导入数学运算模块
print(math.factorial(1+1+1))             # 调用阶乘函数
```

3.7.2　表达式的运算顺序

扫一扫，看视频

■ **知识点**

Python 表达式严格遵循“从左到右”的顺序执行运算，但是也会受到每个运算符的特性和优先级影响。大部分运算符都是从左到右分组运算，也有部分运算符是从右到左分组运算，如赋值运算、幂运算、逻辑非运算、位与运算、位非运算、符号运算、条件表达式，右侧会先于左侧被求值，具体说明请参考在线支持内容：Python 运算符列表及其优先顺序、结合性，或者扫描右侧二维码。

扫码，拓展学习

Python 在解析复杂的表达式时，先计算最小单元的表达式，然后把返回值投入到外围表达式（上级表达式）的运算，依次逐级上移。

提示：

可以通过小括号分组提升子表达式的优先级。

■ **上机练习**

【示例 1】对于下面这个复杂表达式，通过小括号可以把它分为 3 组，形成 3 个子表达式，每个子表达式又嵌套多层表达式。

```
(3-2-1)*(1+2+3)/(2*3*4)
```

Python 首先计算“3-2-1”子表达式，然后计算“1+2+3”子表达式，接着计算“2*3*4”子表达式，最后再执行乘法运算和除法运算。

【示例 2】对于复杂的表达式，不容易阅读，如果使用小括号进行分组优化，则逻辑运算的顺序就会非常清楚。

```
(a + b > c and a - b < c or a > b > c)             # 分组前
((a + b > c) and ((a - b < c) or (a > b > c)))     # 分组后
```

【示例 3】随机抽取 4 个 1～10 之间的数字，然后练习编写表达式，使用算术运算符让表达式的返回值总等于 24。注意，4 个数字必须使用，且只能使用一次。

```
print(((1 + 4) * 4) + 4)
print(4 * ((5 * 3) - 9))
```

```
print((2 * (3 + 10)) - 2)
print(((5 * 6) + 1) - 7)
```

扫一扫，看视频

3.7.3 条件表达式

■ 知识点

条件表达式的语法格式如下：

```
True 表达式  if 条件表达式 else False 表达式
```

如果“条件表达式”为 True，则执行“True 表达式”，否则执行“False 表达式”。

也可以使用列表结构来模拟条件表达式，语法格式如下：

```
[False 表达式, True 表达式][条件表达式]
```

■ 上机练习

设计如下条件结构的代码块：

```
a, b, c = 1, 2, 3
if a>b:
    c = a
else:
    c = b
```

上述条件语句无法用在表达式中。如果希望用于表达式运算中，则可以采用下面方法之一。

【示例 1】针对上面的代码，使用条件表达式实现如下：

```
a, b, c = 1, 2, 3
c = a if a>b else b                    # 先执行中间的 if 条件表达式
                                       # 如果返回 True，就使用左边表达式
                                       # 如果返回 False，就使用右边表达式
print(c)                               # 输出 2
```

【示例 2】使用列表表达式实现如下：

```
a, b, c = 1, 2, 3
c = [b,a][a>b]                         # 实际等于[b,a][False]，因为 False 被转换为 0
                                       # 所以是[1,2][0]，也就是[1]
                                       # False 返回第 1 个，True 返回第 1 个
print(c)                               # 输出 2
```

【示例 3】使用逻辑运算实现如下：

```
a, b, c = 1, 2, 3
c = (a > b and [a] or [b])[0]
print(c)
```

3.8 案例实战

3.8.1 判断回文数

扫一扫，看视频

■ 案例分析

假设 n 是一任意自然数，如果将 n 的各位数字反向排列所得自然数 n1 与 n 相等，则称 n 为回文数。本案例借助算术运算符%和//，巧妙地逐一取出数字的尾数，并添加到新数字的头部。

■ 案例实现

```
num1 = num2 = int(input("请输入一个自然数:"))      # 输入数据
t = 0                                              # 设置中间变量
while num2 > 0:                                    # 输入数据大于 0 时
    t = t*10+num2 % 10                             # 将数据尾数依次存入 t 中
    num2 //= 10                                    # 数据取整
if num1 == t:                                      # 反向排列的数与原数相等
    print(num1, "是一个回文数")                    # 输出是回文数
else:                                              # 方向排列的数与原数不相等
    print(num1, "不是一个回文数")                  # 输出不是回文数
```

3.8.2 字母大小写转换

扫一扫，看视频

■ 案例分析

设计接收用户输入字符串，将字母大小写相互转换并输出。本案例使用 for 循环遍历每个字母，使用 ord()函数进行编码，然后判断大小写，如果是小写字母，则码值减去 32；如果是大写字母，则码值加上 32，从而实现大小写字母码值的互转，最后使用 chr()函数还原并输出字符串。

■ 案例实现

```
str = input("请输入字符：")                         # 接收一个字符串
str1 = ''                                          # 定义一个空字符串，用于存储转换后的结果
for cha in str:                                    # 循环遍历字符串
    if "a" <= cha <= "z":                          # 判断字符是否是小写
        cha1 = ord(cha) - 32                       # 将字符转为 ASCII 值，该值减去 32 变为大写
    elif "A" <= cha <= "Z":                        # 判断字符是否是大写
        cha1 = ord(cha) + 32                       # 转换为小写字符对应的 ASCII 值
    str1 += chr(cha1)                              # 将 ASCII 值转为字符型
print(str1)                                        # 打印转换后的结果
```

3.8.3 数字整除

扫一扫，看视频

■ 案例分析

如果输入一个尾数是 3 或 9 的数字，判断至少需要用含有多少个 9 的数字才能整除该数。本案例使用穷举法进行设计。

■ 案例实现

```
divisor = int(input('输入一个数字[末尾是 3 或 9]：'))  # 接收一个尾数为 3 或 9 的数字
```

```
flag = True                                           # 定义标记变量，初始值设置为True
count = 1                                             # 定义统计变量，需要使用 9 的个数
num = 9                                               # 定义常数 9
dividend = 9                                          # 定义被除数
while flag:                                           # 循环判断
    if dividend % divisor == 0:                       # 当被除数能够整除该数时
        flag = False                                  # 设置标记变量为 False，跳出循环
    else:
        num *= 10                                     # 扩大 10 倍，并赋值给自己
        dividend += num                               # 重新设置被除数
        count += 1                                    # 统计需要 9 的个数
print('{}个 9 可以被{}整除'.format(count, divisor))   # 打印结果
r = dividend / divisor                                # 整除
print('{}/{} ={}'.format(dividend, divisor, r))       # 输出整除的结果
```

扫一扫，看视频

3.8.4 数字加密

■ **案例分析**

本案例使用位运算符对用户输入的数字进行加密。加密过程如下，演示效果如图 3.11 所示。

第 1 步，先接收用户输入的数字（仅接收整数）。

第 2 步，对数字执行左移 5 位运算。

第 3 步，再对移位后的数字执行按位取反运算。

第 4 步，去掉负号。

■ **案例实现**

```
password = int(input("请输入密码："))
print("你输入的密码是：%s" % password)
new_pass = -(~(password << 5))
print("加密后的密码是：%s" % new_pass)
old_pass = (~(-new_pass)) >> 5
print("解密后的密码是：%s" % old_pass)
```

```
PS D:\www_vs> & D:/python-3.9.0-amd64/python.exe d:/www_vs/test1.py
请输入密码：12345678
你输入的密码是：12345678
加密后的密码是：395061697
解密后的密码是：12345678
PS D:\www_vs>
```

图 3.11 数字加密演示效果

扫一扫，看视频

3.8.5 统计二进制数字中 1 的个数

■ **案例分析**

本案例设计输入一个正整数，求这个正整数转化成二进制后 1 的个数。

设计思路：假设一个整数变量 number，number&1 有两种可能：1 或 0。当结果为 1 时，说明最低位为 1；当结果为 0 时，说明最低位为 0，可以通过>>运算符右移一位，再求 number&1，直到 number 为 0 为止。

■ **案例实现**

```
while True:
    count = 0                                   # 定义变量统计 1 的个数
```

```
number = int(input("请输入一个正整数:"))     # 输入一个正整数
temp = number                              # 备份输入的数字
if number > 0:                             # 输入正整数时
    while True:                            # 无限次循环
        if number & 1 == 1:                # 最后一位为1
            count += 1                     # 统计1的个数
        number >>= 1                       # 右移一位，并赋值给自己
        if number == 0:                    # 数为0
            break                          # 退出循环
    print(temp, "的二进制中1的个数为:", count)   # 打印结果
else:                                      # 输入非正整数时
    print("输入的数不符合规范")                 # 输出提示语句
```

3.9 在线支持

扫码，拓展学习

第4章　程 序 结 构

第 3 章介绍了运算符和表达式，表达式是一个可运算、有结果的式子，结果一定是一个 Python 对象。语句是一个命令，用于执行任务。Python 定义了 20 多种语句，从结构上可以分为单句和复句，说明请参考本章在线支持内容或扫描右侧二维码。

多条语句可以组成一段程序，完整的项目则需要成千上万条语句。大部分语句主要用于程序结构设计和流程控制，如 if、for、while 等。本章将重点讲解分支结构和循环结构的设计。

【学习重点】

- 了解 Python 语句。
- 灵活设计分支结构。
- 灵活设计循环结构。
- 正确使用流程控制语句。

扫码，拓展学习

4.1　分 支 结 构

在默认情况下，程序都是按顺序从上到下执行的，称为顺序结构。如果使用 if、elif 和 else 语句，可以改变流程顺序，允许代码根据条件选择执行方向，称为分支结构。

扫一扫，看视频

4.1.1　if 语句

■ 知识点

if 语句允许根据特定的条件执行指定的语句。语法格式如下：

```
if condition:
    statement_block
```

如果表达式 condition 的值为真，则执行语句块 statement_block；否则，将忽略语句块 statement_block。

提示：

如果 statement_block 只包含一条语句，可以与 condition 写在一行，格式如下：

```
if condition: statement_block
```

不推荐这种用法，建议采用缩进语法，更符合 Python 编码规范。

■ 上机练习

【示例】使用 random.randint()函数随机生成一个 1～100 之间的整数，然后判断该数能否被 2 整除，如果可以整除，则输出显示。

```
import random                              # 导入 random 模块
num = random.randint(1, 100)               # 随机生成一个 1～100 之间的数字
print( num )                               # 输出随机数
if num % 2 == 0 :                          # 判断变量 num 是否为偶数
```

```
    print(str(num) + "是偶数。")
```

在上面的代码中，需要用到 random 模块中的 randint()函数，因此先导入该模块，然后在 random 名字空间下调用 randint()函数。

扫一扫，看视频

4.1.2 else 语句

■ 知识点

else 语句必须与 if 语句配合使用，仅在 if 或 elif 语句的条件表达式为假时执行。语法格式如下：

```
if condition:
    statement_block1
else:
    statement_block2
```

如果表达式 condition 的值为真，则执行语句 statement_block1；否则，将执行语句 statement_block2。

■ 上机练习

设计一个简单的加法计算器，训练 100 以内求和运算。

```
print("100 内快速求和运算：")
while True:                                    # 无限循环
    num1 = float(input("数字 1: "))            # 输入 num1
    num2 = float(input("数字 2: "))            # 输入 num2
    if num1 > 100 or num2 > 100:               # 判断输入有效性
        print("咱们不玩大的，就玩 100 以内的数字，请重新输入")
        continue                               # 继续游戏
    else:
        sum = round(num1 + num2, 2 )           #计算和
        print("%.2f + %.2f ="%(num1,num2), sum)    #输出计算结果
    print("是否退出？ 退出请按 Q 键，否则按其他键继续玩")
    esc = input()                              # 接收键盘指令
    if esc == 'Q':                             # 如果按下 Q（大写），则退出游戏，否则继续
        break                                  # 退出循环，退出游戏
```

在上面的代码中，使用 while True 定义无限循环，设计重复运行游戏，然后通过键盘指令，由用户来决定是否终止游戏。在求和运算中，使用 round(num1 + num2, 2)控制两位小数精度的浮点数求和运算，输出显示时，也通过%.2f 控制两位有效小数位的浮点数显示。

■ 补充

【示例】if 和 else 语句可以嵌套使用，用来设计多重分支结构。

```
import random                                  # 导入 random 模块
num = random.randint(1, 100)                   # 随机生成一个 1～100 之间的数字
if  num < 60:
    print( "不及格" )
else:
    if (num < 70 ):
        print( "及格" )
    else :
        if ( num < 85 ):
```

```
            print( "良好" )
        else :
            print( "优秀" )
```

扫一扫，看视频

4.1.3 elif 语句

■ 知识点

elif 语句必须与 if 语句配合使用，用来设计多分支条件结构。语法格式如下：

```
if condition1:
    statement_block1
elif condition2:
    statement_block2
elif condition3:
    statement_block3
...
Else:
    statement_blockn
```

elif 语句能够根据不同表达式的值，决定执行不同的语句块。

注意：

if 和 elif 语句都需要判断条件表达式的真假，而 else 语句则不需要；另外，elif 和 else 语句都必须与 if 语句结合才能够使用，不能够单独使用。

■ 上机练习

【示例 1】要求用户输入个人成绩，然后输出等级 A、B、C、D、E。90 分以上为 A，80～89 分为 B，70～79 分为 C，60～69 分为 D，60 分以下为 E。

```
score = int(input("请输入你的成绩:"))            # 输入百分制成绩
if score >= 0 and score <= 100:                # 成绩符合规范
    if score < 60:                             # 成绩在 60 分以下
        print("你的成绩等级为 E")                # 输出成绩等级 E
    elif score < 70:                           # 成绩在 60～69 分
        print("你的成绩等级为 D")                # 输出成绩等级 D
    elif score < 80:                           # 成绩在 70～79 分
        print("你的成绩等级为 C")                # 输出成绩等级 C
    elif score < 90:                           # 成绩在 81～89 分
        print("你的成绩等级为 B")                # 输出成绩等级 B
    else :                                     # 成绩在 90 分以上
        print("你的成绩等级为 A")                # 输出成绩等级 A
else:                                          # 成绩不符合规范
    print("你输入的成绩不符合规范！")
```

【示例 2】假设某城市的出租车计费方式为：起步 2 公里内 5 元，2 公里以上每公里收费 1.3 元，9 公里以上每公里收费 2 元，不足 1 公里的算 1 公里，燃油附加费 1 元。编写程序，输入公里数，计算出所需的出租车费用。

```
import math                                          # 导入 math 函数
distance = math.ceil(float(input("请输入行驶路程:")))   # 向上取整公里数
```

```
cost = 0                                              # 定义费用
if distance >= 0:                                     # 输入合法的公里数
    if distance <= 2:                                 # 2公里内
        cost = 5+1                                    # 计算费用
        print("需要的费用为:", cost)
    elif distance <= 9:                               # 2公里以上，9公里以内
        cost = 5 + (distance-2)*1.3 + 1                   # 计算费用
        print("需要的费用为:", cost)
    else:                                             # 9公里以上
        cost = 5 + (9-2)*1.3 + (distance-9)*2 + 1     # 计算费用
        print("需要的费用为:", cost)
else:                                                 # 公里数不合法
    print("输出的数据不符合规范！")
```

■ **补充**

elif语句也允许嵌套使用，语法格式如下：

```
if 表达式1:
    语句
elif 表达式2:
    if 嵌套表达式1:
        嵌套语句
    elif 嵌套表达式2:
        嵌套语句
```

4.2 循环结构

在程序开发中，存在大量的重复性操作或计算，这些任务必须依靠循环结构来完成。Python定义了while和for两种格式的循环结构。

扫一扫，看视频

4.2.1 while语句

■ **知识点**

while语句是最基本的循环结构。语法格式如下：

```
while condition:
    statement_block
```

当表达式condition的值为True时，将执行statement_block语句块，执行结束后，再返回到condition表达式继续进行判断。直到表达式的值为False，才跳出循环，执行下一行语句。

提示：

与if语句一样，如果while循环只有一条语句，可以并行书写。语法格式如下：

```
while condition: statement_block
```

不推荐这种用法，建议采用缩进语法。

■ **上机练习**

【示例1】使用while语句输出1～100之间的偶数。

```
n = 0                                          # 声明并初始化循环变量
while n <= 100:                                # 循环条件
    n += 1                                     # 递增循环变量
    if n % 2 == 0:
        print(n)                               # 执行循环操作
```

设置条件表达式的值为 True，可以设计无限循环。在网络开发中，无限循环能够满足客户端实时请求。使用 Ctrl+C 组合键可以强制退出当前无限循环。

【示例 2】使用无限循环要求用户不断输入年份，以便过滤闰年。

```
while True:
    year = int(input("输入年份："))
    if (year % 4 == 0 and year % 100 != 0) or (year % 4 == 0 and year % 400 == 0):
        print(year, "是闰年。")
```

判断闰年的方法：四年一闰，百年不闰，四百年再闰。

■ **拓展**

while 循环可以使用 else 语句。设计当 while 的条件表达式为 False 时，执行 else 的语句块。

【示例 3】循环输出小于 5 的正整数，如果大于或等于 5，则提示信息。

```
count = 0
while count < 5:
    print(count, " 小于 5")
    count = count + 1
else:
    print(count, " 大于或等于 5")
```

扫一扫，看视频

4.2.2 for 语句

■ **知识点**

for 语句可以遍历任何可迭代的对象，如列表、元组、字符串等。语法格式如下：

```
for variable in sequence:
    statement_block
```

首先，Python 将对 sequence 进行一次计算，创建一个迭代器，产生一个可迭代的对象；然后，按照迭代器返回值的顺序，对迭代器提供的每一个元素执行一次读取操作，并把读取的元素依次赋值给变量 variable；最后，执行循环体内语句块。如果当元素读取完毕，或者对象为空，或者迭代器触发异常时，则立即停止循环，跳出循环体到下一行继续执行。

■ **上机练习**

【示例 1】要求输入字符串，然后计算出有多少个数字和字母。字符串也是有序序列，因此可以使用 for 语句直接迭代。

```
content = input('请输入内容： ')            # 输入内容
num = 0                                  # 定义变量 num 统计数字个数
str = 0                                  # 定义变量 str 统计字母个数
for n in content:                        # 循环遍历字符串
    if n.isdecimal() == True:            # 是数字
        num+=1                           # 累加数字个数
```

```
    elif n.isalpha() == True:              # 是字母
        str+=1                             # 累加字母个数
    else:                                  # 不是数字和字母
        pass                               # 空语句，不做任何事情
print ('数字个数 ',num)                    # 输出数字个数
print ('字母个数',str)                     # 输出字母个数
```

提示：

range()是内置函数，根据参数可以创建一个整数序列，一般用在 for 循环中，语法格式如下：

```
range(start, stop[, step])
```

参数说明如下。

- start：计数从 start 开始，默认从 0 开始，如 range(5)等价于 range(0, 5)。
- stop：计数到 stop 结束，不包括 stop，如 range(0, 5)是[0, 1, 2, 3, 4]。
- step：步长，默认为 1，如 range(5)等价于 range(0, 5, 1)。

【示例 2】求可被 17 整除的所有三位数。

```
for num in range(100, 1000):
    if num % 17 == 0:
        print(num, end=" ")
```

■ **拓展**

for 循环可以与 else 语句配合使用，设计当迭代的元素不存在时，执行 else 的语句块。演示可以参考 4.3.2 小节示例。

■ **补充**

while 和 for 语句都可以嵌套使用。通过嵌套设计复杂的程序。

【示例 3】求 100 以内的所有素数。

```
for i in range(2, 100):                   # 遍历 2～99 之间的所有整数
    for j in range(2, i):                 # 遍历 2 到当前数字之间的所有整数
        if(i % j == 0):                   # 如果被左侧任意一个数字整除，则不是素数
            break
    else:                                 # 不被任意一个左侧数字整除，则打印素数
        print(i, end=" ")
```

提示：

素数又称为质数，就是只能被 1 和自身整除的整数。

【示例 4】有 1、2、3、4 四个数字，求能组成多少个互不相同且无重复数字的三位数。

```
cnt = 0                                        # 汇总个数
for i in range(1, 5):                          # 百位数
    for j in range(1, 5):                      # 十位数
        for k in range(1, 5):                  # 个位数
            if i != j and i != k and j != k:   # 如果百位数、十位数和个位数都不相同
                print(i*100+j*10+k, end=" ")   # 输出结果
                cnt += 1                       # 计数
print()
print(cnt, "个")
```

本例设计三重嵌套的循环结构，分别循环检测百位数、十位数和个位数的数字。

4.3 流程控制

使用 break、continue、return 语句可以中途改变分支结构、循环结构的程序流向。本节重点介绍 break 和 continue 语句，return 语句将在函数一章中进行详细讲解。

扫一扫，看视频

4.3.1 break 语句

■ **知识点**

break 语句只能用在循环体内，结束当前 for 或 while 语句的执行。一般与 if 语句配合使用，设计在特定条件下终止循环。语法格式如下：

```
while condition1:
    statement_block1
    if condition2:
       break
    statement_block2
```

或

```
for variable in sequence:
    statement_block1
    if condition2:
       break
    statement_block2
```

其中，条件表达式 condition2 作为一个监测条件，一旦该条件为 True，就会立即终止循环。

■ **上机练习**

【示例 1】求一个整数，加上 100 后是一个完全平方数，再加上 168 又是一个完全平方数。

```
import math                                        # 导入 math 模块
num = 1                                            # 从 1 开始累计推算
while True:
    if math.sqrt(num + 100)-int(math.sqrt(num + 100)) == 0 and math.sqrt(num +
268)-int(math.sqrt(num + 268)) == 0:
       print(num)                                  # 输出 21
       break
    num += 1
```

在上面的代码中，当求得一个整数满足题干所设置的条件后，使用 break 语句立即跳出循环，避免无限求值。本例调用 math 模块中的 sqrt()函数，用于开平方根。当一个数字开平方根后等于它的整数部分，说明它是一个完全平方数。

【示例 2】求 1~100 之间的所有质数。质数又称为素数，是指在大于 1 的自然数中，除了 1 和它本身以外，不再有其他因数的自然数。

```
from math import sqrt                              # 导入 sqrt 模块
count = 0                                          # 定义统计变量，控制输出
```

```
flag = True                                  # 定义标记变量，判断是否是质数
for m in range(1, 101):                      # 遍历 1～100 中的数
    h = int(sqrt(m + 1))                     # 对该数求平方根，能够减少系统开支
    for i in range(2, h + 1):                # 从 2 开始遍历，直到该数的平方根
        if m % i == 0:                       # 判断该数能否整除 2 至平方根之间的数
            flag = False                     # 如果能够整除，则设置标记变量为 False
            break                            # 跳出内层循环，不再遍历
    if flag == True:                         # 循环结束，判断标记变量是否为 True
        print('%-3d' % m, end=' ')           # 为真，则打印该变量
        count += 1                           # 统计变量自增
        if count % 5 == 0:                   # 每当有 5 个质数时，换行输出
            print()
    flag = True                              # 遍历下一个数时，将标记变量重置为 False
```

提示：

在嵌套循环中，break 语句只够停止执行当前循环，返回外层循环，但不能够结束外层循环。

扫一扫，看视频

4.3.2 continue 语句

■ 知识点

continue 语句只能用在循环体内，一般与 if 语句配合使用，设计当满足特定条件时跳过执行本次循环中剩余的代码，并在条件允许的情况下，继续执行下一次循环。语法格式如下：

```
while condition1:
    statement_block1
    if condition2:
        continue
    statement_block2
```

或

```
for variable in sequence:
    statement_block1
    if condition2:
        continue
    statement_block2
```

其中，条件表达式 condition2 作为一个监测条件，一旦该条件为 True，就会立即停止 statement_block2 代码块的执行，返回循环的起始位置，检测条件如果为 True，则继续执行下一次循环。

■ 上机练习

【示例 1】过滤非整数。

```
a = [1, "hi", 2, "good", "4", "", 3, 4, 5.3, 8]    # 定义并初始化列表 a
b = []                                               # 定义临时列表 b
for i in a:                                          # 遍历列表 a
    if type(i) != int:                               # 如果为非整数
        continue                                     # 则返回继续下一次循环
    b.append(i)                                      # 把数字寄存到列表 b
print(b)                                             # 输出 [1, 2, 3, 4, 8]
```

从上面的代码中可以看到，continue 语句具有筛选功能，删除特定元素或者不需要的类型。

【示例 2】Python 目前暂不支持标签语句，所以在嵌套循环结构中，就不能够直接实现跨层跳转。如果从内层循环中直接跳出，结束嵌套循环，可以配合使用 continue 和 break 语句来实现。

```
for i in range(10):                          # 外循环
    for j in range(10):                      # 内循环
        print(i, j)
        if i == 2 and j == 2:
            break                            # break1
    else:
        continue
    break                                    # break2
```

“内循环”的结果只有以下两种情况。

- 循环结束，执行 else 部分。
- 符合 if 条件，执行 if 中的 break，中断循环。

如果“内循环”完成一个循环，那么就会通过 else 的 continue，继续运行“外循环”的下一个循环。如果“内循环”被意外中断，那么“外循环”也必须要中断，跳出整个嵌套循环。也就是说，如果“内循环”被中断，不会执行 else 中的 continue，而是执行“外循环”底部的 break，从而同时中断“外循环”。

4.4 案 例 实 战

扫一扫，看视频

4.4.1 求水仙花数

■ 案例分析

求 1000 以内的所有水仙花数。水仙花数是指一个三位数，其各位数字的立方和等于该数本身。

■ 案例实现

```
n = 100                                      # 初始值
while n < 1000:                              # 循环 100～1000 内的数
    i = n % 10                               # 取个位数
    j = n // 10 % 10                         # 取十位数
    k = n // 100                             # 取百位数
    if n == i**3 + j**3 + k**3:              # 是否满足水仙花数
        print(n, "是水仙花数")               # 打印水仙花数
    n = n + 1
```

扫一扫，看视频

4.4.2 兔生崽

■ 案例分析

有一对兔子，从出生后第 3 个月起每个月都生一对兔子，小兔子长到第 3 个月后每个月又生一对兔子，假如兔子都不死，请输出前 20 个月每个月有多少对兔子。

设计思路：兔子每个月的规律数是：1，1，2，3，5，8，13，21，34，…，该数列是一个斐波那契数列，即第 3 个数是前两个数的和。

■ 案例实现

```
first = second = 1                                    # 定义前两个月的个数
for month in range(1,21):                             # 遍历前 20 个月
    if month > 2:                                     # 第 3 个月之后
        third = first + second                        # 当月的兔子数
        first = second                                # 前两月兔子数改为前一月兔子数
        second = third                                # 前一月兔子数改为当月兔子数
        print("第%d 个月有%d 对兔子"%(month,third))    # 打印当月兔子数
    else:                                             # 第 1 月和第 2 月
        print("第%d 个月有%d 对兔子"%(month,first))    # 输出兔子数
```

4.4.3　抓小偷

扫一扫，看视频

■ 案例分析

警察抓了 a、b、c、d 4 名嫌疑犯，其中有一人是小偷，审讯口供如下。

- a 说："我不是小偷。"
- b 说："c 是小偷。"
- c 说："小偷肯定是 d。"
- d 说："c 胡说！"

在上面陈述中，已知有 3 个人说的是实话，一个人说的是假话，请编写程序推断谁是小偷。

■ 案例实现

```
for i in range(1, 5):
    if 3 == ((i != 1) + (i == 3) + (i == 4) + (i != 4)):
        str = chr(96 + i)                             # 将 1、2、3、4 转化为 a、b、c、d
print(str + '是小偷')                                  # 打印结果
```

将 a、b、c、d 分别表示为 1、2、3、4，循环遍历每个嫌疑犯。假设循环变量 i 为小偷，则使用变量 i 代入表达式，分别判断每个嫌疑人的口供，判断是否为真，而且为真的只能有 3 个。

4.4.4　求阿姆斯特朗数

扫一扫，看视频

■ 案例分析

要求输入一个数字，判断是否为阿姆斯特朗数。

阿姆斯特朗数是指如果一个 n 位正整数等于其各位数字的 n 次方之和，则称该数为阿姆斯特朗数。其中，当 n 为 3 时是一种特殊的阿姆斯特朗数，也称为水仙花数。例如，1634 是一个阿姆斯特朗数，因为 1634=1**4＋6**4＋3**4+4**4。

■ 案例实现

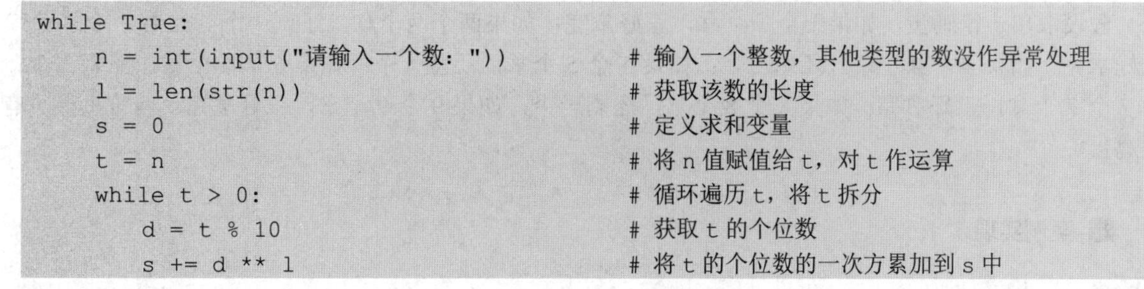

```
while True:
    n = int(input("请输入一个数: "))           # 输入一个整数，其他类型的数没作异常处理
    l = len(str(n))                           # 获取该数的长度
    s = 0                                     # 定义求和变量
    t = n                                     # 将 n 值赋值给 t，对 t 作运算
    while t > 0:                              # 循环遍历 t，将 t 拆分
        d = t % 10                            # 获取 t 的个位数
        s += d ** 1                           # 将 t 的个位数的一次方累加到 s 中
```

```
        t //= 10                                # 对 t 作整除运算
    if n == s:                                  # 判断原来数 n 和求和后的数 s 是否相等
        print("%d 是阿姆斯特朗数" % n)          # 输出 n 是阿姆斯特朗数
    else:
        print("%d 不是阿姆斯特朗数" % n)        # 输出 n 不是阿姆斯特朗数
```

扫一扫，看视频

4.4.5 数字组合游戏

■ 案例分析

计算由 1、2、3、4 这 4 个数字组成的每位数字不一样的三位数。

■ 案例实现

```
for i in range(1, 5):                               # 百位数字
    for j in range(1, 5):                           # 十位数字
        for k in range(1, 5):                       # 个位数字
            if(i != j and i != k and j != k):       # 都不相等
                print(i*100+j*10+k, end=" ")        # 输出该数字组合的三位数
```

扫一扫，看视频

4.4.6 反弹运动

■ 案例分析

假设有一个小球，从 100 米高空自由落下，每次落地后反跳回原高度的一半再落下，求当小球第 10 次落地时，共运行了多少米？求第 10 次反弹的高度。

■ 案例实现

```
sum = 0                                             # 定义反弹经过的总距离
hei = 100.0                                         # 定义起始高度
tim = 10                                            # 定义反弹次数
for i in range(1, tim + 1):                         # 遍历反弹的次数
    if i == 1:
        sum = hei                                   # 第 1 次开始时，落地的距离
    else:
        sum += 2 * hei                              # 从第 2 次开始，落地时的距离
                                                    # 应该是反弹到最高点的高度乘以 2
    hei /= 2                                        # 计算下次的高度
print('总距离：sum = {0}'.format(sum))              # 输出反弹经过的总距离
print('第 10 次反弹高度：height = {0}'.format(hei)) # 输出第 10 次反弹的高度
```

扫一扫，看视频

4.4.7 拿鸡蛋问题

■ 案例分析

假设取出一筐鸡蛋，如果一个一个拿，正好拿完；如果两个两个拿，还剩一个；如果 3 个 3 个拿，正好拿完；如果 4 个 4 个拿，还剩一个；如果 5 个 5 个拿，还差一个；如果 6 个 6 个拿，还剩 3 个；如果 7 个 7 个拿，正好拿完；如果 8 个 8 个拿，还剩一个；如果 9 个 9 个拿，正好拿完。问筐里最少有多少鸡蛋？

■ 案例实现

```
for i in range(1, 1000):                              # 测试1000内有没有符合条件的
    if i % 2 == 1 and i % 3 == 0 and i % 4 == 1 and i % 5 == 1 and i % 6 == 3 and
i % 7 == 0 and i % 8 == 1 and i % 9 == 0:             # 设置限制条件
        print(i)                                      # 输出为441
```

4.5 在线支持

扫码，拓展学习

第 5 章　列表和元组

Python 内置四类基本的数据结构：列表、元组、字典和集合。在程序设计中，借助它们可以解决各种复杂的问题。列表和元组都属于序列范畴，是最基本的数据处理和交换工具。本章将重点讲解这两种数据类型。

【学习重点】

- 认识序列。
- 灵活使用列表。
- 正确使用元组。

5.1　序　　列

序列（sequence）是一组按顺序、紧密排列在一起的数据集。序列的作用是便于管理、方便数据操作，更重要的是序列支持切片概念，利用切片可以高效获取部分数据子集。在 Python 中，序列主要包括列表、元组、字符串和字节串。

提示：

字符串、字节串（bytes）和字节数组（bytearray）也是内置数据类型。

- 列表、字典、集合和字节数组是可变数据，不仅可以读，也可以写。
- 元组、字符串和字节串是不可变数据，仅支持读操作。

扫一扫，看视频

5.1.1　下标索引

■ 知识点

序列都是有序数据结构，如列表、元组、字符串、字节串、字节数组等，与之相反的是无序数据结构，如字典、集合等。

在序列中，每个值称为元素，每个元素都会自动分配一个编号，称为下标索引，使用索引可以访问每个元素。

下标值从 0 开始。编号为 0，表示第 1 个元素；编号为 1，表示第 2 个元素；编号为 2，表示第 3 个元素；编号为 n，表示第 n+1 个元素；以此类推，如图 5.1 所示。

元素 1	元素 2	元素 3	元素 4	元素 5	…	元素 n	序列
0	1	2	3	4	…	n-1	下标

图 5.1　序列与正数下标的关系

下标值也可以为负值，表示从右往左开始计数，最后一个元素的下标值为-1，倒数第 2 个元素的下标值为-2，依此类推，负列表长度表示第 1 个元素，如图 5.2 所示。

如果指定下标值超出列表的长度范围，将抛出异常。

元素 1	元素 2	元素 3	元素 4	元素 5	…	元素 n	序列
$1-n-1$	$2-n-1$	$3-n-1$	$4-n-1$	$5-n-1$	…	-1	下标

图 5.2　序列与负数下标的关系

使用中括号语法可以访问序列中的元素，语法格式如下。

```
序列对象[下标]
```

下标起始值为 0，指向第 1 个元素的下标位置，最后一个元素的下标位置为序列长度减 1。如果指定下标值超出序列长度的范围，将抛出异常。

通过该语法，不仅可以读取元素的值；如果允许，也可以为指定元素赋值。

■ **上机练习**

【示例 1】使用中括号语法读取第 1 个元素的值，然后再修改其值。

```
list1 = [1, 2, 3, 4]
print( list1[0])                      # 读取第 1 个元素的值，输出 1
list1[0] = 100                        # 修改第 1 个元素的值
print( list1[0])                      # 输出 100
```

注意：

当下标值超出序列的范围时，将抛出异常。

【示例 2】使用 len()函数可以获取序列的长度，即元素的个数。定义一个字符串，然后使用 len()函数获取字符串的长度。

```
str1 = "Python"                       # 字符串
print(len(str1))                      # 输出 6
```

【示例 3】使用 index()函数可以获取指定元素的下标，本示例使用 index()函数获取列表[1, 2, 3, 4]中值为 2 的元素下标值。

```
list1 = [1, 2, 3, 4]                  # 列表
print(list1.index(2))                 # 输出 1
```

5.1.2　切片操作

扫一扫，看视频

■ **知识点**

在 Python 中，序列支持切片操作。使用索引只能访问单个元素，使用切片可以访问一段或一组元素。切片使用中括号语法，其中包含两个冒号，分隔 3 个整数表示，语法格式如下：

```
sequence[start_index:end_index:step]
```

sequence 表示序列对象，包含的 3 个参数说明如下。

- start_index：表示起始下标位置，默认为 0，包含该起始位置。
- end_index：表示结束下标位置，默认为序列长度，不包含结束位置。如果 start_index 索引位置的元素不位于 end_index 索引位置元素的左侧，则返回空序列。
- step：表示切片的步长，默认为 1，但是不能为 0。当步长省略时，可以同步省略最后一个冒号。

提示：

切片操作不会因为下标越界而抛出异常，而是简单地在序列尾部截断或返回一个空序列，因此切片操作具有

更强的健壮性。

注意：

当 step 为负数时，表示从右到左反向截取元素，即从 start_index 索引对应的元素开始，反向每 step 个元素提取一个，直到 end_index+1 对应的元素为止。此时 start_index 对应的元素要位于 end_index 对应元素的右侧，否则返回空对象。当 step 为 0 时，会抛出 ValueError 异常。

技巧：

- obj[:]、obj[::]：表示完整复制序列对象的所有元素。
- obj[m:]：表示复制 m 位置以及后面所有的元素。
- obj[:n]：表示复制从头开始，到 n 位置之前的所有元素。

■ 上机练习

【示例 1】使用切片获取列表中不同部分的元素。

```
L = [1, 2, 3, 4, 5, 6, 7]
print(L[0:5])                              # 输出为 [1, 2, 3, 4, 5]
print(L[4:6])                              # 输出为 [5, 6]
print(L[2:2])                              # 输出为 []
print(L[-1:-3])                            # 输出为 []
print(L[-3:-1])                            # 输出为 [5, 6]
```

【示例 2】定义一个元组，然后通过步长提取分组元素。

```
t = (1, 2, 3, 4, 5, 6, 7, 8, 9, 10)
print(t[0:9:])                             # 输出为 (1, 2, 3, 4, 5, 6, 7, 8, 9)
print(t[0:9:2])                            # 输出为 (1, 3, 5, 7, 9)
print(t[0:9:4])                            # 输出为 (1, 5, 9)
print(t[::4])                              # 输出为 (1, 5, 9)
print(t[0:9:-2])                           # 输出为 ()
```

扫一扫，看视频

5.1.3 序列运算

■ 知识点

- 加法运算：两个类型相同的序列相加，等于合并操作。
- 乘法运算：一个序列对象乘于一个正整数 n，等于重复合并该序列 n 次。

■ 上机练习

【示例 1】对两个列表执行相加运算。

```
L1 = [1, 2, 3]
L2 = [4, 5, 6]
L3 = L1 + L2
print(L3)                                  # 输出为 [1, 2, 3, 4, 5, 6]
```

【示例 2】对元组对象乘以数字 4。

```
t1 = (1, 2, 3)
t2 = t1 * 4
print(t2)                                  # 输出为 (1, 2, 3, 1, 2, 3, 1, 2, 3, 1, 2, 3)
```

扫一扫，看视频

5.1.4　元素检测

■ 知识点

使用 in 或 not in 运算符可以检测序列对象是否包含指定元素。

■ 上机练习

【示例 1】输出字符串 Python 中是否包含小写字母 p。

```
str = "Python"
print( "p" in str)                          # 输出为 False
print( "p" not in str)                      # 输出为 True
```

5.2　列　　表

列表（list）的特点如下。

- 字面值：中括号包括所有数据，数据之间通过逗号分隔。
- 结构性：内部数据有序排列，通过下标索引。结构富有弹性，可变，允许自由伸缩。
- 内部数据：统称为元素，元素可读、可写。值的类型没有限制，允许重复。

扫一扫，看视频

5.2.1　定义列表

■ 知识点

定义列表有如下两种方法。

- 使用中括号语法，语法格式如下：

```
[元素 1, 元素 2, 元素 3, ... , 元素 n]
```

以中括号作为起始和终止标识符，其中包含零个或多个元素，元素之间通过逗号分隔。

- 使用 list()函数，可以将任何可迭代数据转换为列表，如元组、range 对象、字符串。

■ 上机练习

【示例 1】使用中括号语法定义列表对象。

```
list1 = ['a', 'b', 'c']                     # 定义字符串列表
list2 = [1, 2, 3]                           # 定义数字列表
list3 = ["a", 1, 2.4]                       # 定义混合类型的列表
list4 = []                                  # 定义空列表
```

使用=运算符可以将列表对象赋值给变量，即引用列表对象。

【示例 2】使用 list()函数把可迭代对象转换为列表。

```
list1 = list((1, 2, 3))                     # 元组
list3 = list({1, 2, 3})                     # 集合
list4 = list(range(1, 4))                   # 数字范围
list5 = list('Python')                      # 字符串
list6 = list({"x": 1, "y": 2, "z": 3})      # 字典
list7 = list()                              # 空列表
print(list1, list2, list3, list4, list5, list6, list7)
```

输出为：

```
[1, 2, 3] [1, 2, 3] [1, 2, 3] [1, 2, 3] ['P', 'y', 't', 'h', 'o', 'n'] ['x', 'y', 'z'] []
```

扫一扫，看视频

5.2.2 删除列表

■ 知识点

使用 del 命令可以删除列表。

■ 上机练习

```
list1 = ['a', 'b', 'c']                # 定义字符串列表并传递给变量 list1
del list1                              # 删除变量 list1 对列表对象的引用
print(list1)                           # 再次访问 list1，将抛出错误
```

如果列表对象自身不再被外部引用，Python 垃圾回收程序定时扫描，发现后会立即销毁。

扫一扫，看视频

5.2.3 访问列表

■ 知识点

- 使用中括号语法可以访问指定索引位置元素的值。语法格式可参考 5.1.1 小节序列的下标索引。
- 使用如下语法可以更新元素的值。

```
list[index] = value
```

list 表示列表对象，index 表示下标值，等号左侧为列表元素，右侧为要赋的新值，新值的类型不限。如果指定下标值超出列表的长度范围，将抛出异常。

- 使用 len()函数可以统计列表元素的个数。
- 使用 count()方法可以统计指定值在列表中出现的次数。如果不存在，则返回 0。
- 使用 index()方法可以获取指定值在列表中的下标位置。如果列表中不存在指定的元素，将会抛出异常。语法格式如下：

```
list.index(value, start, stop)
```

参数 value 表示元素的值。start 和 stop 为可选参数，start 表示起始检索的位置，包含 start 所在位置，stop 表示终止检索的位置，不包含 stop 所在的位置。

index()方法将在指定范围内，从左到右查找第 1 个匹配的元素，然后返回它的下标值。

■ 上机练习

【示例 1】先定义一个列表，然后使用下标读取第 2 个元素的值。

```
list1 = ['a', 'b', 'c']                # 定义字符串列表
print(list1[1])                        # 访问第 2 个元素，输出为 b
```

【示例 2】先定义一个列表，然后更新第 2 个元素的值。

```
a = ["a", "b"]                         # 定义列表
a[0] = 1                               # 修改第 1 个元素的值
a[1] = 2                               # 修改第 2 个元素的值
print(a)                               # 输出为 [1, 2]
```

【示例 3】使用 len()函数获取列表长度，然后使用 while 语句遍历列表元素，把每个元素的字母转换为大写形式。

```
list1 = ['a', 'b', 'c']                    # 定义列表
i = 0                                      # 循环变量
while i < len(list1):                      # 遍历列表
    list1[i] = list1[i].upper()            # 读取每个元素，然后转换为大写形式，再写入
    i += 1                                 # 递增变量
print(list1)                               # 输出为 ['A', 'B', 'C']
```

【示例 4】使用 count()方法统计 4 在列表中出现的次数。

```
list1 = [1, 2, 3, 4, 5, 5, 4, 3, 2, 1, 4]
print(list1.count(4))                      # 输出为 3
```

【示例 5】获取 4 在下标为 7～12 之间出现的索引位置，返回 10，即第 11 个元素。

```
list1 = [1, 2, 3, 4, 5, 5, 4, 3, 2, 1, 4, 2, 4]
print(list1.index(4, 7, 12))               # 输出为 10
```

5.2.4　遍历列表

扫一扫，看视频

■ 知识点

遍历列表就是对列表中每个元素执行一次访问，在程序设计中会频繁应用，如过滤、更新、检测等应用。遍历的方法如下。

- 使用 while 语句。不推荐使用。
- 使用 for 语句。专用于迭代对象，执行效率高。

提示：

在 for 语句中，常用 enumerate()函数将可迭代的对象转换为索引序列。语法格式如下：

```
enumerate(sequence, [start=0])
```

参数 sequence 表示一个可迭代的对象，start 表示下标起始位置。enumerate()函数将返回一个 enumerate（枚举）对象。

■ 上机练习

【示例 1】使用 while 遍历列表对象，把每个字母转换为大写形式。

```
list1 = ['a', 'b', 'c']                    # 定义列表
i = 0                                      # 定义初始值
while i < len(list1):                      # 遍历列表
    list1[i] = list1[i].upper()            # 读取每个元素，然后转换为大写形式，再写入
    i += 1                                 # 下标自增
print(list1)                               # 输出为 ['A', 'B', 'C']
```

【示例 2】使用 for 迭代每个元素，实现把字母转换为大写形式。

```
list1 = ['a', 'b', 'c']                    # 定义列表
for i in list1:                            # 遍历列表
    list1[list1.index(i)] = i.upper()      # 读取每个元素，然后转换为大写形式，再写入
print(list1)                               # 输出为 ['A', 'B', 'C']
```

注意：

使用 list1.index(i)获取每个元素的下标位置会存在隐患。如果列表中有重复的元素，则 list1.index(i)返回的总是第 1 次出现的下标值，这时可以使用 enumerate()函数将可迭代的对象转换为索引序列，以避免此类问题。

【示例 3】使用 for 迭代列表。在迭代之前，使用 enumerate()函数将列表转换为索引序列，再迭代时，就不用担心重复元素的下标混乱问题。

```
list1 = ['a', 'b', 'c', 'b']                # 定义列表
for index, value in enumerate(list1):       # 遍历 enumerate 对象
    list1[index] = value.upper()            # 读取每个元素，然后转换为大写形式，再写入
print(list1)                                # 输出为 ['A', 'B', 'C', 'B']
```

通过 index 可以获取列表中当前元素的下标值，通过 value 可以获取 index 对应的元素的值。

扫一扫，看视频

5.2.5 添加元素

■ 知识点

为列表添加元素有以下 5 种方法。

- append()方法：在当前列表的尾部添加值。语法格式如下：

```
list.append(obj)
```

参数 obj 表示要添加到列表末尾的值。

- extend()方法：将另一个可迭代对象包含的所有元素添加到当前列表的尾部，等效于对象合并操作。语法格式如下：

```
list.extend(iter)
```

参数 iter 表示可迭代对象。

- insert()方法：将值插入到当前列表的指定下标位置。语法格式如下：

```
list.insert(index, obj)
```

参数 index 表示插入的索引位置；obj 表示要插入的对象。

注意：

上述 3 个方法都没有返回值，仅在原列表上执行操作。

- +运算符：将两个列表对象合并为一个新的列表对象。
- *运算符：当列表与一个整数相乘时将生成一个新列表，新列表是原列表中元素的重复，重复次数由整数决定。

注意：

上述两种方法不会影响原列表，而是返回一个新列表。

■ 上机练习

【示例 1】为列表 list1 追加了一个元素 b，追加的元素被添加到列表的尾部。

```
list1 = ['a', 'b', 'c']                     # 定义列表
list1.append("b")                           # 追加一个元素
print(list1)                                # 输出为 ['a', 'b', 'c', 'b']
```

提示：

当增加和删除元素时，列表对象在内存中的地址是不变的。

【示例 2】使用 extend()方法为列表 list1 添加一组元素，在操作过程中，列表的值发生了变化，但是列

表对象的地址没有发生变化。

```
a = [1, 2, 4]
print(id(a))                           # 地址：878351704712
a.extend([7, 8, 9])                    # 追加序列
print(a)                               # 输出为[1, 2, 4, 7, 8, 9, 11, 13]
print(id(a))                           # 地址：878351704712
```

【示例 3】使用 insert()方法为列表 a 添加一个元素 6，插入位置为 3，即第 4 个元素。

```
a = [1, 2, 3, 4]
print(id(a))                           # 地址：47959883021
a.insert(3, 6)                         # 在下标为 3 的位置插入元素 6
print(a)                               # 输出为 [1, 2, 3, 6, 4]
print(id(a))                           # 地址：47959883021
```

提示：

当调用 insert()方法时，如果传入的索引超出范围，不会触发异常。如果是正索引，等效于 append()方法，在尾部添加；如果是负索引，等效于 insert(0, object)，在头部添加。

注意：

由于列表的内存自动管理功能，在列表中间位置插入元素会引发其后所有元素的移位，这会影响执行效率。因此，在没有特殊要求的情况下，建议在列表尾部增加或删除元素。类似的操作还有 remove()方法、pop()方法、del 命令等。

【示例 4】使用+运算符合并两个列表为一个新的列表对象。

```
a = [1, 2, 4]
b = [1, 2, 3]
c = a + b                              # 合并列表对象
print(c)                               # 输出为 [1, 2, 4, 1, 2, 3]
```

【示例 5】定义一个列表对象，然后使用*运算符把列表的元素重复扩展 4 倍。

```
a = [1, 2, 3]
b = a*4                                # 重复扩展列表元素 4 次
print(b)                               # 输出为 [1, 2, 3, 1, 2, 3, 1, 2, 3, 1, 2, 3]
```

5.2.6 删除元素

扫一扫，看视频

■ 知识点

删除列表元素有以下 4 种方法。

- del 命令：删除指定下标位置的元素。
- pop()方法：删除并返回指定下标位置上的元素。语法格式如下：

```
list.pop([index=-1])
```

参数 index 表示要移除列表元素的索引值，默认值为-1，即删除最后一个列表值。如果给定的索引值超出了列表的范围，将抛出异常。

- remove()方法：删除首次出现的指定元素。语法格式如下：

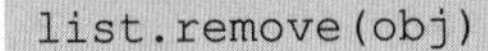

```
list.remove(obj)
```

参数 obj 表示列表中要移除的对象，该方法没有返回值，如果列表中不存在要删除的元素，将抛出异常。

- clear()方法：清空列表中所有的元素。该方法没有参数，也没有返回值。

■ 上机练习

【示例 1】使用 del 命令删除列表 a 中下标值为 2 的元素。

```
a = [1, 2, 3, 4]
del a[2]                                    # 删除下标值为 2 的元素
print(a)                                    # 输出为 [1, 2, 4]
```

【示例 2】删除列表 a 中的最后一个元素，然后输出列表和删除元素的值。

```
a = [1, 2, 3, 4]
e = a.pop()                                 # 删除最后一个元素
print(a)                                    # 输出为 [1, 2, 3]
print(e)                                    # 输出为 4
```

【示例 3】使用 remove()方法删除列表中所有的 2。

```
a = [1, 2, 2, 2, 2, 3, 4, 2, 3, 2, 4]
for i in a:                                 # 遍历列表 a
    if 2 == i:                              # 设置删除条件
        a.remove(i)                         # 删除元素 2
print(a)                                    # 输出为 [1, 3, 4, 2, 3, 2, 4]
```

运行之后会发现并没有删除所有的 2。

【原因分析】

在删除元素时，Python 会自动对列表进行内存管理，动态收缩空间，实时移动元素以保证所有元素之间没有空隙。每当删除一个元素之后，该元素位置后面所有元素的索引值都改变了。由于多个 2 连续排列在一起，当使用 for 遍历删除时，就会遗漏掉部分元素。

【解决方法】

```
a = [1, 2, 2, 2, 2, 3, 4, 2, 3, 2, 4]
for i in a[::]:                             # 遍历切片
    if 2 == i:                              # 设置删除条件
        a.remove(i)                         # 删除元素 2
print(a)                                    # 输出为 [1, 3, 4, 3, 4]
```

在上面的代码中，使用 a[::]切片复制原列表，这样，当删除列表 a 中的元素时，这个复制的列表不会受到影响，也可以使用下面的方法。

```
a = [1, 2, 2, 2, 2, 3, 4, 2, 3, 2, 4]
for i in range(len(a)-1, -1, -1):           # 从后往前检查
    if a[i] == 2:                           # 设置删除条件
        del a[i]                            # 删除元素 2
print(a)                                    # 输出为 [1, 3, 4, 3, 4]
```

在上面的代码中，range(len(a)−1, −1, −1)等价于 range(10, −1, −1)，即生成一个列表[10, 9, 8, 7, 6, 5, 4, 3, 2, 1, 0]，遍历该列表，获取一个下标值，然后反向查找并删除列表 a 中的元素 2。反向操作是为了避免删除一个元素后，不会对后面将要被检查的元素的下标值产生影响。

【示例 4】使用 clear()方法清除列表 a 中的所有元素，最后显示 a 为空列表。

```
a = [1, 2, 3, 4]
a.clear()                                    # 删除所有元素
print(a)                                     # 输出为 []
```

5.2.7　检测元素

扫一扫，看视频

■ **知识点**

使用 in 或 not in 运算符可以检测列表中是否存在或不存在指定的值。详细说明请参考 3.6.1 小节介绍。

■ **上机练习**

【示例】使用 not in 运算符过滤列表中的重复元素。

```
a = [1, 2, 3, 4, 2, 4, 3, 2, 1, 3]         # 待检测列表
b = []                                       # 临时备用列表
for i in a:                                  # 迭代列表 a
    if i not in b:                           # 检测当前元素是否存在于临时列表 b 中
        b.append(i)                          # 如果不存在，则添加到列表 b 中
print(b)                                     # 输出为 [1, 2, 3, 4]
```

5.2.8　切片操作

扫一扫，看视频

■ **知识点**

列表是可变序列，因此会自动继承序列的切片功能，详细说明可以参考 5.1.2 小节介绍。

■ **上机练习**

【示例 1】使用切片读取元素。

```
list1 = [3, 4, 5, 6, 7, 9, 11, 13, 15, 17]
print(list1[::])                    # 返回包含所有元素的新列表
print(list1[::-1])                  # 倒序读取所有元素：[17, 15, 13, 11, 9, 7, 6, 5, 4, 3]
print(list1[::2])                   # 读取偶数位元素：[3, 5, 7, 11, 15]
print(list1[1::2])                  # 读取奇数位元素：[4, 6, 9, 13, 17]
print(list1[3::])                   # 从下标 3 开始的所有元素：[6, 7, 9, 11, 13, 15, 17]
print(list1[3:6])                   # 下标在 3 至 6 之间的所有元素：[6, 7, 9]
print(list1[0:100:1])               # 前 100 个元素，自动截断
print(list1[100:])                  # 下标 100 之后的所有元素，返回空：[]
```

【示例 2】使用切片修改列表。

```
list1 = [3, 5, 7]
list1[len(list1):] = [9]            # 在尾部追加元素：[3, 5, 7, 9]
list1[:3] = [1, 2, 3]               # 替换前 3 个元素：[1, 2, 3, 9]
list1[:3] = []                      # 删除前 3 个元素：[9]
list1 = list(range(10))             # 覆盖列表：[0, 1, 2, 3, 4, 5, 6, 7, 8, 9]
list1[::2] = [0]*5                  # 替换偶数位元素：[0, 1, 0, 3, 0, 5, 0, 7, 0, 9]
list1[0:0] = [1]                    # 在 0 位置插入元素：[1, 0, 1, 0, 3, 0, 5, 0, 7, 0, 9]
list1[::2] = [0]*3                  # 切片不连续，两个元素个数必须一样多
                                    # 否则将抛出异常，本行代码将无法运行
List1[:3] = 123                     # 切片的赋值时，只能使用序列
                                    # 否则将会抛出 TypeError 异常
```

【示例 3】使用 del 命令删除切片元素。

```
list1 = [3,5,7,9,11]
del list1[:3]                              # 删除前 3 个元素：[9, 11]
list1 = [3,5,7,9,11]
del list1[::2]                             # 删除偶数位元素：[5, 9]
```

扫一扫，看视频

5.2.9 复制列表

■ **知识点**

复制包括浅复制和深复制，简单说明如下。

- 浅复制生成的新列表与原列表是不同的对象，但是包含的元素如果是可变类型的值，则新列表和原列表包含的该元素属于同一个对象，元素的 id()返回值相同。
- 深复制生成的新列表与原列表是不同的对象，同时包含的元素也是不同的对象，即便元素是可变类型的值。

复制列表的方法有如下 3 种。

- 使用切片：浅复制操作。
- 使用 copy()方法：浅复制操作。
- 使用 copy 模块：该模块可以执行浅复制和深复制。

■ **上机练习**

【示例 1】演示列表引用和浅复制的异同。

```
list1 = [3, 5, 7]
list2 = list1[::]                          # 切片浅复制
list2[1] = 8                               # 修改新列表元素，不影响原列表中的值
print(list1 == list2)                      # 两个列表的元素不一样，输出为：False
print(list1 is list2)                      # 两个列表不是同一个对象，输出为：False
print(id(list1))                           # 内存地址为：705625744008
print(id(list2))                           # 内存地址为：705625744072
```

如果原列表中包含可变类型的数据，则浅复制之后进行操作，结果截然不同。

```
x = [1, 2, [3,4]]
y = x[:]                                   # 切片浅复制
x[0] = 5                                   # 修改第 1 个元素的值
print(x)                                   # 原列表：[5, 2, [3, 4]]
print(y)                                   # 新列表：[1, 2, [3, 4]]
x[2].append(6)                             # 修改可变数据的值
print(x)                                   # 输出为：[5, 2, [3, 4, 6]]
print(y)                                   # 输出为：[1, 2, [3, 4, 6]]
```

【示例 2】使用 copy 模块的 copy()函数执行浅复制。

```
import copy                                # 导入 copy 模块
x = [1, 2, [3,4]]
y = copy.copy(x)                           # copy()函数浅复制
x[0] = 5                                   # 修改第 1 个元素的值
print(x)                                   # 输出为：[5, 2, [3, 4]]
print(y)                                   # 输出为：[1, 2, [3, 4]]
x[2].append(6)                             # 修改第 3 个元素的值的元素
```

```
print(x)                                    # 输出为：[5, 2, [3, 4, 6]]
print(y)                                    # 输出为：[1, 2, [3, 4, 6]]
```

注意：

在 Python 3.8 版本中，可以直接在列表对象上调用 copy()方法，返回列表的一个浅复制。

【示例 3】使用 copy 模块的 deepcopy()函数执行深复制。

```
import copy                                 # 导入 copy 模块
x = [1, 2, [3,4]]
y = copy.deepcopy(x)                        # deepcopy()函数深复制
x[0] = 5                                    # 修改第 1 个元素的值
print(x)                                    # 输出为：[5, 2, [3, 4]]
print(y)                                    # 输出为：[1, 2, [3, 4]]
x[2].append(6)                              # 修改第 3 个元素的值的元素
print(x)                                    # 输出为：[5, 2, [3, 4, 6]]
print(y)                                    # 输出为：[1, 2, [3, 4]]
```

5.2.10 打包和解包

扫一扫，看视频

■ 知识点

使用 zip()函数可以将多个可迭代对象打包为一个对象，也就是把多个对象中的元素以相同的索引位置组成一个元组，然后返回由这些元组组成的列表。语法格式如下：

```
zip([iterable, ...])
```

参数 iterable 是一个或多个迭代器。返回一个可迭代的 zip 对象，使用 list()函数可以把 zip 对象转换为列表。

提示：

如果多个可迭代对象的元素个数不一致，则返回 zip 对象的长度与最短的对象相同。

使用*运算符，可以解包 zip 对象。语法格式如下：

```
zip(*zip)
```

其中，参数 zip 为 zip 对象。返回值为多维矩阵式。

■ 上机练习

【示例 1】把 a 和 b 两个列表打包为一个 zip 对象，然后使用 list()函数转换列表，再显示出来。

```
a = [1, 2, 3]
b = [4, 5, 6]
c = zip(a, b)                               # 返回 zip 对象
print(list(c))                              # 把 zip 对象转换为列表：[(1, 4), (2, 5), (3, 6)]
```

【示例 2】把 a1、a2、a3 这 3 个列表对象打包为一个 zip 对象，然后使用 zip(*)函数解包显示。

```
a1 = [1, 2, 3]
a2 = [4, 5, 6]
a3 = [7, 8, 9, 10, 11]
c = zip(a1, a2, a3)                         # 返回 zip 对象
b1, b2, b3 = zip(*c)                        # 与 zip 相反，zip(*)可以解包
```

```
print(list(b1))                              # 输出为 [1, 2, 3]
print(list(b2))                              # 输出为 [4, 5, 6]
print(list(b3))                              # 输出为 [7, 8, 9]
```

扫一扫，看视频

5.2.11 列表排序

■ 知识点

列表元素的排序有以下 4 种方法。

- reverse()方法：在列表自身上反转元素顺序。
- reversed()函数：反转可迭代对象包含的元素顺序，并返回反转后的新对象，原对象不受影响。
- sort()方法：可以自定义列表排序。语法格式如下，参数说明可以参考 sorted()函数。

```
list.sort( [key[, reverse]])
```

- sorted()函数：对可迭代的对象进行自定义排序，并返回排序后对象。语法格式如下：

```
sorted(iterable [, key[, reverse]]])
```

参数说明如下。

- iterable：可迭代的对象。
- key：定义比较函数。将可迭代对象的每个元素传递给该函数，对返回值执行比较，如 key=str.lower 表示比较每个元素的小写形式。默认值是 None，表示直接比较元素。
- reverse：排序规则，reverse = True 降序，reverse = False 升序（默认）。

■ 上机练习

【示例 1】使用 reverse()方法反转列表 a 的元素顺序。

```
a = [1, 2, 3]
a.reverse()                                  # 倒序
print(a)                                     # 输出为 [3, 2, 1]
```

提示：

使用切片也可以实现反转顺序列表的效果。

```
a = [1, 2, 3]
b = a[::-1]                                  # 倒序
print(b)                                     # 输出为 [3, 2, 1]
```

【示例 2】演示把一个句子中每个单词分开为一个列表，然后以小写形式进行排序。

```
str1 = "This is a test string "
str2 = sorted(str1.split())              # 大小写混排
str3 = sorted(str1.split(), key=str.lower) # 以小写格式进行排序
print(str2)                              # 输出为 ['This', 'a', 'is', 'string', 'test']
print(str3)                              # 输出为 ['a', 'is', 'string', 'test', 'This']
```

【示例 3】演示如何对二维数据进行排序。本例将根据学生成绩单中的年龄进行排序。

```
L1 = [
    ('zhangsan', 'A', 15),
    ('lisi', 'B', 12),
    ('wangwu', 'B', 10),
]
```

```
L2 = sorted(L1, key=lambda t: t[2])      # 根据年龄排序
print(L2)       # 输出为 [('wangwu', 'B', 10), ('lisi', 'B', 12), ('zhangsan', 'A', 15)]
```

5.2.12　列表推导式

扫一扫，看视频

■ **知识点**

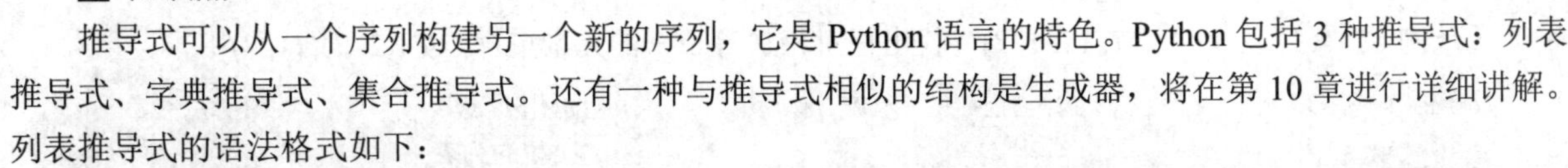

推导式可以从一个序列构建另一个新的序列，它是 Python 语言的特色。Python 包括 3 种推导式：列表推导式、字典推导式、集合推导式。还有一种与推导式相似的结构是生成器，将在第 10 章进行详细讲解。列表推导式的语法格式如下：

```
[表达式 for 变量 in 可迭代对象]
[表达式 for 变量 in 可迭代对象 if 条件]
```

注意：

最外侧必须通过中括号分隔。

■ **上机练习**

【示例 1】使用 range()函数生成一个 10 以内数字列表，然后根据这个列表推导出新列表 b，b 中的每个元素都是列表 a 对应元素的两倍。

```
a = range(1,10)                          # 生成列表 [1,2,3,4,5,6,7,8,9]
b = [i*2 for i in a]                     # 迭代列表 a，取每个元素乘以 2，生成新列表 b
print(b)                                 # 输出为 [2, 4, 6, 8, 10, 12, 14, 16, 18]
```

提示：

列表推导式[i*2 for i in a]相当于：

```
b = []                                   # 定义空列表
for i in a:                              # 迭代列表 a
    b.append(i*2)                        # 取每个元素乘以 2，附加在列表 b 尾部
print(b)                                 # 输出为 [2, 4, 6, 8, 10, 12, 14, 16, 18]
```

【示例 2】在推导式中设置一个过滤条件 i%2==0，即只有元素值是偶数的才可以乘以 2，然后被放入新列表。

```
a = range(1,10)                          # 生成列表 [1,2,3,4,5,6,7,8,9]
b = [i*2 for i in a if i%2==0]           # 迭代列表 a，取偶数元素乘以 2，生成新列表 b
print(b)                                 # 输出为 [4, 8, 12, 16]
```

从结果可以看出，如果设置了条件，会先筛掉不满足条件的元素，再进行变换运算。可以同时加多个筛选条件，如对大于 5 且是偶数的元素进行乘法运算等。

【示例 3】与 zip 结合，将 a、b 两个列表中相对应的值组合起来，形成一个新列表。例如，包含 x 坐标的列表与 y 坐标的列表形成相对应的点坐标[x, y]列表。

```
a = [-1, -2, -3, -4, -5, -6, -7, -8, -9, -10] # 列表 a
b = [1, 2, 3, 4, 5, 6, 7, 8, 9, 10]           # 列表 b
xy = [[x, y] for x, y in zip(a, b)]           # 打包两个列表，然后把元组又拆解为列表
print(xy)  # 输出为[[-1, 1], [-2, 2], [-3, 3], [-4, 4], [-5, 5], [-6, 6], [-7, 7], [-8,
           # 8], [-9, 9], [-10, 10]]
```

【示例 4】使用多层推导结构，将一个嵌套列表转换成一个一维列表。

```
a = [[1, 2, 3], [4, 5, 6], [7, 8, 9]]
b = [j for i in a for j in i]                               # 嵌套推导式
print(b)                                                    # 输出为 [1, 2, 3, 4, 5, 6, 7, 8, 9]
```

对于列表推导式的多层 for 循环，尤其是 3 层以上的或带复杂筛选条件的，牺牲了可读性，直接用多个 for 循环实现会更直观。

【示例 5】有列表 [2, 7, 11, 15, 1, 8]，找出任意相加等于 9 的元素集合，如[(2, 7), (1, 8)]。

```
nums = [2, 7, 11, 15, 1, 8]                                 # 初始化列表
new_nums = []                                               # 定义新的列表
for i in range(len(nums)-1):                                # 遍历列表
    for j in range(i+1, len(nums)):
        if nums[i] + nums[j] == 9:                          # 比较列表中两个元素的值是否满足条件
            n = (nums[i], nums[j])                          # 保存在元组中
            new_nums.append(n)                              # 将元组添加在列表中
print(new_nums)
```

使用嵌套列表推导式设计如下：

```
nums = [2, 7, 11, 15, 1, 8]
new_nums = [(nums[i],nums[j]) for i in range(len(nums)-1) for j in range(i+1,len(nums))
if nums[i] + nums[j] ==9]
print(new_nums)
```

5.3 元　　组

元组（tuple）的特点如下。

- 字面值：小括号包含所有数据，数据之间通过逗号分隔。
- 结构性：内部数据有序排列，通过下标索引。结构稳固，不可变，不允许伸缩。
- 内部数据：统称为元素，元素可读，不能写。值的类型没有限制，允许重复。

扫一扫，看视频

5.3.1 定义元组

■ 知识点

定义元组有以下两种方法。

1. 小括号语法

元组的语法格式如下：

```
(元素 1, 元素 2, 元素 3, ... , 元素 n)
```

以小括号作为起始和终止标识符，其中包含零个或多个元素，元素之间通过逗号分隔。

提示：

元组以小括号作为语法分隔符，但是小括号不是必需的，可以允许一组值使用逗号分隔表示一个元组。

2. 使用 tuple()函数

使用 tuple()函数可以将列表、range 对象、字符串或其他类型的可迭代对象转换为元组。

■ 上机练习

【示例 1】使用小括号语法定义元组对象。

```
t1 = ('a', 'b', 'c')                          # 定义字符串元组
t2 = (1, 2, 3)                                # 定义数字元组
t3 = ("a", 1, [1, 2, 3])                      # 定义混合类型的元组
t4 = ()                                       # 定义空元组
```

在定义函数时，必须传递值，如果无法确定具体的值，可以使用空元组进行传递。

【示例 2】针对示例 1 代码，省略小括号，同样能够定义元组。

```
t1 = 'a', 'b', 'c'                            # 定义字符串元组
t2 = 1, 2, 3                                  # 定义数字元组
t3 = "a", 1, [1, 2, 3]                        # 定义混合类型的元组
```

注意：

如果创建仅包含一个元素的元组时，需要在元素后附加一个逗号，否则会被解析为值。

```
t1 = (1,)                                     # 小括号语法
t2 = 1,                                       # 附加逗号
t3 = (1)                                      # 逻辑分隔符
t4 = 1                                        # 简单值
print(type(t1))                               # 输出为 <class 'tuple'>
print(type(t2))                               # 输出为 <class 'tuple'>
print(type(t3))                               # 输出为 <class 'int'>
print(type(t4))                               # 输出为 <class 'int'>
print(t2)                                     # 输出为 (1,)
```

【示例 3】使用 list()函数把常用的可迭代数据都转换为元组对象。

```
t1 = tuple((1, 2, 3))                         # 元组
t2 = tuple([1, 2, 3])                         # 列表
t3 = tuple({1, 2, 3})                         # 集合
t4 = tuple(range(1, 4))                       # 数字范围
t5 = tuple('Python')                          # 字符串
t6 = tuple({"x": 1, "y": 2, "z": 3})          # 字典
t7 = tuple()                                  # 空元组
print(t1, t2, t3, t4, t5, t6, t7)
```

输出为：

```
(1, 2, 3) (1, 2, 3) (1, 2, 3) (1, 2, 3) ('P', 'y', 't', 'h', 'o', 'n') ('x', 'y', 'z') ()
```

5.3.2 删除元组

扫一扫，看视频

■ 知识点

使用 del 命令可以删除元组。

■ 上机练习

```
t1 = tuple(range(4))                              # 定义数字元组
del t1                                            # 删除元组
print(t1)                                         # 再次访问元组，将抛出错误
```

扫一扫，看视频

5.3.3 访问元组

■ 知识点

- 使用中括号语法可以访问指定索引位置元素的值。语法格式可参考 5.1.1 小节序列的下标索引。如果指定下标值超出元组的长度范围，将抛出异常。
- 使用 len()函数可以统计元组元素的个数。
- 使用 count()方法可以统计指定值在元组中出现的次数。如果不存在，则返回 0。
- 使用 index()方法可以获取指定值在元组中的下标位置。如果元组中不存在指定的元素，将会抛出异常。语法格式如下：

```
tuple.index(value, start, stop)
```

参数 value 表示元素的值。start 和 stop 为可选参数，start 表示起始检索的位置，包含 start 所在位置，stop 表示终止检索的位置，不包含 stop 所在的位置。

index()方法将在指定范围内，从左到右查找第 1 个匹配的元素，然后返回它的下标值。

■ 上机练习

【示例 1】定义一个元组 t1，然后使用中括号语法读取第 2 个元素的值。

```
t1 = (1, 2, 3)                                    # 定义数字元组
print(t1[1])                                      # 访问第 2 个元素，输出为 2
```

【示例 2】演示使用 len()函数获取元组长度，然后使用 while 语句遍历元组，把每个元素的字母转换为大写形式。

```
t1 = ('a', 'b', 'c')                              # 定义元组
i = 0                                             # 初始化迭代变量
while i < len(t1):                                # 遍历元组
    print(t1[i].upper(), end=" ")                 # 读取每个元素，然后转换为大写形式并输出
    i += 1                                        # 递增迭代变量
```

【示例 3】统计 4 在元组中出现的次数。

```
t1 = (1, 2, 3, 4, 5, 5, 4, 3, 2, 1, 4)
print(t1.count(4))                                # 输出为 3
```

【示例 4】获取 4 在元组下标位置 5 及后面出现的索引位置。

```
t1 = (1, 2, 3, 4, 5, 5, 4, 3, 2, 1, 4)
print(t1.index(4, 5))                             # 返回 6，即第 7 个元素
```

【示例 5】使用 enumerate()函数将元组转换为索引序列，然后再转换为元组对象。

```
t1 = ('a', 'b', 'c', 'b')                # 定义元组
enum = enumerate(t1)                     # 转换为索引序列
t2 = tuple(enum)                         # 转换为元组
print(t2)                                # 输出为 ((0, 'a'), (1, 'b'), (2, 'c'), (3, 'b'))
```

扫一扫，看视频

5.3.4　切片操作

■ 知识点

元组是不可变序列，因此会自动继承序列的切片功能，详细说明可以参考 5.1.2 小节介绍。

■ 上机练习

【示例】前面曾多次上机练习了切片操作，下面结合元组再次练习切片的读操作。

```
tup = (3, 4, 5, 6, 7, 9, 11, 13, 15, 17)
print(tup[::])                    # 返回包含所有元素的新元组
print(tup[::-1])                  # 逆序的所有元素：(17, 15, 13, 11, 9, 7, 6, 5, 4, 3)
print(tup[::2])                   # 偶数位置，隔一个取一个：(3, 5, 7, 11, 15)
print(tup[1::2])                  # 奇数位置，隔一个取一个：(4, 6, 9, 13, 17)
print(tup[3::])                   # 从下标 3 开始的所有元素：(6, 7, 9, 11, 13, 15, 17)
print(tup[3:6])                   # 下标在 3 至 6 之间的所有元素：(6, 7, 9)
print(tup[0:100:1])               # 前 100 个元素，自动截断
print(tup[100:])                  # 下标 100 之后的所有元素，自动截断：()
```

扫一扫，看视频

5.3.5　元组的应用

■ 知识点

元组是不可变的序列，只读。与列表相比，没有写操作的方法，如 append()、extend()、remove()和 pop()。因此，列表不能作为字典的键使用，而元组可以作为字典的键使用。

提示：

所有可变类型都是不可哈希（hash）的，所有不可变的类型都是可以哈希的。例如：

```
a = "abc"
print(hash(a))                    # 输出为 173783441086895171
```

提示：

字典的键必须是固定的、可哈希的。

元组比列表操作速度快。

- 如果定义一个常量集，并且仅用于读取操作，建议优先使用元组。
- 如果对一组数据进行“写保护”，建议使用元组，而不是列表。如果必须要改变这些值，则需要执行从元组到列表的转换。

从效果上看，元组可以冻结一个列表，而列表可以解冻一个元组。

- 使用 tuple()函数可以将一个列表转换为元组。
- 使用 list()函数可以将一个元组转换为列表。

■ 上机练习

【示例 1】使用元组格式化输出。语法说明请参考 2.7.1 小节介绍。

```
name = 'zhangsan'
gender = 'male'
tup = (name,gender)
print('name:%s , age:%s' %(name,gender))   # 输出 name:zhangsan , age:male
print('name:%s , age:%s' %tup)             # 输出 name:zhangsan , age:male
```

【示例 2】使用元组交换变量的值。通过元组的解包特性，可以交换两个变量的值，这是元组最常用的应用。

```
a = 1
b = 2
a,b = b,a                                        # 元组b,a 解包
print ('a:',a)                                   # 输出为 a:2
print ('b:',b)                                   # 输出为 b:1
```

【示例 3】使用元组保护数据。如果将列表等不同类型的对象转换为元组，然后再传递给外部函数时，可以保护数据被意外修改。

```
name_list = ["zhangsan", "lisi", "wangwu"]
name_tuple = tuple(name_list)
print(name_tuple)                                # 输出('zhangsan', 'lisi', 'wangwu')
name_list = list(name_tuple)
print(name_list)                                 # 输出['zhangsan', 'lisi', 'wangwu']
```

■ 补充

解包和封包是 Python 语言的特色。简单说明如下。

- 解包：当把一个可迭代对象赋值给多个变量时，Python 会自动把每个元素拆分给每个变量，如 a,b,c=[1,2,3]等效于 a=1,b=2,c=3。
- 封包：当把多个值以逗号分隔赋值给一个变量时，Python 自动把多个值封装为一个元组，然后赋值给变量，变量也就成为元组，如 a =1,2,3 等效于 a=(1,2,3)。

在函数的参数传递过程中，也存在封包和解包特性，详细说明请参考第 9 章相关内容。

5.4 案例实战

扫一扫，看视频

5.4.1 应用列表推导式

■ 应用说明

推导式具有语法简洁、运行速度快等优点。它的性能比循环要好，主要用于初始化一个列表、集合和字典。

■ 应用演示

【示例 1】过滤掉长度小于 3 的字符串列表，并将剩下的字符串转换成大写字母。

```
names = ['Bob','Tom','alice','Jerry','Wendy','Smith']
L = [name.upper() for name in names if len(name)>3]
print(L)                                    # 输出为: ['ALICE', 'JERRY', 'WENDY', 'SMITH']
```

【示例 2】求(x,y)，其中 x 是 0～5 的偶数，y 是 0～5 的奇数组成元组的列表。

```
L =  [(x,y) for x in range(5) if x%2==0 for y in range(5) if y %2==1]
print(L)                     # 输出为: [(0, 1), (0, 3), (2, 1), (2, 3), (4, 1), (4, 3)]
```

【示例 3】求 M 中 3、6、9 组成的列表。

```
M = [[1,2,3],
```

```
      [4,5,6],
      [7,8,9]]
L = [row[2] for row in M]
print(L)                                  # 输出为：[3, 6, 9]
L = [M[row][2] for row in (0,1,2)]        # 或者使用这种方式
print(L)                                  # 输出为：[3, 6, 9]
```

【示例 4】针对示例 3 中的 M，求 M 中对角线 1、5、9 组成的列表。

```
M = [[1,2,3],
     [4,5,6],
     [7,8,9]]
L =  [M[i][i] for i in range(len(M))]
print(L)                                  # 输出为：[1, 5, 9]
```

【示例 5】求 M、N 矩阵中元素的乘积。

```
M = [[1,2,3],
     [4,5,6],
     [7,8,9]]
N = [[2,2,2],
     [3,3,3],
     [4,4,4]]
L = [M[row][col]*N[row][col] for row in range(3) for col in range(3)]
print(L)                       # 输出为：[2, 4, 6, 12, 15, 18, 28, 32, 36]
L = [[M[row][col]*N[row][col] for col in range(3)] for row in range(3)]
print(L)                       # 输出为：[[2, 4, 6], [12, 15, 18], [28, 32, 36]]
L = [[M[row][col]*N[row][col] for row in range(3)] for col in range(3)]
print(L)                       # 输出为：[[2, 12, 28], [4, 15, 32], [6, 18, 36]]
```

【示例 6】将字典中的 age 键按照条件赋新值。

```
bob = {'pay': 3000, 'job': 'dev', 'age': 42, 'name': 'Bob Smith'}
sue = {'pay': 4000, 'job': 'hdw', 'age': 45, 'name': 'Sue Jones'}
people = [bob, sue]
L = [rec['age']+100 if rec['age'] >= 45 else rec['age'] for rec in people]
                                          # 注意 for 位置
print(L)                                  # 输出为：[42, 145]
```

【示例 7】一个由男人列表和女人列表组成的嵌套列表，取出姓名中带有两个以上字母 e 的姓名，组成列表。

```
names = [['Tom', 'Billy', 'Jefferson', 'Andrew', 'Wesley', 'Steven', 'Joe'],
         ['Alice', 'Jill', 'Ana', 'Wendy', 'Jennifer', 'Sherry', 'Eva']]
L = [name for lst in names for name in lst if name.count('e') >= 2]
# 注意遍历顺序，这是实现的关键
print(L)                        # 输出为：['Jefferson', 'Wesley', 'Steven', 'Jennifer']
```

5.4.2　进制转换

扫一扫，看视频

■ 案例分析

定义一个函数，接收十进制的数字，然后返回一个二进制的字符串表示。

把十进制数字转换为二进制字符串，实际上就是把数字与 2 进行取余，然后再使用相除结果与 2 继续取余。在运算过程中把每次的余数推入列表中，最后再从列表中弹出每个余数组合为字符串即可。例如，把 10 转换为二进制的过程为：10/2 == 5 余 0，5/2 == 2 余 1，2/2 == 1 余 0，1 小于 2 余 1，进栈后为：0101，出栈后为：1010，即 10 转换为二进制值为 1010。

提示：

进制转换是一个典型的栈操作。栈操作遵循先进后出、后进先出的原则。这种现象在生活中比较常见，如码放物品，码在上面的总是先使用；弹夹中的子弹总是先推进的后弹出，后推进的先弹出；文本框中的字符总是先输入的后被删除，后输入的先被删除等。

■ 案例实现

```
def d2b (num):
    a = []                          # 定义栈
    b = ''                          # 临时二进制字符串
    while (num>0) :                 # 逐步求余
        r = num % 2                 # 获取余数
        a.append(r)                 # 把余数推入栈中
        num = num // 2              # 获取相除后整数部分值，准备下一步求余
    while (len(a)):                 # 依次出栈，然后拼接为字符串
        b += str(a.pop())
    return "0b" + b                 # 返回二进制字符串
```

■ 案例应用

```
print( d2b(59))                     # 调用自定义类型转换函数，返回 0b111011
print( bin(59))                     # 使用内置函数，返回 0b111011
```

十进制转二进制时，余数是 0 或 1，同理，十进制转八进制时，余数为 0～8 的整数，但是十进制转十六进制时，余数为 0～9 的数字加上 A、B、C、D、E、F（对应 10、11、12、13、14 和 15），因此，还需要对栈中的数字做个转化。

扫一扫，看视频

5.4.3 猴子游戏

■ 案例分析

有一群猴子排成一圈，按 1，2，3，…，n 依次编号，然后从第 1 只猴子开始数，数到第 m 只猴子，把它踢出圈，然后从它后面再开始数，当再次数到第 m 只猴子时，继续把它踢出去，以此类推，直到只剩下一只猴子为止，那只猴子就叫作大王。要求编程模拟此过程，输入 m、n，输出最后那个大王的编号。

提示：

这是一个经典的编程游戏，它揭示了队列操作的基本规律。与栈操作不同，队列操作遵循先进先出、后进后出的原则，类似的现象在生活中比较常见，如排队购物、任务排序等。在动画序列中，也是模拟队列操作设计回调函数。

■ 案例实现

```
# n 表示猴子的个数，m 表示踢出的位置
def f(n, m):
    # 将猴子编号并放入列表
```

```
    arr = []
    for i in range(1, n+1):
        arr.append(i)
    # 当列表内只剩下一个猴子时跳出循环
    while(len(arr) > 1):
        for i in range(m-1):                # 定义排队轮转的次数
            arr.append(arr.pop(0))          # 队列操作，完成猴子的轮转
        arr.pop(0)                          # 踢出第 m 个猴子
    return arr[0]                           # 返回包含最后一个猴子的位置编号
```

■ 案例应用

```
print(f(5, 3))                              # 编号为 4 的猴子胜出
print(f(8, 6))                              # 编号为 1 的猴子胜出
```

5.5 在 线 支 持

扫码，拓展学习

第 6 章　字典和集合

序列是有序数据结构，映射是关联数据结构。字典是 Python 唯一的映射类型，键与值借助映射关联在一起，与序列的下标索引不同，映射通过键直接访问值，使访问效率更高。

集合是一种数据组织结构，包含的元素具有确定的、稳定的特性，与字典的键名类似。确定性定义了每个元素的值都是唯一的，不可重复的；稳定性定义了每个元素的值都是不变的、可哈希的。字典和集合都是无序的、可变的结构，本章将重点讲解这两种数据类型。

【学习重点】

- 认识字典和集合。
- 灵活使用字典。
- 灵活使用集合。

6.1 字　　典

字典（dict）的特点如下。

- 字面值：大括号包含所有项目，项目之间通过逗号分隔，项目的键和值通过冒号分隔。
- 结构性：内部数据无序排列，通过键值映射访问。结构富有弹性，可变，允许自由伸缩。
- 内部项目：统称为元素，元素的键名是确定的、稳定的，即必须是唯一的、不可变的、可哈希的值；元素的值可读、可写，值的类型没有限制，允许重复。

扫一扫，看视频

6.1.1 定义字典

■ 知识点

定义字典有以下 3 种方法。

1. 使用大括号语法

语法格式如下：

```
{键 1: 值 1, 键 2: 值 2, 键 3: 值 3, ..., 键 n: 值 n}
```

以大括号作为起始和终止标识符，其中包含零个或多个元素，元素之间通过逗号分隔。元素由键和值组成，键与值之间通过冒号分隔。

注意：

- 键名必须是唯一的，不能重复，如果键相同，则值取最后一个。键名也是不可变的，如数字、字符串或元组，不能使用列表、字典、集合等可变类型的对象。
- 值可以是任意类型，如数字、字符串等不可变类型；也可以是列表、字典、集合等可变对象。在一个字典中，值允许重复。

2. 使用 dict()函数

dict()函数有多种用法，简单说明如下。

- 没有参数，定义空字典。

```
dict1 = dict()                              # 空字典
```

- 转换 zip 对象。

```
dict(zip)
```

参数 zip 表示一个 zip 对象，具体用法请参考 5.2.10 小节中的介绍。

注意：

zip 对象只能包含两个序列对象，一个用作键集，一个用作值集。

- 转换键值对。dict()函数可以接收一个或多个键值对，然后把它们转换为字典对象。语法格式如下：

```
dict(键1=值1, 键2=值2, 键3=值3, ..., 键n=值n)
```

注意：

与大括号语法定义字典不同，其中的键名必须符合标识符的命名规则。

- 转换可迭代对象。如果可迭代对象的每个元素是元组，元组内包含两个元素，则使用 dict()函数可以把它转换为字典对象。
- 使用 enumerate()。使用 enumerate()函数可以将可迭代对象转换为索引序列，然后再使用 dict()函数可以把它转换为字典对象。

3. 使用 fromkeys()函数

dict.fromkeys()函数可以根据一个序列创建一个新字典，语法格式如下：

```
dict.fromkeys(seq[, value])
```

其中，参数 seq 表示一个序列对象，该序列对象的元素将被设置为字典的键；value 为可选参数，默认值为 None，设置每个键的初始值。该函数将返回一个新的字典对象。

上机练习

【示例 1】使用大括号语法定义字典对象。

```
dict1 = {}                                  # 定义空字典
dict2 = {'a': 1, 'b': 2, 'c': 3}            # 定义字符串字典
dict3 = {1: "a", 2: "b", 3: "c"}            # 定义数字字典
dict4 = {"a": 1, 1: "a", 2.4: "浮点数"}      # 定义混合类型的字典
```

【示例 2】使用 dict()函数把可迭代对象转换为字典对象。

```
t1 = (1,2,3)                                # 定义键元组
t2 = ("a","b","c")                          # 定义值元组
d = dict(zip(t1,t2))                        # 把两个元组合并为一个字典
print(d)                                    # 输出为 {1: 'a', 2: 'b', 3: 'c'}
```

【示例 3】使用键值对生成字典对象。

```
dict1 = dict(a='a', b=True, c=3)
print(dict1)                                # 输出为 {'a': 'a', 'b': True, 'c': 3}
```

【示例 4】先将列表转换为索引序列，然后再转换为字典对象。

```
list1 = ['a', 'b', 'c', 'b']                # 定义字典
enum = enumerate(list1)                     # 转换为索引序列
dict1 = dict(enum)                          # 转换为字典
print(dict1)                                # 输出为 {0: 'a', 1: 'b', 2: 'c', 3: 'b'}
```

【示例 5】以数字作为键，默认值都为 False，创建一个字典。

```
t = range(3)                                # 定义数字范围的元组
dict1 = dict.fromkeys(t, False)             # 以元组内数字为键，以 False 为默认值定义字典
print(dict1)                                # 输出为 {0: False, 1: False, 2: False}
```

扫一扫，看视频

6.1.2 删除字典

■ 知识点

使用 del 命令可以删除字典。

■ 上机练习

```
dict1 = {'a': 1, 'b': 2, 'c': 3}            # 定义字典
del list1                                   # 删除字典
print(list1)                                # 再次访问字典，将抛出错误
```

扫一扫，看视频

6.1.3 访问键值

■ 知识点

➘ 使用中括号语法可以访问指定键的值。语法格式如下：

```
dict[key]
```

其中，dict 表示字典对象；key 表示键名，键名以字符串形式表示。如果指定的键不存在，Python 将抛出异常，为了避免此类问题，在访问之前可以使用 in 运算符先进行检测。

➘ 使用 get()方法，可以访问指定键的值。语法格式如下：

```
dict.get(key[, default])
```

其中，dict 表示字典对象；参数 key 表示键；default 表示默认值。当指定的键不存在时，将返回默认值，如果没有设置默认值，将返回 None 特殊值。

➘ 使用 len()函数，可以统计字典元素的个数。

➘ 使用 str()函数，可以把字典对象转换为结构化的字符串表示。

■ 上机练习

【示例 1】使用中括号语法读取键为 a 的值。

```
dict1 = {'a':1, 'b':2, 'c':3}               # 定义字典
print(dict1["a"])                           # 访问键为 a 的元素，输出为 1
```

【示例 2】使用 get()方法读取键为 d 的值。因为不存在，则直接返回特殊值 None，而不是抛出异常。

```
dict1 = {'a':1, 'b':2, 'c':3}               # 定义字典
print(dict1.get("d"))                       # 访问键为 d 的元素，输出为 None
```

设置默认值：

```
print(dict1.get("e", "你访问的键不存在"))   # 输出为 你访问的键不存在
```

【示例 3】使用 len()函数获取字典长度。

```
dict1 = {'a':1, 'b':2, 'c':3}               # 定义字典
print(len(dict1))                           # 输出为 3
```

【示例 4】使用 str()函数把字典对象转换为字符串表示。

```
dict1 = {'a': 1, 'b': 2, 'c': 3}            # 定义字典
print(str(dict1))                           # 输出为 {'a': 1, 'b': 2, 'c': 3}
```

6.1.4 遍历字典

扫一扫，看视频

■ 知识点

遍历字典有以下 4 种方法。

- 使用 for 语句，语法格式如下：

```
for key in dict:
    处理语句
```

key 引用每个元素的键，dict 表示字典对象。在循环体内，可以通过 key 访问每个元素的键名，也可以通过键访问键值。

- 使用 keys()方法，获取所有键的列表，然后可以遍历键。
- 使用 values()方法，获取所有值的列表，然后可以遍历值。
- 使用 items()方法，获取字典的全部项目，返回值为可遍历的项目列表，每个项目就是一个元组，每个元组的第 1 个元素为键，第 2 个元素为值。

■ 上机练习

【示例 1】使用 for 语句遍历字典，然后输出每个元素的键和值，其中 i 表示键，dict1[i])表示值。

```
dict1 = {'a': 1, 'b': 2, 'c': 3}            # 定义字典
for i in dict1:                             # 遍历字典
    print("%s=%s" % (i, dict1[i]))          # 输出键和值
```

输出为：

```
a=1
b=2
c=3
```

【示例 2】使用 keys()方法获取键集，然后遍历键集，输出每个元素的键和值。

```
dict1 = {'a': 1, 'b': 2, 'c': 3}            # 定义字典
for key in dict1.keys():                    # 遍历键
    print("%s=%s" % (key, dict1[key]))      # 输出键和值
```

【示例 3】使用 values()方法获取值集，然后遍历值集，输出每个元素的值。

```
dict1 = {'a': 1, 'b': 2, 'c': 3}            # 定义字典
```

```
for value in dict1.values():                # 遍历值
    print(value, end=" ")                   # 输出所有值 1 2 3
```

【示例 4】使用 items()方法获取字典的所有项，并输出显示。

```
dict1 = {'a': 1, 'b': 2, 'c': 3}            # 定义字典
for item in dict1.items():                  # 遍历字典项目列表
    print(item)                             # 输出显示每个项目
```

输出为：

```
('a', 1)
('b', 2)
('c', 3)
```

【示例 5】items()方法返回一个元组的列表，如果要获取键和值，可以定义两个变量接收元组解包后的信息。语句 for key,value in dict1.items()与 for (key,value) in dict1.items()完全等价。

```
dict1 = {'a': 1, 'b': 2, 'c': 3}            # 定义字典
for key,value in dict1.items():             # 遍历元组列表
    print("%s=%s" %(key, value))            # 输出显示键值对
```

输出为：

```
a=1
b=2
c=3
```

扫一扫，看视频

6.1.5 添加元素

■ 知识点

添加元素有以下两种方法。

➘ 使用中括号语法和“=”运算符，语法格式如下：

```
dict[key] = value
```

其中，dict 表示字典对象；参数 key 表示要添加的键；value 表示要设置的值。

➘ 使用 setdefault()方法，可以添加一个键，并设置默认值。语法格式如下：

```
dict.setdefault(key, default=None)
```

其中，参数 key 表示要添加的键；default 表示要设置的默认值。添加成功之后，返回默认值。如果字典对象中包含添加的键，则不执行添加操作，并返回已存在的键对应的值。

■ 上机练习

【示例 1】为字典对象添加元素 d 和 e，新元素被添加在字典的尾部。

```
dict1 = {'a': 1, 'b': 2, 'c': 3}       # 定义字典
dict1["d"] = 4                         # 添加一个元素
dict1["e"] = 5                         # 添加一个元素
print(dict1)                           # 输出为 {'a': 1, 'b': 2, 'c': 3, 'd': 4, 'e': 5}
```

【示例 2】使用 setdefault()方法添加元素。

```
dict1 = {'a': 1, 'b': 2, 'c': 3}       # 定义字典
```

```
dict1.setdefault("d", 4)                # 添加一个元素
dict1.setdefault("e", 5)                # 添加一个元素
result = dict1.setdefault("e",6)        # 字典包含 e 键，返回 e 键的值
print(result)                           # 输出为 5
print(dict1)                            # 输出为 {'a': 1, 'b': 2, 'c': 3, 'd': 4, 'e': 5}
```

提示：

推荐使用 setdefault()方法添加元素，因为如果指定的键已经存在，则什么也不做，从而避免覆盖已有的键。

扫一扫，看视频

6.1.6　删除元素

■ 知识点

删除元素有以下 4 种方法。

- 使用 del 命令，可以删除不需要的元素。
- 使用 pop()方法，可以删除指定的键及其对应的值，返回值为被删除的值。语法格式如下：

```
dict.pop(key[,default])
```

其中，dict 表示字典对象；参数 key 表示要删除的键；default 表示默认值。如果没有指定的 key，将返回 default 参数值。

- 使用 popitem()方法，可以随机删除字典元素，该方法没有参数，返回值为一对键和值组成的元组。
- 使用 clear()方法，可以清空字典所有的元素。clear()方法没有参数，也没有返回值。

■ 上机练习

【示例 1】使用 del 命令删除元素。

```
dict1 = {'a': 1, 'b': 2, 'c': 3, 'd': 4, 'e': 5}  # 定义字典
del dict1["d"]                                     # 删除键 d
del dict1["e"]                                     # 删除键 e
print(dict1)                                       # 输出为 {'a': 1, 'b': 2, 'c': 3}
del dict1["f"]                                     # 删除不存在的键，抛出异常 KeyError
```

【示例 2】使用 pop()方法分别删除键为 a、b、c 的元素，并返回对应的值。

```
dict1 = {'a': 1, 'b': 2, 'c': 3, 'd': 4, 'e': 5}  # 定义字典
print(dict1.pop("a"))                              # 输出为 1
print(dict1.pop("b"))                              # 输出为 2
print(dict1.pop("c"))                              # 输出为 3
print(len(dict1))                                  # 输出为 2，元素个数为 2
print(dict1.pop("f"))                              # 不指定默认值，抛出异常 KeyError
print(dict1.pop("f","该键不存在"))                 # 输出为 该键不存在
```

【示例 3】使用 while 语句循环删除字典中所有的元素。

```
dict1 = {'a': 1, 'b': 2, 'c': 3, 'd': 4, 'e': 5}  # 定义字典
while len(dict1) > 0:                              # 迭代字典
    print(dict1.popitem())                         # 输出删除的键值对，以元组形式返回
print(dict1)                                       # 字典为空，输出为 {}
dict1.popitem()                                    # 删除空字典，将抛出异常 KeyError
```

【示例 4】使用 clear()方法快速清空字典对象。

```
dict1 = {'a': 1, 'b': 2, 'c': 3, 'd': 4, 'e': 5}  # 定义字典
dict1.clear()                                     # 清空字典
print(dict1)                                      # 字典为空，输出为 {}
```

扫一扫，看视频

6.1.7 修改元素

■ **知识点**

修改元素与添加元素的操作是相同的，使用中括号语法和“=”运算符，语法格式如下：

```
dict[key] = value
```

如果指定的键不存在，则添加元素；如果指定的键存在，则覆盖元素的值。

■ **上机练习**

【示例】修改键 d 和键 e 的值。

```
dict1 = {'a': 1, 'b': 2, 'c': 3, 'd': 4, 'e': 5}  # 定义字典
dict1["d"] = "d"        # 修改键 d 的值
dict1["e"] = "e"        # 修改键 e 的值
dict1["f"] = "f"        # 键 f 不存在，添加键 f 的值
print(dict1)            # 输出为 {'a': 1, 'b': 2, 'c': 3, 'd': 'd', 'e': 'e', 'f': 'f'}
```

扫一扫，看视频

6.1.8 检测元素

■ **知识点**

使用 in 或 not in 运算符可以检测字典是否存在或不存在指定的键。

■ **上机练习**

【示例】如果删除不存在的键，将抛出异常。因此在删除之前，建议使用 in 运算符先检测，再执行删除操作。

```
dict1 = {'a': 1, 'b': 2, 'c': 3, 'd': 4, 'e': 5}  # 定义字典
if "d" in dict1:                                  # 先检测是否存在
    del dict1["d"]                                # 删除键 d
if "e" in dict1:                                  # 先检测是否存在
    del dict1["e"]                                # 删除键 e
print(dict1)                                      # 输出为 {'a': 1, 'b': 2, 'c': 3}
```

扫一扫，看视频

6.1.9 合并字典

■ **知识点**

使用 update()方法可以合并两个字典对象。语法格式如下：

```
dict.update(dict2)
```

其中，dict 表示字典对象；参数 dict2 表示要合并的字典对象。

如果存在相同的键，则会被参数对象覆盖。

■ **上机练习**

【示例】使用 update()方法合并两个字典对象。

```
dict1 = {'a': 1, 'b': 2, 'c': 3} # 定义字典对象 1
dict2 = {'c': 33, 'd': 4, 'e': 5}# 定义字典对象 2
dict1.update(dict2)              # 合并两个字典对象
```

```
print(dict1)                        # 输出为 {'a': 1, 'b': 2, 'c': 33, 'd': 4, 'e': 5}
```

在上面的示例中，dict 和 dict2 都包含键 c，合并后键 c 更新为 33。

6.1.10　复制字典

■ **知识点**

复制字典有以下两种方法。

- 使用 copy()方法，可以对字典对象执行浅复制。
- 使用 copy 模块，可以对字典对象执行浅复制或深复制。

■ **上机练习**

【示例 1】使用 copy()方法直接复制字典对象。

```
dict1 = {'a': 1, 'b': [2, 3]}          # 定义字典
dict2 = dict1.copy()                   # 浅复制字典对象
print(dict2)                           # 输出为 {'a': 1, 'b': [2, 3]}
dict1["b"][1] = 33                     # 修改原字典对象中键为 b 的列表元素值
print(dict2)                           # 输出为 {'a': 1, 'b': [2, 33]}
```

copy()方法只能浅复制，字典元素的值如果是可变类型的对象，如列表、字典、集合等，则复制后元素的值与原字典对象的值相同。

提示：

也可以使用 copy 模块的 copy()函数执行浅复制。操作方法如下：

```
import copy                            # 导入 copy 模块
dict1 = {'a': 1, 'b': [2, 3]}          # 定义字典
dict2 = copy.copy(dict1)               # 浅复制字典对象
```

【示例 2】使用 copy 模块的 deepcopy()函数执行深复制，深复制将完全复制字典对象的值。

```
import copy                            # 导入 copy 模块
dict1 = {'a': 1, 'b': [2, 3]}          # 定义字典
dict2 = copy.deepcopy(dict1)           # 浅复制字典对象
print(dict2)                           # 输出为 {'a': 1, 'b': [2, 3]}
dict1["b"][1] = 33                     # 修改原字典对象中键为 b 的列表元素值
print(dict2)                           # 输出为 {'a': 1, 'b': [2, 3]}]
```

在上面的示例中，修改原字典的元素值，复制后的字典对象没有受到影响。

6.1.11　字典推导式

■ **知识点**

字典推导式包含键和值两部分，由冒号(:)分隔，最外层包含在大括号中，语法格式如下：

```
{键表达式:值表达式 for 变量 in 可迭代对象}
{键表达式:值表达式  for 变量 in 可迭代对象 if 条件表达式}
```

■ **上机练习**

【示例 1】使用字典推导式把字典中的大小写键进行合并。

```
a = {'a': 10, 'b': 34, 'A': 7, 'Z': 3}  # 原字典
```

```
b = {                                              # 推导后字典
    k.lower(): a.get(k.lower(), 0) + a.get(k.upper(), 0) # 设计键值对组合形式
    for k in a.keys() if k.lower() in ['a', 'b']         # 设计推导式
}
print(b)                                           # 输出为 {'a': 17, 'b': 34}
```

【示例2】使用字典推导式互换原字典的键和值。

```
a = {'a': 1, 'b': 2}                               # 原字典
b = {v: k for k, v in a.items()}                   # 推导字典
print(b)                                           # 输出为 {1: 'a', 2: 'b'}
```

【示例3】使用字典推导式，以字符串及其索引位置定义字典。

```
str1 = ['import', 'is', 'with', 'if', 'file', 'exception']      # 字符串列表
a = {key: val for val, key in enumerate(str1)}# 用字典推导式以字符串及其位置定义字典
print(a)  # 输出为 {'import': 0, 'is': 1, 'with': 2, 'if': 3, 'file': 4, 'exception': 5}
b = {str1[i]: len(str1[i]) for i in range(len(str1))}
print(b)  # 输出为 {'import': 6, 'is': 2, 'with': 4, 'if': 2, 'file': 4, 'exception': 9}
c = {k: len(k)for k in str1}                           # 相比上一个写法简单很多
print(c)  # 输出为 {'import': 6, 'is': 2, 'with': 4, 'if': 2, 'file': 4, 'exception': 9}
```

6.2 集　　合

集合（set）的特点如下。

- 字面值：大括号包含所有元素，元素之间通过逗号分隔。
- 结构性：内部数据随机排列，不能直接访问，但是可以迭代或检测。结构富有弹性，可变，允许自由伸缩。
- 内部数据：统称为元素，每个元素必须是确定的、稳定的，即必须是唯一的、不可变的、可哈希的值。元素不能重复。

扫一扫，看视频

6.2.1 定义集合

■ 知识点

定义集合有以下两种方法。

- 使用大括号语法，语法格式如下：

```
{元素 1, 元素 2, 元素 3, ..., 元素 n}
```

以大括号作为起始和终止标识符，包含零个或多个不可变对象，元素之间通过逗号分隔。

- 使用set()函数，可以将列表、元组等可迭代对象转换为集合。

注意：

- 不能使用大括号语法创建空集合，只能使用set()函数，因为字典和集合都使用大括号作为语法标识符，使用大括号语法表示创建一个空字典对象。
- 在创建集合时，如果出现重复元素，将只保留一个。当把可迭代对象转换为集合时，会去掉重复的元素。
- 如果把字符串转换为集合，返回的集合将包含全部不重复的字符集。如果把字典转换为集合，返回的集合将包含全部键集。

■ 上机练习

【示例 1】使用大括号语法定义集合对象。

```
set1 = {'a', 'b', 'c'}                    # 定义字符串集合
set2 = {1, 2, 3}                          # 定义数字集合
set3 = {"a", 1, (1, 2, 3)}                # 定义混合类型的集合
```

【示例 2】使用 set()函数把可迭代数据转换为集合对象。

```
set1 = set((1, 2, 3))                     # 元组
set2 = set([1, 2, 3])                     # 列表
set3 = set({1, 2, 3})                     # 集合
set4 = set(range(1, 4))                   # 数字范围
set5 = set('Python')                      # 字符串
set6 = set({"x": 1, "y": 2, "z": 3})      # 字典
print(set1, set2, set3, set4, set5, set6)
```

输出为：

```
{1, 2, 3} {1, 2, 3} {1, 2, 3} {1, 2, 3} {'h', 't', 'P', 'n', 'y', 'o'} {'z', 'x', 'y'}
```

6.2.2 删除集合

扫一扫，看视频

■ 知识点

使用 del 命令可以删除字典。

■ 上机练习

```
set1 = {'a', 'b', 'c'}                    # 定义字符串集合
del set1                                  # 删除集合
print(set1)                               # 再次访问集合，将抛出错误
```

6.2.3 访问集合

扫一扫，看视频

■ 知识点

集合内元素是无序排列的，无法通过下标进行索引；没有关联性，也无法通过键进行映射，因此用户不能够直接访问集合元素。但是，用户可以通过以下 3 种方式间接访问元素。

- 使用 in 或 not in 运算符可以检测元素是否存在。
- 使用 len()函数可以获取集合的长度，即元素个数。
- 使用 for 循环可以迭代集合元素。

■ 上机练习

【示例 1】使用 for 语句遍历集合对象，然后输出每个元素的值。

```
set1 = {'a', 'b', 'c'}                    # 定义集合
for i in set1:                            # 遍历集合元素
    print(i)                              # 输出集合元素
```

【示例 2】如果想直接访问集合元素，可以把集合转换为列表或元组，再通过下标进行访问。但是，通过这种方式获取的值是随机的，每次取的值未必相同，这与运行环境相关。

```
set1 = {'a', 'b', 'c'}                    # 定义字符串集合
set1 = list(set1)                         # 转换为列表
```

```
print(set1[0])                                    # 每次输出值是不确定的
```

扫一扫，看视频

6.2.4 添加元素

■ 知识点

添加元素有以下两种方法。

➘ 使用 add()方法。语法格式如下：

```
set.add(value)
```

set 表示集合对象，参数 value 表示添加的值。

注意：

如果添加的元素在集合中已存在，则不执行任何操作。

➘ 使用 update()方法，可以把一个或多个元素添加到当前集合中。语法格式如下：

```
set.update(value)
```

set 表示集合对象，参数 value 可以是一个值，一个元组，一个列表，或者一个字典。

■ 上机练习

【示例 1】使用 add()方法直接为集合对象添加一个新元素。

```
set1 = {'a', 'b', 'c'}                            # 定义集合
set1.add("d")                                     # 添加新元素
print(set1)                                       # 输出为 {'d', 'a', 'c', 'b'}
```

【示例 2】使用 update()方法为集合添加多个元素。

```
set1 = {'a', 'b', 'c'}             # 定义集合
set1.update("d")                   # 添加 1 个新元素
set1.update({1: 1, 2: 2})          # 以字典形式添加 2 个元素
set1.update("d", "e", "f")         # 以元组形式添加 3 个元素
set1.update(["h", "i", "j"])# 以列表形式添加 3 个元素
print(set1)                        # 输出为 {1, 2, 'a', 'd', 'h', 'c', 'j', 'i', 'b', 'f', 'e'}
```

■ 补充

使用 update()方法添加字符串，如果要把字符串作为一个元素添加到集合中，需要把字符串作为一个对象的元素来添加。例如：

```
a = set()                                         # 定义空集合
b = set()                                         # 定义空集合
a.update({"Python"})                              # 添加集合，集合元素为字符串
b.update("Python")                                # 添加字符串
print(a)                                          # 输出为 {'Python'}
print(b)                                          # 输出为 {'t', 'P', 'n', 'y', 'o', 'h'}
```

下面的写法是错误的：

```
b = set(('Python'))
```

如果以元组的元素添加，应使用下面的写法：

```
b = set(('Python',))                              # 定义包含一个元素的集合
```

扫一扫，看视频

6.2.5　删除元素

■ 知识点

删除集合元素有以下 4 种方法。

- 使用 remove()方法，可以移除指定的元素，该方法没有返回值，在原对象上操作。
- 使用 discard()方法，可以移除指定的元素，用法与 remove()相同。

注意：

remove()方法在移除一个不存在的元素时会抛出异常，而 discard()方法不会。

- 使用 clear()方法，可以清空集合元素。该方法没有参数，也没有返回值。
- 使用 pop()方法，可以随机移除一个元素。该方法没有参数，返回值为删除的元素。

■ 上机练习

【示例 1】使用 remove()方法删除集合中指定的元素。

```
set1 = {'a', 'b', 'c'}                        # 定义集合
set1.remove("a")                              # 删除 a 元素
print(set1)                                   # 输出为 {'c', 'b'}
set.remove("d")                               # 删除 d 元素，抛出异常 KeyError
```

【示例 2】使用 discard()方法删除集合中的 a 和 d 元素。虽然 d 元素并不存在，但是 discard()方法并不抛出异常，当发现该元素不存在时，则不执行删除操作。

```
set1 = {'a', 'b', 'c'}                        # 定义集合
set1.discard("a")                             # 删除 a 元素
set1.discard("d")                             # 删除 d 元素
print(set1)                                   # 输出为 {'c', 'b'}
```

【示例 3】使用 clear()方法清空集合元素，变成一个空集合对象。

```
set1 = {'a', 'b', 'c'}                        # 定义集合
set1.clear()                                  # 清空元素
print(set1)                                   # 输出为 set()
```

【示例 4】使用 pop()随机删除集合中的每个元素，然后把删除的元素组成一个新的列表对象。

```
set1 = {'a', 'b', 'c'}                        # 定义集合
list1 = []                                    # 定义空列表
for i in range(len(set1)):                    # 循环遍历集合
    val = set1.pop()                          # 随机删除元素
    list1.append(val)                         # 把删除元素附加到列表中
print(set1)                                   # 输出为 set()
print(list1)                                  # 输出为 ['a', 'b', 'c']
```

扫一扫，看视频

6.2.6 检测元素

■ 知识点

使用 in 或 not in 运算符可以检测集合中是否存在或不存在指定的元素。

■ 上机练习

【示例】当使用 remove()方法删除一个不存在的元素时，Python 将抛出异常，因此在删除之前可以使用 in 运算符先检测删除的元素是否存在。

```
set1 = {'a', 'b', 'c'}                          # 定义集合
if "a" in set1:                                 # 检测 a 是否存在
    set1.remove("a")                            # 删除 a 元素
if "d" in set1:                                 # 检测 d 是否存在
    set1.remove("d")                            # 删除 d 元素
print(set1)                                     # 输出为 {'c', 'b'}
```

扫一扫，看视频

6.2.7 合并集合

■ 知识点

使用 update()方法可以合并两个集合对象。语法格式如下：

```
set.update(set2)
```

其中，set 表示集合对象；参数 set2 表示要添加到集合 set 里的集合。

注意：

如果两个集合存在相同的元素，则重复元素只允许出现一次。

■ 上机练习

【示例】定义两个集合对象，然后使用 update()方法把它们合并在一起。

```
set1 = {'a', 'b', 'c', 3}                       # 定义集合对象 1
set2 = {1, 2, 3, 'c'}                           # 定义集合对象 2
set1.update(set2)                               # 合并两个集合对象
print(set1)                                     # 输出为 {'b', 1, 3, 2, 'c', 'a'}
```

扫一扫，看视频

6.2.8 复制集合

■ 知识点

复制集合有以下两种方法。

- 使用 copy()方法进行复制，该方法没有参数，返回一个集合的副本。
- 使用 copy 模块的 copy()方法复制集合。

提示：

集合的元素都是不可变对象，因此不需要考虑浅复制和深复制问题。

■ 上机练习

【示例 1】使用 copy()方法复制集合对象。

```
set1 = {'a', 'b', 'c'}                          # 定义集合对象 1
```

```
set2 = set1.copy()                        # 复制集合对象 1
print(set2)                               # 输出为 {'b', 'c', 'a'}
```

【示例 2】使用 copy 模块的 copy()方法复制集合。

```
import copy                               # 导入 copy 模块
set1 = {'a', 'b', 'c'}                    # 定义集合对象 1
set2 = copy.copy(set1)                    # 复制集合对象 1
print(set2)                               # 输出为 {'b', 'a', 'c'}
```

6.2.9 集合推导式

扫一扫，看视频

■ 知识点

集合推导式使用大括号语法，语法格式如下：

```
{表达式 for 变量 in 可迭代对象}
{表达式 for 变量 in 可迭代对象 if 条件表达式}
```

注意：

推导的结果是一个集合，结果集中不允许存在重复的元素。

■ 上机练习

【示例 1】使用集合推导式把列表中的元素值放大一倍，然后生成一个集合，其中重复元素 2 被忽略一个。

```
s = {i*2 for i in [1, 1, 2]}              # 集合推导式
print(s)                                  # 输出为 {2, 4}
```

【示例 2】使用集合可以实现数据去重。设计生成 10 个不重复的随机数（100 以内）。

```
# 导入 random(随机数) 模块
import random
s = set()                          # 定义空集合
while len(s) != 10 :               # 如果集合长度不为 10，则重复生成
    s = { random.randint(1,100)  for i in range(10)}  # 使用集合推导式随机生成 10 个数
print(s)                           # 输出类似 {99, 37, 38, 41, 73, 75, 12, 13, 16, 89}
```

6.2.10 并集

扫一扫，看视频

■ 知识点

并集就是把两个集合的所有元素合并在一起，形成一个新的集合。求并集有以下 3 种方法。

- 使用“|”运算符。
- 使用 union()方法。语法格式如下：

```
set1.union(set2)
```

set1 和 set2 都表示集合对象。

- 使用 set.union()函数。语法格式如下：

```
set.union(set1, set2, ..., setn)
```

其中，set 表示集合类型；set1, set2, …, setn 表示两个或多个集合对象；union()函数能够把这些集合对

象合并为一个新的集合对象并返回。

■ 上机练习

【示例 1】使用“|”运算符求两个集合的并集。

```
a = {1, 2, 3, 4}                                # 集合a
b = {3, 4, 5, 6}                                # 集合b
c = a | b                                       # 求并集
print(c)                                        # 输出为 {1, 2, 3, 4, 5, 6}
```

【示例 2】使用 union()方法或函数合并集合 a 和 b。

```
a = {1, 2, 3, 4}                                # 集合a
b = {3, 4, 5, 6}                                # 集合b
c = set.union(a, b)                             # 使用union()函数求并集
d = a.union(b)                                  # 使用union()方法求并集
print(c)                                        # 输出为 {1, 2, 3, 4, 5, 6}
print(d)                                        # 输出为 {1, 2, 3, 4, 5, 6}
```

扫一扫，看视频

6.2.11 交集

■ 知识点

交集就是把两个集合的共有的元素合并在一起，形成一个新的集合。求交集有以下 4 种方法。

- 使用“&”运算符。
- 使用 intersection()方法。语法格式如下：

```
set1.intersection(set2)
```

其中，set1 和 set2 都表示具体的集合对象。

- 使用 set.intersection()函数。语法格式如下：

```
set.intersection(set1, set2, ..., setn)
```

其中，set 表示集合类型；set1, set2, …, setn 表示两个或多个集合对象；set.intersection()函数能够计算出这些集合对象共有的交集并返回一个新集合。

- 使用 intersection_update()方法，可以获取两个或更多集合的交集。语法格式如下：

```
set1.intersection_update(set2, set3, ..., setn)
```

其中，set1, set2, set3, …, setn 都表示一个具体的集合对象。计算的交集将覆盖掉 set1 集合。

提示：

intersection()方法返回一个新的集合，而 intersection_update()方法是在原集合上移除不重叠的元素。intersection_update()方法等效于 set1 = set.intersection(set1, set2, …, setn)。

■ 上机练习

【示例 1】使用“&”运算符求两个集合的交集。

```
a = {1, 2, 3, 4}                                # 集合a
b = {3, 4, 5, 6}                                # 集合b
c = a & b                                       # 求交集
print(c)                                        # 输出为 {3, 4}
```

【示例 2】使用 intersection()方法或函数求两个集合 a 和 b 的交集。

```
a = {1, 2, 3, 4}                    # 集合 a
b = {3, 4, 5, 6}                    # 集合 b
c = set.intersection(a, b)          # 使用 intersection()函数求交集
d = a.intersection(b)               # 使用 intersection()方法求交集
print(c)                            # 输出为 {3, 4}
print(d)                            # 输出为 {3, 4}
```

【示例 3】使用 intersection_update()方法求两个集合 a 和 b 的交集。

```
a = {1, 2, 3, 4}                    # 集合 a
b = {3, 4, 5, 6}                    # 集合 b
a.intersection_update(b)            # 求 a 和 b 的交集
print(a)                            # 输出为 {3, 4}
```

6.2.12　差集

扫一扫，看视频

■ 知识点

差集就是由所有属于集合 A，但是不属于集合 B 的元素组成的集合，即我有而你没有的元素。求差集有以下 3 种方法。

- 使用“-”运算符。
- 使用 difference()方法。语法格式如下：

```
set1.difference(set2)
```

set1 和 set2 都表示集合对象，返回的是 set1 与 set2 的差集。

- 使用 difference_update()方法。

提示：

difference()方法返回一个新集合，而 difference_update()方法是直接在原集合上进行计算，没有返回值。

■ 上机练习

【示例 1】使用“-”运算符求两个集合的差集。

```
a = {1, 2, 3, 4}                    # 集合 a
b = {3, 4, 5, 6}                    # 集合 b
c = a - b                           # 求 a 与 b 的差集
print(c)                            # 输出为 {1, 2}
```

a 与 b 的差集，就是先获取 a 与 b 的交集，然后从 a 中去掉交集元素即可。反之，如果求 b 与 a 的差集，则返回的集合应该为{5, 6}。

【示例 2】使用 difference()方法求两个集合的差集。

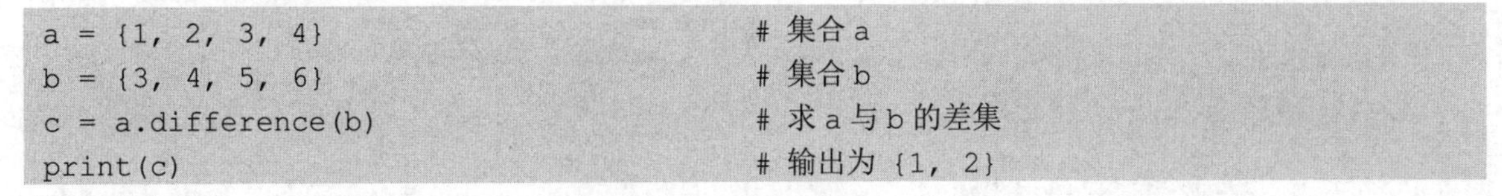

```
a = {1, 2, 3, 4}                    # 集合 a
b = {3, 4, 5, 6}                    # 集合 b
c = a.difference(b)                 # 求 a 与 b 的差集
print(c)                            # 输出为 {1, 2}
```

【示例 3】使用 difference_update()方法求两个集合的差集。

```
a = {1, 2, 3, 4}                    # 集合 a
```

```
b = {3, 4, 5, 6}                        # 集合 b
a.difference_update(b)                  # 求 a 与 b 的差集
print(a)                                # 输出为 {1, 2}
```

扫一扫，看视频

6.2.13 对称差集

■ **知识点**

A 与 B 的对称差集就是 A 与 B 的差集和 B 与 A 的差集的并集。求对称差集有以下 3 种方法。

- 使用“^”运算符。
- 使用 symmetric_difference() 方法。语法格式如下：

```
set1.symmetric_difference(set2)
```

set1 和 set2 表示集合对象，返回 set1 与 set2 的对称差集。

- 使用 symmetric_difference_update()方法。

symmetric_difference()方法返回一个新集合，而 symmetric_difference_update()方法直接在原集合上进行计算，没有返回值。

■ **上机练习**

【示例 1】 使用“^”运算符求两个集合的对称差集。

```
a = {1, 2, 3, 4}                        # 集合 a
b = {3, 4, 5, 6}                        # 集合 b
c = a ^ b                               # 求 a 与 b 的对称差集
print(c)                                # 输出为 {1, 2, 5, 6}
```

【示例 2】 示例 1 可以分解为下面的写法。

```
a = {1, 2, 3, 4}                        # 集合 a
b = {3, 4, 5, 6}                        # 集合 b
c = a - b                               # 求 a 与 b 的差集
d = b - a                               # 求 b 与 a 的差集
e = c | d                               # 求 c 与 d 的并集
print(e)                                # 输出为 {1, 2, 5, 6}
```

【示例 3】 使用 symmetric_difference() 方法求两个集合的对称差集。

```
a = {1, 2, 3, 4}                        # 集合 a
b = {3, 4, 5, 6}                        # 集合 b
c = a.symmetric_difference(b)           # 求 a 与 b 的对称差集
print(c)                                # 输出为 {1, 2, 5, 6}
```

【示例 4】 使用 symmetric_difference_update()方法求两个集合的对称差集。

```
a = {1, 2, 3, 4}                        # 集合 a
b = {3, 4, 5, 6}                        # 集合 b
a.symmetric_difference_update(b)        # 求 a 与 b 的对称差集
print(a)                                # 输出为 {1, 2, 5, 6}
```

扫一扫，看视频

6.2.14　子集和真子集

■ 知识点

➘ 使用 issubset()方法，可以检测当前集合是否为参数集合的子集。语法格式如下：

```
set1.issubset(set2)
```

其中，set1 和 set2 都是集合对象。如果 set1 是 set2 的子集，则返回 True；否则返回 False。

提示：

如果集合 A 的任意一个元素都是集合 B 的元素，那么集合 A 就是集合 B 的子集，集合 A 和集合 B 元素个数可以相等。

➘ 使用<=运算符，可以检测 A 是否为 B 的子集。语法格式如下：

```
A <= B
```

➘ 使用<运算符，可以检测 A 是否为 B 的真子集。语法格式如下：

```
A < B
```

提示：

如果集合 A 的任意一个元素都是集合 B 的元素，并且集合 B 中含有集合 A 中没有的元素，那么集合 A 就是集合 B 的真子集。

■ 上机练习

【示例 1】使用 issubset()方法检测 a 是否为 b 的子集。

```
a = {1, 2}                          # 集合 a
b = {1, 2, 3, 4}                    # 集合 b
c = a.issubset(b)                   # 检测 a 是否为 b 的子集
print(c)                            # 输出为 True
```

【示例 2】使用<=运算符检测 a 是否为 b 的子集。

```
a = {1, 2}                          # 集合 a
b = {1, 2, 3, 4}                    # 集合 b
c = a <= b                          # 检测 a 是否为 b 的子集
print(c)                            # 输出为 True
```

【示例 3】使用<运算符检测 a 是否为 b 的真子集。

```
a = {1, 2}                          # 集合 a
b = {1, 2}                          # 集合 b
c = a < b                           # 检测 a 是否为 b 的真子集
print(c)                            # 输出为 False
```

6.2.15　父集和真父集

扫一扫，看视频

■ 知识点

➘ 使用 issuperset()方法，可以检测当前集合是否为参数集合的父集。语法格式如下：

```
set1.issuperset(set2)
```

set1 和 set2 都是集合对象。如果 set1 是 set2 的父集，则返回 True；否则返回 False。

提示：

如果集合 B 的任意一个元素都是集合 A 的元素，那么集合 A 就是集合 B 的父集。集合 A 和集合 B 元素个数可以相等。

- 使用>=运算符，可以检测 A 是否为 B 的父集。语法格式如下：

```
A >= B
```

- 使用>运算符，可以检测 A 是否为 B 的真父集。语法格式如下：

```
A > B
```

■ 上机练习

【示例 1】使用 issuperset()方法检测 b 是否为 a 的父集。

```
a = {1, 2}                              # 集合 a
b = {1, 2, 3, 4}                        # 集合 b
c = b.issuperset(a)                     # 检测 b 是否为 a 的父集
print(c)                                # 输出为 True
```

【示例 2】使用>=运算符检测 b 是否为 a 的父集。

```
a = {1, 2}                              # 集合 a
b = {1, 2, 3, 4}                        # 集合 b
c = b >= a                              # 检测 b 是否为 a 的父集
print(c)                                # 输出为 True
```

【示例 3】使用>运算符检测 b 是否为 a 的真父集。

```
a = {1, 2}                              # 集合 a
b = {1, 2, 3, 4}                        # 集合 b
c = b >a                                # 检测 b 是否为 a 的真父集
print(c)                                # 输出为 True
```

扫一扫，看视频

6.2.16 不相交

■ 知识点

- 使用 isdisjoint()方法，可以检测两个集合是否不相交。如果没有重复的元素，则返回 True；否则返回 False。
- 使用!=运算符也可以检测两个集合 A 和 B 是否不相交。语法格式如下：

```
A != B
```

■ 上机练习

【示例】检测两个集合 a 和 b 是否存在交集。

```
a = {1, 2}                              # 集合 a
b = {3, 4}                              # 集合 b
c = a.isdisjoint(b)                     # 检测 a 和 b 是否存在交集
print(c)                                # 输出为 True，说明两个集合不相交
```

6.3 案例实战

扫一扫，看视频

6.3.1 词频统计

■ **案例分析**

要求用户输入一个字符串，利用字典方法，统计出每个字符出现的频次。

设计思路：以字符为键，以出现次数为值，通过映射绑定在一起，然后存储到字典中。由于键名的确定性，不能重复，通过 for 循环遍历字符串，通过 if 条件和 in 运算符逐个检测每个字符，递增重复出现字符的次数，存储到该字符名下的键值中。

■ **案例实现**

```
str = input("请输入字符串：")                                  # 接收字符串
str = str.replace(" ", "")                                     # 去除字符串中的空格
dic = dict()                                                   # 定义空字典
for cha in str:                                                # 遍历字符串
    if cha in dic:                                             # 字典有该字符
        dic[cha] += 1                                          # 该字符的值自增
    else:                                                      # 字典没有该字符
        dic[cha] = 1                                           # 初始化字符值
for key in dic:                                                # 遍历字典
    print("%s 出现%d 次" % (key, dic[key]), end=" ")           # 打印结果
```

输出为：

```
请输入字符串：life is short i need python
l 出现 1 次 i 出现 3 次 f 出现 1 次 e 出现 3 次 s 出现 2 次 h 出现 2 次 o 出现 2 次 r 出现 1 次 t 出现 2 次 n
出现 2 次 d 出现 1 次 p 出现 1 次 y 出现 1 次
```

6.3.2 创建不重复随机数集

扫一扫，看视频

■ **案例分析**

输入想要获得不重复随机数的个数和随机数的范围，输出该随机数生成的集合。

设计思路：主要利用集合的特性，即集合元素必须是确定的、稳定的，不能重复。

■ **案例实现**

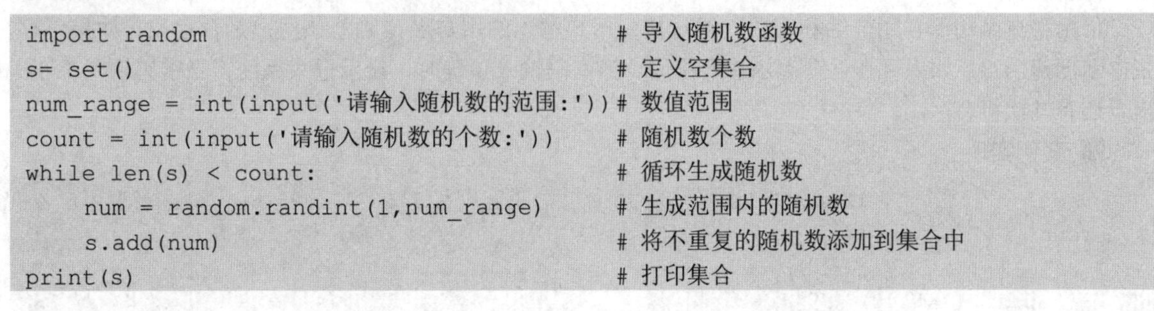

```
import random                                    # 导入随机数函数
s= set()                                         # 定义空集合
num_range = int(input('请输入随机数的范围:'))    # 数值范围
count = int(input('请输入随机数的个数:'))        # 随机数个数
while len(s) < count:                            # 循环生成随机数
    num = random.randint(1,num_range)            # 生成范围内的随机数
    s.add(num)                                   # 将不重复的随机数添加到集合中
print(s)                                         # 打印集合
```

输出为：

```
请输入随机数的范围:20
```

```
请输入随机数的个数:5
{11, 14, 17, 18, 20}
```

扫一扫，看视频

6.3.3 设计不可变集合

■ **案例分析**

集合是可变数据类型，使用 frozenset()函数可以创建不可变集合。该函数包含一个参数，指定一个可迭代的对象，将该对象转换为不可变集合。

不可变集合的结构和特点与可变集合（set）相同，功能和用法也基本相同。与可变集合 set 的不同点是，不可变集合创建后就不能再添加、修改和删除元素。

不可变集合的应用场景：集合的元素必须是哈希值，因此可以使用不可变集合定义集合元素，从而实现设计嵌套结构的集合对象。

本案例设计将两个城市作为键，两个城市之间的距离作为值，构建一个集合，由于两个城市是固定的，不能够随意更改，一旦更改就必须同时修正两个城市间的距离。所以，适合使用 frozenset()函数进行设计。

■ **案例实现**

```
city_distance = dict()                                       # 定义空字典
city_relationship1 = frozenset(['Beijing','Tianjin']) # 不可变类型的集合作为键
city_relationship2 = frozenset(['Guangzhou','Shenzhen'])
city_relationship3 = frozenset(['Chengdu','Chongqing'])
city_relationship4 = frozenset(['Shanghai','Hangzhou'])
city_distance[city_relationship1] = 123                      # 设置键对应值
city_distance[city_relationship2] = 234
city_distance[city_relationship3] = 345
city_distance[city_relationship4] = 456
print(city_distance)                                         # 打印结果
```

输出为：

```
{frozenset({'Tianjin', 'Beijing'}): 123,
frozenset({'Guangzhou', 'Shenzhen'}): 234,
frozenset({'Chengdu', 'Chongqing'}): 345,
frozenset({'Hangzhou', 'Shanghai'}): 456}
```

扫一扫，看视频

6.3.4 用户登录管理

■ **案例分析**

借用字典结构保存用户名和密码，通过接受用户输入的用户名，判断该用户是否存在。如果不存在，则提示创建用户；如果存在，则提示输入密码。当密码输入正确时，显示登录系统；当密码输入不正确时，提示还有几次机会。

■ **案例实现**

```
users = {'张三':'123456','李四':'111111','王五':'234567'}   # 用户字典，保存用户名和密码
count = 2                                                # 输入密码的次数
while True:                                              # 循环使用系统
    print('*'*40)
    name = input(('欢迎登录系统！\n 请输入用户名:'))      # 接收用户名
    if name in users:                                    # 用户是否存在
```

```
        while count >= 0:                           # 3 次输入密码的机会
            password = input('请输入密码:')          # 接收密码
            if users[name] == password:             # 密码正确
                print('登录成功! ')
                break                               # 成功登录，退出密码输入
            else:
                print('密码输入错误! 你还有%d 次机会'%count) # 剩余密码次数
                count -= 1                          # 密码次数减 1
        else:
            print('您的次数已用完!再见! ')
        break                                       # 密码次数用完或成功登录退出系统
    else:                                           # 用户名不存在
        flag = input('用户名不存在! \n 是否创建用户[y/n]:') # 是否创建用户
        if flag == 'y':                             # 创建用户
            while True:                             # 用户创建失败时，执行循环
                name = input('请创建用户名:')        # 接收用户名
                if name in users:                   # 创建用户已存在
                    print('用户已存在!')
                else:                               # 创建用户名正确
                    password = input('请设置密码:')
                    repassword = input('请确认密码:')
                    if password == repassword:      # 两次密码输入正确
                        users[name] = password      # 添加用户信息
                        print('用户创建成功!')
                        break                       # 成功创建，退出创建循环
                    else:                           # 密码输入不一致，重新创建用户
                        print('两次密码输入不一致!')
        else:                                       # 不创建用户
            print('欢迎再次使用系统!再见! ')
            break                                   # 退出系统
```

演示效果如图 6.1 所示。

```
尝试新的跨平台 PowerShell https://aka.ms/pscore6

PS D:\www_vs> & D:/python-3.9.0-amd64/python.exe d:/www_vs/test1.py
****************************************
欢迎登录系统!
请输入用户名:张三
请输入密码:123456
登录成功!
PS D:\www_vs> & D:/python-3.9.0-amd64/python.exe d:/www_vs/test1.py
****************************************
欢迎登录系统!
请输入用户名:李四
请输入密码:123456
密码输入错误! 你还有2次机会
请输入密码:11111
密码输入错误! 你还有1次机会
请输入密码:111111
登录成功!
PS D:\www_vs>
```

图 6.1　用户登录管理系统

6.3.5　同学录

扫一扫，看视频

■ 案例分析

本案例设计一个同学录，采用字典结构，以同学名为键，以该同学的朋友列表为值，通过键值映射关

系，分析朋友最多的同学及其朋友列表。

■ 案例实现

```
friendlist = dict()                                     # 定义对象关系字典
while True:                                             # 循环输入
    grilfriends = list()                                # 定义朋友列表
    name = input('请输入姓名:')                          # 输入姓名
    while True:                                         # 循环输入朋友
        grilfriend_name = input('请输入朋友姓名:')       # 输入朋友姓名
        grilfriends.append(grilfriend_name)             # 添加到朋友列表中
        flag = input('是否结束输入朋友[y/n]:')           # 是否结束输入朋友
        if flag == 'y' or flag == 'Y':                  # 结束输入
            break                                       # 退出输入朋友
    friendlist[name] = grilfriends                      # 将姓名作为键，朋友列表作为值，添加
    flag = input('是否结束输入[y/n]:')                   # 是否结束输入姓名
    if flag == 'y' or flag == 'Y':                      # 结束输入
        break                                           # 退出输入姓名
sumgf = 0                                               # 定义朋友总个数
for key, val in friendlist.items():                     # 遍历对象关系字典
    if len(val) > sumgf:                                # 获取最大朋友总数
        sumgf = len(val)                                # 赋值
        name = key                                      # 获取该最大朋友个数的姓名
print(friendlist)                                       # 打印对象关系字典
print('{}朋友最多，有{}个，分别是:{}'.format(name, sumgf, friendlist[name]))
```

演示效果如图 6.2 所示。

```
PS D:\www_vs> & D:/python-3.9.0-amd64/python.exe d:/www_vs/test1.py
请输入姓名:小a
请输入朋友姓名:张三
是否结束输入朋友[y/n]:n
请输入朋友姓名:李四
是否结束输入朋友[y/n]:y
是否结束输入[y/n]:n
请输入姓名:小b
请输入朋友姓名:王五
是否结束输入朋友[y/n]:n
请输入朋友姓名:赵六
是否结束输入朋友[y/n]:n
请输入朋友姓名:侯七
是否结束输入朋友[y/n]:y
是否结束输入[y/n]:y
{'小a': ['张三', '李四'], '小b': ['王五', '赵六', '侯七']}
小b朋友最多，有3个，分别是:['王五', '赵六', '侯七']
PS D:\www_vs>
```

图 6.2　统计同学关系演示效果

6.4 在线支持

扫码，拓展学习

第 7 章　字　符　串

字符串（str）是不可变的、有限数量的字符序列，字符包括可见字符、不可见字符和转义字符。在程序设计中，经常需要处理字符串，如复制、替换、连接、比较、查找、截取、分割等。本章将详细介绍字符串的常用方法及其应用。

【学习重点】

- 定义字符串。
- 字符串长度和编码。
- 字符串连接和截取。
- 字符串查找和替换。
- 了解字符串的其他操作。

7.1　使用字符串

7.1.1　定义字符串

扫一扫，看视频

■ 知识点

定义字符串有以下 3 种方法，简单说明如下。

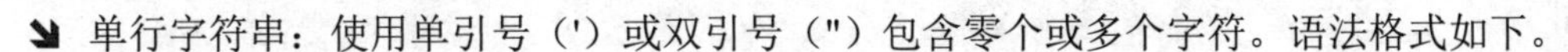

➘ 单行字符串：使用单引号（'）或双引号（"）包含零个或多个字符。语法格式如下。

```
'单行字符串'
"单行字符串"
```

提示：

在字符串中可以包含换行符（\n），这样字符串可以多行显示。

单引号定义的字符串可以包含双引号，双引号定义的字符串可以包含单引号，都不需要转义。

➘ 多行字符串：使用三引号（'''）包含多行字符串，语法格式如下。

```
'''多行
字符串'''
"""多行
字符串"""
```

使用三引号定义字符串，可以避免频繁地使用转义字符，保持字符串的原始格式。

提示：

在三引号中可以包含单引号、双引号、换行符、制表符，以及其他特殊字符，对于这些特殊字符不需要转义。三引号还可以包含注释信息。

➘ 使用 str()函数可以创建空字符串，也可以将任意类型的对象转换为字符串。

■ 上机练习

【示例 1】定义两个字符串，字符串中包含单引号或双引号，为了避免使用转义字符，分别使用单引号和双引号定义字符串。

```
str1 = "it's Python"                        # 使用双引号定义字符串
str2 = 'it "is" Python'                     # 使用单引号定义字符串
print(str1)                                 # 输出为 it's Python
print(str2)                                 # 输出为 it "is" Python
```

注意：

Python 不支持字符类型，单个字符也是一个字符串。

【示例 2】定义一段 HTML 字符串，如果使用单引号或双引号定义会非常麻烦，需要逐个转义特殊字符。本例使用三引号定义就非常方便。

```
str1 = """
<!doctype html>
<script>
document.write('<meta charset="utf-8">');
</script>
"""
print(str1)
```

输出为：

```
<!doctype html>
<script>
document.write('<meta charset="utf-8">');
</script>
```

【示例 3】使用 str()函数创建字符串。

```
str1 = str()                                # 定义空字符串，返回为空
str2 = str([])                              # 把空列表转换为字符串，返回：[]
str3 = str([1, 2, 3])                       # 把列表转换为字符串，返回：[1, 2, 3]
str4 = str(None)                            # 把 None 转换为字符串，返回：None
```

扫一扫，看视频

7.1.2 转义字符

■ 知识点

转义字符就是不能够通过字符自身来表示，而是通过特殊格式的字符组合来表示。例如，换行符使用“\n”表示，制表符使用“\t”表示，Python 可用转义字符说明如表 7.1 所示。

表 7.1 Python 转义序列

转义序列	含义
\newline（新行词符）	忽略反斜杠和换行
\\	反斜杠(\)
\'	单引号(')

续表

转义序列	含　义
\"	双引号(")
\a	ASCII 响铃(BEL)
\b	ASCII 退格(BS)
\f	ASCII 换页(FF)
\n	ASCII 换行(LF)
\r	ASCII 回车(CR)
\t	ASCII 水平制表(TAB)
\v	ASCII 垂直制表(VT)
\ooo	八进制值 ooo 的字符。与标准 C 中一样，最多可接受 3 个八进制数字
\xhh	十六进制值 hh 的字符。与标准 C 不同，只需要两个十六进制数字
\N{name}	Unicode 数据库中名称为 name 的字符 提示，只在字符串字面值中识别的转义序列
\uxxxx	16 位的十六进制值为 xxxx 的字符。4 个十六进制数字是必需的 提示，只在字符串字面值中识别的转义序列
\Uxxxxxxxx	32 位的十六进制值为 xxxxxxxx 的字符。任何 Unicode 字符都可以以这种方式被编码。8 个十六进制数字是必需的 提示，只在字符串字面值中识别的转义序列

■ 上机练习

【示例 1】使用转义字符、八进制数字、十六进制数字表示换行符。

```
str1 = "Hi,\nPython"                    # 使用转义字符\n 表示换行符
str2 = "Hi,\12Python"                   # 使用八进制数字 12 表示换行符
str3 = "Hi,\x0aPython"                  # 使用十六进制数字 0a 表示换行符
```

输出为：

```
Hi,
Python
Hi,
Python
Hi,
Python
```

【示例 2】如果八进制数字不满 3 位，则首位自动补 0。如果八进制超出 3 位，十六进制超出两位，超出数字将视为普通字符显示。

```
str1 = "Hi,\012Python"                  # 使用 3 位八进制数字表示换行符
str2 = "Hi,\12Python"                   # 使用 2 位八进制数字表示换行符
str3 = "Hi,\x0a0Python"                 # 最多允许使用 3 位八进制数字
                                        # 最多允许使用 2 位十六进制数字
```

输出为：

```
Hi,
Python
```

```
Hi,
Python
Hi,
0Python
```

扫一扫，看视频

7.1.3 定义原始字符串

■ 知识点

转义字符用在正则表达式中时，容易引发歧义。例如，"\b"转义表示退格，在正则表达式中则表示匹配单词的边界。如果表示单词的边界就应该禁止转义，传统方法是加双反斜杠，如"\\b"，这种方法比较烦琐。Python 推荐使用原始字符串，定义原始字符串的语法格式如下：

```
r"字符串"
R"字符串"
```

在字符串的前面添加 r 或 R 前缀，表示该字符串为原始字符串。在原始字符串中，任何转义字符都被禁止，所有的字符都是直接按照字面的意思来解析，不支持转义字符和非打印的字符。

提示：

正则表达式字符串，通常是由代表字符、分组、匹配信息、变量名和字符类等特殊符号组成，当使用特殊字符时，"\字符"格式的元字符容易被转义。如果加双反斜杠，又比较麻烦，且不利于阅读和维护，使用原始字符串就非常便利。

■ 上机练习

【示例】在路径字符串中会频繁使用反斜杠，如果每个反斜杠前面再添加一个反斜杠，禁止转义，就会很麻烦，而使用原始字符串表示就方便多了。

```
str1 = "E:\\a\\b\\c\\d"                    # 禁止转义字符
str2 = r"E:\a\b\c\d"                       # 使用原始字符串
print(str1)                                # 输出为 E:\a\b\c\d
print(str2)                                # 输出为 E:\a\b\c\d
```

扫一扫，看视频

7.1.4 定义字节串

■ 知识点

字符串（str）是由多个字符构成，以字符为操作单位的序列对象，默认为 Unicode 字符，字符范围为 0～65535。字符串是一种抽象概念，仅用以显示给人阅读或操作的图形符号，不能直接存储到硬盘中。

字节串（bytes）是由多个字节构成，以字节为操作单位的序列，是 Python 3 新增的类型。字节是整型值，取值范围为 0～255，可以直接存储到硬盘中，供计算机传输或保存的二进制数据表示形式。

定义字节串有以下两种方法。

- 使用字面值，以 b 操作符为前缀的 ASCII 字符串，语法格式如下：

```
b"ASCII 字符串"
b"转义序列"
```

字节是 0~255 之间的整数，而 ASCII 字符集范围为 0～255，因此它们之间可以直接映射。通过转义序列可以映射更大规模的字符集。

- 使用 bytes()函数，可以创建一个字节串对象，语法格式如下：

```
bytes()                                    # 生成一个空的字节串，等同于：b''
bytes(整型可迭代对象)                       # 用可迭代对象初始化一个字节串
                                           # 元素必须为[0,255]中的整数
bytes(整数 n)                              # 生成 n 个值为零的字节串
bytes('字符串', encoding='编码类型')        # 使用字符串的转换编码生成一个字节串
```

■ **上机练习**

【示例 1】使用字面值定义字节串。

```
# 创建空字节串
b''
b''''''
B""
B""""""
# 创建非空字节串
b'ABCD'
b'\x41\x42'
```

【示例 2】使用 bytes()函数创建字节串对象。

```
a = bytes()                                # 等效于：b''
b = bytes([10,20,30,65,66,67])             # 等效于：b'\n\x14\x1eABC'
c = bytes(range(65,65+26))                 # 等效于：b'ABCDEFGHIJKLMNOPQRSTUVWXYZ'
d = bytes(5)                               # 等效于：b'\x00\x00\x00\x00\x00'
e = bytes('hello 中国','utf-8')            # 等效于：b'hello\xe4\xb8\xad\xe5\x9b\xbd'
```

■ **拓展**

字节串是不可变序列，使用 bytearray()函数可以创建可变字节序列，也称为字节数组（bytearray）。数组是元素类型完全相同的列表，因此可以使用操作列表的方法操作数组。bytearray()函数的语法格式如下：

```
bytearray()                                # 生成一个空的可变字节串，等同于 bytearray(b'')
bytearray(整型可迭代对象)                   # 用可迭代对象初始化一个可变字节串
                                           # 元素必须为[0,255]中的整数
bytearray(整数 n)                          # 生成 n 个值为零的可变字节串
bytearray(字符串, encoding='utf-8')        # 用字符串的转换编码生成一个可变字节串
```

7.1.5　编码和解码

■ **知识点**

除了操作单元不同外，字节串与字符串的用法基本相同，它们之间的映射称为解码或编码。

- 使用 encode()方法，可以根据参数 encoding 指定的编码类型将字符串编码为二进制数据的字节串。语法格式如下：

```
str.encode(encoding='utf-8',errors='strict')
```

str 表示字符串，参数 encoding 表示编码类型，默认为 UTF-8；参数 errors 设置不同错误的处理方案，默认为 strict，表示遇到非法字符就会抛出异常。

提示：

也可以使用 bytes()函数把字符串转换为字节串，实现编码转换。

```
bytes = bytes(str, encoding='utf-8')
```

- 使用 decode()方法，可以根据参数 encoding 指定的编码类型，将二进制数据的字节串解码为字符串。语法格式如下：

```
bytes.decode(encoding='utf-8',errors='strict')
```

bytes 表示字节串，该方法的参数与 encode()方法的参数用法相同，返回解码后的字符串。

注意：

encode()和 decode()方法的编码类型必须一致，否则将抛出异常。

提示：

也可以使用 str()函数把字节串转换为字符串，实现解码转换。

```
str = str(bytes)
```

■ **上机练习**

【示例 1】使用 encode()方法把字符串进行编码，转换为字节串。

```
u = '中文'                                    # 指定字符串类型对象 u
str1 = u.encode('gb2312')                     # 以 GB2312 对 u 进行编码，获得 bytes 类型对象
print(str1)                                   # 输出为 b'\xd6\xd0\xce\xc4'
str2 = u.encode('gbk')                        # 以 GBK 编码对 u 进行编码，获得 bytes 类型对象
print(str2)                                   # 输出为 b'\xd6\xd0\xce\xc4'
str3 = u.encode('utf-8')                      # 以 UTF-8 对 u 进行编码，获得 bytes 类型对象
print(str3)                                   # 输出为 b'\xe4\xb8\xad\xe6\x96\x87'
```

【示例 2】使用 decode()方法对字节串进行解码，转换为字符串。

```
u1 = str1.decode('gb2312')                    # 以 GB2312 编码对字符串 str 进行解码
                                              # 获得字符串类型对象
print(u1)                                     # 输出为 '中文'
u2 = str1.decode('utf-8')                     # 报错：因为 str1 是 GB2312 编码的
# UnicodeDecodeError: 'utf-8' codec can't decode byte 0xd6 in position 0: invalid continuation byte
```

扫一扫，看视频

7.1.6 字符串长度

■ **知识点**

使用 len()函数可以统计字符串的字符个数，也可以统计字节串的字节长度。

由于字符串的编码不同，每个字符的字节长度也是不同的。例如，对于 ASCII 字符，一个字符就是一个字节长度；对于 GBK 或 GB2312 字符，则每个字符占用两个字节长度；对于 UTF-8 字符，则每个字符可能占用 2～4 个字节长度不等。

■ **上机练习**

```
s1 = "中国 China"                             # 定义字符串
print(len(s1))                                # 输出为 7
s1 = "中国 China"                             # 定义字符串
print(len(s1.encode()))                       # 输出为 11
print(len(s1.encode("gbk")))                  # 输出为 9
```

在默认情况下，每个字母、数字和汉字都视为一个字符。在 UTF-8 编码中，每个汉字占用 3～4 个字

节，而在 GBK 或 GB2312 编码中，每个汉字占用两个字节。因此，当计算字符串的字节长度时，需要考虑编码类型。

7.1.7 访问字符串

扫一扫，看视频

■ **知识点**

访问字符串中的字符有如下两种方法。

- 使用索引。字符串是不可变序列，因此使用序列的下标可以索引每个字符，具体方法请参考 5.1.1 小节内容。
- 使用切片。使用切片可以获取字符串中指定范围的子串，具体方法请参考 5.1.2 小节内容。

■ **上机练习**

【示例 1】通过下标索引字符串指定位置的字符。

```
str1 = "Python"                          # 定义字符串
print(str1[2])                           # 读取第 3 个字符，输出为 t
print(str1[-2])                          # 读取倒数第 2 个字符，输出为 o
```

【示例 2】使用切片获取字符串中部分子串。

```
str1 = 'abcdefghijklmnopqrstuvwxyz'
# 正切片
print(str1[:20])                         # 不指定 start，则从第 1 个字符开始
                                         # 输出为 abcdefghijklmnopqrst
print(str1[20:])                         # 不指定 end，则直到结尾字符，输出为 uvwxyz
print(str1[:-6])                         # 指定 end 为负数，则从右向左倒数第 6 个字符
                                         # 输出为 abcdefghijklmnopqrst
print(str1[:])                           # 不指定 start 和 end，相当于 print(str1)
print(str1[::3])                         # 仅指定步长，输出为 adgjmpsvy
# 反切片
print(str1[::-1])                        # 倒序输出为 zyxwvutsrqponmlkjihgfedcba
print(str1[:19:-1])                      # 倒序输出最后 6 个字符 zyxwvu
print(str1[-10:-19:-1])                  # 倒序输出中间 9 个字符 qponmlkji
```

【示例 3】通过字符串的切片操作，快速判断一个数是不是回文数。

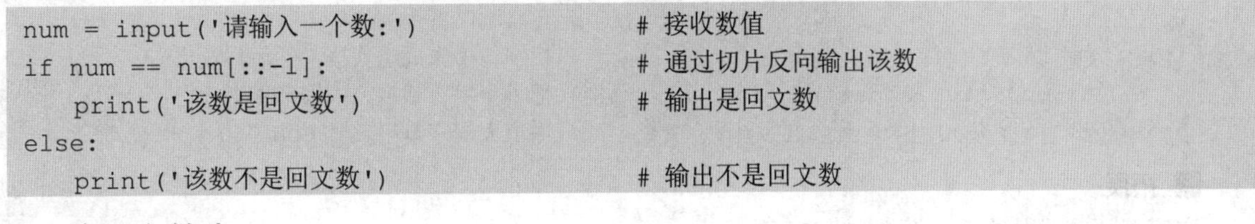

```
num = input('请输入一个数:')              # 接收数值
if num == num[::-1]:                     # 通过切片反向输出该数
   print('该数是回文数')                  # 输出是回文数
else:
   print('该数不是回文数')                # 输出不是回文数
```

7.1.8 遍历字符串

扫一扫，看视频

■ **知识点**

遍历字符串有以下 4 种方法。

- 使用 for 语句，按默认方式进行遍历。
- 使用 range()方法，根据字符串长度进行遍历。range()方法的用法请参考 4.2.2 小节内容。
- 使用 enumerate()函数，以索引序列进行遍历。enumerate()函数的用法请参考 5.2.4 小节内容。

➘ 使用 iter()函数生成迭代器。语法格式如下：

```
iter(object[, sentinel])
```

参数 object 表示支持迭代的对象，sentinel 是一个可选参数，如果传递了第 2 个参数，则参数 object 必须是一个可调用的对象（如函数），此时，iter()函数将创建一个迭代器对象，每次调用这个迭代器对象的__next__()方法时，都会调用 object。

■ 上机练习

【示例 1】使用 for 语句遍历字符串，然后把每个字符都转换为大写形式并输出。

```
s1 = "Python"                                # 定义字符串
L = []                                       # 定义临时备用列表
for i in s1:                                 # 迭代字符串
    L.append(i.upper())                      # 把每个字符转换为大写形式
print("".join(L))                            # 输出大写字符串 PYTHON
```

【示例 2】使用 len()函数获取字符串长度，然后使用 range()函数获取一个数字列表，再根据该列表的下标，访问字符串中的每个字符。

```
s1 = "Python"                                # 定义字符串
L = []                                       # 定义临时备用列表
for i in range(len(s1)):                     # 根据字符串长度遍历字符串下标数字
                                             # 从 0 开始，直到字符串长度
    L.append(s1[i].upper())                  # 把每个字符转换为大写形式
print("".join(L))                            # 输出大写字符串 PYTHON
```

【示例 3】使用 enumerate()函数将字符串转换为索引序列，然后再迭代操作。

```
s1 = "Python"                                # 定义字符串
L = []                                       # 定义临时备用列表
for i, char in enumerate(s1):                # 把字符串转换为索引序列，然后再遍历
    L.append(char.upper())                   # 把每个字符转换为大写形式
print("".join(L))                            # 输出大写字符串 PYTHON
```

【示例 4】使用 iter()函数将字符串生成迭代器，然后再遍历操作。

```
s1 = "Python"                                # 定义字符串
L = []                                       # 定义临时备用列表
for item in iter(s1):                        # 把字符串生成迭代器，然后再遍历
    L.append(item.upper())                   # 把每个字符转换为大写形式
print("".join(L))                            # 输出大写字符串 PYTHON
```

■ 拓展

逆序遍历就是从右到左反向迭代对象。

【示例 5】演示 3 种逆序遍历字符串的方法。

```
s1 = "Python"                                # 定义字符串
print("1. 通过下标逆序遍历：")
for i in s1[::-1]:                           # 取反切片
    print(i, end=" ")                        # 输出为 n o h t y P
print("\n2. 通过下标逆序遍历：")
for i in range(len(s1)-1, -1, -1):           # 从右到左按下标值反向读取字符串中每个字符
```

```
    print(s1[i], end=" ")                    # 输出为 n o h t y P
print("\n3. 通过 reversed()逆序遍历: ")
for i in reversed(s1):                       # 倒序之后，再遍历输出
    print(i, end=" ")                        # 输出为 n o h t y P
```

7.2 字符串处理

字符串是不可变序列，因此所有处理都将返回新的字符串，而不是对原字符串执行操作。

7.2.1 连接字符串

扫一扫，看视频

■ **知识点**

连接字符串有以下 4 种方法。

- 使用“+”运算符。
- 使用 join()方法，可以将序列对象的所有元素连接生成一个新的字符串。语法格式如下：

```
separate.join(sequence)
```

separate 表示连接符，参数 sequence 表示序列对象。返回通过连接符连接序列中所有元素的新字符串。

- 使用字符串格式化方法，详细用法请参考 2.7 节内容。
- 直接连接。把两个字符串放在一起，两个字符串将自动连接为一个字符串。

注意：

该方法只能用在字符串字面值之间，不能够用在字符串变量之间。

■ **上机练习**

【示例 1】使用“+”运算符连接两个字符串。

```
s1 = "Hi,"                                   # 定义字符串 1
s2 = "Python"                                # 定义字符串 2
s3 = s1 + s2                                 # 使用加号运算符连接字符串
print(s3)                                    # 输出为 Hi,Python
```

【示例 2】使用下划线作为连接符，然后调用 join()方法把集合中每个元素连接起来，生成一个新的字符串。

注意：

集合元素的顺序是无序的。

```
L = {'P', 'y', 't', 'h', 'o', 'n'}
s = '_'.join(L)
print(s)                                     # 输出为 t_h_P_o_y_n
```

【示例 3】使用下划线作为连接符，然后调用 join()方法把字典中的每个键名连接起来，生成一个新的字符串。

```
L = {'name':"张三",'gender':'male','from':'China','age':18}
s = '_'.join(L)
print(s)                                     # 输出为 name_gender_from_age
```

注意：

参数 sequence 参与迭代的元素必须是字符串类型，不能包含数字或其他类型。例如，下面的写法是错误的。

```
L = (1, 2, 3)
s = '_'.join(L)                                    # 抛出异常 TypeError
```

【示例 4】使用格式化操作符“%”连接一个字符串和一组变量。

```
s1 = "Hi,"                                         # 定义字符串 1
s2 = "Python"                                      # 定义字符串 2
print("%s%s" % (s1, s2))                           # 输出为 Hi,Python
```

【示例 5】通过直接连接的方式连接字符串。

```
s1 = "Hi,""Python"                                 # 直接连接两个字符串
print(s1)                                          # 输出为 Hi,Python
```

■ 补充

字符串是不可变类型，当连接两个字符串时，会生成一个新的字符串，生成新的字符串就需要申请新的内存，当连续执行相加操作时，如 a+b+c+d+e+f+…，需要重复申请内存。因此，在这种场景下，使用加号运算符（+）不如使用 join()方法的效率高，因为 join()方法只有一次内存申请。当然，简单的字符串连接操作，+连接的效率会更高。

扫一扫，看视频

7.2.2 修改字符串

■ 知识点

修改字符串有以下 3 种方法。

- 把字符串转换为可变对象再进行修改，然后转换为字符串。
- 使用切片。
- 使用 replace()方法。详细介绍请参考 7.2.7 小节内容。

■ 上机练习

【示例 1】将字符串转换成列表后修改值，然后再生成新的字符串。

```
s = 'abcdef'                                       # 原字符串
s1 = list(s)                                       # 将字符串转换为列表
s1[4] = 'E'                                        # 将列表中的第 5 个字符修改为 E
s1[5] = 'F'                                        # 将列表中的第 6 个字符修改为 F
s = ''.join(s1)                                    # 用空串将列表中的所有字符重新连接为字符串
print(s)                                           # 输出新字符串为 abcdEF
```

【示例 2】通过切片方式修改字符串。

```
s='Hello World'
s=s[:6] + 'Python'                                 # s 前 6 个字符串+'Python'
print(s)                                           # 输出为 Hello Python
s=s[:3] + s[8:]                                    # s 前 3 个字符串+s 第 8 位之后的字符串
print(s)                                           # 输出为 Helthon
```

【示例 3】使用 replace()方法把小写字母 a 改为大写。

```
s='abcdef'
```

```
s=s.replace('a','A')                          # 用A替换a
s=s.replace('bcd','123')                      # 用123替换bcd
print(s)                                      # 输出为A123ef
```

扫一扫，看视频

7.2.3　大小写转换

■ 知识点

字符串大小写转换有以下 5 种方法。

- lower()：把大写字符转换为小写形式，并返回小写格式的字符串。
- upper()：把小写字符转换为大写形式，并返回大写格式的字符串。
- title()：将字符串中每个单词首字母大写，其余字母均为小写。
- capitalize()：将字符串的第一个字母变成大写，其余字母变成小写。
- swapcase()：将字符串的大小写字母进行转换。

■ 上机练习

【示例 1】把字符串转换为小写形式返回。

```
str = "PYTHON"                                # 定义字符串
print(str.lower())                            # 输出为 python
```

【示例 2】把字符串转换为大写形式返回。

```
str = "Python"                                # 定义字符串
print(str.upper())                            # 输出为 PYTHON
```

【示例 3】设计每个单词首字母大写。

```
str = "i love python"                         # 定义字符串
print(str.title())                            # 输出为 I Love Python
```

扫一扫，看视频

7.2.4　检测字符串

■ 知识点

字符串检测的方法很多，主要分为以下 3 类。

1. 大小写格式检测

- islower()：检测字符串是否为纯小写格式。
- isupper()：检测字符串是否为纯大写格式。
- istitle()：检测字符串是否为标题化的格式。

注意：

字符串中至少要包含一个字母，否则直接返回 False，如纯数字或空字符串。

提示：

使用 istitle()方法时，会对每个单词的边界进行检测：一个完整的单词不应该包含非字母的字符，如空格、数字、连字符等各种特殊字符。当界定单词的边界后，会检测非首字母是不是全部小写，否则会返回 False。例如：

```
print("Word15word2".istitle())          # 输出为 False
print("Word15Word2".istitle())          # 输出为 True
print("Wordaword2".istitle())           # 输出为 True
```

```
print("Word1aword2".istitle())          # 输出为 False
print("Word1aWord2".istitle())          # 输出为 False
```

在上面的代码中，Word15word2 和 Word1aword2 被解析为两个单词，而 Wordaword2 被解析为一个单词。

2. 数字和字母检测

使用下面几种方法可以检测字符串是否为字母、数字或两者混合。

- isdigit()：如果字符串只包含数字则返回 True，否则返回 False。
- isdecimal()：如果字符串只包含十进制数字，则返回 True；否则返回 False。
- isnumeric()：如果字符串中只包含数字字符，则返回 True；否则返回 False。
- isalpha()：如果字符串中至少有一个字符，并且所有字符都是字母，则返回 True；否则返回 False。
- isalnum()：如果字符串中至少有一个字符，并且所有字符都是字母或数字，则返回 True；否则返回 False。

注意：

isdigit()、isdecimal()和 isnumeric()方法都用来检测数字，但是也略有差异，比较如下。

- isdigit()
  - True：Unicode 数字、全角数字（双字节）、bytes 数字（单字节）。
  - False：汉字数字、罗马数字、小数。
  - Error：无。
- isdecimal()
  - True：Unicode 数字、全角数字（双字节）。
  - False：汉字数字、罗马数字、小数。
  - Error：bytes 数字（单字节）。
- isnumeric()
  - True：Unicode 数字、全角数字（双字节）、汉字数字。
  - False：罗马数字、小数。
  - Error：bytes 数字（单字节）。

3. 特殊字符检测

特殊字符包括空白（空格、制表符、换行符等）、可打印字符（制表符、换行符不是，而空格是)，以及是否满足标识符定义规则。

- isspace()：如果字符串中只包含空白，则返回 True；否则返回 False。
- isprintable()：如果字符串中的所有字符都是可打印的字符，或者字符串为空，则返回 True；否则返回 False。
- isidentifier()：如果字符串是有效的 Python 标识符，则返回 True；否则返回 False。

上机练习

【示例 1】分别检测 Unicode 数字、全角数字、bytes 数字、汉字数字和罗马数字。

```
n1 = "1"                                # Unicode 数字
print(n1.isdigit())                     # True
print(n1.isdecimal())                   # True
print(n1.isnumeric())                   # True
n2 = "1"                                # 全角数字（双字节）
```

```
print(n2.isdigit())        # True
print(n2.isdecimal())      # True
print(n2.isnumeric())      # True
n3 = b"1"                  # bytes 数字（单字节）
print(n3.isdigit())        # True
print(n3.isdecimal())      # AttributeError 'bytes' object has no attribute 'isdecimal'
print(n3.isnumeric())      # AttributeError 'bytes' object has no attribute 'isnumeric'
n4 = "IV"                  # 罗马数字
print(n4.isdigit())        # False
print(n4.isdecimal())      # False
print(n4.isnumeric())      # False
n5 = "四"                  # 汉字数字
print(n5.isdigit())        # False
print(n5.isdecimal())      # False
print(n5.isnumeric())      # True
```

提示：

罗马数字包括：I、II、III、IV、V、VI、VII、VIII、IX、X 等，汉字数字包括：一、二、三、四、五、六、七、八、九、十、百、千、万、亿、兆、零、壹、贰、叁、肆、伍、陆、柒、捌、玖、拾等。

【示例 2】使用 isspace()、isprintable()和 isidentifier()方法进行字符串检测。

```
print(' '.isspace())                    # True
print('\t'.isprintable())               # False
print(' '.isprintable())                # True
print( "3a".isidentifier() )            # False
print(' '.isidentifier() )              # False
```

7.2.5　对齐字符串

扫一扫，看视频

■ **知识点**

对齐字符串的方法有以下 4 种。

- center()：设置字符串居中显示。语法格式如下：

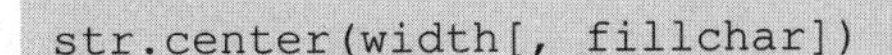

```
str.center(width[, fillchar])
```

其中，参数 width 设置字符串显示的总宽度，单位为字符；fillchar 表示填充字符，默认值为空格。center()方法将根据 width 宽度居中显示，然后使用 fillchar 填充空余区域，默认填充为空格。

- ljust()：设置字符串左对齐，并使用指定字符填充新宽度的字符串。用法与 center()方法相同。
- rjust()：设置字符串右对齐，并使用指定字符填充新宽度的字符串。用法与 center()方法相同。
- zfill()：设置字符串右对齐，并使用 0 填充空余区域。str.zfill(width)方法仅有一个参数，设置字符串的显示宽度，是 rjust()方法的特殊用法。

提示：

如果 width 小于字符串的长度，则保持字符串的宽度直接输出，不再填充字符。

■ **上机练习**

【示例 1】设置字符串显示总宽度为 20 个字符，然后定义子字符串 Python 居中显示，剩余空间填充为下划线。

```
s1 = "Python"                        # 定义字符串
s2 = s1.center(20, "_")              # 定义字符串居中显示，设置总宽度为20个字符
print(s2)                            # 输出为 _______Python_______
print(len(s2))                       # 输出为 20
```

【示例2】使用ljust()和rjust()方法设置字符串左对齐和右对齐显示，同时定义字符串总宽度为20个字符。

```
s1 = "Python"                        # 定义字符串
s2 = s1.ljust(20, "_")               # 定义字符串左对齐，设置总宽度为20个字符
print(s2)                            # 输出为 Python______________
s3 = s1.rjust(20, "_")               # 定义字符串右对齐，设置总宽度为20个字符
print(s3)                            # 输出为 ______________Python
```

【示例3】设计随机生成一个1～999之间的一个整数，然后使用zfill()方法设置随机数总长度为3，空余区域填充为0。

```
import random                        # 导入随机数模块
n = random.randint(1,999)            # 随机生成一个1～999之间的整数
print(str(n).zfill(3))               # 输出并设置字符串宽度固定为3
```

扫一扫，看视频

7.2.6 检索字符串

■ **知识点**

检索字符串共有以下7个方法。

- count()：统计字符串中指定的子字符串出现的次数。语法格式如下：

```
str.count(sub, start= 0,end=len(str))
```

其中，参数sub表示子字符串；start表示开始统计的下标位置，默认为第1个字符（索引值为0）；end表示结束统计的下标位置，默认为最后一个位置。该方法返回子串在字符串中出现的次数。

注意：

检索范围包含起始点位置，但是不包含终止点位置。

- endswith()：判断字符串是否以指定的子串结尾，如果以指定后缀结尾，则返回True，否则返回False。语法格式如下：

```
str.endswith(suffix[, start=0[, end= len(str)]])
```

参数suffix可以是一个字符串或者是一个元素，start表示开始检索的位置，默认值为0，end表示结束检索的位置，默认值为字符串的长度。

- startswith()：判断字符串是否以指定的子字符串开头，用法与endswith()方法相同。
- find()：检测字符串中是否包含指定的子字符串，返回字符串第1次出现的位置（从左到右查询），如果没有匹配项则返回-1。语法格式如下：

```
str.find(sub, start= 0,end=len(string))
```

其中，参数sub表示要搜索的子字符串；start表示开始搜索的位置，默认为第1个字符（索引值为0）；end表示结束搜索的位置，默认为字符串的最后一个位置。

如果指定 start（开始）和 end（结束）范围，则检查是否包含在指定范围内，如果在指定范围内包含指定子字符串，则返回的索引值是在字符串中的起始位置。如果不包含子字符串，则返回-1。

- rfind()：检测字符串中是否包含指定的子字符串。返回子字符串最后一次出现的位置，从右向左查询，如果没有匹配项则返回-1。
- index()：与 find()方法的功能和用法相同。
- rindex()：与 rfind()方法的功能和用法相同。当 index()和 rindex()方法搜索不到子字符串时，将抛出 ValueError 错误。

上机练习

【示例 1】计算字符串中后半句中“长”字的个数。

```
str = "海水朝朝朝朝朝朝朝落，浮云长长长长长长长消"
sub = "长";
print(str.count(sub, 11, 21))          # 输出为 7
```

【示例 2】使用 endswith()和 startswith()方法检测“海”是否在字符串的开头或结尾。

```
str = "海水朝朝朝朝朝朝朝落，浮云长长长长长长长消"
sub = "海";
print(str.startswith(sub))             # 输出为 True
print(str.endswith(sub))               # 输出为 False
```

【示例 3】使用 find()方法检索“长”在字符串中的索引位置。

```
str = "海水朝朝朝朝朝朝朝落，浮云长长长长长长长消"
sub = "长";                            # 要检索的字符串
print(str.find(sub))                   # 在整个字符串中检索，输出为 13
print(str.find(sub,14))                # 从下标 14 位置开始检索，输出为 14
print(str.find(sub,10,13))             # 从下标 10～13 的范围开始检索，输出为 -1，表示没有找到
```

rfind()方法与 find()方法功能相同，用法也相同，但是它返回搜索字符串最后一次出现的下标位置，如果没有匹配项则返回-1。

【示例 4】使用 rfind()方法检索“长”在字符串中的索引位置，将返回字符串中最后一个“长”字的下标位置。

```
str = "海水朝朝朝朝朝朝朝落，浮云长长长长长长长消"
sub = "长";                            # 要检索的字符串
print(str.rfind(sub))                  # 在整个字符串中检索，输出为 19
print(str.rfind(sub,14))               # 从下标 14 位置开始检索，输出为 19
print(str.rfind(sub,10,13))            # 从下标 10～13 的范围开始检索，输出为 -1，表示没有找到
```

【示例 5】使用 index()和 rindex()方法替换 find()和 rfind()方法进行检测。

```
str = "海水朝朝朝朝朝朝朝落，浮云长长长长长长长消"
sub = "长";                            # 要检索的字符串
print(str.index(sub))                  # 在整个字符串中检索，输出为 13
print(str.index(sub,14))               # 从下标 14 位置开始检索，输出为 14
print(str.index(sub,10,13))            # 抛出 ValueError 异常
print(str.rindex(sub))                 # 在整个字符串中检索，输出为 19
print(str.rindex(sub,14))              # 从下标 14 位置开始检索，输出为 19
print(str.rindex(sub,10,13))           # 抛出 ValueError 异常
```

扫一扫，看视频

7.2.7 替换字符串

■ 知识点

替换字符串有以下 4 种方法。

- replace()：执行字符串替换操作。语法格式如下：

```
str.replace(old, new[, max])
```

其中，参数 old 表示将被替换的子字符串；new 表示新字符串，用于替换 old 子串；max 为可选参数，设置替换不超过的最大次数。

该方法将返回字符串中的 old（旧字符串）替换成 new（新字符串）后生成的新字符串，如果指定第 3 个参数 max，则替换不超过 max 次。如果搜索不到子串 old，则不执行替换，直接返回原字符串。

- expandtabs()：可以把字符串中的 Tab 符号（\t）转为空格。语法格式如下：

```
str.expandtabs(tabsize=8)
```

其中，参数 tabsize 指定转换字符串中的 Tab 符号转为空格的字符数，默认值为 8。

- translate()：能够根据参数表翻译字符串中的字符。语法格式如下：

```
str.translate(table)
bytes.translate(table[, delete])
bytearray.translate(table[, delete])
```

其中，str 表示字符串对象；bytes 表示字节串；bytearray 表示字节数组；参数 table 表示翻译表，翻译表通过 maketrans()函数生成。translate()方法返回翻译后的字符串，如果设置了 delete 参数，则将原来 bytes 中属于 delete 的字符删除，剩下的字符根据参数 table 进行映射。

- maketrans()：用于创建字符映射的转换表。语法格式如下：

```
str.maketrans(intab,outtab[,delchars])
bytes.maketrans(intab,outtab)
bytearray.maketrans(intab,outtab)
```

其中，第 1 个参数是字符串，表示需要转换的字符；第 2 个参数也是字符串，表示转换的目标，两个字符串的长度必须相同；第 3 个参数为可选参数，表示要删除的字符组成的字符串。

■ 上机练习

【示例 1】使用 replace()方法修改字符串。

```
str = "www.mysite.cn"
str1 = str.replace("mysite", "qianduankaifa") # 替换字符串
print (str)                                     # 输出为 www.mysite.cn
print (str1)                                    # 输出为 www.qianduankaifa.cn
```

【示例 2】使用 expandtabs()方法修改字符串。

```
str = "Hi,\tPython"
str1 = str.expandtabs(2)                        # 替换字符串
print (str)                                     # 输出为 Hi,    Python
print (str1)                                    # 输出为 Hi, Python
```

【示例 3】使用 str.maketrans()函数生成一个大小写字母映射表，然后把字符串全部转换为小写。

```
a = "ABCDEFGHIJKLMNOPQRSTUVWXYZ"          # 大写字符集
b = "abcdefghijklmnopqrstuvwxyz"          # 小写字符集
table = str.maketrans(a,b)                # 创建映射表
s = "PYTHON"
print(s.translate(table))                 # 输出为 python
```

【示例 4】针对示例 3，可以设置需要删除的字符，如 THON。

```
a = "ABCDEFGHIJKLMNOPQRSTUVWXYZ"          # 大写字符集
b = "abcdefghijklmnopqrstuvwxyz"          # 小写字符集
d = "THON"                                # 删除字符集
t1 = str.maketrans(a,b)                   # 创建字符映射转换表
t2 = str.maketrans(a,b,d)                 # 创建字符映射转换表，并删除指定字符
s = "PYTHON"                              # 原始字符串
print(s.translate(t1))                    # 输出为 python
print(s.translate(t2))                    # 输出为 py
```

【示例 5】针对示例 4，可以把普通字符串转为字节串，然后使用 translate()方法先删除，再转换。

```
a = b"ABCDEFGHIJKLMNOPQRSTUVWXYZ"         # 大写字节型字符集
b = b"abcdefghijklmnopqrstuvwxyz"         # 小写字节型字符集
d = b"THON"                               # 删除字节型字符集
t1 = bytes.maketrans(a, b)                # 创建字节型字符映射转换表
s = b"PYTHON"                             # 原始字节串
s = s.translate(None, d)                  # 若 table 参数为 None，则只删除不映射
s = s.translate(t1)                       # 执行映射转换
print(s)                                  # 输出为 b'py'
```

注意：

如果 table 参数不为 NONE，则先删除再映射。

■ 补充

在示例 2 中，expandtabs(8)不是将\t 直接替换为 8 个空格，而是根据 Tab 字符前面的字符数确定替换宽度。

```
print(len("1\t".expandtabs(8)))           # 输出为 8，添加 7 个空格
print(len("12\t".expandtabs(8)))          # 输出为 8，添加 6 个空格
print(len("123\t".expandtabs(8)))         # 输出为 8，添加 5 个空格
print(len("1\t1".expandtabs(8)))          # 输出为 9，添加 7 个空格
print(len("12\t12".expandtabs(8)))        # 输出为 10，添加 6 个空格
print(len("123\t123".expandtabs(8)))      # 输出为 11，添加 5 个空格
print(len("123456781\t".expandtabs(8)))     # 输出为 16，添加 7 个空格
print(len("1234567812345678\t".expandtabs(8)))      # 输出为 24，添加 8 个空格
```

通过上面的示例比较可以看到，Python 先根据字符串宽度及 Tab 键设置的宽度，确定需要填充的空格数，Tab 键之后的字符数不受影响。

扫一扫，看视频

7.2.8 分割字符串

■ 知识点

分割字符串有以下 5 种方法。

- partition()：根据指定的分隔符将字符串进行分割，语法格式如下：

```
str.partition(sep)
```

其中，参数 sep 表示分隔的子字符串（分隔符）。如果字符串中包含指定的分隔符，则返回一个包含 3 个元素的元组，第 1 个元素为分隔符左边的子串，第 2 个元素为分隔符本身，第 3 个元素为分隔符右边的子串。

- rpartition()：与 partition()方法功能和用法相同，唯一的区别是该方法是从目标字符串的右边开始搜索分割符。如果字符串中包含指定的分隔符，则返回一个包含 3 个元素的元组，第 1 个元素为分隔符左边的子串，第 2 个元素为分隔符本身，第 3 个元素为分隔符右边的子串。

注意：

如果在字符串中只搜索到一个 sep 时，partition()和 rpartition()方法的结果是相同的。

- split()：根据指定分隔符对字符串进行切分，返回分割后的字符串列表。语法格式如下：

```
str.split(sep="", num=-1)
```

其中，参数 sep 表示分隔符，默认为所有的空字符，包括空格、换行(\n)、制表符(\t)等；参数 num 表示分割的次数，如果参数 num 有指定值，则分割 num+1 个子字符串，默认为-1，即分割全部字符串。

- rsplit()：与 split()方法功能和用法相同，唯一的区别是 rsplit()方法从字符串右侧开始分割。因此，如果不设置第 2 个参数，则返回结果与 split()方法相同。
- splitlines()：它是 split()方法的特殊应用，即以行（\r、\r\n、\n）为分隔符来分割字符串，返回一个包含各行字符串作为元素的列表。语法格式如下：

```
str.splitlines([keepends])
```

其中，参数 keepends 默认为 False。如果 keepends 为 False，则每行元素中不包含行标识符；如果 keepends 为 True，则元素中保留行标识符。

■ 上机练习

【示例 1】使用点号（.）分割 URL 字符串。

```
str = "www.mysite.com"
t = str.partition(".")                    # 根据第 1 个点号分割字符串
print(t)                                  # 输出为 ('www', '.', 'mysite.com')
```

【示例 2】如果字符串不包含指定的分隔符，则返回一个包含 3 个元素的元组，第 1 个元素为整个字符串，第 2 个元素和第 3 个元素为空字符串。

```
str = "www.mysite.com"
t = str.partition("|")                    # 根据竖线分割字符串
print(t)                                  # 输出为 ('www.mysite.com', '', '')
```

【示例 3】针对示例 1，使用 rpartition()方法分割 URL 字符串。

```
str = "www.mysite.com"
```

```
t = str.rpartition(".")                     # 根据最后一个点号分割字符串
print(t)                                    # 输出为 ('www.mysite', '.', 'com')
```

【示例 4】针对示例 1，使用 split()方法以点号为分隔符分割 URL 字符串。

```
str = "www.mysite.com"
t = str.split(".")                          # 分割字符串
print(t)                                    # 输出为 ['www', 'mysite', 'com']
```

【示例 5】如果设置分割次数为 1，则可以进行如下设计。

```
str = "www.mysite.com"
t = str.split(".", 1)                       # 分割字符串
print(t)                                    # 输出为 ['www', 'mysite.com']
```

【示例 6】使用 rsplit()方法也可以获得相同的结果。

```
str = "www.mysite.com"
t = str.rsplit(".")                         # 分割字符串
print(t)                                    # 输出为 ['www', 'mysite', 'com']
```

【示例 7】如果设置分割次数为 1，则输出结果与 split()方法不同。

```
str = "www.mysite.com"
t = str.rsplit(".", 1)                      # 分割字符串
print(t)                                    # 输出为 ['www.mysite', 'com']
```

【示例 8】使用 splitlines()方法分割字符串。

```
str = 'a\n\nb\rc\r\nd'
t1 = str.splitlines()                       # 不包含换行符
t2 = str.splitlines(True)                   # 包含换行符
print(t1)                                   # 输出为 ['a', '', 'b', 'c', 'd']
print(t2)                                   # 输出为 ['a\n', '\n', 'b\r', 'c\r\n', 'd']
```

7.2.9 修剪字符串

扫一扫，看视频

■ 知识点

修剪字符串有以下 3 种方法。

- strip()：移除字符串头尾指定的字符或字符序列，返回新字符串。语法格式如下：

```
str.strip([chars]);
```

参数 chars 为将要移除字符串头尾指定的字符序列，默认为空格或换行符。

注意：

该方法只能删除开头或是结尾的字符，不能删除中间部分的字符。

- lstrip()：清除字符串左侧的字符或字符序列。用法与 strip()相同。
- rstrip()：清除字符串右侧的字符或字符序列。用法与 strip()相同。

■ 上机练习

【示例 1】使用 strip()删除字符串首尾空格和换行符。

```
str1 = "   Python\n   "
```

```
str2 = str1.strip()                          # 清除首尾空格和换行符
print(len(str1))                             # 输出为 13
print(len(str2))                             # 输出为 6
print(str2)                                  # 输出为 Python
```

【示例 2】使用 strip()删除字符串首尾数字 0，对于字符串中间包含的 0 不清除。

```
str1 = "0100101101010100"
str2 = str1.strip("0")                       # 清除首尾数字 0
print(len(str1))                             # 输出为 16
print(len(str2))                             # 输出为 13
print(str2)                                  # 输出为 1001011010101
```

【示例 3】使用 rstrip()方法清除尾部指定的字符 0。

```
str1 = "234.3400000"
str2 = str1.rstrip("0")                      # 清除尾部数字 0
print(len(str1))                             # 输出为 11
print(len(str2))                             # 输出为 6
print(str2)                                  # 输出为 234.34
```

扫一扫，看视频

7.2.10 截取字符串

■ 知识点

截取字符串主要通过切片来实现，具体方法请参考 5.1.2 小节内容。

■ 上机练习

【示例】练习使用切片截取字符串。

```
str = '0123456789'
print( str[0:3] )                            # 截取第 1 个到第 3 个字符：012
print( str[:] )                              # 截取字符串的全部字符：0123456789
print( str[6:] )                             # 截取第 7 个字符到结尾：6789
print( str[:-3] )                            # 截取从开始到倒数第 3 个字符：0123456
print( str[2] )                              # 截取第 3 个字符：2
print( str[-1] )                             # 截取倒数第 1 个字符：9
print( str[::-1] )                           # 创造相反的字符串：9876543210
print( str[-3:-1] )                          # 截取倒数第 3 个到倒数第 1 个字符：78
print( str[-3:] )                            # 截取倒数第 3 个到结尾：789
print( str[:-5:-3] )                         # 逆序截取：96
```

7.3 案 例 实 战

扫一扫，看视频

7.3.1 变形词

■ 案例分析

假设有两个字符串 str1、str2，如果两个字符串中的字符一致，字符数量一致，则称这两个字符串为变形词。例如：

str1 = python，str2 = thpyon，返回 True；

str1 = python，str2 = thonp，返回 False。

■ 案例分析

```
def is_deformation(str1, str2):                # 定义变形词函数
    if str1 is None or str2 is None or len(str1) != len(str2):    # 当条件不符合时
        return False                           # 返回 False
    if len(str1) == 0 and len(str2) == 0:      # 当两个字符串长度都为 0 时
        return True                            # 返回 True
    dic = dict()                               # 定义一个空字典
    for char in str1:                          # 循环遍历字符串 str1
        if char not in dic:                    # 判断字符是否在字典中
            dic[char] = 1                      # 不存在时，赋值为 1
        else:                                  # 存在时
            dic[char] = dic[char] + 1          # 字符的值累加
    for char in str2:                          # 循环遍历字符串 str2
        if char not in dic:                    # 当 str2 的字符不在字典中时
            return False                       # 返回 False
        else:                                  # 当 str2 和 str1 的字符种类一致时
            dic[char] = dic[char] - 1          # 字典中的字符值自减 1
            if dic[char] < 0:                  # 字符的值小于 0，即字符串的字符数量不一致
                return False                   # 返回 False
    return True                                # 返回 True

str1 = 'python'                                # 定义字符串 str1
str2 = 'thpyon'                                # 定义字符串 str2
str3 = 'hello'                                 # 定义字符串 str3
str4 = 'helo'                                  # 定义字符串 str4
print(str1, str2, 'is deformation:', is_deformation(str1, str2))      # 返回 True
print(str3, str4, 'is deformation:', is_deformation(str3, str4))      # 返回 False
```

7.3.2　自定义 str()函数

扫一扫，看视频

■ 案例分析

str()函数的返回值由__str__魔术方法决定，因此可以自定义类型的__str__魔术方法，设计 str()函数返回个性化的字符串表示。有关类型定义和模式方法请参考第 10 章内容。

■ 案例实现

【示例】自定义一个 list 类型，定义__str__魔术方法的返回值为 list 字符串表示，同时去掉左右两侧的中括号分隔符。

```
class Mylist(list):                            # 自定义 list 类型，继承于 list
    def __init__(self, value):                 # 类型初始化函数
        self.value = list(value)               # 把接收的参数转换为列表并存储起来
    def __str__(self):                         # 类型字符串表示函数
        # 把传入的值转换为字符串，并去掉左右两侧的中括号分隔符
        return str(self.value).replace("[", "").replace("]","")

s = str(Mylist([1,2,3]))                       # 把自定义类型实例对象转换为字符串
```

```
print(s)                                    # 输出"1, 2, 3"，默认为"[1, 2, 3]"
```

扫一扫，看视频

7.3.3 打印菱形

■ 案例分析

本案例通过操作字符串，打印菱形字符串图案，练习字符串的对齐方法。

■ 案例实现

```
n = int(input('Num:'))                      # 接收用户输入的数
for i in range(1,n):                        # 遍历菱形上半部分
    a = '*' * i                             # 需要打印的个数
    print (a.center(n,' '))                 # 居中输出
for i in range(n,0,-1):                     # 遍历菱形下半部分
    a = '*' * i                             # 需要打印的个数
    print (a.center(n,' '))                 # 居中输出
```

演示效果如图 7.1 所示。

```
Num:4
 *
 **
***
****
***
 **
 *
```

图 7.1　打印菱形效果

扫一扫，看视频

7.3.4 文件格式处理

■ 案例分析

在操作文件的时候，一般都会对文件的格式有要求，如上传图片时，格式必须为.png、.jpg、.gif 等，只有符合要求的格式，才允许上传。本案例通过对 URL 字符串的尾部字符进行检测，模拟该要求实现。

■ 案例实现

```
filename = input('请输入上传文件:')               # 接收文件
if filename != '':                              # 文件不为空
    if filename.find('.') == -1 or filename.find('.') == len(filename) - 1:
        # 文件格式不含"."或以"."结尾
        print('文件格式不正确')                    # 输出文件格式不正确
    else:                                       # 文件格式正确
        if filename.endswith(('png', 'jpg', 'gif')):      # 符合图片文件格式
            print('图片文件可以上传')              # 输出可以上传的提示
        else:                                   # 不符合图片文件格式
            print('文件格式不正确，不能上传!')      # 输出不可以上传的提示
```

扫一扫，看视频

7.3.5 求最长不重复子串

■ 案例分析

假设给定一个字符串，请找出其中不含有重复字符的最长子串的长度。

■ 案例实现

```
def DistinctSubstring(str):                   # 定义最长无重复子序列函数
    max_sublength = 0                         # 定义最长子序列
    char_dict = dict()                        # 定义空字典
    cur = 0                                   # 定义当前序列中字符坐标的位置
    for i in range(len(str)):                 # 遍历字符串
        # 判断当前字符是否在字典中，而且当前序列坐标小于字典中存储字符的位置
        if str[i] in char_dict and cur <= char_dict[str[i]]:
            cur = char_dict[str[i]] + 1       # 设置当前字符坐标为该字符的下标
        else:
            # 取当前最大子序列长度和最大子序列长度中最长的
            max_sublength = max(max_sublength, i - cur + 1)
        char_dict[str[i]] = i                 # 添加当前字符到字典中
    return max_sublength                      # 返回最大无重复子序列长度

str = 'ababcbbd'                              # 定义字符串
maxlength = DistinctSubstring(str)            # 调用函数
print(maxlength)                              # 返回 3
```

7.3.6　字节串的应用

扫一扫，看视频

■ 案例分析

bytes 类型是 Python 3 新增的一种数据类型，代表字节串，bytes 类型存储原始的二进制格式数据。字符串由多个字符构成，以字符为单位进行操作，字节串由多个字节构成，以字节为单位进行操作。它们除了操作单元不同，其他的用法基本相同，bytes 类型数据也是不可变对象。

■ 案例设计

【示例 1】计算 MD5 的值。在计算 MD5 值的过程中，有一步要使用 update()方法，而该方法只接收 bytes 类型数据。有关 MD5 加密方法请参考 11.3.3 小节内容。

```
import hashlib
string = "123456"
m = hashlib.md5()                             # 创建 MD5 对象
str_bytes = string.encode(encoding='utf-8')
print(type(str_bytes))
m.update(str_bytes)                           # update()方法只接收 bytes 类型数据作为参数
str_md5 = m.hexdigest()                       # 得到散列后的字符串
print('MD5 散列前为 : ' + string)
print('MD5 散列后为 : ' + str_md5)
```

【示例 2】二进制读写文件。使用二进制方式读写文件时，都要用到 bytes 类型，二进制写文件时，write()方法只接收 bytes 类型数据，因此需要先将字符串转成 bytes 类型数据；读取二进制文件时，read()方法返回的是 bytes 类型数据，使用 decode()方法可以将 bytes 类型转成字符串。有关文件读写操作请参考 13.1 节内容。

```
f = open('data', 'wb')
text = '二进制写文件'
text_bytes = text.encode('utf-8')
```

```
f.write(text_bytes)
f.close()
f = open('data', 'rb')
data = f.read()
print(data, type(data))
str_data = data.decode('utf-8')
print(str_data)
f.close()
```

【示例3】socket 编程。使用 socket 时，不论是发送还是接收数据，都需要使用 bytes 类型数据。有关 socket 知识请参考 16.1 节内容。

```
import socket
url = 'www.mysite.com'
port = 80
# 创建 TCP socket
sock = socket.socket(socket.AF_INET, socket.SOCK_STREAM)
# 连接服务端
sock.connect((url, port))
# 创建请求消息头
request_url = 'GET/article-types/6/HTTP/1.1\r\nHost: www.mysite.com\r\nConnection:
close\r\n\r\n'
print(request_url)
# 发送请求
sock.send(request_url.encode())
response = b''
# 接收返回的数据
rec = sock.recv(1024)
while rec:
    response += rec
    rec = sock.recv(1024)
print(response.decode())
print(type(response))
```

扫一扫，看视频

7.3.7 模拟通信录

■ 案例分析

本案例模拟通信录操作，保存 3 条好友信息，分别为：姓名、电话、地址。假定用户输入的格式符合如下规范。

- 输入信息顺序分别为：姓名、电话、地址。
- 姓名和电话之间用“:”分隔，电话和地址之间用“,”分隔。
- 每个好友信息输入完，末尾需要加上“;”。
- 姓名、电话、地址前后可能有空格。

在程序开始时输入信息“张三:15811112222,北京;李四:18811112222,上海;”，会在屏幕上打印如下信息。

```
张三    15811112222    北京
李四    18811112222    上海
```

■ 案例实现

```
friends = list()                                # 定义好友列表，存储通信录好友信息
while True:                                     # 无限次输入好友信息
    friendInfo = input('请输入好友信息:')
    if friendInfo !='':                         # 输入信息不为空
        if friendInfo.count(':') == friendInfo.count(',') == friendInfo.count(';'):
                                                # 输入信息符合规范
            friendsList = friendInfo.split(';')    # 分割好友信息，得到好友信息列表
            for info in friendsList:            # 遍历好友信息
                if info != '':                  # 好友信息不为空
                    friendName = info.split(':')[0].strip()
                                                # 获取姓名信息并去除前后空格
                    friendPhone = info.split(',')[0].split(':')[1].strip()
                                                # 获取电话信息并去除前后空格
                    friendAddress = info.split(',')[1].strip()
                                                # 获取地址信息并去除前后空格
                    if friendPhone.isdigit() and len(friendPhone) == 11:
                                                # 电话为 11 位数字
                        friendList = [friendName,friendPhone,friendAddress]
                                                # 将信息保存在列表中
                        friends.append(friendList)   # 追加信息在通信录中
                    else:
                        print('电话格式输入不正确!')
        else:
            print('好友信息格式输入不正确!')
    else :
        print('输入信息不能为空!')
    for friend in friends:                      # 遍历通信录
        for item in friend:                     # 遍历好友信息
            print(item,end = '\t')              # 打印信息
        print()                                 # 换行
    flag = input('是否退出[y/n]:')               # 是否退出系统
    if flag == 'y':
        break
```

7.4 在线支持

扫码，拓展学习

2 提高部分

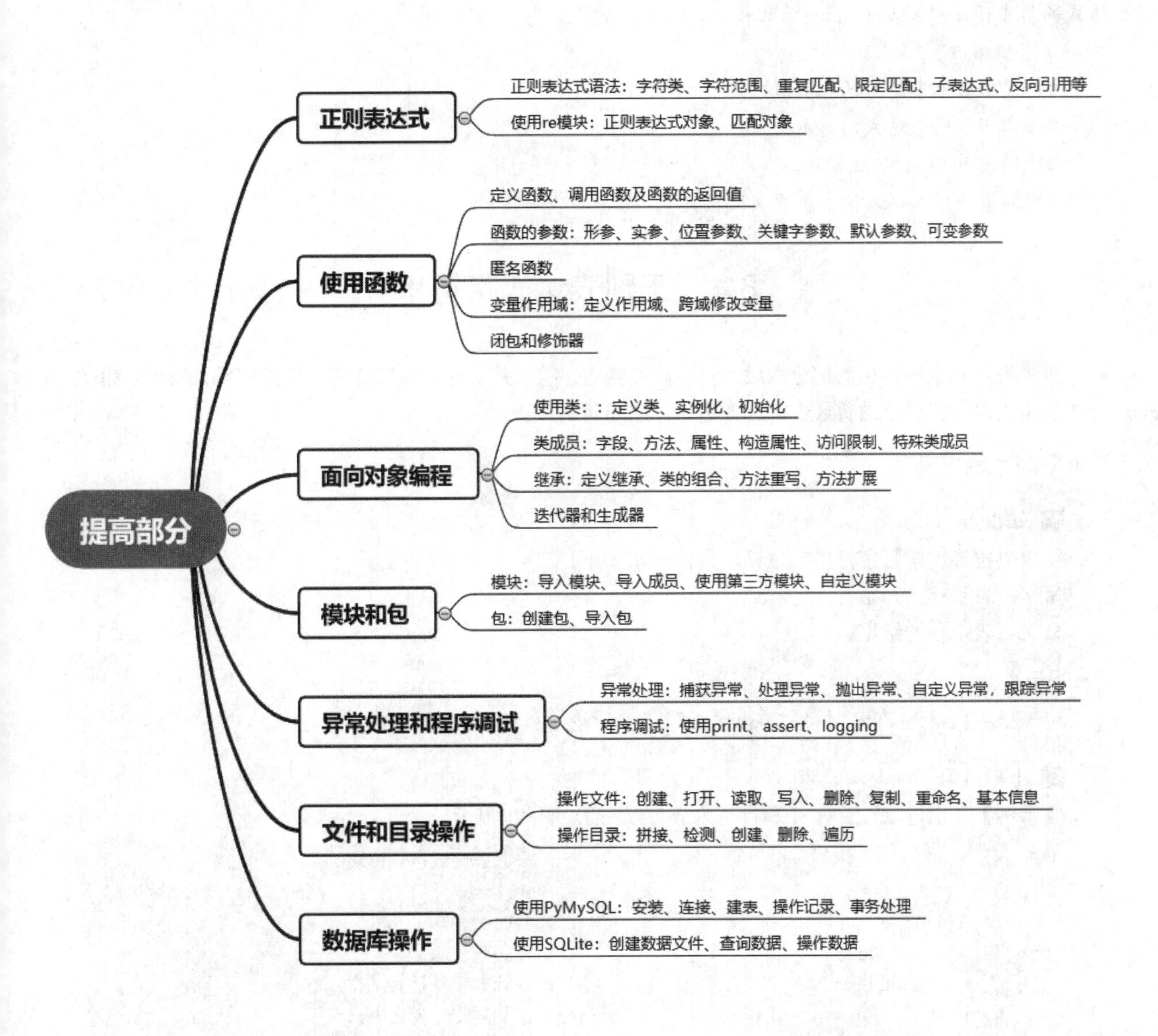

提高部分
正则表达式
正则表达式语法：字符类、字符范围、重复匹配、限定匹配、子表达式、反向引用等
使用re模块：正则表达式对象、匹配对象
使用函数
定义函数、调用函数及函数的返回值
函数的参数：形参、实参、位置参数、关键字参数、默认参数、可变参数
匿名函数
变量作用域：定义作用域、跨域修改变量
闭包和修饰器
面向对象编程
使用类：：定义类、实例化、初始化
类成员：字段、方法、属性、构造属性、访问限制、特殊类成员
继承：定义继承、类的组合、方法重写、方法扩展
迭代器和生成器
模块和包
模块：导入模块、导入成员、使用第三方模块、自定义模块
包：创建包、导入包
异常处理和程序调试
异常处理：捕获异常、处理异常、抛出异常、自定义异常，跟踪异常
程序调试：使用print、assert、logging
文件和目录操作
操作文件：创建、打开、读取、写入、删除、复制、重命名、基本信息
操作目录：拼接、检测、创建、删除、遍历
数据库操作
使用PyMySQL：安装、连接、建表、操作记录、事务处理
使用SQLite：创建数据文件、查询数据、操作数据

第 8 章　正则表达式

正则表达式是非常强大的字符串操作工具，其语法形式为一个特殊的字符序列，常用来对字符串执行匹配操作。Python 从 1.5 版本开始新增 re 模块，提供 Perl 风格的正则表达式支持。本章将详细介绍正则表达式的基本语法，以及 Python 正则表达式标准库的基本用法。

【学习重点】

- 了解正则表达式的相关概念。
- 掌握正则表达式的基本语法。
- 熟悉 Python 的 re 模块。
- 能够使用正则表达式解决实际问题。

8.1　正则表达式字符串

正则表达式字符串由两部分构成：元字符和普通字符。元字符是具有特殊含义的字符，如“.”和“?”；普通字符是仅指代自身的普通字符，如数字、字母等。

扫一扫，看视频

8.1.1　行定界符

■ 知识点

行定界符描述一行字符串的边界。具体说明如下。

- ^：表示行的开始。
- $：表示行的结尾。

提示：

在多行匹配模式中，行定界符能够匹配每一行的行首和行尾位置。

■ 上机练习

【示例】分别过滤行首为 H 和行尾为 m 的元素，并输出显示。

```
import re                                                        # 导入正则表达式模块
lines = ["Hello world.", "hello world.", "ni hao", "Hello Tom"]  # 待过滤的列表
results = []                                                     # 临时列表
for line in lines:                                               # 遍历列表
    if re.findall(r"^H", line):                                  # 找行首字符是 H 的文本行
        results.append(line)                                     # 添加到临时列表中
print(results)                                                   # 输出为 ['Hello world.', 'Hello Tom']
results = []                                                     # 临时列表
for line in lines:                                               # 遍历列表
    if re.findall(r"m$", line):                                  # 找行尾字符是 m 的文本行
        results.append(line)                                     # 添加到临时列表中
```

```
print(results)                          # 输出为 ['Hello Tom']
```

8.1.2　单词定界符

扫一扫，看视频

■ 知识点

单词定界符描述一个单词的边界。具体说明如下。

- \b：表示单词边界。
- \B：表示非单词边界。

提示：

在正则表达式中，单词是由 26 个字母（含大小写）和 10 个数字组成的任意长度且连续的字符串。单词与非单词类字符相邻的位置称为单词边界。

■ 上机练习

【示例 1】使用\b 定界符匹配一个完整的 htm 单词。

```
import re                               # 导入正则表达式模块
subject = "html、htm"                   # 定义字符串
pattern = r'\bhtm\b'                    # 正则表达式
matches = re.findall(pattern, subject)  # 执行匹配操作
print(matches)                          # 输出为 ['htm']
```

注意：

在 r'\bhtm\b'中需要添加前缀 r，表示该字符串不可转义，避免把\b 解析为 ASCII 退格(BS)。

【示例 2】使用单词定界符\b 匹配每一个单词。

```
import re                               # 导入正则表达式模块
text = "apple took itake tattle tabled tax yed temperate"     # 定义字符串
print (re.findall(r"\bta.*\b", text) )  # ta 开头的最长子句子
                                        # 输出为 ['tattle tabled tax yed temperate']
print (re.findall(r"\bta\S*?\b", text) )    # ta 开头的单词，输出为 ['tattle', 'tabled', 'tax']
print (re.findall(r"\bta\S*?ed\b", text) )# ta 开头 ed 结尾的单词，输出为 ['tabled']
```

提示：

在正则表达式的开始处使用\b 匹配单词开始位置，在正则表达式的结束处使用\b 匹配单词结束位置。

【示例 3】使用 r"\Bphone"正则表达式，从 text 中找出 iphone、telephone 单词。其中，\B 表示非单词边界位置。

```
import re                               # 导入正则表达式模块
text = "phone phoneplus iphone telephone telegram"     # 定义字符串
words = text.split()                    # 转换为列表
results = []                            # 临时列表
for word in words:                      # 遍历列表对象
    if re.findall(r"\Bphone", word):    # 如果在单词内找到 phone
        results.append(word)            # 存储到临时列表
print(results)                          # 输出为 ['iphone', 'telephone']
```

扫一扫，看视频

8.1.3 字符类

■ 知识点

字符类也称为字符集，就是一个字符列表，表示匹配字符列表中的任意一个字符。使用方括号（[]）可以定义字符类。例如，[abc]可以匹配 a、b、c 中的任意一个字母。

注意：

所有的特殊字符在字符集中都失去其特殊含义，仅表示字符自身。在字符集中如果要使用[、]、-或^，可以在[、]、-或^字符前面加上反斜杠，或者把[、]和-放在字符集中的第 1 个字符位置，把^放在非第 1 个字符位置。

■ 上机练习

【示例 1】下面的正则表达式定义了匹配 html、HTML、Html、hTmL 或 HTml 的字符类。

```
import re                                  # 导入正则表达式模块
pattern = '[hH][tT][mM][lL]'               # 定义正则表达式
str = " html、HTML、Html、hTmL 或 HTml"     # 定义字符串
print(re.findall(pattern, str))            # 输出为 ['html', 'HTML', 'Html', 'hTmL', 'HTml']
```

【示例 2】下面的正则表达式可以匹配一些特殊字符。

```
import re                                  # 导入正则表达式模块
pattern = '[-\[\]^.*]'                     # 定义特殊字符集
str = "[]-\.*^"                            # 定义字符串
print(re.findall(pattern, str))            # 输出为 ['[', ']', '-', '.', '*', '^']
```

扫一扫，看视频

8.1.4 选择符

■ 知识点

选择符可以实现选择性匹配。使用“|”可以定义选择匹配模式，“|”代表左右表达式任意匹配一个，它总是先尝试匹配左侧的表达式，一旦成功匹配则跳出匹配右边的表达式。如果“|”没有被包括在小括号中，则它的匹配范围是整个正则表达式。

■ 上机练习

【示例】下面的字符模式可以匹配 html，也可以匹配 Html。

```
pattern = 'h|Html'
```

提示：

字符类一次只能匹配一个字符，而选择符“|”一次可以匹配任意长度的字符串。在 8.1.11 小节中将会举例说明。

扫一扫，看视频

8.1.5 范围符

■ 知识点

在字符类中可以使用连字符“-”定义字符范围。连字符左侧字符为范围起始点，右侧字符为范围终止点。

注意：

字符范围都是根据字符编码表的位置关系确定的。

■ 上机练习

【示例】定义多个字符类，匹配任意指定范围的字符。

```
pattern = '[a-z]'                        # 匹配任一个小写字母
pattern = '[A-Z]'                        # 匹配任一个大写字母
pattern = '[0-9]'                        # 匹配任一个数字
pattern = '[\u4e00-\u9fa5]'              # 匹配中文字符
pattern = '[\x00-\xff]'                  # 匹配单字节字符
```

8.1.6　排除符

扫一扫，看视频

■ 知识点

在字符类中，除了范围符外，还有一个元字符：排除符（^）。将“^”放到方括号内最左侧，表示排除字符列表，也就是匹配该字符集以外的任意字符。

■ 上机练习

【示例】定义多个排除字符类，匹配指定范围外的字符。

```
pattern = '[^0-9]'                       # 匹配任一个非数字
pattern = '[^\x00-\xff]'                 # 匹配双字节字符
```

8.1.7　限定符

扫一扫，看视频

■ 知识点

限定符也称为数量词，用来指定正则表达式的一个给定字符、字符类或子表达式必须要出现多少次才能满足匹配。具体说明如表 8.1 所示。

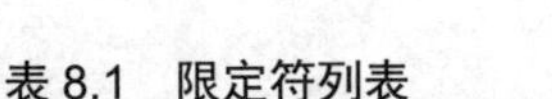

表 8.1　限定符列表

限 定 符	说　明
*	匹配前面的字符或子表达式 0 次或多次。例如，zo*能匹配 z，以及 zoo。等价于{0,}
+	匹配前面的字符或子表达式一次或多次。例如，zo+能匹配 zo，以及 zoo，但不能匹配 z。等价于{1,}
?	匹配前面的字符或子表达式 0 次或一次。例如，do(es)?可以匹配 do 或 does 中的 do。等价于{0,1}
{n}	n 是非负整数。匹配确定的 n 次。例如，o{2}不能匹配 Bob 中的 o，但是能匹配 food 中的两个 o
{n,}	n 是非负整数。至少匹配 n 次。例如，o{2,}不能匹配 Bob 中的 o，但能匹配 fooood 中的所有 o
{n,m}	m 和 n 均为非负整数，其中 n≤m。最少匹配 n 次，且最多匹配 m 次。例如，o{1,3}将匹配 fooooood 中的前 3 个 o。注意，在逗号和两个数之间不能有空格

提示：

除了{n}外，所有限定符都具有贪婪性，因为它们会尽可能多地匹配字符，只有在它们的后面加上一个?就可以实现非贪婪或最小匹配。

■ 上机练习

【示例 1】使用限定符匹配字符串 gooooooogle 中前 4 个字符 o。

```
import re                                # 导入正则表达式模块
subject = "gooooooogle"                  # 定义字符串
pattern = "o{1,4}"                       # 正则表达式
matches = re.search(pattern, subject)    # 执行匹配操作
```

```
matches = matches.group()                  # 读取匹配的字符串
print(matches)                             # 输出为 oooo
```

【示例 2】以示例 1 为基础，在字符模式中为{1,4}限定符补加一个“?”后缀，定义该限定符为非贪婪匹配，则最后仅匹配字符串 gooooooogle 中前一个字符 o。

```
import re                                  # 导入正则表达式模块
subject = "gooooooogle"                    # 定义字符串
pattern = "o{1,4}?"                        # 正则表达式
matches = re.search(pattern, subject)      # 执行匹配操作
matches = matches.group()                  # 读取匹配的字符串
print(matches)                             # 输出为 o
```

扫一扫，看视频

8.1.8 任意字符

■ **知识点**

点号（.）元字符能够匹配除换行符\n 之外的任何单字符。如果要匹配点号（.）自己，需要使用“\”进行转义。

注意：

在 DOTALL 模式下，也能够匹配换行符，具体介绍请参考 8.1.13 小节内容。

■ **上机练习**

【示例】使用点号元字符匹配字符串 gooooooogle 中的前面 6 个字符。

```
import re                                  # 导入正则表达式模块
subject = "gooooooogle"                    # 定义字符串
pattern = ".{1,6}"                         # 正则表达式
matches = re.search(pattern, subject)      # 执行匹配操作
matches = matches.group()                  # 读取匹配的字符串
print(matches)                             # 输出为 gooooo
```

扫一扫，看视频

8.1.9 转义字符

■ **知识点**

转义字符“\”能够将特殊字符变为普通的字符，如*、.、^、$等，其功能与 Python 字符串中的转义字符类似。

提示：

如果把特殊字符放在中括号内，定义字符集，也能够把特殊字符变成普通字符，如[*]等效于*，都可以用来匹配字符“*”。

■ **上机练习**

【示例】为了匹配 IP 地址，使用转义字符“\”将元字符（.）进行转义，然后配合限定符匹配 IP 字符串。

```
import re                                  # 导入正则表达式模块
subject = "127.0.0.1"                      # 定义字符串
pattern = "([0-9]{1,3}\.?){4}"             # 正则表达式
matches = re.search(pattern, subject)      # 执行匹配操作
```

```
matches = matches.group()                    # 读取匹配的字符串
print(matches)                               # 输出为 127.0.0.1
```

在上面的示例中，如果不使用转义字符，则点号（.）将匹配所有字符。

■ 知识补充

反斜杠字符“\”除了能够转义之外，还具有其他功能，具体说明如下。

1. 定义非打印字符

具体说明如表 8.2 所示。

表 8.2　非打印字符列表

非打印字符	说　明
\cx	匹配由 x 指明的控制字符。例如，\cM 匹配一个 Control-M 或回车符。x 的值必须为 A～Z 或 a～z。否则，将 c 视为一个原义的'c'字符
\f	匹配一个换页符。等价于\x0c 和\cL
\n	匹配一个换行符。等价于\x0a 和\cJ
\r	匹配一个回车符。等价于\x0d 和\cM
\s	匹配任何空白字符，包括空格、制表符、换页符等。等价于[\f\n\r\t\v]
\S	匹配任何非空白字符。等价于[^ \f\n\r\t\v]
\t	匹配一个制表符。等价于\x09 和\cI
\v	匹配一个垂直制表符。等价于\x0b 和\cK

2. 预定义字符集

具体说明如表 8.3 所示。

表 8.3　预定义字符集列表

预定义字符	说　明
\d	匹配一个数字字符。等价于[0-9]
\D	匹配一个非数字字符。等价于[^0-9]
\s	匹配任何空白字符，包括空格、制表符、换页符等。等价于[\f\n\r\t\v]
\S	匹配任何非空白字符。等价于[^ \f\n\r\t\v]
\w	匹配包括下划线的任何单词字符。等价于[A-Za-z0-9_]
\W	匹配任何非单词字符。等价于[^A-Za-z0-9_]

3. 定义断言的限定符

具体说明如表 8.4 所示。

表 8.4　定义断言的限定符列表

断言限定符	说　明
\b	单词定界符
\B	非单词定界符
\A	字符串的开始位置，不受多行匹配模式的影响
\Z	字符串的结束位置，不受多行匹配模式的影响

扫一扫，看视频

8.1.10　小括号

■ 知识点

在正则表达式中，小括号有以下两个作用。

- 指定范围。小括号可以改变选择符或限定符的作用范围。
- 分组，定义子表达式，相当于一个独立的匹配模式，反向引用与子表达式有直接的关系。子表达式能够临时存储其匹配的字符，然后可以在后面进行引用。

■ 上机练习

【示例】定义两个正则表达式字符串。

```
pattern = '(h|H)tml'
pattern = '(goo){1,3}'
```

在上面的代码中，第 1 行正则表达式定义选择符范围为两个字符，而不是整个正则表达式；第 2 行正则表达式定义限定符限定的是 3 个字符，而不仅仅是其左侧的第 1 个字符。

■ 知识补充

正则表达式允许多次分组、嵌套分组，从表达式左边开始，第 1 个左括号“(”的编号为 1，然后每遇到一个分组的左括号“(”，编号就加 1。例如：

```
pattern = '(a(b(c) ) )'
```

上面的表达式中，编号 1 的子表达式为 abc，编号 2 的子表达式为 bc，编号 3 的子表达式为 c。

除了默认的编号外，也可以为分组定义一个别名，语法格式如下：

```
(?P<name>...)                              # 注意，字母 P 为大写
```

例如，下面的表达式可以匹配字符串 abcabcabc。

```
(?P<id>abc){3}                             # 注意，字母 P 为大写
```

扫一扫，看视频

8.1.11　反向引用

■ 知识点

在正则表达式中，如果遇到分组，将导致子表达式匹配的字符被存储到一个临时缓冲区中，所捕获的每个子匹配都按照在正则表达式中从左至右的顺序进行编号，从 1 开始，连续编号直至最大 99 个子表达式。每个缓冲区都可以使用\n 访问，其中 n 为一个标识特定缓冲区的编号。

提示：

也可以使用别名进行引用，语法格式如下：

```
(?P=name)                                  # 注意，字母 P 为大写
```

例如，下面的表达式可以匹配字符串 1a1、2a2、3a3 等。

```
(?P<num>\d)a(?P=num)                       # 注意，字母 P 为大写
```

■ 上机练习

【示例】定义一串字符，然后使用([ab])\1 匹配两个重复的字母 a 或 b。

```
import re                                  # 导入正则表达式模块
subject = "abcdebbcde"                     # 定义字符串
```

```
pattern = r"([ab])\1"                          # 正则表达式
matches = re.search(pattern, subject)          # 执行匹配操作
matches = matches.group()                      # 读取匹配的字符串
print(matches)                                 # 输出为 bb
```

对于正则表达式([ab])\1，子表达式[ab]虽然可以匹配 a 或 b，但是捕获组一旦匹配成功，反向引用的内容也就确定了。如果捕获组匹配到 a，那么反向引用也就只能匹配 a；同理，如果捕获组匹配到的是 b，那么反向引用也就只能匹配 b。由于后面反向引用\1 的限制，要求必须是两个相同的字符，在这里也就是 aa 或 bb 才能匹配成功。

8.1.12 特殊构造

扫一扫，看视频

■ **知识点**

小括号不仅可以分组，也可以构造特殊的结构，具体说明如下。

- 不分组。使用下面的语法可以设计小括号不分组，仅作为独立单元用于“|”或重复匹配。

```
(?:...)
```

- 定义匹配模式。使用下面的语法可以定义表达式的匹配模式。

```
(?aiLmsux)正则表达式字符串
```

aiLmsux 中的每个字符代表一种匹配模式，具体说明请参考 8.1.13 小节介绍。(?aiLmsux)只能够用在正则表达式的开头，可以多选。

- 注释。使用下面的语法可以在正则表达式中添加注释信息，#后面的文本作为注释内容将被忽略掉。

```
(?#注释信息)
```

- 后向匹配。使用下面的语法可以定义表达式后面必须满足特定的匹配条件。

```
(?=...)
```

- 后向不匹配。使用下面的语法可以定义表达式后面必须不满足特定的匹配条件。

```
(?!...)
```

- 前向匹配。使用下面的语法可以定义表达式前面必须满足特定的匹配条件。

```
(?<=...)
```

- 前向不匹配。使用下面的语法可以定义表达式前面必须不满足特定的匹配条件。

```
(?<!...)
```

注意：

后向匹配、后向不匹配、前向匹配、前向不匹配仅作为一个限定条件，其匹配的内容不作为表达式的匹配结果。

- 条件匹配。使用下面的语法可以定义条件匹配表达式。

```
(?(id/name)yes-pattern| no-pattern)
```

id 表示分组编号，name 表示分组的别名。如果对应的分组匹配到字符，则选择 yes-pattern 子表达式执行匹配；如果对应的分组没有匹配到字符，则选择 no-pattern 子表达式执行匹配；| no-pattern 可以省略，直接写成：

```
(?(id/name)yes-pattern)
```

■ 上机练习

【示例 1】下面的表达式仅用于界定逻辑作用范围，不用来分组。

```
(?:\w)*                                         # 匹配零个或多个单词字符
(?:html|htm)                                    # 匹配 html，或者匹配 htm
```

【示例 2】下面的表达式可以匹配 a，也可以匹配 A。

```
(?i)a
```

【示例 3】在下面的表达式中添加一句注释，以便表达式阅读和维护。

```
a(?#匹配字符 abc)bc
```

该表达式仅匹配字符串 abc，小括号内的内容将被忽略。

【示例 4】下面的表达式仅匹配后面包含数字的字母 a。

```
a(?=\d)
```

【示例 5】下面的表达式仅匹配后面不包含数字的字母 a。

```
a(?!\d)
```

【示例 6】下面的表达式仅匹配前面包含数字的字母 a。

```
(?<=\d)a
```

【示例 7】下面的表达式仅匹配前面不包含数字的字母 a。

```
(?<!\d)a
```

【示例 8】下面的表达式可以匹配 HTML 标签（如<b>、<div>等）。

```
import re                                       # 导入正则表达式模块
pattern = '((<)?/?\w+(?(2)>))'                  # 定义正则表达式
str = "<b>html</b><span>html</span>"            # 定义字符串
print(re.findall(pattern, str))
```

输出为：

```
[('<b>', '<'), ('html', ''), ('</b>', '<'), ('<span>', '<'), ('html', ''), ('</span>',
'<')]
```

返回的结果为一个列表，每个列表元素包含分组匹配信息的元组。其中，元组的第 1 个元素为匹配的标签信息。

扫一扫，看视频

8.1.13 匹配模式

■ 知识点

正则表达式允许包含一组可选的修饰符，用来控制匹配的模式，以增强正则表达式的匹配功能。Python 支持的修饰符说明如表 8.5 所示。

表 8.5　正则表达式的匹配模式修饰符

修饰符	常　量	说　明
re.I	re.IGNORECASE	在匹配过程中，忽略大小写
re.L	re.LOCALE	执行本地化匹配。使预定义字符类\w、\W、\b、\B、\s、\S 取决于当前区域设定
re.M	re.MULTILINE	多行匹配模式。将改变“^”和“$”元字符的行为
re.S	re.DOTALL	使“.”元字符能够匹配包括换行符在内的所有字符。即改变“.”元字符的行为，使其还包括换行符在内的任意字符（默认“.”元字符不匹配换行符）
re.U	re.UNICODE	根据 Unicode 字符集解析字符。使预定字符类\w、\W、\b、\B、\s、\S、\d、\D 取决于 Unicode 定义的字符属性
re.A	re.ASCII	仅执行 8 位的 ASCII 码字符匹配，即只匹配 ASCII 字符
	re.DEBUG	查看正则表达式的匹配过程，没有内联标记
re.X	re.VERBOSE	冗余模式。在这个模式下正则表达式可以是多行，忽略空白字符，且可以加入注释

这些修饰符主要用在正则表达式处理函数中的 flag 参数中，为可选参数。多个标识可以通过按位 OR（|）指定，如 re.I | re.M，被设置成 I 和 M 标识。

■ 上机练习

【示例】设计匹配模式不区分大小写，并允许多行匹配。

```
import re                                     # 导入正则表达式模块
subject = 'My username is Css888!'           # 定义字符串
pattern = r'css\d{3}'                         # 正则表达式
matches = re.search(pattern, subject, re.I | re.M)     # 执行匹配操作
matches = matches.group()                     # 读取匹配的字符串
print(matches)                                # 输出为 Css888
```

8.2　使用 re 模块

Python 通过 re 模块实现对正则表达式的支持，虽然执行效率不及 Python 内置的 str 方法，但功能十分强大。

8.2.1　正则表达式对象

扫一扫，看视频

■ 知识点

pattern 表示一个编译好的正则表达式对象，可以使用 re.compile()函数创建，语法格式如下：

```
re.compile(pattern[, flags])
```

参数说明如下。

- pattern：一个正则表达式字符串。
- flags：可选，表示匹配模式，如忽略大小写、多行匹配等，具体说明请参考 8.1.13 小节。

pattern 定义了多个实例方法，与 re 模块的公共函数一一对应，简单说明如下。

- pattern.match(string[, pos[, endpos]])。该方法与 re.match()函数功能相同，能够从参数 string 字符串的 pos 下标处起尝试匹配 pattern。如匹配成功，则返回一个 Match 对象；如果无法匹配，或者匹配未结束就已到达 endpos 下标位置，则返回 None。

提示：

pos 和 endpos 的默认值分别为 0 和 len(string)。

- search(string[, pos[, endpos]])：该方法与 re.search()函数功能相同，能够从参数 string 的 pos 下标处起尝试匹配 pattern。如果无法匹配，则将 pos 加 1 后重新尝试匹配，直到 pos=endpos 时，如果匹配成功，则返回一个 match 对象；如果无法匹配，则返回 None。
- findall(string[, pos[, endpos]])：该方法与 re.findall()函数的功能相同，搜索 string，以列表形式返回全部能匹配的子串。
- finditer(string[, pos[, endpos]])：该方法与 re.findall()函数的功能相同，搜索 string，返回一个顺序访问每一个匹配结果（match 对象）的迭代器。
- sub(repl, string[, count])：该方法与 re.sub()函数的功能相同，使用参数 repl 替换 string 中每一个匹配的子串，然后返回替换后的字符串。
- subn(repl, string[, count])：该方法与 re.sub()函数的功能相同，但是返回替换字符串，以及替换的次数。
- split(string[, maxsplit])：该方法与 re.split()函数的功能相同，按照匹配的子串将 string 分割，返回列表。maxsplit 用于指定最大分割次数，不指定将全部分割。

提示：

pattern 还提供了几个可读属性，用于获取正则表达式相关信息，简单说明如下。

- pattern：正则表达式的字符串表示。
- flags：以数字形式返回匹配模式。
- groups：表达式中分组的数量。
- groupindex：以表达式中有别名的组的别名为键，以该组对应的编号为值的字典，没有别名的组不包含在内。

上机练习

【示例 1】使用 compile()函数构建一个正则表达式对象，用来匹配一个或多个数字，然后调用正则表达式对象的 match()方法，检查字符串 a1b2c3d4e5f6 中起始位置是否为数字，也可以传递第 2 个参数设置起始位置。

```
import re                              # 导入正则表达式模块
pattern = re.compile(r'\d+')           # 用于匹配至少一个数字
subject = 'a1b2c3d4e5f6'
m = pattern.match(subject)             # 查找头部，没有匹配
print(m)                               # 输出为 None
m = pattern.match(subject, 1)          # 从第 2 个字符'的位置开始匹配
print(m)                               # 输出为 <re.Match object; span=(1, 2), match='1'>
```

【示例 2】定义一个正则表达式对象，然后使用 pattern、flags、groups 和 groupindex 访问正则表达式的字符串表示、匹配模式、分组数和别名字典集。

```
import re                                        # 导入正则表达式模块
p = re.compile(r'(\w+)(\w+)(?P<a>.*)', re.DOTALL)       # 创建正则表达式对象
print("p.pattern:", p.pattern)                   # 输出为 p.pattern: (\w+)(\w+)(?P<a>.*)
print("p.flags:", p.flags)                       # 输出为 p.flags: 48
print("p.groups:", p.groups)                     # 输出为 p.groups: 3
print("p.groupindex:", p.groupindex)             # 输出为 p.groupindex: {'a': 3}
```

【示例 3】将正则表达式编译成 pattern 对象，然后使用 search()查找匹配的子串，不存在可匹配的子串时将返回 None，本例如果使用 match()将无法成功匹配。

```
import re                                   # 导入正则表达式模块
subject = 'www.mysite.cn'                   # 定义字符串
pattern = re.compile(r'cn')                 # 将正则表达式编译成 pattern 对象
match = pattern.search(subject)             # 执行查找操作
if match:
    print(match.group())                    # 使用 match 对象的 group 获得分组信息
                                            # 输出为 cn
```

【示例 4】将正则表达式编译成 pattern 对象，然后使用 finditer()查找匹配的子串，并返回一个匹配对象的迭代器，最后使用 for 语句遍历迭代器，输出每个匹配信息。

```
import re                                   # 导入正则表达式模块
subject = 'Cats are smarter than dogs'      # 定义字符串
pattern = re.compile(r'\w+', re.I)          # 将正则表达式编译成 pattern 对象
iter = pattern.finditer(subject)            # 执行匹配操作
for m in iter:                              # 遍历迭代器
    print(m.group())                        # 读取每个匹配对象包含的匹配信息
```

输出为：

```
Cats
are
smarter
than
dogs
```

【示例 5】定义正则表达式对象，匹配字符串中非单词类字符，然后使用 subn()方法把它们替换为下划线，同时会返回替换的次数。

```
import re                                   # 导入正则表达式模块
subject = 'Cats are smarter than dogs'      # 定义字符串
pattern = re.compile(r'\W+')                # 将正则表达式编译成 pattern 对象
matches = pattern.subn("_", subject)        # 执行替换操作
print(matches)                              # 输出为 ('Cats_are_smarter_than_dogs', 4)
```

8.2.2　匹配对象

扫一扫，看视频

■ 知识点

match 对象表示一次匹配的结果，包含了本次匹配的相关信息，可以使用 match 对象的属性和方法来获取这些信息。简单说明如下。

1．属性

- string：匹配的文本字符串。
- re：匹配时使用的 pattern 对象。
- pos：在文本中正则表达式开始匹配的索引位置。
- endpos：在文本中正则表达式结束匹配的索引位置。

- lastindex：最后一个被捕获的分组索引。如果没有被捕获的分组，则值为None。
- lastgroup：最后一个被捕获的分组别名。如果分组没有别名或者没有被捕获的分组，则值为None。

2. 方法

- group([group1,...])：获取一个或多个分组匹配的字符串，如果指定多个参数时，将以元组形式返回。参数可以使用编号，也可以使用别名。编号0代表整个匹配的结果。不填写参数时，返回group(0)。如果没有匹配的分组，则返回None；如果执行了多次匹配，则返回最后一次匹配的分组结果。
- groups()：以元组形式返回全部分组匹配的字符串。相当于调用group(1,2,...,last)。
- groupdict()：以字典的形式返回定义别名的分组信息，字典元素为一个以别名为键、以该组匹配的子串为值，没有别名的组不包含在内。
- start([group])：返回指定的组截获的子串在string中的起始索引（子串中第1个字符的索引）。group默认值为0。
- end([group])：返回指定的组截获的子串在string中的结束索引（子串中最后一个字符的索引+1）。group默认值为0。
- span([group])：返回(start(group), end(group))。
- expand(template)：将匹配到的分组代入template中，然后返回。template中可以使用\id或\g<id>、\g<name>引用分组，但不能使用编号0。\id与\g<id>是等价的，但\10将被认为是第10个分组，如果想表达\1之后是字符'0'，只能使用\g<1>0。

■ 上机练习

【示例】匹配对象的属性和方法的基本使用。

```
import re                                  # 导入正则表达式模块
m = re.match(r'(\w+) (\w+)(?P<sign>.*)', 'hello world!')
print("m.string:", m.string)               # 输出为m.string: hello world!
print("m.re:", m.re)                       # 输出为m.re: re.compile('(\\w+) (\\w+)(?P<sign>.*)')
print("m.pos:", m.pos)                     # 输出为m.pos: 0
print("m.endpos:", m.endpos)               # 输出为m.endpos: 12
print("m.lastindex:", m.lastindex)         # 输出为m.lastindex: 3
print("m.lastgroup:", m.lastgroup)         # 输出为m.lastgroup: sign
print("m.group(1,2):", m.group(1, 2))      # 输出为m.group(1,2): ('hello', 'world')
print("m.groups():", m.groups())           # 输出为m.groups(): ('hello', 'world', '!')
print("m.groupdict():", m.groupdict())     # 输出为m.groupdict(): {'sign': '!'}
print("m.start(2):", m.start(2))           # 输出为m.start(2): 6
print("m.end(2):", m.end(2))               # 输出为m.end(2): 11
print("m.span(2):", m.span(2))             # 输出为m.span(2): (6, 11)
print(r"m.expand(r'\2 \1\3'):", m.expand(r'\2 \1\3')) # 输出为m.expand(r'\2 \1\3'): world hello!
```

8.3 案例实战

扫一扫，看视频

8.3.1 匹配QQ号格式

■ 案例分析

QQ号是从10000开始的，如12345。模式分析如下。

- QQ 的首位号码是不会以 0 开始的，可用 [1-9]匹配。
- QQ 是从 10000 开始，至少有 5 位，后 4 位可用 [0-9] {4,} 匹配。

■ 案例实现

```
import re                                      # 导入正则表达式模块
subject1 = "12345"                             # 定义字符串
subject2 = "1234"                              # 定义字符串
subject3 = "01234"                             # 定义字符串
subject4 = "123456789"                         # 定义字符串
pattern = "[1-9][0-9]{4,}"                     # 正则表达式
print(re.findall(pattern, subject1))           # 返回 ['12345']
print(re.findall(pattern, subject2))           # 返回 []
print(re.findall(pattern, subject3))           # 返回 []
print(re.findall(pattern, subject4))           # 返回 ['123456789']
```

8.3.2 匹配货币格式

扫一扫，看视频

■ 案例分析

货币的输入格式有多种情况，如 12345、12,345 等。模式分析如下。

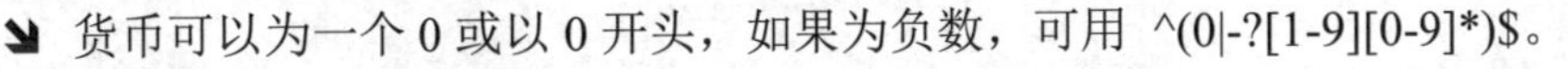

- 货币可以为一个 0 或以 0 开头，如果为负数，可用 ^(0|-?[1-9][0-9]*)$。
- 但是货币通常情况下不为负数，当支持小数时，小数点后至少有一位数值或两位，可用 ^[0-9]+(\.[0-9]{1,2})?$。
- 输入货币时可能会需要用到逗号将其分隔，可以设置 1～3 个数字，后面跟着任意个逗号加 3 个数字，其中逗号可选，可用 ^([0-9]+|[0-9]{1,3}(,[0-9]{3})*)(\.[0-9]{1,2})?$。

■ 案例实现

```
import re                                      # 导入正则表达式模块
subject1 = "12,345.00"                         # 定义字符串
subject2 = "10."                               # 定义字符串
subject3 = "-1234"                             # 定义字符串
subject4 = "123,456,789"                       # 定义字符串
subject5 = "10.0"                              # 定义字符串
subject6 = "0123"                              # 定义字符串
pattern = "^([0-9]+|[0-9]{1,3}(,[0-9]{3})*)(\.[0-9]{1,2})?$"       # 正则表达式
print(re.findall(pattern, subject1))           # 返回 [('12,345', ',345', '.00')]
print(re.findall(pattern, subject2))           # 返回 []
print(re.findall(pattern, subject3))           # 返回 []
print(re.findall(pattern, subject4))           # 返回 [('123,456,789', ',789', '')]
print(re.findall(pattern, subject5))           # 返回 [('10', '', '.0')]
print(re.findall(pattern, subject6))           # 返回 [('0123', '', '')]
```

8.3.3 过滤敏感词

扫一扫，看视频

■ 案例分析

使用 re 模块中的 sub()函数，将文档语句中含有的敏感词汇替换成*。

■ 案例实现

```
import re                                          # 导入 re 模块
def filterwords(keywords,text):                    # 定义过滤函数
    return re.sub('|'.join(keywords),'**',text)   # 用'**'替换 text 中的 keywords
keywords = ('上海','外滩')                          # 定义敏感词
text = '上海外滩很漂亮'                              # 测试内容
print(filterwords(keywords,text))                  # 输出****很漂亮
```

扫一扫，看视频

8.3.4 分组匹配

■ **案例分析**

本案例用到 3 个函数：group()、groups()、groupdict()。group()方法用于访问分组匹配的字符串；groups()方法把匹配结果以元组的方式返回；groupdict()方法把匹配结果以字典的方式返回。

■ **案例实现**

```
import re                                          # 导入 re 模块
pattern = r'[a-zA-Z0-9]{9,11}@(163|126|qq).com'    # 定义正则表达式，匹配邮箱
subject = '987654321@163.com'                      # 定义字符串
matches= re.match(pattern, subject)                # 执行匹配操作
print(matches.groups())                            # 打印分组匹配结果

pattern = r'[a-zA-Z0-9]{9,11}@(163|126|qq).com'    # 定义正则表达式，匹配邮箱
subject = '987654321@qq.com'                       # 定义字符串
matches = re.match(pattern, subject)               # 执行匹配操作
print(matches.groups())                            # 打印分组匹配结果

pattern = r'[a-zA-Z0-9]{9,11}@(.*),[\w]*@(.*),[\w]*@(.*)'   # 定义正则表达式,匹配多个邮箱
subject = '987654321@163.com,abcefgh@126.com,123456789@qq.com'    # 定义多个字符串
matches = re.match(pattern, subject)               # 执行匹配操作
print(matches.group())                             # 打印 group 分组结果
print(matches.groups())                            # 打印 groups 分组结果

# 定义分组匹配的正则表达式并起别名，匹配用户名和邮箱
pattern = r'(?P<username>\w*) "(?P<mail>[a-zA-Z0-9]{6,11}@[a-z0-9]*\.[a-z]{1,3})" '
subject = 'administrator "admin12345@163.com" '    # 定义字符串
matches = re.match(pattern, subject)               # 执行匹配操作结束
print(matches.groupdict())                         # 打印 groupdict 匹配结果
```

扫一扫，看视频

8.3.5 匹配手机号格式

■ **案例分析**

常见手机号为 11 位数字，其中前两位数字可以为 13、14、15、17、18、19 或前 3 位以 166 开头等，如 13012345678。模式分析如下。

- 以 13、14、15、17、18 开头的前 3 位，可用 13[0-9]|14[0-9]|15[0-9] | 17[0-9]|18[0-9]匹配。
- 166 开头，可以直接用 166 表示。
- 以 19 开头的前 3 位，可用 19[8|9]匹配。
- 后 8 位的数字，可用 d{8}匹配。

■ 案例实现

```
import re                                         # 导入 re 模块
regex = r'^(13[0-9]|14[0-9]|15[0-9]|166|17[0-9]|18[0-9]|19[8|9])\d{8}$'# 定义正则表达式字符串
pattern = re.compile(regex, re.I)                 # 生成正则表达式对象
phone1 = '13012345678'                            # 定义字符串
phone2 = '19912345678'                            # 定义字符串
phone3 = '1581234567'                             # 定义字符串
phone4 = '12812345678'                            # 定义字符串
matches1 = pattern.match(phone1)                  # 执行匹配操作
matches2 = pattern.match(phone2)                  # 执行匹配操作
matches3 = pattern.match(phone3)                  # 执行匹配操作
matches4 = pattern.match(phone4)                  # 执行匹配操作
print(not not matches1)                           # 返回 True
print(not not matches2)                           # 返回 True
print(not not matches3)                           # 返回 False
print(not not matches4)                           # 返回 False
```

8.3.6　匹配身份证号格式

扫一扫，看视频

■ 案例分析

身份证分为一代和二代，一代身份证号码共计 15 位数字，二代身份证号码共计 18 位数字，尾数可能包含特殊字符 X，如 11010120000214842X。本案例仅匹配二代身份证。二代身份证号码组成：6 位数字地址码 + 8 位数字出生日期码 + 3 位顺序码 + 1 位校验码。模式分析如下。

- 6 位数字地址码：根据省、市、区、县分配，各地略不同，可用[1-9][0-9]{5}匹配。
- 8 位数字出生日期码：4 位年+2 位月+2 位日，可用 19[0-9]{2}|20[0-9]{2}，2 位月可以用 0[1-9]|1[0-2]，2 位日可用 0[1-9]|1[0-9]|2[0-9]|3[01]匹配。
- 3 位顺序码，可用[0-9]{3}匹配。
- 1 位校验码，可用[0-9xX]匹配。

■ 案例实现

```
import re                                         # 导入 re 模块
regex  =  r"^[1-9][0-9]{5}(?P<year>19[0-9]{2}|20[0-9]{2})(?P<month>0[1-9]|1[0-2])
(?P<day>0[1-9]|1[0-9]|2[0-9]|3[01])[0-9]{3}[0-9xX]$"   # 定义正则表达式字符串
pattern = re.compile(regex, re.I)                 # 生成正则表达式对象
id1 = '11010120000214842x'                        # 定义字符串
id2 = '11010120000214842X'                        # 定义字符串
id3 = '110101200002148421'                        # 定义字符串
id4 = '11010120000214842'                         # 定义字符串
matches1 = pattern.match(id1)                     # 执行匹配操作
matches2 = pattern.match(id2)                     # 执行匹配操作
matches3 = pattern.match(id3)                     # 执行匹配操作
matches4 = pattern.match(id4)                     # 执行匹配操作
print(not not matches1)                           # 返回 True
print(not not matches2)                           # 返回 True
print(not not matches3)                           # 返回 True
print(not not matches4)                           # 返回 False
```

扫一扫，看视频

8.3.7 匹配十六进制颜色格式

■ 案例分析

十六进制颜色值字符串格式类似：#ffbbad、#Fc01DF、#FFF、#ffE，模式分析如下。

- 表示一个十六进制字符，可用字符类[0-9a-fA-F]匹配。
- 其中字符可以出现 3 或 6 次，需要使用量词和分支结构。
- 使用分支结构时，需要注意顺序。

■ 案例实现

```
import re                                           # 导入正则表达式模块
regex = '#[0-9a-fA-F]{6}|#[0-9a-fA-F]{3}'# 定义正则表达式字符串
pattern = re.compile(regex, re.I )                  # 生成正则表达式对象
string = "#ffbbad #Fc01DF #FFF #ffE"                # 定义字符串
print( pattern.findall(string) )                    # 输出为 ['#ffbbad', '#Fc01DF', '#FFF', '#ffE']
```

扫一扫，看视频

8.3.8 匹配时间格式

■ 案例分析

以 24 小时制为例，时间字符串格式类似 23:59、02:07 或 2:7，模式分析如下。

- 共 4 位数字，第 1 位数字可以为 [0-2]。
- 当第 1 位数字为 2 时，第 2 位可以为 [0-3]，其他情况时，第 2 位为[0-9]。
- 第 3 位数字为[0-5]，第 4 位为 [0-9]。

■ 案例实现

```
import re                                           # 导入正则表达式模块
regex = '^(0?[0-9]|1[0-9]|[2][0-3]):(0?[0-9]|[1-5][0-9])$'   # 定义正则表达式字符串
pattern = re.compile(regex)                         # 生成正则表达式对象
print( not not  pattern.match("7:9") )              # 输出为 True
print( not not  pattern.match("02:07") )            # 输出为 True
print( not not  pattern.match("13:65") )            # 输出为 False
```

扫一扫，看视频

8.3.9 匹配日期格式

■ 案例分析

常见日期格式：yyyy-mm-dd，如 2018-06-10。模式分析如下。

- 年，4 位数字即可，可用 19[0-9]{2}|20[0-9]{2}匹配。
- 月，共 12 个月，分两种情况 01、02、…、09 和 10、11、12，可用[1-9]|0[1-9]|1[0-2]匹配。
- 日，最大 31 天，可用 [1-9]|0[1-9]|[12][0-9]|3[01]匹配。

■ 案例实现

```
import re                                                # 导入正则表达式模块
regex = '^19[0-9]{2}|20[0-9]{2}-(0?[1-9]|1[0-2])-(0?[1-9]|[12][0-9]|3[01])$'
                                                         # 定义正则表达式字符串
pattern = re.compile(regex)                              # 生成正则表达式对象
print( not not  pattern.match("2019-06-10") )            # 输出为 True
print( not not  pattern.match("2019-6-1") )              # 输出为 True
print( not not  pattern.match("2019-16-41") )            # 输出为 False
```

扫一扫，看视频

8.3.10　匹配 HTML 标签格式

■ 案例分析

HTML 标签的格式类似：<title>标题文本</title>、<p>段落文本</p>，模式分析如下。

- 匹配一个开标签，可以使用<[^>]+>匹配。
- 匹配一个闭标签，可以使用 <\/[^>]+>匹配。
- 要匹配成对标签，就需要使用反向引用，其中开标签<[\^>]+>改成<(\w+)[^>]*>，使用小括号的目的是为在后面使用反向引用。闭标签使用了反向引用<\/\1>。
- [\d\D]表示这个字符是数字或者不是数字，因此也就匹配任意字符。

■ 案例实现

```
import re                                                    # 导入正则表达式模块
regex = r'<(\w+)[^>]*>[\d\D]*<\/\1>'                          # 定义正则表达式字符串
pattern = re.compile(regex, re.I)                            # 生成正则表达式对象
print( not not  pattern.match("<title>标题文本</title>") )     # 输出为 True
print( not not  pattern.match("<p>段落文本</p>") )             # 输出为 True
print( not not  pattern.match("<div>非法嵌套</p>") )           # 输出为 False
```

扫一扫，看视频

8.3.11　匹配物理路径

■ 案例分析

物理路径字符串格式类似：

```
F:\study\javascript\regex\regular expression.pdf
F:\study\javascript\regex\
F:\study\javascript
F:\
```

模式分析如下。

- 整体模式：盘符:\文件夹\文件夹\文件夹\。
- 其中匹配"F:\"，需要使用[a-zA-Z]:\\，盘符不区分大小写。注意，\字符需要转义。
- 文件名或文件夹名不能包含一些特殊字符，此时需要排除字符类[^\\:*<>|"?\r\n/]表示合法字符。
- 名字不能为空名，至少有一个字符，也就是要使用量词+。因此，匹配“文件夹\”，可用[^\\:*<>|"?\r\n/]+\\。
- “文件夹\”可以出现任意次，就是 ([^\\:*<>|"?\r\n/]+\\)*。其中，括号表示其内部正则是一个整体。
- 路径的最后一部分可以是“文件夹”，没有“\”，因此需要添加([^\\:*<>|"?\r\n/]+)?。
- 最后拼接成一个比较复杂的正则表达式。

■ 案例实现

```
import re                                                    # 导入正则表达式模块
regex = r'^[a-zA-Z]:\\([^\\:*<>|"?\r\n/]+\\)*([^\\:*<>|"?\r\n/]+)?$'
                                                             # 定义正则表达式字符串
pattern = re.compile(regex, re.I)                            # 生成正则表达式对象
print( not not  pattern.match("F:\\python\\regex\\index.html") )  # 输出为 True
print( not not  pattern.match("F:\\python\\regex\\") )       # 输出为 True
print( not not  pattern.match("F:\\python") )                # 输出为 True
print( not not  pattern.match("F:\\") )                      # 输出为 True
```

8.3.12 把货币数字替换为千分位形式

货币数字的千位分隔符格式，如 12345678，表示为 12,345,678。

【操作步骤】

第 1 步，根据千位把相应的位置替换成“,”，以最后一个逗号为例，解决方法：(?=\d{3}$)。

```
import re                                    # 导入正则表达式模块
regex = r'(?=\d{3}$)'                        # 定义正则表达式字符串
pattern = re.compile(regex)                  # 生成正则表达式对象
string = "12345678"                          # 定义字符串
string = pattern.sub(',', string )           # 替换字符串
print( string )                              # 输出为 12345,678
```

其中，(?=\d{3}$)匹配\d{3}$前面的位置，而\d{3}$ 匹配的是目标字符串最后 3 位数字。

第 2 步，确定所有的逗号。因为逗号出现的位置，要求后面 3 个数字为一组，也就是\d{3}至少出现一次。此时可以使用量词+$:

```
import re                                    # 导入正则表达式模块
regex = r'(?=(\d{3})+$)'                     # 定义正则表达式字符串
pattern = re.compile(regex)                  # 生成正则表达式对象
string = "12345678"                          # 定义字符串
string = pattern.sub(',', string )           # 替换字符串
print( string )                              # 输出为 12,345,678
```

第 3 步，匹配其余数字，会发现如下问题。

```
import re                                    # 导入正则表达式模块
regex = r'(?=(\d{3})+$)'                     # 定义正则表达式字符串
pattern = re.compile(regex)                  # 生成正则表达式对象
string = "123456789"                         # 定义字符串
string = pattern.sub(',', string )           # 替换字符串
print( string )                              # 输出为 ,123,456,789
```

因为上面的正则表达式中，从结尾向前数，只要是 3 的倍数，就把其前面的位置替换成逗号。如何解决匹配的位置不能是开头的问题呢？

第 4 步，匹配开头可以使用^，但要求该位置不是开头，可以考虑使用（?<!^），实现代码如下。

```
import re                                    # 导入正则表达式模块
regex = r'(?<!^)(?=(\d{3})+$)'               # 定义正则表达式字符串
pattern = re.compile(regex)                  # 生成正则表达式对象
string = "123456789"                         # 定义字符串
string = pattern.sub(',', string )           # 替换字符串
print( string )                              # 输出为 123,456,789
```

第 5 步，如果要把“12345678　123456789”替换成“12,345,678　123,456,789”。此时需要修改正则表达式，需要把里面的开头^和结尾$修改成\b。实现代码如下。

```
import re                                    # 导入正则表达式模块
regex = r'(?<!\b)(?=(\d{3})+\b)'             # 定义正则表达式字符串
pattern = re.compile(regex)                  # 生成正则表达式对象
```

```
string = "12345678  123456789"              # 定义字符串
string = pattern.sub(',', string )          # 替换字符串
print( string )                             # 输出为 12,345,678  123,456,789
```

其中，(?<!\b)要求当前是一个位置，但不是\b 前面的位置，其实 (?<!\b) 说的就是\B。因此，最终正则表达式就变成了\B(?=(\d{3})+\b)。

第 6 步，进一步格式化。千分符表示法一个常见的应用就是货币格式化。例如：

```
1888
```

格式化为：

```
$ 1888.00
```

有了前面的铺垫，可以很容易实现，具体代码如下。

```
import re                                   # 导入正则表达式模块

# 货币格式化函数
def format(num):
    string = '{:.2f}'.format(num)
    regex = r'\B(?=(\d{3})+\b)'             # 定义正则表达式字符串
    pattern = re.compile(regex)             # 生成正则表达式对象
    string = pattern.sub(',', string)       # 替换字符串
    return "$" + string                     # 返回格式化的货币字符串

print(format(1888))                         # 输出为 $1,888.00
print(format(234345.456))                   # 输出为 $234,345.46
```

8.3.13　验证密码

扫一扫，看视频

密码长度一般为 6～12 位，由数字、小写字符和大写字母组成，但必须至少包括两种字符。如果写成多个正则表达式来判断，比较容易，但要写成一个正则表达式就比较麻烦。

【操作步骤】

第 1 步，简化思路。不考虑“但必须至少包括两种字符”的条件，可以这样实现：

```
regex = '^[0-9A-Za-z]{6,12}$'
```

第 2 步，判断是否包含有某一种字符。

假设，要求必须包含数字，此时可以使用(?=.*[0-9])。因此，正则表达式变为：

```
regex = '(?=.*[0-9])^[0-9A-Za-z]{6,12}$'
```

第 3 步，同时包含具体两种字符。

假设，同时包含数字和小写字母，可以用 (?=.*[0-9])(?=.*[a-z])。因此，正则表达式变为：

```
regex = '(?=.*[0-9])(?=.*[a-z])^[0-9A-Za-z]{6,12}$'
```

第 4 步，把原题变成下列几种情况之一。

- 同时包含数字和小写字母。
- 同时包含数字和大写字母。
- 同时包含小写字母和大写字母。

- 同时包含数字、小写字母和大写字母。

以上 4 种情况是“或”的关系，实际上可以不用第 4 条。最终实现代码如下：

```
import re                                                    # 导入正则表达式模块
regex  =  r'((?=.*[0-9])(?=.*[a-z])|(?=.*[0-9])(?=.*[A-Z])|(?=.*[a-z])(?=.*[AZ]))
^[0-9A-Za-z]{6,12}$'                                         # 定义正则表达式字符串
pattern = re.compile(regex)                                  # 生成正则表达式对象
print( not not  pattern.match("1234567") )                   # False 全是数字
print( not not  pattern.match("abcdef") )                    # False 全是小写字母
print( not not  pattern.match("ABCDEFGH") )                  # False 全是大写字母
print( not not  pattern.match("ab23C") )                     # False 不足 6 位
print( not not  pattern.match("ABCDEF234") )                 # True 大写字母和数字
print( not not  pattern.match("abcdEF234") )                 # True 三者都有
```

【模式分析】

上面的正则表达式看起来比较复杂，只要理解了第 2 步，其余就全部理解了。

```
'(?=.*[0-9])^[0-9A-Za-z]{6,12}$'
```

对于这个正则表达式，只需要弄明白 (?=.*[0-9])^ 即可。分开来看就是(?=.*[0-9])和^。

(?=)^表示开头前面还有个位置，当然也是开头，即同一个位置。

(?=.*[0-9])表示该位置后面的字符匹配 .*[0-9]，即有任意多个字符后面再跟个数字，也即接下来的字符中必须包含一个数字。

我们也可以这样设计：“至少包含两种字符”的意思就是说，不能全部都是数字，也不能全部都是小写字母，也不能全部都是大写字母。

那么要求“不能全部都是数字”，实现的正则表达式为：

```
regex = '(?!^[0-9]{6,12}$)^[0-9A-Za-z]{6,12}$'
```

3 种“都不能”的最终实现代码如下：

```
import re                                          # 导入正则表达式模块
regex = r'(?!^[0-9]{6,12}$)(?!^[a-z]{6,12}$)(?!^[A-Z]{6,12}$)^[0-9A-Za-z]{6,12}$'
                                                   # 定义正则表达式字符串
pattern = re.compile(regex)                        # 生成正则表达式对象
print( not not  pattern.match("1234567") )            # False 全是数字
print( not not  pattern.match("abcdef") )             # False 全是小写字母
print( not not  pattern.match("ABCDEFGH") )           # False 全是大写字母
print( not not  pattern.match("ab23C") )              # False 不足 6 位
print( not not  pattern.match("ABCDEF234") )          # True 大写字母和数字
print( not not  pattern.match("abcdEF234") )          # True 三者都有
```

8.4 在线支持

扫码，拓展学习

第 9 章　函　　数

函数就是一段封装的代码，允许反复调用，并可以预编译，提升执行效率。灵活使用函数可以编写出功能强大、简洁、优雅的代码。Python 函数分为两类：预定义函数（或内置函数）和自定义函数。Python 把一些常用的代码、功能或底层技术使用函数预先封装起来，方便使用；Python 也允许用户根据需要把项目中常用的代码进行封装，以便反复调用。本章重点讲解自定义函数的基本方法和应用。

【学习重点】

- 定义和调用函数。
- 正确使用函数参数和返回值。
- 正确使用匿名函数和变量作用域。
- 掌握闭包函数和装饰器函数。

9.1　定义和调用函数

9.1.1　定义函数

扫一扫，看视频

■ 知识点

使用 def 语句可以定义函数，语法格式如下：

```
def 函数名（[参数列表]）：
    函数体
```

函数代码块以 def 关键词开头，后面是函数名和小括号()，在小括号中可以定义参数。函数的主体以冒号开始，并且缩进显示。

注意：

当函数没有参数时，也必须添加一对小括号，否则将抛出语法错误。

■ 上机练习

【示例 1】定义一个无参函数。当函数体内代码不需要外部传入参数也能够独立运行时，就可以定义无参数的函数。

```
def hi():
    print("Hi,Python.")
```

在上面的代码中，函数体仅包含一行语句，输出一条提示信息。

【示例 2】定义一个空函数。

```
def no():
    pass
```

所谓空函数，是指不执行任何操作的函数，在函数体内使用 pass 语句填充函数体。如果缺少了 pass，将会抛出语法错误。

提示：

空函数的作用：可以作为占位符备用，如果函数的具体功能还没有实现前，可以先定义空函数，让代码能运行起来，事后再编写函数体代码。

【示例 3】定义一个有参函数。当函数体内代码必须依赖外部传入参数时，那么就可以定义有参数的函数。

```
def abs(x):
    if x >= 0:                              # 如果参数值大于或等于 0，则直接返回
        return x
    else:                                   # 如果参数值小于 0，则取反后再返回
        return -x
```

在上面的代码中，求一个数字的绝对值，因此必须要传入一个数字，然后返回该数字的绝对值。

提示：

函数的参数放在函数名后面的小括号内，可以设置一个或多个参数，以逗号进行分隔。函数的返回值通过 return 语句设置。

■ **补充**

在定义函数时，如果在函数体内第 1 行使用"""或'''添加多行注释，则调用函数时，会自动提示注释信息。

【示例 4】在 abs()函数体第 1 行添加一段注释，则当调用函数时，显示如图 9.1 所示的提示信息。建议在函数体第 1 行添加函数的帮助信息，如函数的功能、参数类型、返回值类型等。

```
>>> abs(
(x)
abs(float x)
功能：求绝对值。
参数：x，为数字。
返回值：x的绝对值。
```

图 9.1　自动提示注释信息

```
def abs(x):
    """abs(float x)
    功能：求绝对值。
    参数：x，为数字。
    返回值：x 的绝对值。
    """
    if x >= 0:                              # 如果参数值大于或等于 0，则直接返回
        return x
    else:                                   # 如果参数值小于 0，则取反后再返回
        return -x
```

扫一扫，看视频

9.1.2　调用函数

■ **知识点**

定义函数之后，函数体内的代码是不能够自动执行的，只有当调用函数的时候，函数体内的代码才被执行。使用小括号可以直接调用一个函数，语法格式如下：

```
函数名([参数列表])
```

如果在定义函数时，没有设置参数，则调用函数时，不需要传入参数。

如果在定义函数时，设置了多个参数，则调用函数时，必须传入同等数量的参数，否则将抛出 TypeError

错误。如果传入的参数数量是对的，但参数类型不能被函数所接受，也会抛出 TypeError 错误，并且给出错误信息。

提示：

调用函数有以下 3 种形式。

- 语句

例如，示例 1 中 3 个函数都是以语句形式调用。

- 表达式

函数都有返回值，因此调用函数之后，实际上得到的就是一个值，值可以参与表达式运算。例如，下面的代码将函数返回值（45）乘以 2，然后把表达式的运算结果（90）再赋值给变量 num。

```
num = abs(-45) * 2                    # 表达式形式调用
```

- 参数

把函数调用作为参数传递给另一个函数，例如：

```
print( abs(-45) )                     # 参数形式调用
```

注意：

函数都是先定义，后调用。在定义阶段，Python 只检测语法，不执行代码。如果在定义阶段发现语法错误，将会提示错误，但是不会判断逻辑错误，只有在调用函数时，才会判断逻辑错误。

■ 上机练习

【示例 1】针对 9.1.1 小节示例定义的函数，使用小括号语法分别调用无参函数、空函数和有参函数。

```
hi()                                  # 无参调用
no()                                  # 空函数调用
abs(-45)                              # 有参调用
```

【示例 2】比较语法错误和逻辑错误的不同。

```
# 语法没有问题，逻辑有问题
def test1():
    if not name:                      # 逻辑错误：变量没有定义
        name = "0"
    print(name)

# 语法有问题，逻辑没有问题
def test2(name):
    if not name                       # 语法错误：漏掉了冒号
        name = "0"
    print(name)
```

9.2　函数的参数和返回值

函数提供两个接口实现与外部进行交互，其中参数作为入口，接收外部信息；返回值作为出口，把运算结果反馈给外部。

扫一扫，看视频

9.2.1 形参和实参

■ 知识点

函数的参数包括以下两种类型。

- 形参：在定义函数时，声明的参数变量仅在函数内部可见。
- 实参：在调用函数时，实际传入的值。

根据实参的类型不同，可以把实参分为以下两种类型。

- 固定值：实参为不可变对象，如数字、布尔值、字符串、元组。
- 可变值：实参为可变对象，如列表、字典和集合。

■ 上机练习

【示例 1】定义 Python 函数时，可以设置零个或多个参数。

```
def f(a, b):                                # 定义形参 a 和 b
    return a+b

# 定义实参 x 和 y
x = 1
y = 2
print(f(x, y))                              # 调用函数并传入实参变量
```

在上面的示例中，a、b 就是形参，而在调用函数时传入的变量 x、y 就是实参。在执行函数时，Python 把实参变量的值赋值给形参变量，从而实现参数的传递。

【示例 2】不同类型的实参会产生不同结果。

```
# 测试函数
def fun(obj):
    obj += obj                              # 改变形参
    return obj                              # 返回形参

# 传递固定值
a = 1                                       # 原值
b = fun(a)                                  # 调用函数，传入数字
print(a)                                    # 原值不变，输出为 2
print(b)                                    # 函数返回值，输出为 2

# 传递可变值
a = [1]                                     # 原值
b = fun(a)                                  # 调用函数，传入列表
print(a)                                    # 原值被修改，输出为 [1, 1]
print(b)                                    # 函数返回值，输出为 [1, 1]
```

通过上面的示例演示可以看到，当传递固定值时，改变形参的值后，实参的值不变；当传递可变值时，改变形参的值后，实参的值也会发生变化。

扫一扫，看视频

9.2.2　位置参数

■ **知识点**

位置参数就是根据位置关系把实参的值有序传递给形参。在一般情况下，实参和形参应该是一一对应的，不能够错位传递，否则会引发异常或运行错误。

提示：

在调用函数时，实参和形参必须保持一致，具体说明如下。

- 在没有设置默认参数和可变参数的情况下，实参和形参的个数必须相同。
- 在没有设置关键字参数和可变参数的情况下，实参和形参的位置必须对应。
- 在一般情况下，实参和形参的类型必须保持一致。

■ **上机练习**

【示例】如果实参与形参的位置顺序不对应，Python 不会自动检查，但是容易引发异常或运行错误。本示例为自定义函数 abs()添加参数类型检查的功能，只允许传入整数或浮点数。

```
def abs(x):
    """abs(float x)
    功能：求绝对值
    参数：x，为数字
    返回值：x 的绝对值
    """
    if not isinstance(x, (int, float)): # 检测参数类型是否为整数或浮点数
        raise TypeError('参数类型不正确')  # 如果参数类型不对，则抛出异常
    if x >= 0:                          # 如果参数值大于或等于 0，则直接返回
        return x
    else:                               # 如果参数值小于 0，则取反后再返回
        return -x
```

添加了参数检查后，如果传入错误的参数类型，函数就可以抛出一个错误。

```
>>> abs("a")
Traceback (most recent call last):
   File "<pyshell#0>", line 1, in <module>
      abs("a")
   File "C:\Users\8\Documents\www\test1.py", line 8, in abs
      raise TypeError('参数类型不正确')
TypeError: 参数类型不正确
```

提示：

有关错误和异常处理的相关知识请参考第 12 章的内容。

扫一扫，看视频

9.2.3　关键字参数

■ **知识点**

关键字参数就是根据键值映射实现形参赋值，不用考虑位置关系。在调用函数时，可以混合使用位置参数和关键字参数，其中位置参数在前，关键字参数在后。

提示：

关键字参数针对实参而言，位置参数针对形参而言。

注意：

在调用函数时，一旦使用关键字参数，其后不能再使用位置参数，避免重复为一个形参赋值。同时，还应确保形参和实参个数相同。

■ 上机练习

【示例1】关键字参数的使用。

```
def test(a, b, c):
    print("a=", a)
    print("b=", b)
    print("c=", c)

test(c=3, a=1, b=2)                               # 实参和形参位置不一致
```

输出为：

```
a= 1
b= 2
c= 3
```

【示例2】第1个参数直接传递值，第2、3个参数使用关键字进行传递。

```
def test(a, b, c):
    print("a=", a)
    print("b=", b)
    print("c=", c)

test(1, c=3, b=2)                                 # 混合传递参数
```

输出为：

```
a= 1
b= 2
c= 3
```

下面的用法是错误的：

```
test(c=3, b=2, 1)                                 # 抛出 SyntaxError 错误
```

扫一扫，看视频

9.2.4 默认参数

■ 知识点

在自定义函数时，可以为函数形参设置默认值，即定义默认参数，语法格式如下：

```
def 函数名（参数1, 参数2,..., 参数n=默认值n, 参数n+1=默认值n+1,...）:
    函数体
```

当定义函数时，如果某个参数的值比较固定，可以考虑将这个参数设置为默认参数。使用默认参数之后，位置参数必须放在前面，默认参数放在后面。位置参数和默认参数没有个数限制。

提示：

默认参数是在定义函数时赋值的，且仅赋值一次。当调用函数的时候，如果没有传入实参值，函数就会使用默认值。

注意：

参数的默认值应避免使用可变对象。

■ 上机练习

【示例】定义一个计算 x 的 n 次方的函数。

```
def power(x, n):
    s = 1                                    # 临时记录乘积
    while n > 0:
        n = n - 1                            # 递减次方次数
        s = s * x                            # 累积乘积
    return s                                 # 返回 n 次方结果
```

假设计算平方的次数最多，就可以把参数 n 的默认值设定为 2，代码如下。

```
def power(x, n=2):
    s = 1                                    # 临时记录乘积
    while n > 0:
        n = n - 1                            # 递减次方次数
        s = s * x                            # 累积乘积
    return s                                 # 返回 n 次方结果
```

当调用 power()函数时，如果仅计算平方，则不需要传入两个参数。

```
>>> power(34)
1156
```

9.2.5 可变参数

扫一扫，看视频

■ 知识点

可变参数就是允许定义能和多个实参相匹配的形参。当无法确定实参个数时，使用可变参数是最佳选择。定义可变参数有以下两种形式。

- 单星号形参。当定义函数时，在形参名称前添加一个星号前缀，就可以定义一个可变的位置参数。语法格式如下：

```
def 函数名(*param):
    pass
```

声明一个类似*param 的可变参数时，从此处开始直到结束的所有位置参数都将被收集，并汇集到一个名为 param 的元组中。在函数体内可以使用 for 语句遍历 param 对象，读取每个元素，实现对可变位置参数的读取。

提示：

Python 也允许传入单星号实参。在调用函数时，当在实参前添加星号（*）前缀，Python 会自动遍历该实参对象，提取所有元素，并按顺序转换为位置参数。因此，要确保被添加星号的实参为可迭代对象。这个过程也称为解包位置参数。

- 双星号形参。当定义函数时，在形参名称前添加两个星号前缀，就可以定义一个可变的关键字参数。语法格式如下：

```
def 函数名(**param):
    pass
```

声明一个类似**param 的可变参数时，从此处开始直到结束的所有关键字参数都将被收集，并汇集到一个名为 param 的字典中。在函数体内可以使用 for 语句遍历 param 对象，读取每个元素，实现对可变关键字参数的读取。

提示：

Python 也允许传入双星号实参。在调用函数时，当在实参前添加双星号（**）前缀，Python 会自动遍历该实参对象，提取所有元素，并转换为关键字参数。因此，要确保被添加双星号的实参为字典对象。这个过程也称为解包关键字参数。

上机练习

【示例 1】定义一个求和函数，能够把参数中所有数字进行相加并返回。

```
def sum(*nums):
    i = 0                                    # 临时变量
    for n in nums:                           # 遍历可变参数
        if(isinstance(n, (int, float))):     # 如果是整数或浮点数
            i += n                           # 求和
    return i

print(sum(1, 2, 3, 4))                       # 输出为 10
print(sum(1, 2, 3, 4, "a", "b"))             # 输出为 10
print(sum(1, 2.3, 4.4, 5.67))                # 输出为 13.370000000000001
```

通过上面的代码可以看到，使用可变参数进行参数传递，设计求和函数会显得非常方便。

【示例 2】针对示例 1，可以使用以下方式调用 sum()函数，并传入可遍历数据对象。

```
def sum(*nums):
    i = 0                                    # 临时变量
    for n in nums:                           # 遍历可变参数
        if(isinstance(n, (int, float))):     # 如果是整数或浮点数
            i += n                           # 求和
    return i

a = (2, 4, 6, 8, 10)                         # 元组
print(sum(*a, 2, 3, 4, 1))                   # 输出为 40
b = [2, 4, 6, 8, 10]                         # 列表
print(sum(*b, 2, 3, 4, 1))                   # 输出为 40
c = {2, 4, 6, 8, 10}                         # 集合
print(sum(*c, 2, 3, 4, 1))                   # 输出为 40
d = {2: "a", 4: "b", 6: "c", 8: "d", 10: "e"}  # 字典，键必须为数字，对键进行求和
print(sum(*d, 2, 3, 4, 1))                   # 输出为 40
```

【示例 3】定义一个求和函数，能够接收关键字传递的参数，并把所有键、值进行汇总，如果值为数字，

则叠加并记录，最后返回一个元组，包含可汇总的键的列表，以及汇总值的和。

```
def sum(**nums):
    i = 0                                   # 临时变量
    temp = []                               # 临时列表
    for key, value in nums.items():         # 遍历字典类型的可变参数
        if(isinstance(value, (int, float))):   # 如果是整数或浮点数
            i += value                      # 把值叠加到临时变量中
            temp.append(key)                # 把键添加到临时列表中
    return (temp, i)                        # 以元组格式返回键和值的汇总

a = sum(a=1, b=2, c=3, d=4)                 # 调用函数，传入 4 个键值对
print(" + ".join(a[0]), "=", a[1])          # 输出为 a + b + c + d = 10
```

【示例 4】针对示例 3，先定义一个字典对象，然后再调用 sum()函数，并传入字典对象作为可变参数，也可以得到相同的结果。

```
def sum(**nums):
    i = 0                                   # 临时变量
    temp = []                               # 临时列表
    for key, value in nums.items():         # 遍历字典类型的可变参数
        if(isinstance(value, (int, float))):   # 如果是整数或浮点数
            i += value                      # 把值叠加到临时变量中
            temp.append(key)                # 把键添加到临时列表中
    return (temp, i)                        # 以元组格式返回键和值的汇总

d = {"a": 1, "b": 2, "c": 3, "d": 4}        # 定义字典对象
a = sum(**d)                                # 调用函数，传入字典对象
print(" + ".join(a[0]), "=", a[1])          # 输出为 a + b + c + d = 10
```

【示例 5】利用可变参数可以定义创建字典对象的函数。

```
def dict(**kwargs):                         # 创建字典对象的函数
    return kwargs

d = dict(a=1, b=2, c=3, d=4, e=5)           # 调用函数
print(d)                                    # 输出为 {'a': 1, 'b': 2, 'c': 3, 'd': 4, 'e': 5}
```

通过上面的代码可以使用 dict()快速创建一个字典。

9.2.6 参数的混合使用

扫一扫，看视频

■ 知识点

位置参数、关键字参数、默认参数和可变参数可以混合使用。混用时的位置顺序如下。

➘ 在定义函数时，形参位置顺序：位置参数在前，默认参数在后。

```
(位置参数, 默认参数, 可变位置参数, 可变关键字参数)        # 默认参数会被重置
(位置参数, 可变位置参数, 默认参数, 可变关键字参数)        # 默认参数保持默认
```

在调用函数时，实参位置顺序：位置参数在前，关键字参数在后。

```
# 推荐顺序
```

```
(位置参数, 关键字参数, 可变位置参数, 可变关键字参数)
(位置参数, 可变位置参数, 关键字参数, 可变关键字参数)
# 可选顺序
(可变位置参数, 位置参数, 关键字参数, 可变关键字参数)
(位置参数, 可变位置参数, 可变关键字参数, 关键字参数)
(可变位置参数, 位置参数, 可变关键字参数, 关键字参数)
```

■ 上机练习

【示例 1】定义一个函数，包含位置参数和默认参数，在调用函数时，使用位置参数和关键字参数。

```
def f(name, age, sex=1):
    print("name=", name, end="  ")
    print("age=", age, end="  ")
    print("sex=", sex)

f('zhangsan', 25, 0)
f(age= 25, name = 'zhangsan')
f(age= 25, sex = 0, name = 'zhangsan')
```

输出为：

```
name= zhangsan  age= 25  sex= 0
name= zhangsan  age= 25  sex= 1
name= zhangsan  age= 25  sex= 0
```

【示例 2】可变位置参数和可变关键字参数混用：可变位置参数在前，可变关键字参数在后。

```
def f(*args, **kwargs):
    print("args=", args, end="  ")         # 输出可变位置参数
    print("kwargs=", kwargs)               # 输出可变关键字参数

f(1, 2, 3, 4)
f(a=1, b=2, c=3)
f(1, 2, 3, 4, a=1, b=2, c=3)
f('a', 1, None, a=1, b='2', c=3)
```

输出为：

```
args= (1, 2, 3, 4)  kwargs= {}
args= ()  kwargs= {'a': 1, 'b': 2, 'c': 3}
args= (1, 2, 3, 4)  kwargs= {'a': 1, 'b': 2, 'c': 3}
args= ('a', 1, None)  kwargs= {'a': 1, 'b': '2', 'c': 3}
```

【示例 3】可变位置参数、位置参数和默认参数混合使用。

```
# 可变位置参数放在位置参数的后面，默认参数放在最后
def f(x, *args, a=4):
    print("x=", x, end="  ")
    print("a=", a, end="  ")
    print("args=", args)
# 调用函数
f(1, 2, 3, 4, 5, 6, 7, 8, 9, 10, a=100)    # 修改默认值
```

```
f(1, 2, 3, 4, 5, 6, 7, 8, 9, 10)          # 保留默认值

# 输出为:
#  x= 1  a= 100  args= (2, 3, 4, 5, 6, 7, 8, 9, 10)
#  x= 1  a= 4  args= (2, 3, 4, 5, 6, 7, 8, 9, 10)

# 可变位置参数放在最后，默认参数放在位置参数的后面
def f(x, a=4, *args):
    print("x=", x, end="  ")
    print("a=", a, end="  ")
    print("args=", args)
# 调用函数
f(1, 2, 3, 4, 5, 6, 7, 8, 9, 10)          # 修改默认值
f(1, *(2, 3, 4, 5, 6, 7, 8, 9, 10))       # 修改默认值

# 输出为:
#  x= 1  a= 2  args= (3, 4, 5, 6, 7, 8, 9, 10)
#  x= 1  a= 2  args= (3, 4, 5, 6, 7, 8, 9, 10)
```

【示例4】可变关键字参数、位置参数和默认参数混合使用。

```
# 默认参数放在位置参数的后面，可变关键字参数放在最后
def f(x, a=4, **kwargs):
    print("x=", x, end="  ")
    print("a=", a, end="  ")
    print("kwargs=", kwargs)

f(1, y=2, z=3)                            # 使用默认参数
f(1, 5, y=2, z=3)                         # 修改默认参数
```

输出为:

```
x= 1  a= 4  kwargs= {'y': 2, 'z': 3}
x= 1  a= 5  kwargs= {'y': 2, 'z': 3}
```

注意:

默认参数不能够放在可变关键字参数的后面，否则将抛出语法错误。

【示例5】位置参数、默认参数、可变位置参数和可变关键字参数混用。

```
# 如果保持使用默认参数的默认值，默认参数的位置应该位于可变位置参数之后
def f(x, *args, a=4, **kwargs):           # 注意参数位置和顺序
    print("x=", x, end="  ")
    print("a=", a, end="  ")
    print("args=", args, end="  ")
    print("kwargs=", kwargs)

# 直接传递值
f(1, 5, 6, 7, 8, y=2, z=3)                # 调用函数，不修改默认参数
# 传递可变参数
```

```
f(1, *(5, 6, 7, 8), **{"y": 2, "z": 3})    # 调用函数，不修改默认参数

# 当修改默认值时，默认参数应放在可变位置参数之前，位置参数之后
def f(x, a=4, *args, **kwargs):              # 注意参数位置和顺序
    print("x=", x, end="  ")
    print("a=", a, end="  ")
    print("args=", args, end="  ")
    print("kwargs=", kwargs)

# 直接传递值
f(1, 5, 6, 7, 8, y=2, z=3)                   # 调用函数，修改默认参数 a 为 5
# 传递可变参数
f(1, 5, 6, *(7, 8), **{"y": 2, "z": 3})    # 调用函数，修改默认参数 a 为 5
```

输出为：

```
x= 1  a= 4  args= (5, 6, 7, 8)  kwargs= {'y': 2, 'z': 3}
x= 1  a= 4  args= (5, 6, 7, 8)  kwargs= {'y': 2, 'z': 3}
x= 1  a= 5  args= (6, 7, 8)  kwargs= {'y': 2, 'z': 3}
x= 1  a= 5  args= (6, 7, 8)  kwargs= {'y': 2, 'z': 3}
```

扫一扫，看视频

9.2.7 函数的返回值

■ 知识点

在 Python 函数体内，使用 return 语句可以设置函数的返回值。语法格式如下：

```
return [表达式]
```

注意：

在函数体内，一旦执行 return 语句，函数将返回结果，并立即停止函数的运行。如果没有 return 语句，执行完函数体内所有代码后，也会返回特殊值（None）。如果明确让函数返回 None，可以按以下方式编写：

```
return None
```

简写为

```
return
```

■ 上机练习

【示例 1】下面 3 个函数的返回值都是 None。

```
def f1():
    pass

def f2():
    return

def f3():
    return None

print(f1())                             # 输出为 None
print(f2())                             # 输出为 None
```

```
print(f3())                                        # 输出为 None
```

return 语句还具有结束函数调用的作用。

【示例 2】把 return 语句放在函数体内第 2 行，这将导致函数体内 return 后面的语句无法被执行，因此看到仅输出 1，第 3 行代码没有执行。

```
def f():
    print(1)
    return                                         # 结束函数调用
    print(2)                                       # 该行语句没有被执行
f()                                                # 调用函数
```

在函数体内可以设计多条 return 语句，但只有一条可以被执行，如果没有一条 reutrn 语句被执行，同样会隐式调用 return None 作为返回值。

【示例 3】在排序函数中，经常会用到以下设计，通过比较两个元素的大小，确定它们的排列顺序。

```
def f(x, y):
    if(x < y):
        return 1
    elif(x > y):
        return -1
    else:
        return 0

print(f(3, 4))                                     # 输出为 1
print(f(4, 3))                                     # 输出为 -1
```

函数的返回值可以是任意类型，但是返回值只能是单值，值可以是包含多个元素的对象，如列表、字典等，因此要返回多个值，可以考虑把多个值放在列表、元组、字典等对象中再返回。

【示例 4】在下面的示例中，虽然 return 语句后面跟随多个值，但是 Python 会把它们隐式封装成一个元组对象返回。

```
def f():
   return 1, 2, 3, 4
print(f())                                         # 返回 (1, 2, 3, 4)
```

9.3 匿名函数

扫一扫，看视频

■ **知识点**

匿名函数就是没有名字的函数，不使用 def 语句定义，使用 lambda 运算符定义，也称为函数表达式。语法格式如下：

```
fn = lambda [arg1 [,arg2,...,argn]]:expression
```

具体说明如下。

- [arg1 [,arg2,...,argn]]：可选参数，定义匿名函数的参数，参数个数不限，参数之间通过逗号分隔。
- expression：必选参数，为一个表达式，定义函数体，并能够访问冒号左侧的参数。
- fn 表示一个变量，用来接收 lambda 表达式的返回值，返回值为一个函数对象，通过 fn 可以调用该函数。

lambda是一个表达式，而不是一个语句块，它具有以下特点。

- 与def语句的语法相比较，lambda不需要小括号，冒号（:）左侧的值序列表示函数的参数；函数不需要return语句，冒号右侧表达式的运算结果就是返回值。
- 与def语句的功能相比，lambda的结构单一，功能有限。lambda的主体是一个表达式，而不是一个代码块，因此不能包含各种命令，如for、while等，仅能在lambda表达式中封装有限的运算逻辑。
- lambda表达式也会产生一个新的局部作用域，拥有独立的命名空间。在def定义的函数中嵌套labmbda表达式，lambda表达式可以访问外层def函数作用域。

上机练习

【示例1】定义一个无参匿名函数，直接返回一个固定值。

```
t = lambda : True                                    # 分号前无任何参数
t()                                                  # 输出为 True
```

等价于def func(): return True。

【示例2】定义一个带参数的匿名函数，用来求两个数字的和。

```
# 求和匿名函数
sum = lambda a,b: a + b                              # 直接赋值给变量，然后像普通函数一样调用

# 调用匿名函数
print(sum(10, 20))                                   # 输出为 30
print(sum(20, 20))                                   # 输出为 40
```

其中，sum = lambda a,b: a + b 等价于 def sum(a, b): return a + b。

【示例3】通过一行代码把字符串中的各种空字符转换为空格。

```
print(  (lambda s:' '.join(s.split()))("this is\na\ttest") )   # 直接在后面传递实参
```

输出为：

```
this is a test
```

上面一行代码等价于：

```
s = "this is\na\ttest"                               # 根据空字符把字符串转换为列表
s = ' '.join(s.split())                              # 用join()函数转一个列表为字符串
print(s)
```

【示例4】在匿名函数中设置默认值。

```
c = lambda x,y=2: x+y                                # 设置默认值
print( c(10) )                                       # 仅传递一个参数，使用默认值2，输出为 12
```

【示例5】快速转换为字典对象。

```
c = lambda **arg: arg  # arg返回的是一个字典
d = c(a=1, b=2, c=3)
print(d)                                             # 输出为 {'a': 1, 'b': 2, 'c': 3}
```

【示例6】通过匿名函数设置字典排序的主键。

```
infors = [
```

```
    {"name": "a", "age": 15},
    {"name": "b", "age": 20},
    {"name": "c", "age": 10}
]
infors.sort(key=lambda x: x['age'])       # 根据 age 关键字对字典进行排序
print(infors)
```

输出为：

```
# [{'name': 'c', 'age': 10}, {'name': 'a', 'age': 15}, {'name': 'b', 'age': 20}]
```

【示例 7】通过匿名函数设计一个高阶函数。

```
def test(a, b, func):
    return func(a, b)

num = test(34, 26, lambda x, y: x-y)     # 接收一个函数作为参数
print(num)                               # 输出为 8
```

【示例 8】通过匿名函数过滤出能够被 3 整除的元素。

```
d =[1,2,4,67,85,34,45,100,456,34]
d = filter(lambda x:x%3==0,d)
print( list(d) )                         # 输出为 [45, 456]
```

■ 补充

过滤器函数 filter(function,iterable)包含两个参数，参数 function 是筛选函数，参数 iterable 是可迭代对象。filter()可以从序列中过滤出符合条件的元素，语句 d = filter(lambda x:x%3==0,d)的含义就是从序列 d 中筛选出符合函数 lambda x:x%3==0 的新序列。

9.4 变量作用域

变量作用域（scope）是指变量在程序中可以被访问的有效范围，也称为变量的可见性。Python 的作用域是静态的，在源代码中定义变量的位置决定了该变量能被访问的范围。

9.4.1 定义作用域

扫一扫，看视频

■ 知识点

在 Python 中，只有模块、类和函数才会产生作用域。作用域分为 4 种类型，简单说明如下。

- 局部作用域（local，简称 L 级）：每当函数被调用时都会创建一个新的局部作用域，包括 def 函数和 lambda 表达式函数。
- 嵌套作用域（enclosing，简称 E 级）：相对于上一层的函数而言，也是局部作用域。
- 全局作用域（global，简称 G 级）：每一个模块都是一个全局作用域。
- 内置作用域（built-in，简称 B 级）：在系统内置模块里定义的变量，如预定义在 builtin 模块内的变量。

提示：

在条件、循环、异常处理、上下文管理器等语句块中不会创建作用域。

在作用域中定义的变量，一般只能在作用域内可见，不允许在作用域外直接访问。当在函数中使用未确定的变量名时，Python 会按照优先级依次搜索 4 个作用域，以便确定变量的意义。

局部作用域 > 嵌套作用域 > 全局作用域 > 内置作用域

■ 上机练习

【示例 1】分别使用 class 和 def 创建作用域，并尝试访问作用域内变量的方法。

```
class C():                                   # 定义类
    n = 1                                    # 定义类变量

def f():                                     # 定义函数
    n = 2                                    # 定义局部变量
    print(n)                                 # 访问局部变量

print(C.n)                                   # 通过名字空间访问类变量
f()                                          # 通过调用函数访问局部变量
print(n)                                     # 直接访问变量 n，将抛出 NameError 异常
                                             # 在全局作用域内，变量 n 不可见
```

【示例 2】比较局部作用域、嵌套作用域和全局作用域之间的优先级关系。

```
n = 1                                        # 全局变量
def f():                                     # 嵌套作用域
    n = 2                                    # 局部变量
    print(n)
    def sub():                               # 局部作用域
        print(n)
    sub()
f()
print(n)
```

输出为：

```
2
2
1
```

对于 sub()函数，当前局部作用域中没有变量 n，所以在 L 层找不到，然后在 E 层搜索，当在嵌套函数 f()中找到变量 n 后，就直接读取并打印输出，不再进一步搜索 G 层全局作用域。

扫一扫，看视频

9.4.2 跨域修改变量

■ 知识点

一个非 L 层的变量，相对于 L 层变量而言，默认是只读，而不能修改的。如果希望在 L 层中修改定义在非 L 层的变量，为其绑定一个新的值，Python 会认为是在当前的 L 层中引入一个新的变量，即便内外两个变量重名，却也有着不同的意义，而且在 L 层中修改新变量，不会影响到非 L 层的变量。如果希望在 L 层中修改非 L 层中的变量时，可以使用 global、nonlocal 关键字。

■ 上机练习

【示例 1】如果希望在 L 层中修改 G 层中的变量，可以使用 global 关键字。

```
n = 1                                    # 全局变量，初始值为1
def f():                                 # 嵌套作用域
    def sub():                           # 局部作用域
        global n                         # 声明全局变量n
        print(n)
        n = 2                            # 修改全局变量n的值为2
    return sub
f()()
print(n)
```

输出为：

```
1
2
```

在上面的代码中，使用 global 关键字之后，在 sub()函数中使用的变量 n 就是全局作用域中的变量 n，而不会新生成一个局部作用域中的变量 n。

【示例 2】使用 nonlocal 关键字可以实现在 L 层中修改 E 层中的变量。针对示例 1，修改其中的代码，把全局变量移到嵌套作用域中，然后使用 nonlocal n 命令，在本地作用域中修改嵌套作用域中的变量 n 的值。

```
def f():                                 # 嵌套作用域
    n = 1                                # 嵌套变量，初始值为1
    def sub():                           # 局部作用域
        nonlocal n                       # 声明非本地变量n
        n = 2                            # 修改非本地变量n的值为2
        print(n)
    sub()
    print(n)
f()
```

输出为：

```
2
2
```

在上面的代码中，由于声明了 nonlocal，这样在 sub()函数中使用的变量 n 就是 E 层（即 f()函数中）声明的变量 n，所以输出两个 2。

9.4.3 使用 globals()和 locals()函数

扫一扫，看视频

■ **知识点**

使用下面两个内置函数可以访问全局变量和局部变量。

- globals()：以字典类型返回当前位置的全部全局变量。
- locals()：以字典类型返回当前位置的全部局部变量。

注意：

通过 globals()和 locals()函数返回的字典对象，可以读、写全局变量和局部变量。

■ 上机练习

简单比较 globals()函数和 locals()函数的不同用法。

```
d = 4                                                  # 定义全局变量 d
def test1(a,b):                                        # 定义函数
    c = 3                                              # 定义局部变量 c
    print('全局变量 d: ',globals()['d'])              # 直接打印全局变量 d
    print("局部变量集={0}".format(locals()))            # 打印本地变量
    print("全局变量集={0}".format(globals()))           # 打印全局变量
    d = 5                                              # 试图修改全局变量 d
test1(1,2)                                             # 调用函数
print('全局变量 d:%d'%d)                              # 打印全局变量 d
print('_'*50)
d = 4                                                  # 定义全局变量 d
def test2(a,b):                                        # 定义函数
    c = 3                                              # 定义局部变量
    global d                                           # 声明 d 是全局变量
    print('全局变量 d:%d'%d)                          # 直接访问 d 全局变量
    print("局部变量集={0}".format(locals()))            # 打印本地变量
    print("全局变量集={0}".format(globals()))           # 打印全局变量
    d = 5                                              # 修改全局变量
test2(1,2)                                             # 调用函数
print('全局变量 d:%d'%d)                              # 打印全局变量 d
```

打印结果如下。

```
全局变量 d: 4
局部变量集={'a': 1, 'b': 2, 'c': 3}
全局变量集={'__name__': '__main__', '__doc__': None, '__package__': None, '__loader__': <_frozen_importlib_external.SourceFileLoader object at 0x032DF820>, '__spec__': None, '__annotations__': {}, '__builtins__': <module 'builtins' (built-in)>, '__file__': 'd:/www_vs/test1.py', '__cached__': None, 'd': 4, 'test1': <function test1 at 0x032B8808>}
全局变量 d: 4
__________________________________________________
全局变量 d: 4
局部变量集={'a': 1, 'b': 2, 'c': 3}
全局变量集={'__name__': '__main__', '__doc__': None, '__package__': None, '__loader__': <_frozen_importlib_external.SourceFileLoader object at 0x032DF820>, '__spec__': None, '__annotations__': {}, '__builtins__': <module 'builtins' (built-in)>, '__file__': 'd:/www_vs/test1.py', '__cached__': None, 'd': 4, 'test1': <function test1 at 0x032B8808>, 'test2': <function test2 at 0x03488100>}
全局变量 d: 5
```

9.5 闭包和装饰器

扫一扫，看视频

9.5.1 定义闭包

■ 知识点

闭包就是一个在函数调用时所产生的、持续存在的上下文活动对象。

典型的闭包体是一个嵌套结构的函数。内层函数引用外层函数的私有成员，同时内层函数又被外界引用，当外层函数被调用后，就形成了闭包，这个外层函数也称为闭包函数。

```
def outer(x):                          # 外层函数
    def inner(y):                      # 内层函数
        return x + y                   # 访问外层函数的参数
    return inner                       # 通过返回内层函数，实现外部引用
f = outer(5)                           # 调用外层函数，获取引用内层函数
print(f(6))                            # 调用内层函数，原外层函数的参数继续存在
```

■ 上机练习

【示例1】在嵌套结构的函数中，外层函数使用return语句返回内层函数，在内层函数中包含了对外层函数作用域中的变量的引用，一旦形成闭包体，就可以利用返回的内层函数的__closure__内置属性访问外层函数闭包体。

```
def outer(x):                          # 外层函数，闭包体
    def inner():                       # 内层函数
        print(x)                       # 引用外层函数的形参变量
    return inner                       # 返回内层函数

func = outer(1)                        # 调用外层函数
print(func.__closure__)                # 访问闭包体
func()                                 # 调用内层函数
```

输出为：

```
(<cell at 0x00000011DA3CB888: int object at 0x000007FD0495E350>,)
1
```

【示例2】使用闭包实现优雅的打包，定义临时寄存器。

```
def f():                               # 外层函数
    a = 0                              # 私有变量初始化
    def sub(x):                        # 返回内层函数
        nonlocal a                     # 声明非本地变量 a
        a = a + x                      # 递加参数
        return a                       # 返回局部变量
    return sub
add = f()                              # 调用外层函数，生成执行函数
add(1)                                 # 加 1
add(12)                                # 加 12
```

```
add(23)                                        # 加23
sum = add(34)                                  # 加34
print(sum)                                     # 输出为 70
```

在上面的示例中，通过外层函数设计一个闭包体，定义一个持久的寄存器。当调用外层函数，生成上下文对象之后，就可以利用返回的内层函数，不断向闭包体内的局部变量 a 递加值，该值会一直持续存在。

扫一扫，看视频

9.5.2 装饰器函数

■ **知识点**

装饰器是一个以函数作为参数，并返回一个函数的函数。装饰器可以为一个函数在不需要做任何代码变动的前提下增加额外功能，如日志、计时、测试、事务、缓存、权限校验等。

装饰器的语法以@开头，接着是装饰器函数的名称和可选的参数，然后是被装饰的函数，具体语法格式如下：

```
@decorator(dec_opt_args)
def func_decorated(func_opt_args):
    pass
```

其中，decorator 表示装饰器函数，dec_opt_args 为装饰器可选的参数，func_decorated 表示被装饰的函数，func_opt_args 表示被装饰的函数的参数。

■ **上机练习**

【示例 1】定义一个简单的函数。

```
def foo():
    print('I am foo')
```

为函数增加新的功能：记录函数的执行日志。

```
def foo():
    print('I am foo')
    print("foo is running")                    # 添加日志处理功能
```

假设现在有很多函数都需要增加这个需求：打印日志。

为了减少重复代码，可以定义一个函数——专门处理日志，日志处理完之后再执行业务代码。

```
def logging(func):                             # 日志处理函数
    print("%s is running" % func.__name__)          # 打印当前函数正在执行
    func()                                     # 调用参数函数

def foo():                                     # 业务函数
    print('I am foo')


logging(foo)                                   # 添加日志处理功能
```

【示例 2】Python 使用@作为装饰器的语法操作符，方便应用装饰函数。针对示例 1，下面使用@语法应用装饰器函数。

```
def logging(func):                             # 日志处理函数
    def sub():                                 # 嵌套函数
        print("%s is running" % func.__name__)      # 打印当前函数正在执行
```

```
        func()                              # 调用参数函数
    return sub                              # 返回嵌套函数

@logging                                    # 应用装饰函数
def foo():                                  # 业务函数
    print('I am foo')

foo()                                       # 调用业务处理函数
```

装饰器相当于执行了装饰函数 logging 后，又返回被装饰函数 foo。因此，foo()被调用的时候相当于执行了两个函数，等价于 logging(foo)()。

9.6 案例实战

扫一扫，看视频

9.6.1 修改嵌套作用域变量

■ 案例分析

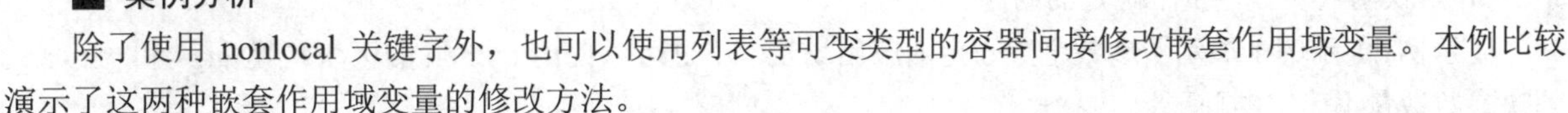

除了使用 nonlocal 关键字外，也可以使用列表等可变类型的容器间接修改嵌套作用域变量。本例比较演示了这两种嵌套作用域变量的修改方法。

■ 案例实现

```
# 使用列表等可变容器包含待修改的值
def demo1():                                # 定义函数
        x = 2                               # 定义嵌套作用域变量
        list1 = [x]                         # 定义嵌套作用域列表并赋值 x
        def demo2():                        # 定义内部函数
                list1[0] = list1[0] + 1     # 修改嵌套作用域变量的值
                return list1[0]             # 返回列表
        return demo2                        # 返回内部函数
print(demo1()())                            # 调用函数，返回 3
# 使用 nonlocal 关键字声明嵌套变量
def func1():                                # 定义函数
        x = 2                               # 定义嵌套作用域变量 x
        def func2():                        # 定义内部函数
                nonlocal x                  # 声明 x 为 nonlocal 变量
                x += 1                      # 修改嵌套作用域变量 x
                return x                    # 返回 x
        return func2                        # 返回内部函数
print(func1()())                            # 调用函数，返回 3
```

9.6.2 为装饰器设计参数

扫一扫，看视频

■ 案例分析

9.5.2 小节简单介绍了装饰器函数的基本语法，本节将以案例形式进一步学习装饰器的应用。

■ 案例实现

➘ 对带参数的函数进行装饰

【示例 1】设计业务函数需要传入两个参数并计算值，因此需要对装饰器函数内部的嵌套函数进行改动。

```
def logging(func):                              # 日志处理函数
    def sub(a, b):                              # 嵌套函数
        print("%s is running" % func.__name__)      # 打印当前函数正在执行
        return func(a, b)                       # 调用参数函数
    return sub                                  # 返回嵌套函数

@logging                                        # 应用装饰函数
def foo(a, b):                                  # 业务函数
    return a + b

sum = foo(2, 5)                                 # 调用业务处理函数
print(sum)                                      # 返回 7
```

➘ 解决函数参数数量不确定的问题。

【示例 2】示例 1 展示了参数个数固定的应用场景，不过可以使用 Python 的可变参数*args 和**kwargs 解决参数数量不确定的问题。

```
def logging(func):                              # 日志处理函数
    def sub(*args,**kwargs):                    # 嵌套函数
        print("%s is running" % func.__name__)      # 打印当前函数正在执行
        return func(*args,**kwargs)             # 调用参数函数
    return sub                                  # 返回嵌套函数

@logging                                        # 应用装饰函数
def bar(a,b):                                   # 业务函数
  print(a+b)

@logging                                        # 应用装饰函数
def foo(a,b,c):                                 # 业务函数
  print(a+b+c)

bar(1,2)                                        # 返回 3
foo(1,2,3)                                      # 返回 6
```

输出为：

```
bar is running
3
foo is running
6
```

➘ 装饰器带参数。

【示例 3】在某些情况下，装饰器函数可能也需要参数，这时就需要使用高阶函数进行设计。针对示例 2，为 logging 装饰器再嵌套一层函数，然后在外层函数中定义一个标志参数 lock，默认参数值为 True，

表示开启日志打印功能；如果为 False，则关闭日志功能。

```
def logging(lock = True):                    # 日志处理函数
    def _logging(func):                      # 2 层嵌套函数
        def sub(*args,**kwargs):             # 3 层嵌套函数
            if lock:                         # 如果允许打印日志
                print("%s is running" % func.__name__)      # 打印当前函数正在执行
            return func(*args,**kwargs)      # 调用参数函数
        return sub                           # 返回 3 层嵌套函数
    return _logging                          # 返回 2 层嵌套函数

@logging()                                   # 应用装饰函数，默认开启日志处理
def bar(a,b):                                # 业务函数
  print(a+b)

@logging(False)                              # 应用装饰函数，关闭日志处理
def foo(a,b,c):                              # 业务函数
  print(a+b+c)

bar(1,2)                                     # 返回 3
foo(1,2,3)                                   # 返回 6
```

输出为：

```
bar is running
3
6
```

在上面的代码中，foo(1,2,3)等价于 logging(False)(foor)(1,2,3)。

9.6.3　解决装饰器的副作用问题

扫一扫，看视频

■ **案例分析**

使用装饰器可以简化代码编写，但是被装饰的函数的元信息容易被覆盖，如函数的__doc__（文档字符串）、__name__（函数名称）、__code__.co_varnames（参数列表）等。使用 functools.wraps()函数可以解决这个问题。

■ **案例实现**

【示例】导入 functools 模块，然后使用 functools.wraps()函数恢复参数函数的元信息，这样当调用装饰器函数之后，被装饰的函数元信息重新被恢复到原来的状态。

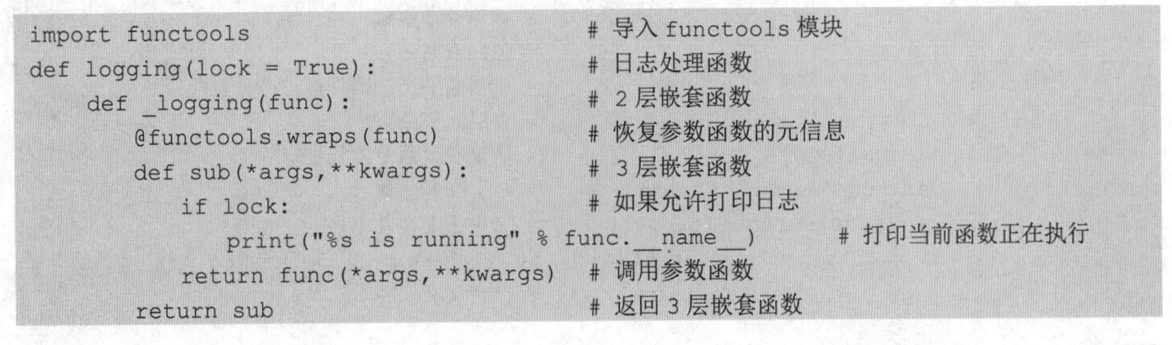

```
import functools                             # 导入 functools 模块
def logging(lock = True):                    # 日志处理函数
    def _logging(func):                      # 2 层嵌套函数
        @functools.wraps(func)               # 恢复参数函数的元信息
        def sub(*args,**kwargs):             # 3 层嵌套函数
            if lock:                         # 如果允许打印日志
                print("%s is running" % func.__name__)      # 打印当前函数正在执行
            return func(*args,**kwargs)      # 调用参数函数
        return sub                           # 返回 3 层嵌套函数
```

```
    return _logging                         # 返回 2 层嵌套函数

@logging()                                  # 应用装饰函数，默认开启日志处理
def bar(a,b):                               # 业务函数
  print(a+b)

@logging(False)                             # 应用装饰函数，关闭日志处理
def foo(a,b,c):                             # 业务函数
  print(a+b+c)

print(bar.__name__)                         # 返回 bar
```

扫一扫，看视频

9.6.4 设计日志装饰器

■ **案例分析**

本案例将完善装饰器的功能，使其能够适应带参数和不带参数等不同的应用需求。在装饰函数时，可以按默认设置把日志信息写入当前目录下的 out.log 文件中，也可以指定一个文件，日志信息主要包含函数调用的时间。

■ **案例实现**

```
from functools import wraps                 # 导入 functools 模块中的 wraps 函数
import time                                 # 导入 time 模块
from os import path                         # 导入 os 模块中的 path 子模块

def logging(arg='out.log'):                 # 日志处理函数
    if callable(arg):                       # 判断参数是否为函数
                                            # 不带参数的装饰器将调用这个分支
        @wraps(arg)                         # 恢复参数函数的元信息
        def sub(*args, **kwargs):           # 嵌套函数
                # 设计日志信息字符串
            log_string = arg.__name__ + " was called " + \
                time.strftime("%Y-%m-%d %H:%M:%S", time.localtime())
            print(log_string)               # 打印信息
            logfile = 'out.log'             # 指定存储的文件
            # 打开 logfile，并写入内容
            with open(logfile, 'a') as opened_file:
                # 现在将日志打到指定的 logfile
                opened_file.write(log_string + '\n')
            return arg(*args, **kwargs)     # 调用参数函数
        return sub                          # 返回嵌套函数
    else:                                   # 带参数的装饰器调用这个分支
        def _logging(func):                 # 2 层嵌套函数
            @wraps(func)                    # 恢复参数函数的元信息
            def sub(*args, **kwargs):       # 3 层嵌套函数
                if isinstance(arg, str):    # 如果指定文件路径
                    if path.splitext(arg)[1] == ".log":   # 筛选 log 文件
                        logfile = arg       # 自定义文件名
```

```
            else:
                logfile = 'out.log'# 默认文件名
            # 设计日志信息字符串
            log_string = func.__name__ + " was called " + \
                time.strftime("%Y-%m-%d %H:%M:%S", time.localtime())
            print(log_string)       # 打印信息
            # 打开 logfile，并写入内容
            with open(logfile, 'a') as opened_file:
                # 将日志打到指定的 logfile
                opened_file.write(log_string + '\n')
        return func(*args, **kwargs)     # 调用参数函数
    return sub                       # 返回 3 层嵌套函数
  return _logging                    # 返回 2 层嵌套函数

@logging                             # 应用装饰函数，按默认文件记录日志信息
def bar(a, b):                       # 业务函数
   print(a+b)

@logging("foo.log")                  # 应用装饰函数，指定日志文件
def foo(a, b, c):                    # 业务函数
   print(a+b+c)

bar(2, 3)                            # 调用业务函数
foo(2, 3, 3)                         # 调用业务函数
```

输出为：

```
bar was called 2019-11-10 14:02:45
5
foo was called 2019-11-10 14:02:45
8
```

在当前目录下会看到生成的日志文件：foo.log 和 out.log，打开 out.log 文件可以看到记录的每一次调用函数的日志信息，包括调用时间。

扫一扫，看视频

9.6.5 设计 lambda 闭包结构

■ 案例分析

使用 lambda 表达式定义的匿名函数与 def 函数一样，也拥有独立的作用域。但在嵌套结构的闭包体中使用 lambda 表达式替代 def 函数，有时会使代码更加简洁、易读。

■ 案例实现

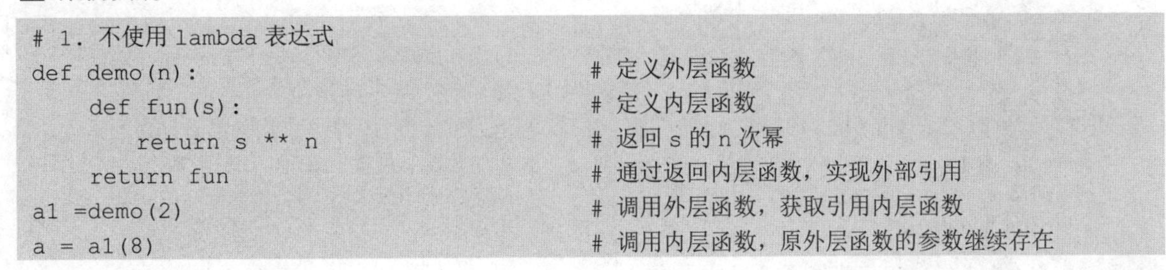

```
# 1. 不使用 lambda 表达式
def demo(n):                         # 定义外层函数
    def fun(s):                      # 定义内层函数
       return s ** n                 # 返回 s 的 n 次幂
    return fun                       # 通过返回内层函数，实现外部引用
a1 =demo(2)                          # 调用外层函数，获取引用内层函数
a = a1(8)                            # 调用内层函数，原外层函数的参数继续存在
```

```
print(a)                                    # 返回 64

# 2. 使用 lambda 表达式设计内层函数
def demo(n):                                # 定义外层函数
    return lambda s : s ** n                # 使用 lambda 表达式，并返回结果
a = demo(2)                                 # 调用外层函数，获取引用内层函数
print(a(8))                                 # 调用内层函数，返回 64

# 3. 完全使用 lambda 表达式定义闭包结构
demo = lambda n: lambda s : s**n
a = demo(2)                                 # 调用外层函数，获取引用内层函数
print(a(8))                                 # 调用内层函数，返回 64
```

扫一扫，看视频

9.6.6 解决闭包的副作用问题

■ **案例分析**

闭包的优点如下。

- 实现在外部访问函数内的变量。函数是独立的作用域，它可以访问外部变量，但外部无法访问内部变量。
- 避免变量污染。使用 global、nonlocal 关键字，可以开放函数内部变量，但是容易造成内部变量被外部污染。
- 使函数变量常驻内存，为可持续保存数据提供便利。

闭包的缺点如下。

- 常驻内存会增大内存负担。无节制地滥用闭包，容易造成内存泄漏。
  解决方法：如果没有必要，就不要使用闭包，特别是在循环体内无限生成闭包；在退出函数之前，将不用的局部变量全部删除。
- 破坏函数作用域。闭包函数能够改变外层函数内变量的值。所以，如果把外层函数当作对象使用，把闭包函数当作公用方法，把内部变量当作私有属性，就一定要小心。
  解决方法：不要随便改变外层函数内变量的值。
- 闭包函数所引用的外层函数的变量是延迟绑定的，只有当内层函数被调用时，才会搜索、绑定变量的值，这会带来不确定性。
  解决方法：生成闭包函数的时候就立即绑定变量。

下面结合示例介绍如何解决闭包的第 3 个缺点。

■ **案例实现**

【示例 1】分别使用 lambda 表达式和嵌套结构的函数定义闭包，返回两个闭包函数，在闭包函数内引用了外层函数的变量 i，计算参数的 i 次方。

```
# 使用 lambda 表达式
def demo():                                 # 定义外层函数
    for i in range(1,3):                    # 循环生成两个内层函数
        yield lambda x : x ** i             # 求 x 的 i 次方，企图使用外层函数的 i
demo1, demo2 = demo()                       # 以生成器的形式生成两个闭包函数，并赋值
print(demo1(2), demo2(3))                   # 延迟调用闭包函数，打印结果
# 使用嵌套结构函数
```

```
def demo():                                # 定义外层函数
    result = list()                        # 定义空列表
    for i in range(1,3):                   # 循环生成两个内层函数
        def func(x):                       # 定义内层函数
            return x ** i                  # 返回 x 的 i 次方，企图使用外层函数的 i
        result.append(func)                # 将内层函数添加到列表中
    return result                          # 返回内层函数列表
demo1, demo2 = demo()                      # 以列表的形式赋值
print(demo1(2), demo2(3))                  # 延迟调用闭包函数，打印结果
```

由于延迟绑定的缘故，当调用闭包函数时，两个函数所搜索的外层变量 i 的值此时都为 2，打印结果如下：

```
4 9
4 9
```

【示例 2】针对示例 1 存在的问题，可以使用形参的默认值立即绑定变量。

```
# 使用 lambda 表达式
def demo():                                # 定义外层函数
    for i in range(1,3):                   # 循环生成两个内层函数
        yield lambda x, i = i: x ** i      # 将外层函数的 i 赋值给内层函数的形参 i
demo1, demo2 = demo()                      # 以生成器的形式生成两个闭包函数，并赋值
print(demo1(2), demo2(3))                  # 延迟调用闭包函数，打印结果
# 使用嵌套结构函数
def demo():                                # 定义外层函数
    result = list()                        # 定义空列表
    for i in range(1,3):                   # 循环生成两个内层函数
        def func(x, i=i):                  # 将外层函数的 i 赋值给内层函数的形参 i
            return x ** i                  # 返回 x 的 i 次方
        result.append(func)                # 将内层函数添加到列表中
    return result                          # 返回内层函数列表
demo1, demo2 = demo()                      # 以列表的形式赋值
print(demo1(2), demo2(3))                  # 延迟调用闭包函数，打印结果
```

在生成内层函数时，把外层变量 i 的值赋值给内层函数的形参 i，立即绑定变量，这样在内层函数中访问时，就是形参变量 i，而不是外层函数的变量 i。此时两个闭包函数引用 i 的值就与循环过程中 i 的值保持一致，分别为 1 和 2，打印结果如下：

```
2 9
2 9
```

9.7 在线支持

扫码，拓展学习

第 10 章　面向对象编程

面向对象编程（Object Oriented Programming，OOP）是一种程序设计思想，它比面向过程编程有更强的灵活性和扩展性，面向过程编程把程序视为一系列命令的集合，而面向对象编程把程序视为一系列对象的集合。对于复杂的应用程序，使用面向对象的方法进行设计会更便捷、高效。在 Python 中，所有内容都被视为对象，用户也可以自定义对象。对象的类型就是面向对象编程中的类（Class）。本章将讲解 Python 类和对象的相关知识和编程技巧。

【学习重点】

- 掌握类的定义及实例化的方法。
- 熟悉类的成员。
- 熟悉继承的实现。
- 了解类的魔术方法。
- 能够以面向对象的思维进行程序设计。

10.1　使　用　类

使用类之前，需要先定义类，然后再实例化类，类的实例就是一个具体对象，调用对象的属性和方法就可以访问类的成员，完成特定任务。

扫一扫，看视频

10.1.1　定义类

■ 知识点

使用 class 关键字可以定义类，语法格式如下：

```
class 类名:
    '''帮助信息（可选）'''
    类主体
```

根据惯例，类名一般使用大写字母开头，如果类名包含两个单词，第 2 个单词的首字母也可以大写。

提示：

这种惯例不是强制性的，用户可以根据个人使用习惯进行命名。

类帮助信息与函数的帮助信息一样，一般位于类主体的首行，用来指定类的帮助信息，在创建类实例时，当输入类名和左括号时，会显示帮助信息。

类主体是由各种类成员组成的。

■ 上机练习

【示例 1】定义空类。在定义类时，如果暂时没有设计好具体的功能，可以使用 pass 语句定义占位符，暂时设计为空类。

```
class No:
    pass
```

空类不执行任何操作，也不包含任何成员信息。

【示例 2】下面定义一个包含两个类成员的 Student 类，其中 name 为类的字段，saying()为类的方法。

```
class Student:
    name = "学生"
    def saying(self):
        return "Hi,Python"
```

在类中，包含 self 参数的函数称为实例方法，实例方法的第 1 个参数指向实例对象，通过类或实例对象可以访问类的成员。

扫一扫，看视频

10.1.2　实例化类

■ **知识点**

类与函数一样都是静态代码，必须被调用时才会执行。使用小括号语法可以调用类，将返回一个对象，它是类的实例，这个过程称为类的实例化。语法格式如下：

```
实例对象 = 类名()
```

■ **上机练习**

【示例】针对 10.1.1 小节示例 2，可以实例化 Student 类。然后通过点语法，使用实例对象访问类的成员。

```
class Student:
    name = "学生"
    def saying(self):
        return "Hi,Python"

student1 = Student()
print(student1.name)                    # 输出为学生
print(student1.saying())                # 输出为 Hi,Python
```

扫一扫，看视频

10.1.3　初始化类

■ **知识点**

Python 类拥有一个名为__init__()的魔术方法，称为初始化函数，该方法在类的实例化过程中会自动被调用。因此，利用__init__()初始化函数可以初始化类，为类的实例化对象配置初始值。

■ **上机练习**

【示例 1】定义一个 Student 类，包含一个初始化函数__init__()和一个方法 saying()。在初始化函数中包含 3 个参数，其中 self 表示实例对象，必须设置，name 和 age 为初始化配置参数，用于实例化类过程中设置初始值。在 saying()方法中，输出实例对象初始值信息。

```
class Student:
    def __init__(self, name, age):
        self.name = name
        self.age = age
    def saying(self):
        return "我的名字是{}，今年{}岁了。".format(self.name, self.age)
```

```
student1 = Student("张三", 19)
print(student1.saying())
```

输出为：

```
我的名字是张三，今年19岁了。
```

提示：

self代表类的实例，而不是类自身。在Python类中，与普通的函数不同，所有方法都必须有一个额外的参数（self），它作为第1个参数而存在，代表类的实例对象。通过self.__class__可以访问实例对象的类。

【示例2】下面示例类中的self和self.__class__。

```
class Test:
    def prt(self):
        print(self)
        print(self.__class__)

test1 = Test()
test1.prt()
```

输出为：

```
<__main__.Test object at 0x000000F54E772518>
<class '__main__.Test'>
```

从执行结果可以看出，self代表的是类的实例，而self.__class__则指向类。

【示例3】定义一个学生类，包含学生姓名、性别、学号等信息，实例化对象之后，调用introduce()方法可以打印个人信息。

```
class Student:                              # 定义学生类
    def __init__(self,id,name,gender):    # 初始化构造函数
        self.id = id                        # 学生编号
        self.name = name                    # 学生姓名
        self.gender = gender                # 学生性别
    def introduce(self):                    # 自我介绍的introduce()方法
        print('大家好!我是:{},性别:{},学号:{}'.format(self.name,self.gender,self.id))

# 实例化类
stu1 = Student('2019123456','张三','男')
stu2 = Student('2019234567','赵六','男')
stu3 = Student('2019345678','李华','女')
# 打印信息
stu1.introduce()
stu2.introduce()
stu3.introduce()
```

输出为：

```
大家好！我是:张三，性别:男，学号:2019123456
大家好！我是:赵六，性别:男，学号:2019234567
```

```
大家好！我是:李华，性别:女，学号:2019345678
```

10.2 类 成 员

在 Python 中，类的成员包括字段、方法和属性。

扫一扫，看视频

10.2.1 字段

■ **知识点**

字段用来存储值。Python 字段包括普通字段（也称动态字段）和静态字段。下面通过一个简单的示例认识普通字段和静态字段的不同和用法。

■ **上机练习**

【示例】定义一个员工类，包含员工姓名、部门、年龄等信息，并添加统计员工总人数的功能。

```
class Employee:                                # 定义员工类
    '''
    员工类                                      # 文档说明
    '''
    count = 0                                  # 统计员工数量

    def __init__(self, name, age, department): # 初始化类
        self.name = name                       # 员工姓名
        self.age = age                         # 员工年龄
        self.department = department           # 所属部门
        Employee.count += 1                    # 每创建一个员工类，员工人数自增

# 实例化类
emp1 = Employee('zhangsan', 19, 'A')
emp2 = Employee('lisi', 20, 'B')
emp3 = Employee('wangwu', 22, 'A')
emp4 = Employee('zhaoliu', 18, 'C')
# 打印员工人数
print('总共创建%d 个员工对象' % Employee.count)
```

输出为：

```
总共创建 4 个员工对象
```

■ **小结**

下面简单比较普通字段和静态字段的不同。

- 保存位置：普通字段保存在实例对象中，静态字段保存在类对象中。
- 归属对象：普通字段属于实例对象，静态字段属于类对象。
- 访问方式：普通字段必须通过实例对象访问；静态字段通过类对象直接访问，也可以通过实例对象访问。建议最好使用类访问，在必要的情况下，再使用实例对象进行访问，但是实例对象无权修改静态字段。
- 存储方式：普通字段在每个实例对象中都保存一份，静态字段在内存中仅保存一份。

- 加载方式：普通字段只在实例化类的时候创建，静态字段在类的代码被加载的时候创建。
- 应用场景：如果在每个实例对象中字段的值都不相同，那么可以使用普通字段；如果在每个实例对象中字段的值都相同，那么可以使用静态字段。

扫一扫，看视频

10.2.2 方法

■ 知识点

Python 方法包括普通方法、静态方法和类方法。

- 普通方法。由实例对象拥有，并由实例对象调用。在类结构中，未添加类方法和静态方法装饰器的函数都可以为普通方法。

对于普通方法，第 1 个参数必须是实例对象，一般以 self 作为第 1 个参数的名称，也可以使用其他名字进行命名。

当使用实例对象调用普通方法时，系统会自动把实例对象传递给第 1 个参数。

当使用类对象调用普通方法时，系统会把它视为普通函数，不会自动传入实例对象。

提示：

在普通方法中，可以通过 self 访问类的成员，也可以访问实例的私有成员，如果存在相同名称的类成员和实例成员，则实例成员优先级高于类成员。

- 类方法。由类对象拥有，由类调用，也允许实例对象调用。

定义类方法时，需要使用修饰器@classmethod 标识。

对于类方法，第 1 个参数必须是类对象，一般以 cls 作为第 1 个参数的名称，当然也可以使用其他名字命名。当调用类方法时，系统会自动把类对象传递给第 1 个参数。

使用实例对象和类对象都可以访问类方法。在类方法中，可以通过 cls 访问类对象的属性和方法，其主要作用就是修改类的属性和方法。

- 静态方法。使用修饰器@staticmethod 标识。无默认参数，如果要在静态方法中引用类属性，可以通过类对象或实例对象实现。

■ 上机练习

【示例 1】定义普通方法、类方法和静态方法。

```
class Test:
    name = 'Test'
    def __init__(self, name):
        self.name = name
    def ord_func(self):
        """ 普通方法，至少包含一个 self 参数 """
        print('普通方法')
        print( self.name)
    @classmethod
    def class_func(cls):
        """ 类方法，至少包含一个 cls 参数 """
        print('类方法')
        print(cls.name)
    @staticmethod
    def static_func():
```

```
        """ 静态方法 ，无默认参数"""
        print('静态方法')
#print(name)                                    # 抛出异常
f = Test("test")                                # 实例化类
f.ord_func()                                    # 实例对象调用普通方法
f.class_func()                                  # 实例对象调用类方法
f.static_func()                                 # 实例对象调用静态方法
Test.class_func()                               # 类对象调用类方法
Test.static_func()                              # 类对象调用静态方法
#Test.ord_func()                                # 类对象调用普通方法，抛出异常
```

输出为：

```
普通方法                                        # 实例对象调用普通方法
test                                            # 输出 test
静态方法                                        # 实例对象调用静态方法
类方法                                          # 实例对象调用类方法
Test                                            # 输出 Test
类方法                                          # 类对象调用类方法
Test                                            # 输出 Test
静态方法                                        # 类对象调用静态方法
```

通过比较可以看到如下几种情况。

- 3 种类型的方法都可以由实例对象调用，类对象只能调用类方法和静态方法。如果类对象直接调用普通方法，将失去 self 默认参数，以普通函数的方式调用。
- 调用方法时，自动传入的参数也不同，普通方法传入的是实例对象，而类方法传入的是类对象。
- 当调用普通方法时，可以读、写普通字段，也可以只读静态字段；当调用类方法时，只能够访问静态字段的值；静态方法只能通过参数传入或类对象间接访问类的字段。

【示例 2】演示实例对象如何使用类方法修改静态字段的值。

```
class People():
    country = '中国'
     # 类方法，使用 classmethod 进行修饰
    @classmethod
    def get(cls):
        return cls.country
    @classmethod
    def set(cls,country):
        cls.country = country

p = People()                                    # 实例化类
print(p.get())                                  # 通过实例对象引用
print(People.get())                             # 通过类对象引用
p.set('美国')                                   # 通过实例对象，调用类方法，修改静态字段
print(p.get())                                  # 通过实例对象引用类方法
```

输出为：

```
中国
```

```
中国
美国
```

【示例 3】演示在静态方法中，如何使用类对象访问静态字段。

```
class People():
    country = '中国'
    @staticmethod                              # 静态方法
    def get():
        return People.country                  # 通过类对象访问静态字段

p = People()                                   # 实例化类
print(People.get())                            # 使用类对象调用静态方法
print(p.get())                                 # 使用实例对象调用静态方法
```

输出为：

```
中国
中国
```

扫一扫，看视频

10.2.3 属性

■ **知识点**

属性（property）实际上是普通方法的变种，使用@property 修饰器进行标识，可以把类的方法变成属性。

■ **上机练习**

【示例 1】简单比较方法和属性的不同。

```
class Test:
    _name = "test"                             # 静态字段
    def get_name(self):                        # 普通方法
        return self._name                      # 返回_name 字段值
    # 定义属性
    @property
    def name(self):                            # 属性
        return self._name                      # 返回_name 字段值

obj = Test()                                   # 实例化类
print( obj.get_name() )                        # 调用方法，输出为 test
print( obj.name )                              # 读取属性，输出为 test
```

通过上面的代码可以看到，属性有以下 3 个特征。

- 在普通方法的基础上添加@property 修饰器，可以定义属性。
- 在属性函数中，第 1 个参数必须是实例对象，一般以 self 作为第 1 个参数的名称，也可以使用其他名字进行命名。
- 在调用属性函数时，不需要使用小括号。

属性由方法演变而来，在 Python 中如果没有属性，完全可以使用方法代替属性实现其功能。属性存在的意义：访问属性时可以模拟出与访问字段完全相同的语法形式。

【示例 2】设计一个数据库分页显示的功能模块。在向数据库请求数据时，能够根据用户请求的当前页数，以及预定的每页显示的记录数，计算将要显示的从第 m 条到第 n 条的记录起止数。最后，可以根据 m 和 n 去数据库中请求数据。

```
class Pager:
    def __init__(self, current_page):
        self.current_page = current_page # 用户当前请求的页（第 1 页、第 2 页、……）
        self.per_items = 10              # 每页默认显示 10 条数据
    @property
    def start(self):                     # 属性：计算起始数
        val = (self.current_page - 1) * self.per_items
        return val
    @property
    def end(self):                       # 属性：计算终止数
        val = self.current_page * self.per_items
        return val

p = Pager(3)                             # 实例化类，计算第 3 页的起止数
print( p.start  )                        # 记录的起始值，即 m 值，输出为 20
print( p.end  )                          # 记录的终止值，即 n 值，输出为 30
```

通过上面的示例可以看到，属性与字段虽然都用来读、写值，但是在属性内部封装了一系列的逻辑，并最终将计算结果返回，而字段仅仅记录一个值。

属性的访问方式有 3 种，即读、写、删；对应的修饰器为@property、@方法名.setter、@方法名.deleter。

【示例 3】示例 2 仅演示了如何读取属性值，下面结合一个简单示例演示如何读取、修改和删除属性。设计一个商品报价类，初始化参数为原价和折扣，然后可以读取商品实际价格，也可以修改商品原价，或者删除商品的价格属性。

```
class Goods(object):
    def __init__(self, price, discount=1):    # 初始化函数
        self.orig_price = price          # 原价
        self.discount = discount         # 折扣
    @property
    def price(self):                     # 读取属性
        new_price = self.orig_price * self.discount    # 实际价格 = 原价×折扣
        return new_price
    @price.setter
    def price(self, value):              # 写入属性
        self.orig_price = value
    @price.deleter
    def price(self):                     # 删除属性
        del self.orig_price

obj = Goods(120, 0.7)                    # 实例化类
print( obj.price )                       # 获取商品价格
obj.price = 200                          # 修改商品原价
del obj.price                            # 删除商品原价
print( obj.price )                       # 不存在，将抛出异常
```

注意：

如果定义只读属性，则可以仅定义@property 和@price.deleter 修饰器函数。

扫一扫，看视频

10.2.4 构造属性

■ 知识点

使用 property()构造函数可以把属性操作的函数绑定到字段上，这样可以快速定义属性，语法格式如下：

```
class property([fget[, fset[, fdel[, doc]]]])
```

参数说明如下。

- fget：获取属性值的普通方法。
- fset：设置属性值的普通方法。
- fdel：删除属性值的普通方法。
- doc：属性描述信息。

该函数返回一个属性，定义的属性与使用@property 修饰器定义的属性具有相同的功能。

■ 上机练习

【示例】针对 10.2.3 小节的示例 3，本例把它转换为 property()构造函数生成属性的方式来设计。

```
class Goods(object):
    def __init__(self, price, discount=1):     # 初始化函数
        self.orig_price = price             # 原价
        self.discount = discount            # 折扣
    def get_price(self):                    # 读取属性
        new_price = self.orig_price * self.discount    # 实际价格 = 原价×折扣
        return new_price
    def set_price(self, value):             # 写入属性
        self.orig_price = value
    def del_price(self):                    # 删除属性
        del self.orig_price
    # 构造 price 属性
    price = property(get_price, set_price, del_price, "可读、可写、可删属性：商品价格")

obj = Goods(120, 0.7)                       # 实例化类
print( obj.price )                          # 获取商品价格
obj.price = 200                             # 修改商品原价
del obj.price                               # 删除商品原价
print( obj.price )                          # 不存在，将抛出异常
```

obj 是 Goods 的实例化，obj.price 将触发 get_price()方法，obj.price = 200 将触发 set_price()方法，del obj.price 将触发 del_price()方法。

property()构造函数中的前 3 个参数分别对应的是获取属性的方法、设置属性的方法、删除属性的方法。外部对象可以通过访问 price 的方式，达到获取、设置或删除属性的目的。如果允许用户直接调用这 3 个方法，使用体验不及属性，同时存在安全隐患。

扫一扫，看视频

10.2.5　成员访问限制

■ **知识点**

类的所有成员都有以下两种形式。

- 公有成员：在任何地方都能访问。
- 私有成员：只有在类的内部才能访问。

私有成员和公有成员的定义方式不同：对私有成员进行命名时，需要在成员名称最前面加双下划线（__），特殊成员除外，如__init__()、__call__()、__dict__等。

■ **上机练习**

【示例】在类 Test 中定义两个成员：字段 a 是公有属性，字段 b 是私有属性。a 可以通过实例对象直接访问，b 只能在类内访问，如果在外部访问 b，只能通过公有方法间接访问。

```
class Test:
    def __init__(self):                    # 初始化函数
        self.a= '公有字段'                  # 公有字段
        self.__b = "私有字段"               # 私有字段
    def get(self):                         # 公共方法
        return self.__b                    # 返回私有字段的值

test = Test()                              # 实例化类
print(test.a)                              # 直接访问公有字段，输出为公有字段
print(test.get())                          # 间接访问私有字段，输出为私有字段
print(test.__b)                            # 直接访问私有字段，将抛出异常
```

提示：

如果非要访问私有属性，也可以通过以下方式访问。

```
对象._类__属性名
```

例如，针对上面的示例，可以使用以下代码强制访问私有属性。

```
print(test._Test__b)                       # 强制访问私有字段，输出为私有字段
```

10.3　类的特殊成员

Python 内置了一组特殊的类成员，名称以首尾双下划线标识，可以直接访问，具有特殊的用途，俗称魔法变量或魔术方法。

10.3.1　__doc__

扫一扫，看视频

■ **知识点**

__doc__表示类的描述信息，定义在类的第 1 行注释，通过类对象直接访问。

■ **上机练习**

【示例】定义一个空类，然后使用类对象访问__doc__属性，获取类的描述信息。

```
class Test:
    """Test 空类
```

```
暂时没有任何代码
    """
    pass

print(Test.__doc__)
```

输出为：

```
Test 空类
暂时没有任何代码
```

扫一扫，看视频

10.3.2 __module__和__class__

■ **知识点**

__module__表示当前操作的对象属于哪个模块，__class__表示当前操作的对象属于哪个类。

■ **上机练习**

【示例 1】定义 Student 类，实例化之后，通过实例对象访问__module__和__class__属性，获取模块名和类名。其中，__main__表示当前文档。

```
class Student:
    def __init__(self, name, age):
        self.name = name
        self.age= age

student = Student("张三", 19)
print( student.__class__)
print( student.__module__)
```

输出为：

```
<class '__main__.Student'>
__main__
```

【示例 2】针对示例 1，如果将 Student 类代码保存到 test1.py 文件中，然后在相同目录下 test2.py 文件中输入下面的代码。

```
from test1 import Student

student = Student("张三", 19)
print( student.__class__)
print( student.__module__)
```

从 test1.py 模块中导入 Student 类，实例化之后，使用实例对象访问__class__和__module__属性，输出信息如下：

```
<class 'test1.Student'>
test1
```

扫一扫，看视频

10.3.3 __new__()

■ **知识点**

__new__()表示类的实例化方法，该方法将在创建实例时被自动执行，且先于__init__()函数之前执行。

__new__()方法会返回一个实例，而__init__()函数会返回 None。

注意：

所有对象都是通过__new__()方法实例化的，在__new__()方法里面调用了__init__()函数，所以在实例化的过程中先执行的是__new__()方法，而不是__init__()函数。

■ 上机练习

【示例 1】在下面的示例中重写__new__()方法，这将导致__init__()函数不能够被自动执行。

```
class F:
    def __init__(self,name):                   # 初始化函数
        self.name = name
        print("Foo __init__")
    def __new__(cls, *args, **kwargs):  # 实例化创建函数
        print("Foo __new__",cls, *args, **kwargs)

f = F("test")                                  # 实例化类
```

输出为：

```
Foo __new__ <class '__main__.F'> test
```

通过上面的示例可以看出，没有执行__init__()函数，因此，一般不要重构__new__()方法。

【示例 2】__new__()方法用来创建实例的重构__new__()方法，必须以返回值的形式继承父类的__new__()方法。

```
class F:
    def __init__(self,name):
        self.name = name
        print("Foo __init__")
    def __new__(cls, *args, **kwargs):  # cls 表示传入的类 F
        cls.name = "test"                      # 创建对象是定义静态变量
        return object.__new__(cls)             # 继承父类的__new__()方法

f = F("ok")                                    # 实例化类
print(F.name)                                  # 输出为 test
print(f.name)                                  # 输出为 ok
```

提示：

类的生成、调用顺序依次是：__new__()、__init__()到__call__()。

【示例 3】__new__()方法在继承一些不可变的类时会用到，如 int、str、tuple。下面创建一个永远保留两位小数的 float 类型。

```
class RoundFloat(float):
    def __new__(cls, value):
        return super().__new__(cls, round(value, 2))

print(RoundFloat(3.14159))                     # 输出为 3.14
```

扫一扫，看视频

10.3.4 __init__()

■ 知识点

__init__()表示类的初始化函数，该函数将在实例化类的过程中被自动调用，主要任务是完成类的初始化配置，如设置类的初始值、配置运行环境等。

■ 上机练习

【示例】在数据库访问类中，可以在初始化函数中完成数据库的登录和验证工作，避免每次访问数据库时都需要进行登录和验证操作。

```
import MySQLdb
class DB:
    def __init__(self, name, password): # 初始化函数，完成数据库连接操作
        self.__name = name
        self.__password = password
        self.__db = MySQLdb.connect("localhost", name, password, "DatabaseName",
charset='utf8' )
    def getData(self, sql):                 # 查询数据
        pass
    def updateData(self, id):               # 更新记录
        pass
    def delData(self, id):                  # 删除记录
        pass
```

扫一扫，看视频

10.3.5 __call__()

■ 知识点

当使用小括号调用类对象时，将触发执行__new__()方法，即创建类的实例，同时还会触发初始化函数__init__()的执行；而当使用小括号调用实例对象时，将触发执行__call__()。

■ 上机练习

【示例】设计一个加法器类，允许当类实例化时初始传入多个数字，然后调用对象，可以继续传入多个数字，并返回它们的和。

```
class Add:
    '''Add 加法器类
可以在实例化时传入多个数字，调用对象时也可以继续传入多个数字，然后返回它们的和
    '''
    def __init__(self, *args):
        self.__sum = 0                      # 配置存储器变量
        for i in args:                      # 迭代参数列表
            if(isinstance(i, (int, float))):    # 检测参数值是否为数字
                self.__sum += i             # 叠加数字
    def __call__(self, *args):              # 当调用对象时，可以传入多个值，并返回和
        for i in args:                      # 迭代参数列表
            if(isinstance(i, (int, float))):    # 检测参数值是否为数字
                self.__sum += i             # 叠加数字
        return self.__sum
```

```
    def __del__(self):                      # 析构函数
        self._sum = 0                       # 恢复存储器为 0

add = Add()                                 # 实例化类
print(add(3,4,5))                           # 执行求和运算，输出为 12
add = Add(1,2,3)                            # 初始化时先传入多个数字
print(add(3,4,5))                           # 执行求和运算，输出为 18
```

10.3.6　__dict__

扫一扫，看视频

■ 知识点

__dict__能够获取类对象或实例对象包含的所有成员。

■ 上机练习

【示例】定义一个 Test 类，包含一个静态字段 ver 和两个函数__init__()和 func()，同时定义两个普通字段 name 和 password。

```
class Test:
    ver = 'test'
    def __init__(self, name, password):
        self.name = name
        self.password = password
    def func(self, *args, **kwargs):
        print ('func')

print (Test.__dict__)                       # 获取类的成员，即静态字段、方法
# 输出为 {'__module__': '__main__', 'ver': 'test', '__init__': <function Test.
__init__ at 0x0000002C297A9730>, 'func': <function Test.func at 0x0000002C297A97B8>,
'__dict__': <attribute '__dict__' of 'Test' objects>, '__weakref__': <attribute
'__weakref__' of 'Test' objects>, '__doc__': None}

obj1 = Test('other', 10000)                 # 实例化
print (obj1.__dict__)                       # 获取对象 obj1 的成员
                                            # 输出{'name': 'other', 'password': 10000}
obj2 = Test('this', 3888)                   # 实例化
print (obj2.__dict__)                       # 获取对象 obj2 的成员
                                            # 输出{'name': 'this', 'password': 3888}
```

10.3.7　__str__()

扫一扫，看视频

■ 知识点

__str__()方法能够返回实例对象的字符串表示。如果为类定义了__str__()方法，那么在打印实例对象时，默认会输出该方法的返回值。

■ 上机练习

【示例】下面的示例为 Test 类定义__str__()方法，设计当打印 Test 类的实例对象时，显示提示性的字符串表示。

```
class Test:
    def __str__(self):
        return "Test 类的实例"

test = Test()
print(test)                                          # 输出为 Test 类的实例
```

扫一扫，看视频

10.3.8 __getitem__()、__setitem__()和__delitem__()

■ **知识点**

__getitem__()、__setitem__()和__delitem__() 3 个方法主要用于序列的索引、切片，以及字典的映射操作，分别表示获取、设置和删除数据。

■ **上机练习**

【示例 1】使用__getitem__()、__setitem__()和__delitem__()方法模拟设计一个字典操作类，实现基本的字典操作功能，如添加元素、访问元素和删除元素。

```
class Dict:                                          # 模拟字典类
    def __init__(self, **args):                      # 初始化字典对象
        self.__item = args
    def __getitem__(self, key):                      # 访问字典元素
        return self.__item.get(key)
    def __setitem__(self, key, value):               # 添加字典元素
        if key in self.__item: del self.__item[key]     # 先检测是否存在，如果存在先删除
        return self.__item.setdefault(key, value)       # 设置新键
    def __delitem__(self, key):                      # 删除字典元素
        return self.__item.pop(key, None)
dict = Dict()                                        # 构建一个空字典对象
print( dict['a'] )                                   # 自动触发执行 __getitem__，输出为 None
dict['b'] = 'test'                                   # 自动触发执行 __setitem__
print( dict['b'] )                                   # 自动触发执行 __getitem__，输出为 test
del dict['b']                                        # 自动触发执行 __delitem__
print( dict['b'] )                                   # 自动触发执行 __getitem__，输出为 None
dict = Dict(a=1,b=2,c=3)                             # 构建一个包含 3 个键值对的字典对象
print( dict['a'] )                                   # 自动触发执行 __getitem__，输出为 1
dict['b'] = 'test'                                   # 自动触发执行 __setitem__
print( dict['b'] )                                   # 自动触发执行 __getitem__，输出为 test
del dict['b']                                        # 自动触发执行 __delitem__
print( dict['b'] )                                   # 自动触发执行 __getitem__，输出为 None
```

提示：

在 Python 2 中提供了__getslice__()、__setslice__()和__delslice__() 3 个方法，它们能够让类的实例对象拥有列表的切片功能。Python 3 废除了这 3 个方法，而是借助 slice 类整合到了__getitem__()、__setitem__()和__delitem__()中。

【示例 2】使用__getitem__()、__setitem__()和__delitem__()方法模拟__getslice__()、__setslice__()和__delslice__()方法功能。

```
class List:
```

```
    def __init__(self, *args):            # 初始化列表对象
        self.__item = list(args)
    def __getitem__(self, index):         # 读取切片，参数index表示slice（切片）实例
        if isinstance(index, slice):
            return self.__item[index.start:index.stop:index.step]
        return self.__item
    def __setitem__(self, index, value):  # 写入切片，参数index表示slice（切片）实例
        if isinstance(index, slice):
            self.__item[index.start:index.stop:index.step] = value
        return self.__item
    def __delitem__(self, index):         # 删除切片，参数index表示slice（切片）实例
        if isinstance(index, slice):
            del self.__item[index.start:index.stop:index.step]
        return self.__item

L = List(1,2,3,4,5,6)                     # 实例化列表对象
print(L[2:4])                             # 读取切片，输出为 [3, 4]
L[-1:5] = [1,2, 3]                        # 写入切片
print( L[::] )                            # 输出为 [1, 2, 3, 4, 5, 1, 2, 3, 6]
del L[3:5]                                # 删除切片
print( L[::] )                            # 输出为 [1, 2, 3, 1, 2, 3, 6]
```

当执行切片操作时，__getitem__()、__setitem__()和__delitem__()方法的第2个参数为slice对象，即切片对象，使用该对象的start、stop和step属性，可以获取切片的起始下标值、终点下标值和步长。

10.3.9 __iter__()

扫一扫，看视频

■ 知识点

__iter__()方法用于返回迭代器，对于列表、字典、元组等可迭代对象来说，之所以可以进行for循环是因为类型内部定义了__iter__()方法。

■ 上机练习

【示例】为Test类定义__iter__()方法，设计__iter__()方法返回一个迭代器，这样当实例化Test类之后，就可以使用for语句迭代实例对象了。

```
class Test:
    def __init__(self, sq=[]):            # 初始化参数为一个空列表对象
        self.sq = sq                      # 存储列表对象到本地字段中
    def __iter__(self):                   # 设计迭代器
        return iter(self.sq)              # 返回用iter()函数包装的迭代器，迭代参数列表

obj = Test([1, 2, 3, 4])                  # 实例化Test类，并传入列表参数[1, 2, 3, 4]
for i in obj:                             # 迭代实例对象obj
    print(i)
```

输出为：

```
1
2
```

```
3
4
```

扫一扫，看视频

10.3.10 __del__()

■ 知识点

__del__()表示析构函数，当实例对象在内存中被释放时，会被自动触发执行。

提示：

Python能够自动管理内存，用户在使用时无须关心内存的分配和释放，Python解释器能够自动执行，所以析构函数的调用是由解释器在进行垃圾回收时自动触发执行的。

■ 上机练习

【示例】在10.3.9小节示例的基础上，添加析构函数，设计当不需要访问数据库时，自动关闭数据库连接。

```
class DB:
    def __init__(self, name, password): # 初始化函数
        self.__name = name
        self.__password = password
        self.__db = MySQLdb.connect("localhost", name, password, "DatabaseName",
charset='utf8' )
    def __del__(self):                          # 析构函数
        self.__db.close()                       # 关闭数据库连接
```

扫一扫，看视频

10.3.11 __getattr__()、__setattr__()和__delattr__()

■ 知识点

__getattr__()、__setattr__()和__delattr__() 3个方法主要用于对象的属性操作，分别表示获取、设置和删除属性值。

注意：

通过__dict__包含的信息进行属性查找，在实例对象及对应类对象中没有找到指定属性，将调用类的__getattr__()方法；如果没有定义这个方法，将抛出AttributeError异常。因此，__getattr__()是属性查找的最后一步操作。

■ 上机练习

【示例】使用__getattr__()、__setattr__()和__delattr__()方法为类设置属性操作的基本行为。

```
class Student:                              # 定义Student类
    def __init__(self,id, name, gender):   # 初始化函数
        self.id = id                        # 定义属性
        self.name = name
        self.gender = gender
    def __getattr__(self, item):            # 定义获取容器中指定属性的行为
        print('no attribute', item)
        return False
    def __setattr__(self, key, value):      # 定义设置容器中指定属性的行为
        self.__dict__[key] = value
```

```
    def __delattr__(self, item):          # 定义删除容器中指定属性的行为
        print('beginning remove',item)
        self.__dict__.pop(item)           # 删除指定属性
        print('remove finished')
student = Student('2019123456', '张三','male') # 实例化类
print(student.age)                        # 获取不存在的 age 属性值
student.age = 18                          # 设置属性
print(student.age)                        # 打印 age 属性值
print(student.__dict__)                   # 打印类中所有对象的成员
del student.age                           # 删除 age 属性
print(student.__dict__)                   # 打印类中所有对象的成员
```

10.3.12 __lt__、__le__、__gt__、__ge__、__eq__和__ne__

扫一扫，看视频

知识点

Python 为比较运算符提供了一组魔术方法，当使用比较运算符进行运算时，将触发这些方法的调用，简单说明如下。

- __lt__(slef,other)：小于（<）。
- __le__(slef,other)：小于或等于（<=）。
- __gt__(slef,other)：大于（>）。
- __ge__(slef,other)：大于或等于（>=）。
- __eq__(slef,other)：等于（==）。
- __ne__(slef,other)：不等于（!=）。

上机练习

【示例】重写比较运算符，根据句子的长度判断大小关系，而不是字符的编码顺序，示例代码如下所示。

```
class Sentence(str):                      # 定义 Sentence 类
    def __init__(self, a):                # 初始化类
        if isinstance(a, str):            # 判断是否是字符串
            self.len = len(a)             # 赋值 len 属性值为字符串长度
        else:
            print('TypeError')            # 打印错误信息
    def __gt__(self, other):              # 重写>运算符
        if self.len > other.len:          # 判断是否大于其他字符串长度
            return True
        else:
            return False
    def __ge__(self, other):              # 重写>=运算符
        if self.len >= other.len:         # 判断是否大于或等于其他字符串长度
            return True
        else:
            return False
    def __lt__(self, other):              # 重写<运算符
        if self.len < other.len:          # 判断是否小于其他字符串长度
            return True
```

```
        else:
            return False
    def __le__(self, other):                    # 重写<=运算符
        if self.len <= other.len:               # 判断是否小于或等于其他字符串长度
            return True
        else:
            return False
    def __eq__(self, other):                    # 重写==运算符
        if self.len == other.len:               # 判断是否等于其他字符串长度
            return True
        else:
            return False
    def __ne__(self, other):                    # 重写!=运算符
        if self.len != other.len:               # 判断是否不等于其他字符串长度
            return True
        else:
            return False
a = Sentence('Hello world')
b = Sentence('Nice to meet you')
print(a>b)                                      # 输出 False
print(a>=b)                                     # 输出 False
print(a<b)                                      # 输出 True
print(a<=b)                                     # 输出 True
print(a==b)                                     # 输出 False
print(a!=b)                                     # 输出 True
```

扫一扫，看视频

10.3.13 __base__和__bases__

■ 知识点

在 Python 中，每个类对象都有__base__和__bases__属性，它们表示类的基类。如果是单继承，使用__base__可以获取父类；如果是多继承，使用__bases__可以获取所有父类，并以元组类型返回。

■ 上机练习

【示例 1】设计一个单继承的示例，然后使用__base__和__bases__访问基类。

```
class Parent:                                   #定义父类
    name = "父类"
class Son(Parent):
    name = "子类"

print(Son.__base__)                             # 输出为 <class '__main__.Parent'>
print(Son.__bases__)                            # 输出为 (<class '__main__.Parent'>,)
```

【示例 2】设计一个多继承的示例，然后使用__base__和__bases__访问基类。

```
class Parent1:          #定义父类 1
    name = "父类 1"
class Parent2:          # 定义父类 2
    name = "父类 2"
```

```
class Son(Parent1, Parent2):
    name = "子类"

print(Son.__base__)   # 输出为 <class '__main__.Parent1'>
print(Son.__bases__) # 输出为 (<class '__main__.Parent1'>, <class '__main__.Parent2'>)
```

10.3.14 __add__、__sub__、__mul__、__truediv__和__mod__

■ 知识点

Python 提供了一组与运算符相关的魔术方法，其中包括加、减、乘、除基本四则运算，方便用户根据运算对象的特殊需求进行个性化定制。在 10.3.12 小节介绍过比较运算符的魔术方法，本节将重点介绍四则运算符的魔术方法，简单说明如下。

- __add__(self,other)：相加（+）。
- __sub__(self,other)：相减（-）。
- __mul__(self,other)：相乘（*）。
- __truediv__(self,other)：真除法（/）。
- __floordiv__(self,other) ：整数除法（//）。
- __mod__(self,other) ：取余运算（%）

■ 上机练习

【示例】编写一个向量类 Vector，重写加法和减法，实现向量之间的加减运算。

```
class Vector:                           # 定义向量类
    def __init__(self, x, y):           # 初始化类
        self.x = x
        self.y = y
    def __str__(self):                  # 输出格式
        return 'Vector(%d,%d)'%(self.x,self.y)
    def __add__(self,other):            # 重写加法方法，参数 other 是 Vector 类型
        return Vector(self.x + other.x, self.y+other.y)
    def __sub__(self,other):            # 重写减法方法，参数 other 是 Vector 类型
        return Vector(self.x - other.x, self.y - other.y)
vector1 = Vector(3,5)                   # 实例化类
vector2 = Vector(4,-6)
print(vector1,'+',vector2,'=',vector1 + vector2)  # 向量加法运算
print(vector1,'-' ,vector2,'=',vector1 - vector2) # 向量减法运算
```

执行程序，输出结果如下：

```
Vector(3,5) + Vector(4,-6) = Vector(7,-1)
Vector(3,5) - Vector(4,-6) = Vector(-1,11)
```

10.4 继　　承

继承是面向对象编程的基本特性之一，通过继承不仅可以实现代码重用，还可以构建类与类之间的关系。

10.4.1 定义继承

■ 知识点

新建的类可以继承自一个或多个类，被继承的类称为父类、基类或超类，新建的类称为子类或派生类。定义继承的基本语法格式如下：

```
class 子类(基类列表):
    '''帮助信息（可选）'''
    类主体
```

基类列表指定子类要继承的父类，可以是一个或多个，基类之间通过逗号分隔。如果不指定基类，则将继承 Python 对象系统的根类 object。

■ 上机练习

【示例 1】创建一个基类 Parent 及其派生类 Son1 和 Son2。在基类中定义一个字段 name 用来标识身份，定义一个方法 get()，访问当前实例的 name 属性，然后创建两个子类 Son1 和 Son2，设计它们都继承自 Parent，拥有 get()方法，最后创建 Son1 和 Son2 的实例对象，在实例对象上调用 get()方法，输出当前实例对象的 name 属性。

```
class Parent:                              # 定义父类
    name = "父类"                           # 身份标识字段
    def get(self):                         # 方法
        return self.name
class Son1(Parent):                        # 定义子类 1，继承自 Parent
    name = "子类 1"
class Son2(Parent):                        # 定义子类 2，继承自 Parent
    name = "子类 2"

son1 = Son1()                              # 实例化子类 1
print(son1.get())                          # 输出为子类 1
son2 = Son2()                              # 实例化子类 2
print(son2.get())                          # 输出为子类 2
```

在 Python 中类的继承分为单继承和多继承。单继承就是基类只有一个，如示例 1 所示。多继承就是基类可以有多个，多个父类通过逗号分隔，如示例 2 所示。

【示例 2】创建两个基类 Parent1 和 Parent2，及其派生类 Son。这样 Son 派生类将继承基类 Parent1 和 Parent2 的所有公有成员。

```
class Parent1:                             # 定义父类 1
    name = "父类 1"
    def get(self):
        return self.name
class Parent2:                             # 定义父类 2
    name = "父类 2"
    def set(self, val):
        self.name = val
class Son(Parent1, Parent2):               # 定义子类，继承自 Parent1 和 Parent2
    name = "子类"
```

```
son = Son()                                  # 实例化子类
print(son.get())                             # 调用 get()方法，输出为子类
son.set("test")                              # 调用 set()方法，修改 name 属性
print(son.get())                             # 调用 get()方法，输出为 test
```

10.4.2　类的组合

扫一扫，看视频

■ **知识点**

除了继承之外，代码重用的另一种方式就是组合。组合是指在一个类中使用另一个类的对象作为数据属性，也称为类的组合。

■ **上机练习**

【示例 1】简单演示类的组合形式。

```
class Teacher:                               # 教师类
    def __init__(self, name, gender, course):
        self.name = name
        self.gender = gender
        self.course = course
class Course:                                # 课程类
    def __init__(self, name, price, period):
        self.name = name
        self.price = price
        self.period = period
course_obj = Course('Python', 15800, '5months')    # 新建课程对象

# 教师与课程的关系
t_c = Teacher('egon', 'male', course_obj) # 新建教师实例，组合课程对象
print(t_c.course.name)                    # 打印该教师所授的课程名
```

通过上面的代码可以看到，组合与继承都能够有效利用已有类的资源，但是二者使用方式不同。

- 通过继承建立派生类与基类之间的关系，这是一种“是”的关系，如教授是教师，教授属于教师职业的一种。
- 使用组合建立类与组合类之间的关系，这是一种“有”的关系，如教授有生日、教授有课程安排等，教授与生日、课程等类有关联，但不是从属关系。

【示例 2】使用组合方式演示教授有生日、教授教 Python 课程的关系。

```
class BirthDate:                             # 生日类
    def __init__(self,year,month,day):
        self.year=year
        self.month=month
        self.day=day
class Couse:                                 # 课程类
    def __init__(self,name,price,period):
        self.name=name
        self.price=price
        self.period=period
```

```
class Teacher:                                    # 教师类
    def __init__(self,name,gender):
        self.name=name
        self.gender=gender
    def teach(self):
        print('teaching')
class Professor(Teacher):                         # 教授类
    def __init__(self,name,gender,birth,course):
        Teacher.__init__(self,name,gender) # 调用父类方法，初始化参数
                                          # 也可以使用 super().__init__(name,gender)
# 通常使用 super()，省略 self 参数，利于维护，因为 super()指代父类，而父类可能会改变
        self.birth=birth
        self.course=course

p1=Professor('egon','male',
             BirthDate('1998','1','20'),
             Couse('Python','58000','4 months'))
print(p1.birth.year,p1.birth.month,p1.birth.day)
print(p1.course.name,p1.course.price,p1.course.period)
```

输出为：

```
1998 1 20
Python 58000 4 months
```

扫一扫，看视频

10.4.3 方法重写与扩展

■ 知识点

基类的成员都会被派生类继承，当基类中的某个方法不完全适用于派生类时，就需要在派生类中重写父类的这个方法，即当子类定义了一个和超类相同名字的方法时，那么子类的这个方法将覆盖掉基类同名的方法。

■ 上机练习

【示例 1】定义两个类：Bird 类定义了鸟的基本功能——吃；SongBird 类是 Bird 类的子类，SongBird 会唱歌。

```
class Bird:                                  # Bird类，基类
    def eat(self):                           # eat()方法
        print('Bird，吃东西...')
class SongBird(Bird):                        # SongBird类，派生类
    def eat(self):                           # 重写基类 eat()方法
        print('SongBird，吃东西...')
    def song(self):                          # 扩展 song()方法
        print('SongBird，唱歌...')
bird = Bird()
songBird = SongBird()
bird.eat()                                   # 输出为 Bird，吃东西...
songBird.eat()                               # 输出为 SongBird，吃东西...
songBird.song()                              # 输出为 SongBird，唱歌...
```

【示例2】定义3个类：Fruit、Apple和Orange。其中，Fruit是基类，Apple和Orange是派生类，其中Apple继承了Fruit基类的harvest()方法，而Orange重写了harvest()方法。

```
class Fruit:                                    # 基类
    color = '绿色'                              # 字段
    def harvest(self, color):                   # 方法
        print(f"现是{color}")
        print(f"初是{Fruit.color}")

class Apple(Fruit):                             # 派生类1
    color = "红色"                              # 字段
    def __init__(self):                         # 方法
        print("苹果")

class Orange(Fruit):                            # 派生类1
    color = "橙色"                              # 字段
    def __init__(self):
        print("\n橘子")
    def harvest(self, color):                   # 重写harvest()方法
        print(f"现是{color}")
        print(f"初是{Fruit.color}")

apple = Apple()                                 # 实例化Apple类
apple.harvest(apple.color)                      # 在Apple中调用harvest()方法
                                                # 并将Apple()的color变量传入
orange = Orange()                               # 实例化Orange类
orange.harvest(orange.color)                    # 在Orange中调用harvest()方法
                                                # 并将Orange()的color变量传入
```

输出为：

```
苹果
现是红色
初是绿色

橘子
现是橙色
初是绿色
```

10.5　迭代器和生成器

可迭代的对象包括迭代器、序列、字典等，迭代器包含生成器。

10.5.1　迭代器

扫一扫，看视频

■ 知识点

如果一个类实现了__iter__()方法，且该方法返回迭代器，那么该类的实例就是可迭代的（Iterable）对

象。使用iter()函数能够获取可迭代对象的迭代器，也就是执行该类型的__iter__()方法。

如果没有实现__iter__()方法，但是实现了__getitem__()方法，且该方法的参数是从0开始的索引，那么它的实例也是可迭代的对象。__getitem__()方法允许通过中括号语法访问元素：对象[index]。

如果一个类实现了下面两个方法。

- __iter__( )：返回self，即迭代器自身。
- __next__()：返回下一个可用的元素。当没有元素时抛出StopIteration异常。

那么它的实例就是一个迭代器（Iterator），迭代器是一个可以从可迭代的对象中取出元素，且能够记住遍历位置的对象。使用next()函数可以不断访问迭代器中的下一个元素，也就是执行该类型的__next__()方法。

提示：

传统模式的集合数据会把所有的元素都存储在内存中，而迭代器仅在读取每个元素时，才动态生成。因此，当创建一个包含大容量的数据对象时，使用迭代器会更加高效。

■ 上机练习

【示例1】下面示例定义一个可迭代对象类、一个迭代器类，然后把它们捆绑在一起，实现根据指定的上边界，迭代显示一个非负数字列表。

```
class MyList(object):                           # 可迭代对象类
    def __init__(self, num):                    # 初始化
        self.data = num                         # 设置可迭代的上边界
    def __iter__(self):                         # 迭代器
        return MyListIterator(self.data)        # 返回该可迭代对象的迭代器类的实例

class MyListIterator(object):                   # 迭代器类，供MyList可迭代对象专用
    def __init__(self, data):
        self.data = data                        # 初始可迭代的上边界
        self.now = 0                            # 当前迭代值，初始为0
    def __iter__(self):
        return self                             # 返回迭代器类的实例
                                                # 因为自己就是迭代器，所以返回self
    def __next__(self):                         # 迭代器类必须实现的方法，获取下一个元素
        while self.now < self.data:
            self.now += 1
            return self.now - 1                 # 返回当前迭代值
        raise StopIteration                     # 超出上边界，抛出异常

my_list = MyList(5)                             # 创建一个可迭代的对象
print( type(my_list) )                          # 返回可迭代对象的类型
my_list_iter = iter(my_list)                    # 获取该对象的迭代器
print( type(my_list_iter) )                     # 返回迭代器的类型
for i in my_list:                               # 迭代可迭代对象my_list
    print( i )
```

输出为：

```
<class '__main__.MyList'>
<class '__main__.MyListIterator'>
```

```
0 1 2 3 4
```

【示例 2】使用 iter()函数把列表转换为迭代器，然后通过迭代器读取每个元素值。

```
list=[1,2,3,4]                          # 定义列表
it = iter(list)                         # 创建迭代器对象
print (next(it), end=" ")               # 输出迭代器的下一个元素
print (next(it), end=" ")               # 输出迭代器的下一个元素
print (next(it), end=" ")               # 输出迭代器的下一个元素
print (next(it), end=" ")               # 输出迭代器的下一个元素
```

输出为：

```
1 2 3 4
```

【示例 3】迭代器对象可以使用 for 语句进行遍历。

```
list=[1,2,3,4]                          # 定义列表
it = iter(list)                         # 创建迭代器对象
for x in it:                            # 遍历迭代器对象
    print (x, end=" ")
```

■ 补充

凡是可作用于 for 循环的对象都是 Iterable（可迭代）类型；凡是可作用于 next()函数的对象都是 Iterator（迭代器）类型。另外，也可以使用 collections 模块的 Iterable 和 Iterator 类型验证一个对象是否为可迭代对象或迭代器对象。

```
from collections.abc import Iterable    # 导入 Iterable 类型
from collections.abc import Iterator    # 导入 Iterator 类型
list = [1, 2, 3, 4]                     # 定义列表
it = iter(list)                         # 创建迭代器对象
print(isinstance(list, Iterable))       # 返回 True，说明 list 是可迭代类型
print(isinstance(it, Iterable))         # 返回 True，说明 it 是可迭代类型
print(isinstance(list, Iterator))       # 返回 False，说明 list 不是迭代器类型
print(isinstance(it, Iterator))         # 返回 True，说明 it 是迭代器类型
```

10.5.2　生成器

扫一扫，看视频

■ 知识点

生成器是一种特殊的迭代器，用于按需生成元素，它自动实现了"迭代器协议"（__iter__()和__next__()方法），不需要手动实现。生成器在迭代的过程中可以改变当前迭代值，而普通迭代器修改当前迭代值往往会触发异常，影响程序的执行。

创建生成器的方法有以下 3 种。

- 生成器函数：包含 yield 关键字的 Python 函数。
- 生成器表达式：制造生成器的工厂，支持惰性求值。
- 生成器工厂函数：返回生成器的函数，函数体内可以没有 yield 关键字。

提示：

访问生成器有以下两种方式。

- 使用 next()包括两种方式：通过调用生成器的 generator.__next__()魔术方法，或者直接调用

next(generator)函数。

➘ 使用 for 循环，迭代每个元素，获取 next()函数的返回值，每循环一次，就取其中一个值。

注意：

生成器对象拥有一个 send()方法，该方法能够向生成器函数内部投射一个值，作为 yield 表达式的结果，即使用 send()方法可以强行修改上一次 yield 表达式的值。

■ 上机练习

【示例 1】使用推导式生成一个生成器。同时与列表推导式进行比较，比较它们在语法形式上的异同。

```
L = [x * x for x in range(10)]      # 列表推导式
g = (x * x for x in range(10))      # 生成器推导式
print(L)                            # 输出 [0, 1, 4, 9, 16, 25, 36, 49, 64, 81]
print(g)                            # 输出 <generator object <genexpr> at 0x033B5990>
```

从上面的代码可以看到，只要把一个列表推导式的[]改成()，就可以创建一个生成器。

【示例 2】如果一个函数包含 yield 关键字，那么该函数就不再是一个普通函数，而是生成器函数。调用函数就可以创建一个生成器对象。本示例使用 yield 关键字创建一个生成器。

```
def test(n):                                # 生成器函数
    for i in range(n):                      # 迭代列表
        yield i*i                           # 定义生成器中每个元素的值并返回
g = test(10)                                # 调用生成器函数，生成一个生成器对象
print(g)                                    # 输出 <generator object test at 0x01575990>
```

提示：

在函数体内，yield 相当于 return，都能够返回其后面表达式的值。但是，yield 不是完全等价于 return，return 是直接结束函数的调用，而 yield 是挂起运行的函数，并记住返回的位置，当再次调用__next__()方法时，将从 yield 所在位置的下一条语句开始继续执行。

【示例 3】使用生成器函数创建一个生成器对象，然后分别使用 next()函数、__next__()方法和 for 循环，读取全部元素值。

```
def test(n):                                # 生成器函数
    for i in range(n):                      # 迭代列表
        yield i*i                           # 定义生成器中每个元素的值并返回

g = test(5)                                 # 调用生成器函数，生成一个生成器对象
print(next(g))                              # 读取第 1 个元素值
print(g.__next__())                         # 读取第 2 个元素值
for i in g:                                 # 读取后面 3 个元素值
    print(i)
```

输出为：

```
0
1
4
9
16
```

【示例 4】设计在迭代生成器过程中，使用 send()方法中途改变迭代的次数。

```
def down(n):                           # 生成器函数
    while n >= 0:                      # 设置递减循环的条件
        m = yield n                    # 定义每次迭代生成的值并返回
        if m:                          # 当条件为 True，则改写递减变量的值
            n = m
        else:                          # 正常情况下，m 为大于 0 的数字，则递减
            n -= 1
d = down(5)                            # 调用生成器函数
for i in d:
    print(i)                           # 打印元素
    if i == 5:                         # 当打印完第 1 个元素后
        d.send(3)                      # 修改 yield 表达式的值为 3
```

输出为：

```
5
2
1
0
```

如果不设置 if i == 5: d.send(3)，则将连续打印递减正整数：5 4 3 2 1 0。

10.6 案 例 实 战

10.6.1 设计四则运算类

扫一扫，看视频

■ 案例分析

设计一个 MyMath 类，该类能够实现简单的加、减、乘、除四则运算。

■ 案例实现

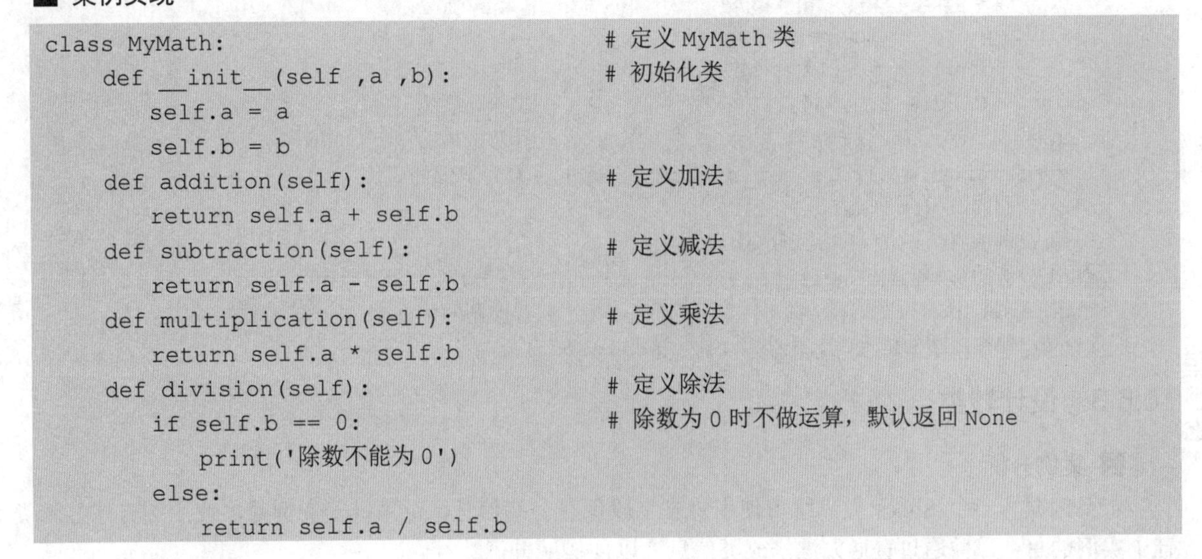

```
class MyMath:                          # 定义 MyMath 类
    def __init__(self ,a ,b):          # 初始化类
        self.a = a
        self.b = b
    def addition(self):                # 定义加法
        return self.a + self.b
    def subtraction(self):             # 定义减法
        return self.a - self.b
    def multiplication(self):          # 定义乘法
        return self.a * self.b
    def division(self):                # 定义除法
        if self.b == 0:                # 除数为 0 时不做运算，默认返回 None
            print('除数不能为 0')
        else:
            return self.a / self.b
```

```
while True:                                    # 无限次使用计算器
    a = int(input('参数a:'))
    b = int(input('参数b:'))
    myMath = MyMath(a , b)
    print('加法结果:',myMath.addition())
    print('减法结果:',myMath.subtraction())
    print('乘法结果:',myMath.multiplication())
    if myMath.division() != None:          # 除数不为0时，返回值不为None
        print('除法结果:',myMath.division())
    flag = input('是否退出运算[y/n]:')
    if flag == 'y':
        break
```

扫一扫，看视频

10.6.2 设计圆类

■ 案例分析

本案例设计一个圆类，该类能够表示圆的位置和大小；能够计算圆的面积和周长；能够对圆的位置进行修改，然后创建圆的实例对象，并进行相应的操作，输出操作后的结果。

■ 案例实现

```
class Circle:                                  # 圆类
    def __init__(self, x, y, r):               # 初始化类
        self.x = x
        self.y = y
        self.r = r
    def get_position(self):                    # 获取圆位置函数
        return (self.x,self.y)                 # 位置信息以元组方式返回
    def set_position(self, x, y):              # 设置圆位置函数
        self.x = x
        self.y = y
    def get_area(self):                        # 圆面计算函数
        return 3.14 * self.r**2
    def get_circumference(self):               # 圆周长计算函数
        return 2 * 3.14 * self.r
circle = Circle(2,4,4)                         # 实例化圆类
area = circle.get_area()                       # 计算圆的面积
circumference = circle.get_circumference() # 计算圆的周长
print('圆的面积:%d'%area)
print('圆的周长:%d'%circumference)
print('圆的初始位置:',circle.get_position())
circle.set_position(3,4)                       # 修改圆的位置
print('修改后圆的位置:',circle.get_position())
```

扫一扫，看视频

10.6.3 设计鞋类

■ 案例分析

本案例编写一个 Shoes 类，练习使用静态字段保存公共信息，记录鞋子实例数，使用类方法显示类中鞋子实例的总数，并通过普通方法修改类信息，以便核减鞋子数量。

■ 案例实现

```
class Shoes:                                    # 定义鞋子类
    numbers = 0                                 # 静态字段
    def __init__(self, name, brand):            # 初始化类
        self.name = name
        self.brand = brand
        Shoes.numbers += 1                      # 初始化类时，累加鞋子数量
    def useless(self):                          # 定义没用的鞋子方法
        Shoes.numbers -= 1                      # 鞋子数量减 1
        if Shoes.numbers == 0:                  # 鞋子数量为 0 时
            print('{} was the last one'.format(self.name))      # 打印最后一双鞋的名字
        else:
            print('you have {:d} shoes'.format(Shoes.numbers)) # 打印鞋子的数量
    def print_shoes(self):                      # 定义鞋子的详细方法
        print('you got {:s} {:s}'.format(self.name, self.brand))
    @classmethod                                # 声明类方法
    def how_many(cls):                          # 定义鞋子的数量方法
        print('you have {:d} shoes.'.format(cls.numbers))

shoes1 = Shoes('三叶草','ADIDAS')               # 实例化类
shoes1.print_shoes()                            # 打印鞋子信息
Shoes.how_many()                                # 打印鞋子数量

shoes2 = Shoes('AJ','NIKE')                     # 实例化类
shoes2.print_shoes()                            # 打印鞋子信息
Shoes.how_many()                                # 打印鞋子数量

shoes1.useless()                                # shoes1 没用了
shoes2.useless()                                # shoes2 没用了
Shoes.how_many()                                # 打印鞋子的数量
```

输出为：

```
you got 三叶草 ADIDAS
you have 1 shoes.
you got AJ NIKE
you have 2 shoes.
you have 1 shoes
AJ was the last one
you have 0 shoes.
```

10.6.4 设计自行车类

扫一扫，看视频

■ 案例分析

本案例设计一个自行车类 Bike，包含品牌字段、颜色字段和骑行功能，然后再派生出以下子类：折叠自行车类，包含骑行功能；电动自行车类，包含电池字段，骑行功能。

■ 案例实现

```
class Bike:                                    # 定义自行车类
    def __init__(self, brand, color):    # 初始化类
        self.oral_brand = brand
        self.oral_color = color
    @property                                  # 属性
    def brand(self):
        return self.oral_brand               # 返回字段值
    @brand.setter
    def brand(self,b):
        self.oral_brand = b                  # 设置字段值
    @property                                  # 属性
    def color(self):
        return self.oral_color               # 返回字段值
    @color.setter
    def color(self,c):
        self.oral_color = c                  # 设置字段值
    def riding(self):                          # 定义骑行方法
        print('自行车可以骑行')
class Folding_Bike(Bike):                      # 定义折叠自行车类
    def __init__(self, brand, color):    # 初始化函数
        super().__init__(brand, color)   # 调用父类方法
    def riding(self):                          # 重写父类方法
        print('折叠自行车:{}{}可以折叠'.format(self.color,self.brand))
class Electric_Bike(Bike):                     # 定义电动车类
    def __init__(self,brand, color, battery): # 初始化函数
        super().__init__(brand, color)   # 调用父类方法
        self.oral_battery = battery
    @property                                  # 属性
    def battery(self):
        return self.oral_battery             # 返回字段值
    @battery.setter
    def battery(self,b):
        self.oral_battery = b                # 设置字段值
    def riding(self):                          # 重写父类方法
        print('电动车:{}{}使用{}电池'.format(self.color,self.brand,self.battery))
f_bike = Folding_Bike('捷安特','白色')    # 实例化折叠自行车类
f_bike.riding()
f_bike.color = '黑色'                      # 设置字段值
f_bike.riding()
e_bike = Electric_Bike('小刀','蓝色','55V20AH') # 实例化电动车类
e_bike.riding()
e_bike.battery = '60V20AH'                 # 设置字段值
e_bike.riding()
```

输出为：

```
折叠自行车:白色捷安特可以折叠
折叠自行车:黑色捷安特可以折叠
```

```
电动车:蓝色小刀使用55V20AH电池
电动车:蓝色小刀使用60V20AH电池
```

10.6.5 设计矩形类

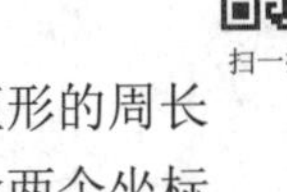

扫一扫，看视频

■ 案例分析

本案例编写一个矩形类Rect，包含宽度width和高度height两个属性，矩形的面积area()和矩形的周长perimeter()两个方法。再编写一个具有位置参数的矩形类PlainRectangle，继承Rectangle类，包含两个坐标属性和一个判断点是否在矩形内的方法，其中确定位置用左上角的矩形坐标表示。

■ 案例实现

```
class Rectangle:                                    # 定义矩形类
    def __init__(self, width = 10, height = 10):  # 初始化类
        self.width = width
        self.height = height
    def area(self):                                 # 定义面积方法
        return self.width * self.height
    def perimeter(self):                            # 定义周长方法
        return 2 * (self.width + self.height)
class PlainRectangle(Rectangle):                    # 定义有位置参数的矩形
    def __init__(self, width, height, startX, startY ):   # 初始化类
        super().__init__(width, height)            # 调用父类方法
        self.startX = startX
        self.startY = startY
    def isInside(self, x, y):                       # 定义点与矩形位置方法
        if (x>=self.startX and x<=(self.startX+self.width)) and (y>=self.startY and
y<=(self.startY+self.height)):                      # 点在矩形上的条件
            return True
        else:
            return False
plainRectangle = PlainRectangle(10,5,10,10)        # 实例化类
print('矩形的面积:',plainRectangle.area())          # 调用面积方法
print('矩形的周长:',plainRectangle.perimeter()) # 调用周长方法
if plainRectangle.isInside(15,11):                  # 判断点是否在矩形内
    print('点在矩形内')
else:
    print('点不在矩形内')
```

输出为：

```
矩形的面积: 50
矩形的周长: 30
点在矩形内
```

10.6.6 设计迭代器

扫一扫，看视频

■ 案例分析

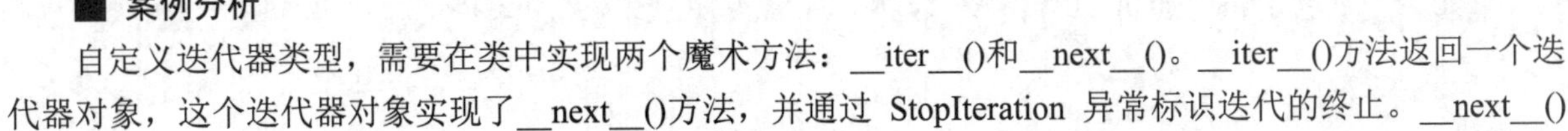

自定义迭代器类型，需要在类中实现两个魔术方法：__iter__()和__next__()。__iter__()方法返回一个迭代器对象，这个迭代器对象实现了__next__()方法，并通过 StopIteration 异常标识迭代的终止。__next__()

方法返回下一个迭代器对象。

■ 案例实现

【示例1】创建一个返回数字的迭代器，初始值为 1，逐步递增 1。

```
class Add:                                      # 自定义类
    def __iter__(self):                         # 魔术函数，当迭代器初始化时调用
        self.a = 1                              # 初始设置 a 为 1
        return self
    def __next__(self):                         # 魔术函数，当调用 next()函数时调用
        x = self.a                              # 临时缓存递增变量值
        self.a += 1                             # 递增变量 a 的值
        return x                                # 返回递增之前的值

add = Add()                                     # 实例化 Add 类型
myiter = iter(add)                              # 调用 iter()函数，初始化为迭代器对象
print(next(myiter))                             # 调用 next()函数，返回 1
print(next(myiter))                             # 调用 next()函数，返回 2
print(next(myiter))                             # 调用 next()函数，返回 3
print(next(myiter))                             # 调用 next()函数，返回 4
print(next(myiter))                             # 调用 next()函数，返回 5
```

在上面的示例中，如果不断调用 next()函数，将会连续输出递增值。如果要限定输出的次数，可以使用 StopIteration 异常。

StopIteration 异常用于标识迭代的完成，防止出现无限循环。在__next__()方法中可以设计在完成指定循环次数后触发 StopIteration 异常来结束迭代。

【示例2】设计在 20 次迭代后停止输出。

```
class Add:                                      # 自定义类
    def __iter__(self):                         # 魔术函数，当迭代器初始化时调用
        self.a = 1                              # 初始设置 a 为 1
        return self
    def __next__(self):                         # 魔术函数，当调用 next()函数时调用
        if self.a <= 20:
            x = self.a                          # 临时缓存递增变量值
            self.a += 1                         # 递增变量 a 的值
            return x                            # 返回递增之前的值
        else:
            raise StopIteration                 # 抛出异常

add = Add()                                     # 实例化 Add 类型
myiter = iter(add)                              # 调用 iter()函数，初始化为迭代器对象
for x in myiter:                                # 遍历迭代器
    print(x, end=" ")                           # 输出迭代器中每个元素的值
```

输出结果为：

```
1 2 3 4 5 6 7 8 9 10 11 12 13 14 15 16 17 18 19 20
```

扫一扫，看视频

10.6.7　使用生成器推导斐波那契数列

■ **案例分析**

使用列表推导式输出斐波那契数列的前 n 个数字，主要用到元组的多重赋值：a,b = b ,a+b，其实相当于 t =a+b , a =b , b =t，所以不必定义临时变量 t，就可以输出斐波那契数列的前 n 个数字。列表推导式是一次生成数列中所有求值，会占用大量内容，而使用生成器函数，仅存储计算方法，这样就会节省大量空间。

■ **案例实现**

```
def fib(max):                                # 生成器函数
    n, a, b = 0, 0, 1                        # 初始化
    while n < max:
        yield b                              # 返回变量 b 的值
        a, b = b, a+b                        # 多重赋值
        n = n+1                              # 递增值
    return 'done'

g = fib(6)                                   # 创建生成器大小
while True:
    try:
        x = next(g)                          # 读取下一个元素的值
        print(x)
    except StopIteration as e:               # 不捕获异常
        print(e.value)
        break
```

输出为：

```
1
1
2
3
5
8
Done
```

10.7　在 线 支 持

扫码，拓展学习

第 11 章　模块和包

Python 语言的最大特色之一就是基于模块化开发，不仅在 Python 标准库中包含了大量的模块，而且还有丰富的第三方模块，用户也可以自定义模块。借助这些种类齐全、应用丰富、功能强大的模块库，Python 具有强大的应用开发能力，也提升了开发者的开发效率。

【学习重点】

- 能够正确创建模块和导入模块。
- 了解 Python 包结构。
- 掌握如何导入和使用标准模块。
- 了解第三方模块的下载、安装和基本使用方法。

11.1　使用模块

模块（module）就是以.py 为扩展名的文件，文件可以包含类、函数、可运行的代码等。模块可以被其他模块、脚本、交互式解析器导入（import），也可以被其他程序引用。

扫一扫，看视频

11.1.1　导入模块

■ **知识点**

使用 import 关键字可以导入模块，语法格式如下：

```
import module1[, module2[,... moduleN]
```

import 关键字后面是一组模块的列表，多个模块之间使用逗号分隔。module1、module2 和 moduleN 等表示模块名称，即 Python 的文件名，模块名称不包含.py 扩展名。

如果模块名比较长，在导入模块时可以给它起一个别名，语法格式如下：

```
import module as 别名
```

在导入模块语句的后面添加 as 关键字，设置一个简单、好记的别名，然后在脚本中就可以使用别名访问模块内的变量、函数和类等对象。

当 Python 解释器在源代码中解析到 import 关键字时，会自动在搜索路径中搜寻对应的模块，如果发现就会立即导入。

提示：

搜索路径是一个目录列表，供 Python 解释器在导入模块时进行参考，可以事先配置，或者在源代码中设置。

■ **上机练习**

【示例 1】使用 import 关键字从 Python 标准库中导入 sys 模块。

```
import sys                                          # 导入 sys 模块
```

```
for i in sys.modules:                          # 遍历所有导入的模块
    print(i, end="、")
```

sys 是 Python 内置模块，当执行 import sys 命令后，Python 在 sys.path 变量所列目录中寻找 sys 模块文件的路径。导入成功，会运行这个模块的源码并进行初始化，然后就可以使用该模块了。导入 sys 模块之后，可以使用 dir(sys)方法查看该模块中可用的成员。sys.modules 是一个字典对象，每当导入新的模块，sys.modules 就会自动记录该模块。

【示例 2】使用 import 命令导入 random 模块，设置一个别名 r，然后就可以使用 r 访问该模块中的函数 randint()，最后随机生成 10 个 1～10 的随机数。

```
import random as r                             # 导入随机生成器模块

for i in range(10):                            # 随机生成 10 个 1～10 的整数
    print(r.randint(1, 10), end=" ")
```

■ 补充

Python 模块可以分为以下 3 种类型。

- 内置标准模块：也称为标准库，如 sys、time、JSON 模块等。
- 第三方开源模块：这类模块可以通过“pip install 模块名”进行在线安装。如果 pip 安装失败，也可以直接访问模块所在官网下载安装包，在本地离线安装。
- 自定义模块：由开发者自己开发的模块，方便在其他程序或脚本中使用。

11.1.2　导入成员

扫一扫，看视频

■ 知识点

使用 from…import 语句可以将模块中具体的函数、类或变量等成员导入当前命名空间中直接使用，语法格式如下：

```
from 模块 import 成员
```

模块中的成员包括变量、函数或类等，可以同时导入多个成员，多个成员之间使用逗号进行分隔，如果想要导入全部成员，可以使用通配符代替，例如：

```
from 模块 import  *
```

注意：

使用 from…import 语句时，要确保当前命名空间内不存在与导入名称一致的内容，否则会引发冲突。最后导入的同名变量、函数或类名将会覆盖掉前面的内容。

■ 上机练习

导入模块之后，可以使用 print(dir())函数查看导入的所有成员。下面的代码把 time 模块中所有成员都导入当前命令空间中。

```
from time import *                             # 导入 time 模块中所有成员内容
print(dir())                                   # 显示当前命名空间中所有成员
```

输出为：

```
['__annotations__', '__builtins__', '__cached__', '__doc__', '__file__',
'__loader__', '__name__', '__package__', '__spec__', 'altzone', 'asctime', 'clock',
```

```
'ctime', 'daylight', 'get_clock_info', 'gmtime', 'localtime', 'mktime', 'monotonic',
'monotonic_ns', 'perf_counter', 'perf_counter_ns', 'process_time', 'process_time_ns',
'sleep', 'strftime', 'strptime', 'struct_time', 'thread_time', 'thread_time_ns',
'time', 'time_ns', 'timezone', 'tzname']
```

在上面的输出列表中，除了系统默认的以下几个魔术成员外，其他都为 time 模块包含的成员。

```
['__annotations__', '__builtins__', '__cached__', '__doc__', '__file__',
'__loader__', '__name__', '__package__', '__spec__']
```

扫一扫，看视频

11.1.3 使用标准模块

■ 知识点

Python 内置了很多标准模块，常用模块说明如表 11.1 所示。

表 11.1 常用标准模块说明

模　块	说　明
sys	Python 解释器及其环境操作
os	访问操作系统的各种功能和服务
time	提供时间相关的各种操作函数
datetime	提供日期和时间相关的各种操作函数
calendar	提供日历相关的各种操作函数
urllib	用于读取服务器上的数据
json	用于 JSON 序列化和反序列化操作
re	执行正则表达式匹配和替换操作
math	提供标准数学运算函数
decimal	用于控制数字运算的精度、有效数位和四舍五入等运算操作
shutil	用于文件高级操作，如复制、移动和命名等操作
tkinter	用于 GUI 编程
logging	提供灵活的记录事情、错误、警告和调试信息等日志信息的功能

■ 上机练习

【示例】Python 标准模块众多，下面结合 JSON 模块简单演示，了解如何使用它们。

第 1 步，使用 import 关键字导入 JSON 模块，使用 dir()函数查看该模块包含的所有函数和属性。

```
import json
print(dir(json))
```

输出为：

```
['JSONDecodeError', 'JSONDecoder', 'JSONEncoder', '__all__', '__author__',
'__builtins__', '__cached__', '__doc__', '__file__', '__loader__', '__name__',
'__package__', '__path__', '__spec__', '__version__', '_default_decoder',
'_default_encoder', 'codecs', 'decoder', 'detect_encoding', 'dump', 'dumps',
'encoder', 'load', 'loads', 'scanner']
```

第 2 步，使用 load()函数解码 JSON 数据，该函数返回 Python 字段的数据类型。可以使用下面的命令查看该函数的基本用法。

```
print(help(json.loads))
```

第 3 步，把 JSON 字符串转换为 Python 字典对象。

```
import json                                  # 导入 JSON 模块

str = '{"a":1,"b":2,"c":3,"d":4,"e":5}';   # 定义 JSON 字符串
text = json.loads(str)                       # 转换为 JSON 对象
print(text)
```

输出为：

```
{'a': 1, 'b': 2, 'c': 3, 'd': 4, 'e': 5}
```

11.1.4　使用第三方模块

扫一扫，看视频

■ **知识点**

除了内置的标准模块外，还可以使用第三方模块。访问 http://pypi.python.org/pypi，可以查看 Python 开源模块库。也可以访问 https://www.lfd.uci.edu/~gohlke/pythonlibs/，下载 Python 扩展包的 Windows 二进制文件。

使用第三方模块时，需要先下载并安装该模块，然后就可以像使用标准模块一样导入并使用。

■ **上机练习**

- 下载模块并安装。在 PyPI 首页搜索模块，找到需要的模块后，单击 Download files 进入下载页面，然后，选择下载二进制安装文件（.whl）或源代码压缩包（.gz）。最后，使用 pip 命令进行安装，安装时把模块名替换为二进制安装文件即可。注意，在命令行下要使用 cd 命令切换到安装文件的目录下。
- 使用 pip 命名安装。直接通过 Python 提供的 pip 命令安装。pip 命令的语法格式如下：

```
> pip install 模块名
```

pip 命令会自动下载模块包并完成安装。pip 命令默认会连接到国外的 Python 官方服务器下载，下载后，直接导入使用即可，如图 11.1 所示。

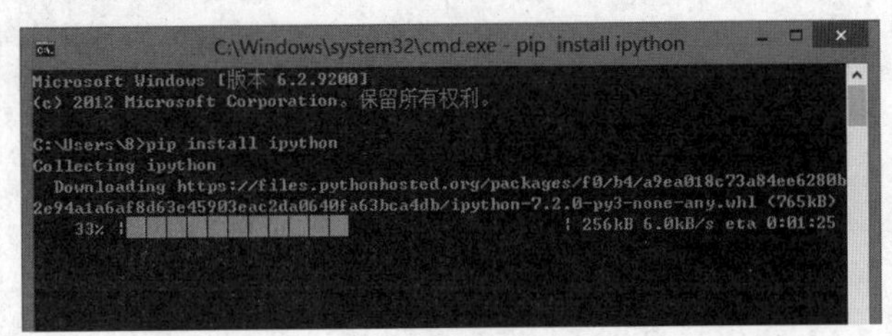

图 11.1　使用 pip 命令安装 Python 第三方模块库

提示：

使用以下命令可以卸载指定模块。

```
> pip uninstall 模块名
```

使用以下命令可以显示已经安装的第三方模块。

```
> pip list
```

扫一扫，看视频

11.1.5 自定义模块

■ 知识点

自定义模块的一般步骤如下。

第 1 步，新建 Python 文件，文件命名格式如下：

```
模块名 + .py
```

文件名即模块名，因此文件名不能与 Python 内置模块重名。该文件名必须符合标识符规范。

第 2 步，在该文件中编写 Python 源码，可以是变量、函数、类等功能代码。

第 3 步，把 Python 文件置于搜索路径中，如当前目录下等。

第 4 步，在脚本中使用 import 关键字导入模块，然后就可以使用模块代码了。

■ 上机练习

【示例】一个简单的自定义模块设计过程。

新建 test1.py 模块文件，然后输入以下代码。

```
#!/usr/bin/env python3
# -*- coding: utf-8 -*-

' test1 模块'

__author__ = '张三'

import sys

def saying():
    args = sys.argv
    if len(args)==1:
       print('Hello, world!')
    elif len(args)==2:
       print('Hello, %s!' % args[1])
    else:
       print('参数太多!')

if __name__=='__main__':
    saying()
```

【解析】

第 1 行注释指定由哪个解释器来执行脚本。在脚本中，第 1 行以#!开头的代码表示命令项。这里设计 test1.py 文件可以直接在 Unix/Linux/Mac 上运行。

第 2 行注释表示 test1.py 文件使用标准 UTF-8 编码。因为 Python 2 默认使用 ASCII 编码，不支持中文，而 Python 3 默认支持 UTF-8 编码，支持中文。如果要兼容 Python 2 版本，在模块的开头应该加入#coding=utf-8 声明。

第 4 行是一个字符串，表示模块的文档注释，任何模块代码的第一个字符串都被视为模块的文档注释。

第 6 行使用__author__变量设置作者信息，这样当公开源代码后可以署名版权。

以上是 Python 模块的标准文件模板，当然也可以不写。下面才是模块的功能代码部分。

第 8 行导入 sys 内置模块，因为下面的代码需要用到 sys 模块的属性。

```
import sys
```

导入 sys 模块后，使用 sys 名字可以访问 sys 模块中的所有功能。sys.argv 变量以列表的格式存储了命令行的所有参数，其中第 1 个参数永远是该.py 文件的名称。

最后两行代码：

```
if __name__=='__main__':
    saying()
```

当在命令行直接运行模块文件时，Python 解释器会把一个魔术变量__name__设置为__main__，而如果在其他地方导入该模块时，__name__变量值等于模块名称，所以就不会调动 saying()函数。因此，这个条件语句可以让一个模块通过命令行运行时执行一些额外的代码，如做一些简单测试等。

【测试】

在命令行运行 test1.py 模块文件。

```
>python hello.py
Hello, world!
>python hello.py a
Hello, a!
>python hello.py a b c
参数太多!'
```

在 Python 交互环境中导入 test1 模块，然后再调用模块中的 saying()函数。

```
>>> import test1
>>> test1.saying()
Hello, world!
>>>
```

在交互环境中，导入 test1 模块之后，没有直接打印 Hello, world!，因为__name__=='__main__'为 False，无法执行条件语句中的 saying()函数。只有调用 test1.saying()函数时，才会打印 Hello, world!。

11.2 使 用 包

为了避免模块命名冲突，Python 引入了按目录来组织模块的方法，称为包（package）。一个文件夹就是一个包，包的名字就是文件夹的名字，包可以相互嵌套。

11.2.1 创建包

扫一扫，看视频

■ 知识点

创建包实际上就是创建文件夹，同时在该文件夹中建立一个名称为__init__.py 的 Python 文件。__init__.py 文件可以为空，也可以编写任意 Python 代码，在导入包时将自动执行__init__.py 文件包含的代码。

■ 上机练习

【示例】在当前工作目录中，新建 ecommerce（电子商务）文件夹，设计为一个应用项目，同时新建 main.py 文件，作为项目的启动程序。在 ecommerce 包里再添加一个 payments 文件夹，新建嵌套的子包用来管理不同的付款方式，文件夹的层次结构如下：

```
parent_directory/                    # 当前工作目录
    main.py                          # 项目入口程序
    ecommerce/                       # 项目应用的包
        __init__.py                  # 包初始化程序
        database.py                  # 数据管理模块
        products.py                  # 产品管理模块
        payments/                    # 支付方式的子包
            __init__.py              # 包初始化程序
            paypal.py                # 支付模块 1
            authorizenet.py          # 支付模块 2
```

其中，products.py 文件定义了 Product 类：

```
class Product:
    pass
```

database.py 文件定义了 Database 类：

```
class Database:
    pass
```

扫一扫，看视频

11.2.2 导入包

■ 知识点

创建包之后就可以在包中创建模块，然后再使用 import 关键字从包中加载模块。模块的导入方式有以下两种。

- 绝对路径导入：通过指定包、模块、成员的完整路径进行导入。
- 相对路径导入：在包（package）中如果知道父模块的名称，可以使用相对路径导入。
  - .：在导入路径前面添加一个点号，表示当前目录。
  - ..：在导入路径前面添加两个点号，表示父级目录。

■ 上机练习

【示例 1】以 11.2.1 小节的示例项目为例，在 main.py 中访问 products 模块中的 Product 类，可以使用以下方法之一进行导入。

```
# 方法 1
import ecommerce.products                    # 导入包中模块
product = ecommerce.products.Product()       # 通过"包.模块.类"方式调用类

# 方法 2
from ecommerce.products import Product       # 导入类
product = Product()                          # 直接调用类

# 方法 3
from ecommerce import products               # 从包中导入模块
product = products.Product()                 # 通过"模块.类"方式调用类
```

import 关键字使用点号作为分隔符分隔包、模块、成员。

注意：

import 关键字只能导入模块或成员，不要使用 import 关键字导入包，因为在脚本中不可以通过包访问模块，包对象只包含特殊的内置成员，如__doc__、__file__、__loader__、__name__、__package__、__path__、__spec__。

提示：

如果模块中包含很多成员，建议使用第 1 种或第 3 种方法导入模块；如果模块中仅包含很少的成员，或者仅需要模块中个别成员，则可以考虑使用第 2 种方法导入具体的成员。

【示例 2】以 11.2.1 小节的示例项目为例，当前在 products 模块中工作，想从相邻的 database 模块导入 Database 类，就可以使用下面相对路径导入。

```
from .database import Database                # 点号表示使用当前目录中的 database 模块
```

如果在 ecommerce.payments.paypal 模块中工作，需要引用父包中的 database 模块，就可以使用下面相对路径导入。

```
from ..database import Database               # 使用两个点号表示访问上一级的目录
```

如果在 ecommerce 中新定义一个 contact 包，该包里新建 email 模块，需要将 email 模块的 sendEmail 函数导入到 paypal 模块中，则导入方法如下。

```
from ..contact.email import sendEmail
```

注意：

使用相对路径导入模块或成员时，必须从项目入口程序开始执行，不能直接执行，否则 Python 解释器将以当前模块作为入口程序，以当前目录作为工作目录，就无法理解整个项目的目录层级关系。因此，如果不以一个完整的项目运行，就不要使用相对路径导入内容。

11.3 案例实战

本节将结合案例介绍常用内置模块的简单应用。

11.3.1 使用日期和时间模块

扫一扫，看视频

■ **知识点**

在开发中经常需要处理日期和时间，进行转换日期格式等操作。Python 提供了 time、datetime 和 calendar 3 个与时间相关的模块。熟悉这些模块的基本功能和使用，可以满足日常开发的需求。

1. time 模块

在 time 模块中，有以下 3 种表示时间的方式。

- 时间戳。时间戳表示从 1970 年 1 月 1 日 00:00:00 开始按秒计算的时间偏移量，以浮点型表示。可以使用 time 模块的 time()或 clock()等函数获取。例如：

```
import time                                   # 导入 time 模块
now = time.time()                             # 返回当前时间的时间戳，浮点数的小数
print(now)                                    # 输出为 1554098010.7896364
```

- 格式化的时间字符串。可以根据需要选取各种日期、时间显示格式，常用 localtime()和 asctime()函

数，例如：

```
import time                               # 导入 time 模块
now = time.asctime( time.localtime() )    # 返回本地时间格式
print(now)                                # 输出为 Mon Apr  1 16:28:52 2020
```

在上面的代码中，先使用 localtime()函数获取本地当前时间，返回为元组对象，然后使用 asctime()函数进行格式化显示。也可以使用 time 模块的 strftime()函数格式化日期，例如：

```
import time
# 格式化成 2021-04-01 11:22:33 形式
print(time.strftime("%Y-%m-%d %H:%M:%S", time.localtime()) )
# 格式化成 Mon Apr 01 11:22:33 2021 形式
print(time.strftime("%a %b %d %H:%M:%S %Y", time.localtime()) )
```

- 时间元组。很多 Python 函数使用包含 9 个元素的元组处理时间，这 9 个元素分别是：年、月、日、时、分、秒、一周中的第几天（tm_wday)、一年中的第几天(tm_yday)、是否为夏时令(tm_isdst)。具体说明如表 11.2 所示。

表 11.2　时间元组组成说明

序　号	属　性	字　段	值
0	tm_year	4 位数年	2008
1	tm_mon	月	1～12
2	tm_mday	日	1～31
3	tm_hour	时	0～23
4	tm_min	分	0～59
5	tm_sec	秒	0～61（60 或 61 是闰秒）
6	tm_wday	一周中的第几天	0～6（0 是周一）
7	tm_yday	一年中的第几天	1～366（儒略历）
8	tm_isdst	是否为夏令时	1 表示夏令时，0 表示非夏令时，-1 表示未知，默认为-1

例如，下面使用 localtime()函数获取当前时间的元组。

```
import time                               # 导入时间模块
now = time.localtime()                    # 获取当前本地时间
print(now)
```

2. datetime 模块

datetime 模块重新封装了 time 模块，提供了更多接口，包含 6 个类，简单说明如下。

- date：日期对象，常用属性有 year、month、day。
- time：时间对象。
- datetime：日期时间对象，常用属性有 hour、minute、second、microsecond。
- timedelta：时间间隔，用于时间的加减，即两个时间点之间的长度。
- tzinfo：时区对象，由于是抽象类，不能直接实现。
- timezone：tzinfo 的子类，用于表示相对于世界标准时间（UTC）的偏移量。

■ 上机练习

【示例 1】使用 datetime 模块中 datetime 类的 now()函数获取当前时间，然后分别使用 date()、time()、today()函数获取日期、时间和日期格式信息。

```
import datetime                          # 导入日期和时间模块
now = datetime.datetime.now()            # 获取当前时间
print( now )                             # 输出为 2020-04-06 06:41:11.889616
print( now.date() )                      # 输出为 2020-04-06
print(now.time())                        # 输出为 06:41:11.889616
today = datetime.date.today()            # 获取当前日期
print(today)                             # 输出为 2020-04-06
```

【示例 2】获取时间差。使用 now()函数获取当前时间，然后计算一个 for 循环执行 10 万次所花费的时间，单位为毫秒。

```
import datetime                          # 导入日期和时间模块
start = datetime.datetime.now()          # 获取起始时间
sum = 0
for i in range(100000):
    sum += i
print(sum)
end = datetime.datetime.now()            # 获取结束时间
len= (end - start).microseconds          # 计算时间差，并获取毫秒时间
print(len)                               # 输出为 31022
```

差值不只是可以查看相差多少秒，还可以查看天（days）、秒（seconds）和微秒（microseconds）。

【示例 3】计算当前时间向后 8 个小时的时间。

```
import datetime                          # 导入日期和时间模块
d1 = datetime.datetime.now()             # 获取现在时间
d2 = d1 + datetime.timedelta(hours = 8) # 获取 8 小时后的时间戳
print(d2)                                # 输出为 2020-04-06 16:48:57.475166
```

timedelta 类是用来计算两个 datetime 对象的差值的，构造函数的语法格式如下。

```
datetime.timedelta(days=0, seconds=0, microseconds=0, milliseconds=0, minutes=0,
hours=0, weeks=0)
```

其中参数都是可选的，默认值为 0。使用这种方法可以计算：天（days）、小时（hours）、分钟（minutes）、秒（seconds）和微秒（microseconds）。

11.3.2　使用随机数模块

扫一扫，看视频

■ 知识点

random 模块主要用于生成随机数。该模块提供的常用函数说明如下。

- random.random()：用于生成一个 0～1.0 的随机浮点数（$0 \leqslant n < 1.0$）。
- random.uniform(a, b)：用于生成一个指定范围内的随机浮点数（$a \leqslant n < b$）。
- random.randint(a, b)：用于生成一个指定范围内的随机整数（$a \leqslant n \leqslant b$）。
- random.randrange([start=0], stop[, step=1])：从指定范围内，按指定步长递增的集合中获取一个随机数。其中参数 start 表示范围起点，包含在范围内；参数 stop 表示范围终点，不包含在范围内；参

数 step 表示递增的步长。

- random.choice(sequence)：从序列 sequence 对象中获取一个随机元素。注意，choice ()函数抽取的元素可能会出现重复。
- random.shuffle(x[, random])：用于将一个列表中的元素打乱。
- random.sample(sequence, k)：从指定序列 sequence 中随机获取指定长度的片断，参数 k 表示关键字参数，必须设置，获取元素的个数。注意，sample()函数抽取的元素是不重复的，同时不会修改原有序列。

■ **上机练习**

【示例 1】使用 random 模块随机生成各种类型的数据。

```
import random                              # 导入随机生成器模块
print(random.random())                     # 随机产生一个 0～1 的小数
print(random.randint(1,3))                 # 随机产生一个 1～3 的整数，包括 1 和 3
print(random.randrange(1,3))               # 随机产生大于或等于 1 且小于 3 的整数，不包括 3
print(random.choice([1,2,[3,5]]))          # 从括号内随机选择一个 1,2 或[3,5]
print(random.sample([1,'23',[4,5]],3))     # 列表元素任意 3 个组合
print(random.uniform(1,3))                 # 随机产生一个大于 1 且小于 3 的小数
```

【示例 2】使用 random 模块生成一个 4 位验证码。

```
import random                              # 导入随机生成器模块
code_list = []
for i in range(4):
    num1 = random.randint(0, 9)            # 随机生成一个 0～9 的数字
    str1 = chr(random.randint(65, 90))     # 随机生成一个 65～90 的数字，然后转成字母
    s = random.choice([num1,str1])         # 随机从数字和字母中选择一个元素
    code_list.append(str(s))
code = ''.join(code_list)
print(code)
```

扫一扫，看视频

11.3.3 使用加密模块

■ **知识点**

Python 的 hashlib 模块用来进行哈希或 MD5 加密，这种加密是不可逆的，也称为摘要算法。该模块支持 Openssl 库提供的所有算法，包括 MD5、SHA1、SHA224、SHA256、SHA512 等。

该模块常用的属性和方法说明如下。

- algorithms_available：列出所有可用的加密算法，如（MD5、SHA1、SHA224、SHA256、SHA384、SHA512）。
- digest_size：加密后的哈希对象的字节大小。
- md5()或 sha1()等：创建一个 MD5 或 SHA1 等加密模式的哈希对象。
- update(arg)：用字符串参数更新哈希对象，如果同一个哈希对象重复调用该方法，如 m.update(a); m.update(b)，则等于 m.update(a+b)。
- digest()：以二进制数据字符串返回摘要信息。
- hexdigest()：以十六进制数据字符串返回摘要信息。
- copy()：复制哈希对象。

■ 上机练习

【示例】一个简单的加密示例。

```
import hashlib                                   # 导入加密模块
string = "Python"                                # 待加密的字符串
md5 = hashlib.md5()                              # MD5 加密
md5.update(string.encode('utf-8'))               # 注意转码
res = md5.hexdigest()                            # 返回十六进制数据字符串值
print("MD5 加密结果:",res)
sha1 = hashlib.sha1()                            # SHA1 加密
sha1.update(string.encode('utf-8'))
res = sha1.hexdigest()                           # 返回十六进制数据字符串值
print("SHA1 加密结果:",res)
sha256 = hashlib.sha256()                        # SHA256 加密
sha256.update(string.encode('utf-8'))
res = sha256.hexdigest()                         # 返回十六进制数据字符串值
print("SHA256 加密结果:",res)
sha384 = hashlib.sha384()                        # SHA384 加密
sha384.update(string.encode('utf-8'))
res = sha384.hexdigest()                         # 返回十六进制数据字符串值
print("SHA384 加密结果:",res)
sha512= hashlib.sha512()                         # SHA512 加密
sha512.update(string.encode('utf-8'))
res = sha512.hexdigest()                         # 返回十六进制数据字符串值
print("SHA512 加密结果:",res)
```

11.3.4 使用 JSON 模块

扫一扫，看视频

■ 知识点

JSON（JavaScript Object Notation）是一种轻量级的数据交换格式。JSON 模块提供了 4 种方法用来实现 Python 对象与 JSON 数据进行快速交换，简单说明如下。

- dumps()：将 Python 对象序列化为 JSON 字符串表示。

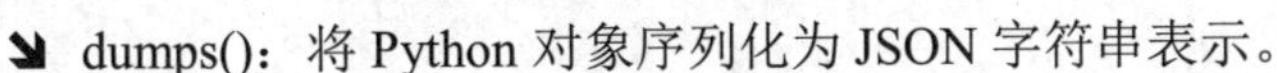

- dump()：将 Python 对象序列化为 JSON 字符串，然后保存到文件中。
- loads()：把 JSON 格式的字符串反序列化为 Python 对象。
- load()：读取文件内容，然后反序列化为 Python 对象。

■ 上机练习

【示例 1】设计将字典对象序列化为 JSON 字符串，然后再反序列化为 Python 的字典类型的对象。

```
import json                          # 导入 JSON 模块
a = {"name":"Tom", "age":23}         # 定义字典对象
b = json.dumps(a)                    # 将字典对象序列化为 JSON 字符串
print(b)                             # 打印 JSON 字符串
c = json.loads(b)                    # 将 JSON 字符串反序列化为字典对象
print(c['name'])                     # 访问字典对象 name 键的值
```

输出为：

```
{"name": "Tom", "age": 23}
Tom
```

【示例2】设计将字典对象序列化为字符串，然后使用 dump()方法保存到 test.json 文件中，再使用 load()方法从 test.json 文件中读取字符串，并转换为字典对象。

```
import json                                    # 导入JSON模块
a = {"name":"Tom", "age":23}                   # 定义字典对象
with open("test.json", "w", encoding='utf-8') as f:
    # indent 表示格式化保存字符串，默认为None，小于0为零个空格
    json.dump(a,f,indent=4)                    # 将字典对象序列化为字符串
                                               # 然后保存到test.json文件中
    # f.write(json.dumps(a, indent=4))  # 与json.dump()效果一样
with open("test.json", "r", encoding='utf-8') as f:
    b = json.load(f)                           # 从test.json中读取内容
                                               # 然后把内容转换为Python对象
    f.seek(0)                                  # 重新把文件指针移到文件开头
    c = json.loads(f.read())                   # 与json.load(f)执行效果一样
print(b)
print(c)
```

输出为：

```
{'name': 'Tom', 'age': 23}
{'name': 'Tom', 'age': 23}
```

扫一扫，看视频

11.3.5 使用图像模块

■ **知识点**

PIL（Python Imaging Library）是 Python 图像处理标准库，其功能强大，简单易用。PIL 仅支持到 Python 2.7，升级后的版本改为 Pillow，支持 Python 3 版本，并增加了很多新特性。

1. 安装 Pillow

在命令行下通过 pip 命令安装。

```
pip install pillow
```

2. 操作图像

在 PIL 中，图像的常用属性和方法如下。

图像的基本操作如下。

- Image.open(file[, mode])：打开图像，生成 Image 对象。file 表示要打开的图像文件，mode 表示图像模式。
- Image.new(mode,size[,color])：创建图像，生成 Image 对象。
- image.show()：显示图像。
- image.save(file[, format])：保存图像。参数 format 表示文件格式，如果省略，将根据 file 的扩展名确定。
- image.copy()：复制图像。

图像的基本属性如下。

- image.format：图像来源，如果图像不是从文件读取，则值为 None。
- image.size：图像大小。
- image.mode：图像模式。

图像的变换操作如下。

- image.resize((width,height))：改变图像大小。
- image.rotate(angle)：旋转图像。angle 表示角度，逆时针旋转。
- image.transpose(method)：翻转图像。参数 method 为常量，表示翻转方式。
- image.convert(mode)：转换图像模式。
- image.filter(filter)：对图像进行特效处理。

图像的合成、裁切和分离操作如下。

- image.blend(img1,img2,alpha)：合成两张图片，alpha 表示 img1 和 img2 的比例。
- image.crop(box)：根据 box 参数裁切图片，生成裁切的 Image 对象。
- image.paste(img, box)：粘贴 box 大小的区域到原图像中。
- r,g,b= image.split()：根据通道分离图像，r、g、b 表示返回的单色图像对象。
- image.merge("RGB",(r,g,b))：根据颜色通道，将 r、g、b 合成为单一图像。

图像的像素点操作如下。

- image.point(function)：对图片中的每一个点执行 function 函数。
- image.getpixel((x,y))：获取指定像素点的颜色值。
- image.putpixel((x,y),(r,g,b))：设置指定像素点的颜色值。

■ 上机练习

【示例 1】先打开一个图像文件，然后获取其尺寸，再缩小图像大小，最后命名为 thumbnail.jpg，并保存到当前目录下。

```
from PIL import Image
im = Image.open('python.jpg')                  # 打开一个 JPG 图像文件，注意是当前路径
w, h = im.size                                 # 获得图像尺寸
print('Original image size: %sx%s' % (w, h))
im.thumbnail((w//2, h//2))                     # 缩放到 50%
print('Resize image to: %sx%s' % (w//2, h//2))
im.save('thumbnail.jpg', 'jpeg')               # 把缩放后的图像用 JPEG 格式保存
```

【示例 2】打开一个图像，然后旋转 90°之后，再显示出来。

```
from PIL import Image
im = Image.open('python.jpg')                  # 打开图像文件
dst_image = im.rotate(90)                      # 旋转图像
dst_image.show()                               # 显示图像
```

【示例 3】PIL 的 ImageDraw 模块提供了一系列绘图方法，可以直接绘图。利用该模块的方法生成验证码图片，命名为 code.jpg，然后保存到当前目录中。

```
# 第 1 步，从 PIL 模块中导入图像类、绘图类、图像字体类和图像特效类
from PIL import Image, ImageDraw, ImageFont, ImageFilter
# 第 2 步，初始化设置
```

```
import random                                # 导入随机数模块
def rndChar():                               # 随机字母
    return chr(random.randint(65, 90))
def rndColor():                              # 随机颜色 1
    return (random.randint(64, 255), random.randint(64, 255), random.randint(64, 255))
def rndColor2():                             # 随机颜色 2
    return (random.randint(32, 127), random.randint(32, 127), random.randint(32, 127))
width = 60 * 4                               # 初始化图像宽度，单位为像素
height = 60                                  # 初始化图像高度，单位为像素
# 第 3 步，创建图像对象、字体对象、绘图对象
# 创建对象
image = Image.new('RGB', (width, height), (255, 255, 255))    # 创建 Image 对象
font = ImageFont.truetype('arialuni.ttf', 36) # 创建 Font 对象
draw = ImageDraw.Draw(image)                 # 创建 Draw 对象
# 生成麻点背景
for x in range(width):                       # 使用随机颜色绘图
    for y in range(height):
        draw.point((x, y), fill=rndColor())
# 在画布上生成随机字符
for t in range(4):                           # 输出 4 个随机字符
    draw.text((60 * t + 10, 10), rndChar(), font=font, fill=rndColor2())
image = image.filter(ImageFilter.BLUR)  # 模糊化处理
# 第 4 步，保存图像
image.save('code.jpg', 'jpeg')               # 保存图像
```

11.4 在线支持

扫码，拓展学习

第 12 章　异常处理和程序调试

在程序运行过程中，难免会遇到各种各样的问题，有些问题是由于开发人员疏忽造成的，有些问题是用户操作失误造成的，还有一些问题是由程序运行过程中无法预测的原因导致的，如写入文件时硬盘空间不足、从网络抓取数据时网络掉线等。Python 内置了一套异常处理机制，帮助开发人员妥善处理各种异常，避免程序因为这些问题而终止运行。本章将讲解如何在 Python 程序中处理异常和进行程序调试。

【学习重点】

- 使用 try 语句捕获异常。
- 自定义异常。
- 正确调试程序。

12.1　异 常 处 理

当发生异常时，需要对异常进行捕获，然后进行妥善处理。Python 提供了多个异常处理语句，方便开发使用。

12.1.1　使用 try 和 except 语句

扫一扫，看视频

■ 知识点

使用 try 和 except 语句组合可以捕获并处理异常，语法结构如下：

```
try:
    语句块                                    # 可能产生异常的代码
except 异常名称 [ as 别名]:                   # 要处理的异常类型
    语句块                                    # 当异常发生时执行
```

异常名称为可选参数，设置要捕获的异常类型，如果不指定异常类型，则表示捕获全部异常类型。设置别名，主要是在异常处理代码块中方便引用异常对象。

当程序出现异常时，except 子句将捕获异常，捕获之后可以忽略异常，或者输出错误提示信息，或者进行补救，但是程序将继续执行。

提示：

Python 内置了很多异常，可以向用户准确反馈出错信息。Python 内置异常类型说明请扫描右侧二维码查看参考，其中缩进排版的层级表示异常之间的继承关系。

扫码，拓展学习

■ 上机练习

【示例 1】设计捕获所有的异常。本例在 try 语句中编写一个错误的除法运算，然后使用 except 语句捕获这个错误。

```
try:
    5/0                                       # 设置错误运算
```

```
except:                                     # 捕获所有的异常
    print('不能除以 0 ')                     # 提示错误信息
print('程序继续执行')                        # 继续执行代码
```

输出为：

```
不能除于 0
程序继续执行
```

【示例 2】设计捕获指定的异常。本例尝试打开不存在的文件，然后再捕获 IOError 类型异常。

```
try:
    f = open("a.txt", "r")                  # 打开并不存在的文件
except IOError as e:                        # 捕获 IOError 类型异常
    print("错误编号：%s，错误信息：%s" %(e.errno, e.strerror))  # 显示错误信息
```

输出为：

```
错误编号：2，错误信息：No such file or directory
```

提示：

使用 Exception 类型可以捕获所有常规异常。

```
try:
    f = open("a.txt", "r")                  # 打开并不存在的文件
except Exception as e:                      # 捕获 IOError 类型异常
    print("错误编号：%s，错误信息：%s" %(e.errno, e.strerror))    # 显示错误信息
```

■ 拓展

当发生异常时，在 try 语句块中异常发生点后的剩余语句永远不会被执行，解释器将寻找最近的 except 语句进行处理。如果没有找到合适的 except 语句，那么异常就会向上传递；如果在上一层中也没找到合适的 except 语句，该异常会继续向上传递，直到找到合适的处理器。如果到达最顶层仍然没有找到合适的处理器，那么就认为这个异常是未处理的，Python 解释器就会抛出异常，同时终止程序运行。

【示例 3】设计一个多层嵌套的异常处理结构，演示异常传递的过程。

```
try:
    try:
        try:
            f = open("a.txt", "r")          # 打开并不存在的文件
        except NameError as e:              # 捕获未声明的变量的异常
            print("NameError")              # 显示错误信息
    except IndexError as e:                 # 捕获索引超出列表范围的异常
        print("IndexError")                 # 显示错误信息
except  IOError as e:                       # 捕获输入/输出的异常
    print("IOError")                        # 显示错误信息
```

输出为：

```
IOError
```

扫一扫，看视频

12.1.2　捕获多个异常

■ 知识点

捕获多个异常有以下两种方式，具体说明如下。

➘ 在一个 except 语句中包含多个异常，多个异常以元组的形式进行设置。语法格式如下：

```
try:
    语句块                                   # 可能产生异常的代码
except (异常名 1, 异常名 2, ...) [ as 别名]:
    语句块                                   # 对异常进行处理的代码
```

➘ 使用多个 except 语句处理异常，多个异常之间存在优先级。语法格式如下：

```
try:
    语句块                                   # 可能产生异常的代码
except 异常名 1 [ as 别名 1]:
    语句块                                   # 对异常进行处理的代码
except 异常名 2 [ as 别名 2]:
    语句块                                   # 对异常进行处理的代码
except 异常名 3 [ as 别名 3]:
    语句块                                   # 对异常进行处理的代码
...
```

当使用多个 except 语句时，异常处理的解析过程如下。

第 1 步，执行 try 语句代码块，如果引发异常，则执行过程会跳到第 1 个 except 语句。

第 2 步，如果第 1 个 except 代码块中定义的异常与引发的异常匹配，则执行该 except 代码块中的代码。

第 3 步，如果引发的异常不匹配第 1 个 except 语句，则会寻找第 2 个 except 语句，以此类推。Python 允许编写的 except 语句数量没有限制。

第 4 步，如果所有的 except 语句都不匹配，则异常会向上进行传递。

■ 上机练习

【示例 1】使用 requests 模块爬取指定 URL 的网页源代码。在 except 语句中定义多个异常，其中，ConnectionError 为内置异常，是与网络连接相关异常的基类，ReadTimeout 为 requests 模块自定义的超时异常。

第 1 步，打开 cmd 命令窗口，输入以下代码安装 requests 模块。

```
pip install requests
```

第 2 步，使用以下代码测试多重异常捕获。

```
import requests                          # 导入 requests 模块
from requests import ReadTimeout         # 导入 ReadTimeout 异常类
url = 'https://www.baidu.com'            # 准备请求的网址
try:
    response = requests.get(url, timeout=1)    # 发出请求
    if response.status_code == 200:      # 如果请求成功，则打印请求的网页源代码
        print(response.text)
    else:                                # 如果请求失败，则打印响应的状态码
        print('Get Page Failed', response.status_code)
except (ConnectionError, ReadTimeout):   # 如果发生异常，则捕获并进行提示
```

```
    print('Crawling Failed', url)
```

【示例 2】使用多个 except 语句捕获异常，并打印异常类型的字符串表示。

```
str1 = 'hello world'                          # 字符串
try:
    int(str1)                                 # 传入非法的值
except IndexError as e:                       # 捕获 IndexError 异常
    print(e.__str__)
except KeyError as e:                         # 捕获 KeyError 异常
    print(e.__str__)
except ValueError as e:                       # 捕获 ValueError 异常
    print(e.__str__)
```

输出为：

```
<method-wrapper '__str__' of ValueError object at 0x0363DD98>
```

结果显示第 3 个 ValueError 异常被捕获。

扫一扫，看视频

12.1.3 使用 else 语句

■ **知识点**

可以在 try...except 语句后面添加一个可选的 else 语句，用来设计当 try 语句块没有发生异常时，需要执行的代码块。else 代码块在异常发生时，不会被执行。语法格式如下：

```
try:
    代码块                                    # 可能产生异常的代码
except:
    代码块                                    # 当异常发生时执行
else:
    代码块                                    # 当异常未发生时执行
```

■ **上机练习**

【示例】设计在 try 语句中打开文件，然后在 else 语句中读取文件内容。通过 else 语句把文件打开和读取操作分隔开，这样可以使程序结构设计更严谨。

```
try:
    f = open("test.txt","r")                  # 打开文件
except:
    print("出错了")
else:
    print(f.read())                           # 读取文件内容
```

扫一扫，看视频

12.1.4 使用 finally 语句

■ **知识点**

一个完整的异常处理结构还应该包括 finally 语句，它表示无论异常是否发生，最后都要执行 finally 代码块。语法格式如下：

```
try:
    代码块                                    # 可能产生异常的代码
```

```
except:
    代码块                                        # 当异常发生时执行
else:
    代码块                                        # 当异常未发生时执行
finally:
    语句块                                        # 不管异常是否发生，最后都要执行
```

一般在 finally 语句中可以设计善后处理工作。例如，关闭已经打开的文件、断开数据库连接，释放系统资源，或者保存文件，避免数据丢失等。

注意：

- try 语句必须跟随一个 except 语句，或者跟随一个 finally 语句，也可以同时跟随。
- else 语句是可选的，但是如果设计 else 语句，则必须至少设计一个 except 语句。
- try、except、else、finally 这 4 个关键字的位置顺序是固定的，不可随意调换。

上机练习

【示例 1】尝试计算 10/0 时，产生一个除法运算错误，然后测试 except 和 finally 语句的执行情况。

```
try:
    r = 10 / 0                                  # 除于 0
    print('result:', r)                         # 输出计算结果
except ZeroDivisionError as e:                  # 捕获 ZeroDivisionError 异常
    print('except:', e)                         # 打印异常信息
finally:
    print('finally...')                         # 善后处理工作
```

输出为：

```
except: division by zero
finally...
```

从输出结果可以看到，当错误发生时，后续语句 print('result:', r)不会被执行，由于 except 捕获到 ZeroDivisionError 异常，因此被执行。最后，finally 代码块被执行。如果没有发生异常，则 except 代码块不会被执行，但是如果有 finally 代码块，则一定会被执行。

【示例 2】使用 try...except 语句可以跨越多层函数调用实现异常捕获。例如，如果函数 c()调用函数 b()，函数 b()调用函数 a()，结果函数 a()出错了，这时只要在函数 c()体内捕获到异常，就可以妥善处理。

```
def a(s):                                       # 自定义函数 a()
    return 10 / int(s)
def b(s):                                       # 自定义函数 b()
    return a(s) * 2                             # 调用函数 a()
def c():                                        # 自定义函数 c()
    try:
        b('0')                                  # 调用函数 b()
    except:                                     # 捕获所有异常
        print('Error!')
    finally:
        print('finally...')
c()                                             # 调用函数 c()
```

输出为：

```
Error!
finally...
```

通过示例 2 可以看到，不需要在每个可能出错的地方都捕获异常，只需要在合适的位置捕获错误即可，这样可以降低异常处理的复杂性。

扫一扫，看视频

12.1.5 使用 raise 语句

■ 知识点

使用 raise 语句可以主动抛出一个异常，语法格式如下：

```
raise [Exception [, args [, traceback]]]
```

其中，Exception 表示异常的类型，如 ValueError；args 是一个异常参数，该参数是可选的，默认为 None；traceback 表示跟踪异常的回溯对象，也是可选参数。

使用 raise 语句可以确保程序按照开发人员的设计逻辑运行，如果偏离了轨道，可以主动抛出异常，结束程序的运行。

■ 上机练习

【示例】设计一个函数，要求必须输入正整数。为了避免用户任意输入值，使用 try 语句监测输入值，如果为非数字的值，则主动抛出 TypeError 错误；如果输入小于或等于 0 的数字，则主动抛出 ValueError 错误。

```
def test(num):
    try:
        if type(num) != int :              # 如果为非数字的值，则抛出 TypeError 错误
            raise TypeError('参数不是数字')
        if num <= 0:                       # 如果为非正整数，则抛出 ValueError 错误
            raise ValueError('参数为大于 0 的整数')
        print(num)                         # 打印数字
    except Exception as e:
        print(e)                           # 打印错误信息
test("1")
test(0)
test(2)
```

输出为：

```
参数不是数字
参数为大于 0 的整数
2
```

扫一扫，看视频

12.1.6 自定义异常类型

■ 知识点

在 Python 中，异常也是一种类型，捕获异常就是获取它的一个实例。用户可以自定义异常类型，以适应个性化开发的需要。自定义异常类型应该直接或间接继承自 Exception 类。

■ 上机练习

【示例】自定义异常类型，设置基类 Exception，方便在异常触发时输出更多信息。

```
class MyError(Exception):                          # 自定义异常类型
    def __init__(self,msg):                        # 重写类型初始化函数
        self.msg=msg
    def __str__(self):                             # 重写类型标识函数
        return self.msg


try:
    raise MyError("自定义错误信息")                 # 主动抛出自定义错误
except MyError as e:
    print(e)                                       # 打印：自定义错误信息
```

12.1.7 使用 traceback 对象

扫一扫，看视频

■ 知识点

Python 能够通过 traceback 对象跟踪异常，记录程序发生异常时有关函数调用的堆栈信息。具体用法如下：

```
import traceback                                   # 导入 traceback 模块
try:
    代码块
except:
    traceback.print_exc()                          # 打印回溯信息
```

使用 traceback 对象之前，需要导入 traceback 模块。调用 traceback 对象的 print_exc()方法可以在控制台打印详细的错误信息。

如果希望获取错误信息，可以使用 traceback 对象的 format_exc()方法，它会以格式化字符串的形式返回错误信息，与 print_exc()方法打印的信息完全相同。

■ 上机练习

【示例 1】设计一个简单的异常处理代码段。

```
try:
    1/0                                            # 制造错误
except Exception as e:                             # 捕获异常
    print(e)                                       # 打印异常信息
```

输出为：

```
division by zero
```

上述错误信息无法跟踪异常发生的位置：在哪个文件、哪个函数、哪一行代码出现异常。

【示例 2】针对示例 1，使用 traceback 跟踪异常。

```
import traceback                                   # 导入 traceback 模块
try:
    1/0                                            # 制造错误
except Exception as e:                             # 捕获异常
    traceback.print_exc()                          # 打印 traceback 对象信息
```

输出为：

```
Traceback (most recent call last):
  File "d:/www_vs/test2.py", line 3, in <module>
    1/0 # 制造错误
ZeroDivisionError: division by zero
```

这样就可以帮助用户在程序中回溯到出错点的位置。

提示：

print_exc()方法可以把错误信息直接保存到外部文件中。语法格式如下：

```
traceback.print_exc(file=open('文件名', '模式', encoding='字符编码'))
```

【示例 3】以示例 2 为基础，修改最后 1 行代码，打开或创建一个名为 log.log 的文件，以追加形式填入错误信息。

```
traceback.print_exc(file=open('log.log', mode='a', encoding='utf-8'))
```

12.2 程序调试

程序免不了会出现各种错误，有的错误很明显，根据提示信息就可以解决；有的错误很复杂，需要知道在出错状态下，相关变量的动态变化情况，哪些值是正确的，哪些值是错误的，以此分析出错的具体原因。本节介绍简单的调试方法，帮助用户快速修复错误。

扫一扫，看视频

12.2.1 使用 print()方法

■ 知识点

使用 print()方法把可能有问题的变量打印出来，然后诊断变量的值是否符合逻辑。这是最简单、最直接的调试方法。

注意：

使用 print()方法的最大缺点是临时插入与程序无关的代码，后期发布时还得删掉它，如果脚本中到处都是 print()，后期清理就比较麻烦。

■ 上机练习

【示例】为了方便排错，在变量 n 赋值之后，临时插入一行代码：print('>>> n = %d' % n)，打印出 n 的值，看能否找出具体出错的原因。

```
def foo(s):
    n = int(s)
    print('>>> n = %d' % n )                    # 临时打印 n 的值
    return 10 / n
def main():
    foo('0')
main()
```

执行程序后，在输出中查找变量 n 的打印值。

```
>>> n = 0
Traceback (most recent call last):
```

```
  File "d:/www_vs/test1.py", line 9, in <module>
    main()
  File "d:/www_vs/test1.py", line 7, in main
    foo('0')
  File "d:/www_vs/test1.py", line 4, in foo
    return 10 / n
ZeroDivisionError: division by zero
```

12.2.2 使用 assert 语句

扫一扫，看视频

■ 知识点

使用 assert 语句可以定义断言，断言用于判断一个表达式，在表达式条件为 False 的时候触发异常，而不必等待程序运行后出现崩溃的情况。语法格式如下：

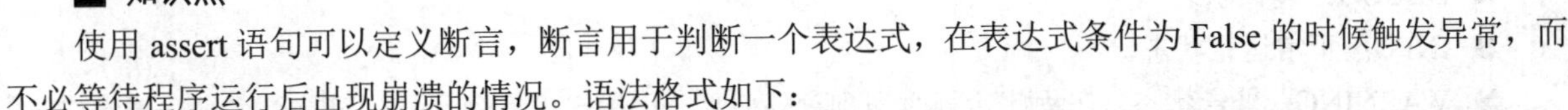

```
assert expression
```

等价于：

```
if not expression:
    raise AssertionError
```

assert 后面也可以设置参数，语法格式如下：

```
assert expression [, arguments]
```

等价于：

```
if not expression:
    raise AssertionError(arguments)
```

提示：

凡是可以使用 print()方法辅助查看的地方，都可以使用断言（assert）替代。

■ 上机练习

【示例】针对 12.2.1 小节示例，可以使用以下方式进行调试。

```
def foo(s):
    n = int(s)
    assert n != 0, 'n is zero!'          # 设置断言
    return 10 / n
def main():
    foo('0')
main()
```

执行程序后，打印信息如下：

```
Traceback (most recent call last):
  File "d:/www_vs/test1.py", line 9, in <module>
    main()
  File "d:/www_vs/test1.py", line 7, in main
    foo('0')
  File "d:/www_vs/test1.py", line 3, in foo
    assert n != 0, 'n is zero!'
```

```
AssertionError: n is zero!
```

assert 会检测表达式 n != 0 的布尔值，如果为 False，则诊断出错，assert 语句就会抛出 AssertionError 异常。

扫一扫，看视频

12.2.3 使用 logging 模块

■ **知识点**

logging（日志）模块用于跟踪程序的运行状态。它把程序的运行状态划分为不同的级别，按严重程度递增排序说明如下。

- DEBUG：调试状态。
- INFO：正常运行状态。
- WARNING：警告状态。在程序运行时遇到意外问题，如磁盘空间不足等，但是程序将会正常运行。
- ERROR：错误状态。在程序运行时遇到严重的问题，程序已不能执行部分功能了。
- CRITICAL：严重错误状态。在程序运行时遇到严重的异常，表明程序已不能继续运行了。

默认等级为 WARNING，这意味着仅在这个级别或以上的事件发生时才会反馈信息。用户也可以调整响应级别。

logging 模块提供了一组日志函数：debug()、info()、warning()、error()和 critical()。在代码中可以调用这些函数，当相应级别的事件发生时，将会执行该级别或以上级别的日志函数。日志函数被执行时，将会把事件发生的相关信息打印到控制台，或者写入指定的文件中。方便开发人员在调试时进行参考。

■ **上机练习**

【示例 1】演示将日志信息打印在控制台。

```
import logging                                  # 导入日志模块
logging.debug('debug 信息')
logging.warning('只有这个会输出......')
logging.info('info 信息')
```

由于默认设置的等级是 WARNING，所以只有 WARNING 的信息被输出到控制台。打印信息如下：

```
WARNING:root:只有这个会输出......
```

【示例 2】使用 logging.basicConfig()方法设置日志信息的格式和日志函数响应级别。

```
import logging                                  # 导入日志模块
logging.basicConfig(
    format='%(asctime)s - %(pathname)s[line:%(lineno)d] - %(levelname)s:
    %(message)s', level=logging.DEBUG)

logging.debug('debug 信息')
logging.info('info 信息')
logging.warning('warning 信息')
logging.error('error 信息')
logging.critical('critial 信息')
```

由于在 logging.basicConfig()中设置 level 的值为 logging.DEBUG，所以 DEBUG、INFO、WARNING、ERROR、CRITICAL 级别的日志信息都会被打印到控制台。

【示例 3】简单演示如何使用 logging 模块把日志信息输出到外部文件。

```
import logging                                   # 导入 logging 模块
# 配置日志文件和日志信息的格式
logging.basicConfig( filename='test.log',
             format='[%(asctime)s-%(filename)s-%(levelname)s:%(message)s]',
             level=logging.DEBUG,
             filemode='a',
             datefmt='%Y-%m-%d%I:%M:%S %p')
s = '0'
n = int(s)
logging.info('n = %d' % n)                       # 保存 n 的值到日志文件中
print(10 / n)
```

在上面的示例中，使用 logging.basicConfig()函数设置要保存信息的日志文件，以及日志信息的输出格式、日志时间格式、事件级别等。具体参数说明如下。

- filename：指定文件名。
- format：设置日志信息的显示格式。本例设置的格式分别为：时间 + 当前文件名 + 事件级别 + 输出的信息。
- level：事件级别，低于设置级别的日志信息不会被保存到日志文件中。
- filemode：日志文件打开模式，a 表示在文件内容尾部追加日志信息，w 表示重新写入日志信息，即覆盖之前保存的日志信息。
- datefmt：设置日志的日期时间格式。

执行程序后，输出结果如下：

```
Traceback (most recent call last):
  File "d:/www_vs/test1.py", line 8, in <module>
    print(10 / n)
ZeroDivisionError: division by zero
```

在当前目录中，可以看到新建的 test.log 文件，打开文件，可以看到已经保存的日志信息如下。

```
[2021-1-1810:23:58 AM-test1.py-INFO:n = 0]
```

12.3 案 例 实 战

12.3.1 根据错误类型捕获异常

扫一扫，看视频

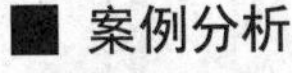

■ 案例分析

所有异常都继承自 Exception，因此使用 Exception 异常能够捕获所有类型的异常。本案例练习根据错误类型捕获不同的异常。

■ 案例实现

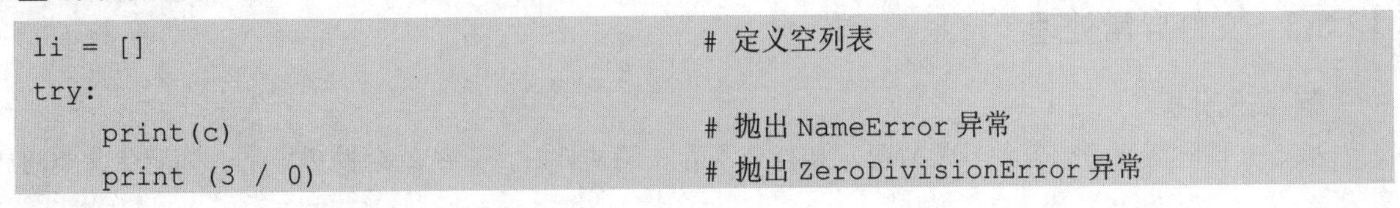

```
li = []                                # 定义空列表
try:
    print(c)                           # 抛出 NameError 异常
    print (3 / 0)                      # 抛出 ZeroDivisionError 异常
```

```
    li[2]                                   # 抛出IndexError异常
    a = 123 + 'hello world'                 # 抛出TypeError异常
except NameError as e:                      # 处理NameError异常
    print('出现NameError异常！',e)            # 打印异常信息
except ZeroDivisionError as e:              # 处理ZeroDivisionError异常
    print('出现ZeroDivisionError异常！',e)    # 打印异常信息
except IndexError as e:                     # 处理IndexError异常
    print('出现IndexError异常！',e)           # 打印异常信息
except TypeError as e:                      # 处理TypeError异常
    print('出现TypeError异常！',e)            # 打印异常信息
except Exception as e:                      # 处理所有异常
    print('其他异常!',e)                      # 打印信息
finally:
    print('辛苦啦，排错完毕')
```

在一个try语句中只会抛出一个异常，因此也只能捕获一个异常，不能同时捕获所有异常。

在上面的代码中，当注释掉print(c)的NameError异常时，会捕获到print (3 / 0)下的ZeroDivisionError异常；当注释掉NameError异常和ZeroDivisionError异常时，会捕获到li[2]下的IndexError异常；当注释掉NameError异常、ZeroDivisionError异常和IndexError异常时，会捕获到a = 123 + 'hello world'下的TypeError异常。

扫一扫，看视频

12.3.2 使用异常判断字符串长度

■ 案例分析

使用自定义异常也可以设计函数功能。本案例通过自定义异常类型，使用异常处理机制，监测用户输入的字符串长度，并进行提示。

■ 案例实现

```
class ArgumentError(Exception):             # 定义字符参数异常类
    def __init__(self,string):              # 初始化函数
        self.leng = len(string)             # 变量赋值
    def prompt(self):                       # 定义提示函数
        if self.leng < 5:                   # 判断字符长度
            return "输入的字符长度至少为5"
        else:
            return "字符长度符合要求"
string = input('请输入字符:')                # 接收字符
try:                                        # 捕获异常
    raise ArgumentError(string)             # 抛出异常
except ArgumentError as e:                  # 处理异常
    print (e.prompt())                      # 打印异常信息
```

扫一扫，看视频

12.3.3 文件异常处理

■ 案例分析

操作文件时需要考虑各种异常情况，如打开不存在的文件时，系统就会抛出异常。为避免此类问题，

一般都会使用异常处理机制进行处理，让程序运行得更稳定。

■ 案例实现

```
string = 'hello python'                      # 定义字符串
file_name = 'test1.txt'                      # 定义文件名
try:                                         # 捕获异常
    file_obj = open(file_name,'r')           # 以只读的方式打开文件
    content = file_obj.read()                # 读取文件内容
    print(content)                           # 打印文件内容
except FileNotFoundError as e:               # 当文件不存在时
    print('读取文件失败',e)                   # 打印信息
    file_obj = open(file_name,'w')           # 以写的方式打开文件
    file_obj.write(string)                   # 将字符串写入文件中
    print('文件写入成功')
    file_obj.close()                         # 关闭文件
```

12.3.4 自定义异常

扫一扫，看视频

■ 案例分析

在 12.1.6 小节的基础上，本案例演示更复杂的自定义异常类型的应用。

虽然 Python 对各种常见异常都进行了处理，但是依然满足不了所有需求，这时用户需要自定义异常，自定义异常使用起来比较灵活、方便。

■ 案例实现

```
class Drink:                                 # 定义 Drink 类
    def taste(self):                         # 定义 taste()方法
        pass
    def getDrink(self,drinkType):            # 定义 getDrink()方法
        if drinkType == 1:                   # 类型为 1
            print('咖啡')
        if drinkType == 2:                   # 类型为 2
            print('啤酒')
        if drinkType == 3:                   # 类型为 3
            print('牛奶')
class Coffee(Drink):                         # 定义 Coffee 类，继承自 Drink
    def taste(self):                         # 重写 taste()方法
        print('我是咖啡，味道是苦的')
class Beer(Drink):                           # 定义 Beer()类，继承自 Drink
    def taste(self):                         # 重写 taste()方法
        print('我是啤酒，味道是涩的')
class Milk(Drink):                           # 定义 Milk()类，继承自 Drink
    def taste(self):                         # 重写 taste()方法
        print('我是牛奶，味道是甜的')
class DrinkNotFoundException(Exception):     # 自定义异常
    pass
coffee = Coffee()                            # 实例化 Coffee 类
```

```
coffee.taste()                                       # 调用方法
beer = Beer()                                        # 实例化 Beer 类
beer.taste()                                         # 调用方法
milk = Milk()                                        # 实例化 Milk 类
milk.taste()                                         # 调用方法
drink = Drink()                                      # 实例化 Drink 类
try:                                                 # 捕获异常
    drinkType = int(input('请输入一个饮料编号:'))      # 接收输入编号
    if drinkType <1 or drinkType > 3:                # 当输入编号不在范围内时
        raise DrinkNotFoundException('你输入的编号所对应的饮料不存在')
                                                     # 抛出异常，指定异常信息
    drink.getDrink(drinkType)                        # 获取饮料编号
except ValueError as e:                              # 当输入类型不是整数时，捕获 ValueError 异常
    print('编号输入错误',e)                           # 打印异常信息
```

扫一扫，看视频

12.3.5 访问 URL 异常处理

■ 案例分析

在 12.2.3 小节的基础上，本案例将继续练习使用 logging 模块。logging 模块包括 Logger、Handler、Filter、Formatter 4 个部分，简单说明如下。

- Logger：记录器，用于设置日志采集内容。
- Handler：处理器，将日志记录发送至合适的路径。
- Filter：过滤器，决定输出哪些日志记录。
- Formatter：格式化器，定义输出日志的格式。

■ 案例实现

使用上述 logging 对象设置日志信息输出格式和路径，在以后的学习中，会使用到爬虫，在爬虫中经常需要访问 URL，当 URL 不存在时就需要对异常进行处理。在 Python 中可以通过 urllib.request.urlopen()方法进行访问。

```
from urllib.request import urlopen                   # 导入 urlopen 函数
from urllib.error import HTTPError                   # 导入 HTTPError 异常类型
import logging                                       # 导入 logging 模块
logger = logging.getLogger()                         # 创建 logger 对象
file_handler = logging.FileHandler('error.log')      # 定义文件输出流
formatter = logging.Formatter('%(asctime)s - %(name)s - %(levelname)s - %(levelno)s
- %(message)s')
# 定义日志的输出格式，%(asctime)s 字符串格式的当前日期
file_handler.setFormatter(formatter)                 # 设置日志的输出格式
logger.addHandler(file_handler)                      # 将输出流添加至 logger
logger.setLevel(logging.INFO)                        # 设置日志的输出格式
def getURL(url_list):                                # 定义函数
    for url in url_list:                             # 遍历 url_list
        try:                                         # 捕获异常
            html = urlopen(url)                      # 访问 URL 域名
        except Exception as e:                       # 捕获异常
```

```
        logging.error(e)                        # 将异常信息写入日志文件中
        print(url,'could not be found',e)       # 打印异常信息
    else:                                       # 打印访问成功信息
        print(url,'count be found')
getURL(["http://www.python.org","http://www.123456789.com"])  # 调用函数,传入两个 URL
```

12.4 在线支持

扫码，拓展学习

第 13 章　文件和目录操作

在 Python 程序运行期间，可以使用变量临时存储数据，但是当程序运行结束后，所有数据都将丢失。如果要永久保存数据，需要用到数据库或文件。数据库适合保存表格化、关联性的数据，而文件适合保存松散的文本信息，或者图片、音视频等独立文件。Python 内置了文件和目录操作模块，可以很方便地读、写文件内容，实现数据的长久保存。

【学习重点】

- 文件的创建、读写和修改。
- 文件的复制、删除和重命名。
- 获取文件基本信息。
- 目录的创建和遍历。

13.1　文件基本操作

扫一扫，看视频

13.1.1　创建或打开文件

■ 知识点

使用 open()函数可以打开或创建文件。语法格式如下：

```
fileObj = open( fileName, mode='r', buffering=-1, encoding=None,
        errors=None, newline=None, closefd=True, opener=None )
```

open()函数共包含 8 个参数，比较重要的是前 4 个参数，除了 fileName 参数外，其他参数都有默认值，可以省略。参数说明如下。

- fileName：必需，指定要打开的文件名称或文件句柄。文件名称包含所在的路径（相对或绝对路径）。
- mode：打开模式，即文件打开权限。默认值为 rt，表示只读文本模式。文件的打开模式有十几种，简单说明如表 13.1 所示。

表 13.1　open()函数主要打开模式

模　式	功　能	说　明
文件格式相关参数 本组参数可以与其他模式参数组合使用，用于指定打开文件的格式，需要根据要打开文件的类型进行选择		
't'	文本模式	默认，以文本格式打开文件。一般用于文本文件
'b'	二进制模式	以二进制格式打开文件。一般用于非文本文件，如图片等
通用读写模式相关参数 本组参数可以与文件格式参数组合使用，用于设置基本读、写操作权限，以及文件指针初始位置		
'r'	只读模式	默认。以只读方式打开一个文件，文件指针被定位到文件头的位置 如果文件不存在会报错

续表

模　式	功　能	说　明
'w'	只写模式	打开一个文件只用于写入。如果该文件已存在，则打开文件，清空文件内容，并把文件指针定位到文件头位置开始编辑；如果该文件不存在，则创建新文件，打开并编辑
'a'	追加模式	打开一个文件用于追加，仅有只写权限，无权读操作。如果该文件已存在，文件指针被定位到文件尾的位置；新内容被写入到原内容之后；如果该文件不存在，创建新文件并写入
特殊读写模式相关参数		
'+'	更新模式	打开一个文件进行更新，具有可读、可写权限。注意，该模式不能单独使用，需要与 r、w、a 模式组合使用。打开文件后，文件指针的位置由 r、w、a 组合模式决定
'x'	新写模式	新建一个文件，打开并写入内容，如果该文件已存在则会报错
组合模式 文件格式与通用读写模式可以组合使用，另外，通过组合+模式可以为只读、只写模式增加写、读的权限		
r 模式组合		
'r+'	文本格式读写	以文本格式打开一个文件用于读、写。文件指针被定位到文件头的位置，新写入的内容将覆盖掉原有文件部分或全部内容；如果文件不存在则会报错
'rb'	二进制格式只读	以二进制格式打开一个文件，只能够读取。文件指针被定位到文件头的位置。一般用于非文本文件，如图片等
'rb+'	二进制格式读写	以二进制格式打开一个文件用于读、写。文件指针被定位到文件头的位置，新写入的内容将覆盖掉原有文件部分或全部内容；如果文件不存在则会报错。一般用于非文本文件
w 模式组合		
'w+'	文本格式写读	以文本格式打开一个文件用于写、读。如果该文件已存在，则打开文件，清空原有内容，进入编辑模式；如果该文件不存在，则创建新文件，打开并执行写、读操作
'wb'	二进制格式只写	以二进制格式打开一个文件，只能够写入。如果该文件已存在，则打开文件，清空原有内容，进入编辑模式；如果该文件不存在，则创建新文件，打开并执行只写操作。一般用于非文本文件
'wb+'	二进制格式写读	以二进制格式打开一个文件用于写、读。如果该文件已存在，则打开文件，清空原有内容，进入编辑模式；如果该文件不存在，则创建新文件，打开并执行写、读操作。一般用于非文本文件
a 模式组合		
'a+'	文本格式读写	以文本格式打开一个文件用于读、写。如果该文件已存在，则打开文件，文件指针被定位到文件尾的位置，新写入的内容在原有内容的后面；如果该文件不存在，则创建新文件，打开并执行写、读操作
'ab'	二进制格式只写	以二进制格式打开一个文件用于追加写入。如果该文件已存在，则打开文件，文件指针被定位到文件尾的位置，新写入的内容在原有内容的后面；如果该文件不存在，创建新文件，打开并执行只写操作
'ab+'	二进制格式读写	以二进制格式打开一个文件用于追加写入。如果该文件已存在，则打开文件，文件指针被定位到文件尾的位置，新写入的内容在原有内容的后面；如果该文件不存在，创建新文件，打开并执行写、读操作

提示：

以二进制模式打开的文件（包含'b'），返回文件内容为字节对象，而不进行任何解码。在文本模式（包含't'）下，返回文件内容为字符串，已经解码。

- buffering：设置缓冲方式。0 表示不缓冲，直接写入磁盘；1 表示行缓冲，缓冲区碰到换行符(\n)时写入磁盘；如果为大于 1 的正整数，则缓冲区文件大小达到该数字大小的时候，写入磁盘；如果为负值，则缓冲区的缓冲大小为系统默认。

- encoding：指定文件的编码方式，默认为 utf-8。该参数只在文本模式下使用。
- errors：报错级别。
- newline：设置换行符（仅适用于文本模式）。
- closefd：布尔值，默认为 True，表示 fileName 参数为文件名（字符串型）；如果为 False，则 fileName 参数为文件描述符。
- opener：传递可调用对象。

由于文件操作容易出现各种异常，建议使用以下两种方法创建或打开文件。

上机练习

- 方法一：在 try 语句中调用 open()函数，在 except 语句中妥善处理文件操作异常，在 finally 语句块中关闭打开的文件。

【示例 1】如果需要创建一个新的文件，在 open()函数中可以使用 w+模式，用 w+模式打开文件时，如果该文件不存在，则会创建该文件，而不会抛出异常。

```
fileName = "test.txt"                                  # 创建的文件名
try:
    fp = open(fileName, "w+")                          # 创建文件
    print("%s 文件创建成功" % fileName)                # 提示创建成功
except IOError:
    print("文件创建失败，%s 文件不存在" % fileName)    # 提示创建失败
finally:
    fp.close()                                         # 关闭文件
```

在上面的示例中，将打开当前目录下的 test.txt 文件。如果当前目录下没有 test.txt 文件，open()函数将创建 test.txt 文件；如果当前目录下有 test.txt 文件，open()函数会打开该文件，但文件原有内容将被清空。程序输出结果如下：

```
test.txt 文件创建成功
```

【示例 2】r 模式只能打开已存在的文件，当打开不存在的文件时，open()函数会抛出异常。

```
fileName = "test1.txt"                                 # 要打开的文件名
try:
    fp = open(fileName, "r")                           # 用 r 模式打开不存在的文件
except IOError:
    print("文件打开失败，%s 文件不存在" % fileName)    # 提示打开失败
finally:
    fp.close()                                         # 关闭文件
```

当打开的文件名称不带路径时，open()函数会在 Python 程序运行的当前目录寻找该文件，如果在当前目录下没有找到该文件，open()函数将抛出异常 IOError。

- 方法二：使用 with 语句打开文件。with 是一种上下文管理协议，它简化了 try…except…finally 的流程，能够自动处理异常，并在结束时自动关闭打开的文件。语法格式如下：

```
with open(文件) as file 对象:
    操作 file 对象
```

【示例 3】在 with 语句中打开文件，然后逐行读取字符串并打印出来。

```
with open("test1.txt","r", encoding="utf-8") as file: # 打开文件
    for line in file.readlines():                      # 迭代每行字符串
        print(line)                                    # 打印每一行字符串
```

注意：

当不再使用打开的文件时，建议调用文件对象的 close()方法关闭文件。这样既可以释放内存资源，又可以保护文件。当调用 close()方法关闭文件时，系统会先刷新缓冲区中还没有写入的信息，然后再关闭文件，避免内容丢失。

13.1.2　读取文件

扫一扫，看视频

■ 知识点

open()函数返回 file 对象，file 对象包含很多方法，使用这些方法可以对打开的文件进行读写操作。方法列表与说明可以扫描右侧二维码了解。

扫码，拓展学习

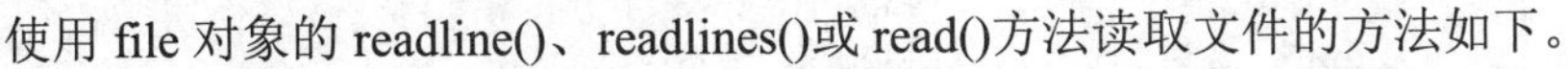

使用 file 对象的 readline()、readlines()或 read()方法读取文件的方法如下。

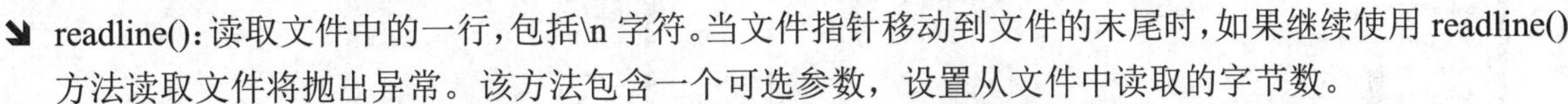

- readline()：读取文件中的一行，包括\n 字符。当文件指针移动到文件的末尾时，如果继续使用 readline()方法读取文件将抛出异常。该方法包含一个可选参数，设置从文件中读取的字节数。

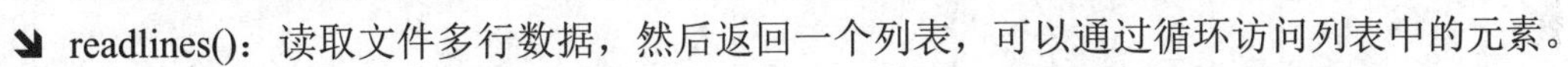

- readlines()：读取文件多行数据，然后返回一个列表，可以通过循环访问列表中的元素。
- read()：从文件中一次性读出所有内容，并赋值给一个字符串变量。该方法包含一个可选的参数，用来设置返回指定字节的内容。

■ 上机练习

【示例 1】readline()方法读取文件。

新建文本文件，保存为 test.txt。输入以下多行字符串，它们是 file 对象的可用方法，也可以直接参考本节示例源码文件 test.txt。

```
file.close():                          关闭文件。
file.flush():                          刷新文件。
file.fileno():                         返回文件描述符。
file.isatty():                         判断文件是否连接到终端设备。
file.next():                           返回下一行。
file.read([size]):                     读取指定字节数。
file.readline([size]):                 读取整行。
file.readlines([sizeint]):             读取所有行。
file.seek(offset[,whence]):            设置当前位置。
file.tell():                           返回当前位置。
file.truncate([size]):                 截取文件。
file.write(str):                       写入文件。
file.writelines(sequence):             写入序列字符串。
```

使用下面的代码逐行读取 test.txt 文件中的字符串，并输出显示，如图 13.1 所示。

```
f = open("test.txt")                   # 打开文本文件
while True:                            # 执行无限循环
    line = f.readline()                # 读取每行文本
    if line:                           # 如果不是尾行，则显示读取的文本
        print(line)
    else:                              # 如果是尾行，则跳出循环
```

```
        break
f.close                                        # 关闭文件对象
```

如果把第 3 行代码改为如下语句，读取的方式会略有不同，但读取的内容完全相同。该行代码表示每行每次读 5 个字节，直到行的末尾，演示效果如图 13.2 所示。

```
line = f.readline(5)
```

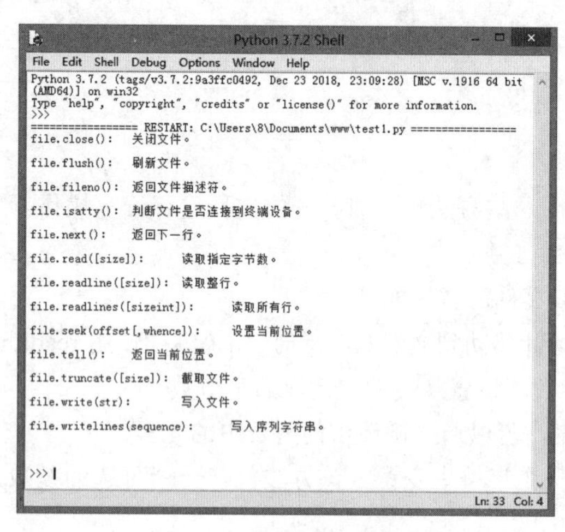

图 13.1　逐行读取并显示

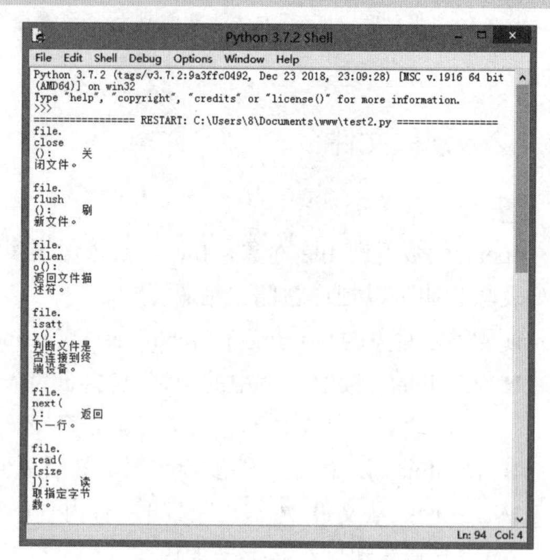

图 13.2　按字节读取并显示

【示例 2】readlines()方法读取文件。

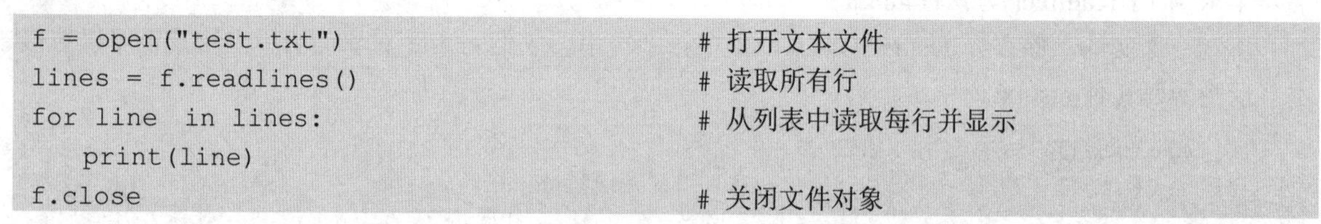

```
f = open("test.txt")                           # 打开文本文件
lines = f.readlines()                          # 读取所有行
for line  in lines:                            # 从列表中读取每行并显示
    print(line)
f.close                                        # 关闭文件对象
```

在上面的代码中，第 2 行代码调用了 readlines()方法，把文件 test.txt 中包含的所有字符串都读取出来；第 3 行代码循环读取列表 lines 中的内容；第 4 行代码输出列表 lines 每个元素的内容，最后手动关闭文件。

【示例 3】read()方法读取文件。

```
f = open("test.txt")                           # 打开文本文件
all = f.read()                                 # 读所有内容
print(all)                                     # 显示所有内容
f.close                                        # 关闭文件对象
```

在上面的代码中，调用 read()方法把文件 test.txt 中所有的内容存储在变量 all 中，然后输出显示文件中包含的所有内容。

扫一扫，看视频

13.1.3　写入文件

■ 知识点

使用文件对象的 write()和 writelines()方法可以为文件写入内容。

- write()：能够将传入的字符串写入文件，并返回写入的字符长度。
- writelines()：能够将一个序列的字符串写入文件。

注意：

write()方法在写入前会清除文件中原有的内容，再重新写入新的内容，相当于“覆盖”。如果需要保留文件中原有的内容，只是添加新的内容，可以使用 a 模式打开文件。writelines()方法不会换行写入每个元素，如果换行写入每个元素，就需要手动添加换行符\n。

提示：

使用 writelines()方法写文件的速度更快。如果需要写入文件的字符串非常多，可以使用 writelines()方法提高效率。如果只需要写入少量的字符串，直接使用 write()方法即可。

■ 上机练习

【示例 1】使用 open()函数以 w 模式创建并打开 test.txt 文件，然后在文件中写入字符串 Python。

```
f = open("test.txt", "w")                    # 打开文件
str = "Python"                               # 定义字符串
n = f.write( str )                           # 写入字符
print(n)                                     # 显示写入字符长度
f.close()                                    # 关闭文件
```

【示例 2】使用 writelines()方法将字符串列表写入打开的 test.txt 文件。

```
f = open("test.txt", "w")                    # 打开文件
list = ["Python","Java","C"]                 # 定义字符串列表
f.writelines( list )                         # 写入字符串列表
list = ["\nPython","\nJava","\nC"]           # 定义字符串列表，添加换行符
f.writelines( list )                         # 写入字符串列表
f.close()                                    # 关闭文件
```

执行程序之后，test.txt 文件的内容如下：

```
PythonJavaC
Python
Java
C
```

13.1.4 删除文件

扫一扫，看视频

■ 知识点

删除文件需要使用 os 模块，调用 os.remove()方法可以删除指定的文件。

注意：

在删除文件之前需要先检测文件是否存在。如果文件不存在，直接进行删除操作将抛出异常。调用 os.path.exists()方法可以检测指定的文件是否存在。

■ 上机练习

【示例】尝试删除当前目录下的 test.txt 文件，如果存在，则直接删除，否则提示不存在。

```
import os                                    # 导入 os 模块
f = "test.txt"                               # 指定操作的文件
if os.path.exists(f):                        # 判断文件是否存在
    os.remove(f)                             # 删除文件
```

```
    print("%s 文件删除成功" % f)
else:
    print("%s 文件不存在" % f)
```

扫一扫，看视频

13.1.5 复制文件

■ **知识点**

文件对象没有提供直接复制文件的方法，但是使用 read()和 write()方法可以间接实现复制文件的操作：先使用 read()方法读取原文件的全部内容，再使用 write()方法写入目标文件。

■ **上机练习**

【示例】把 test1.txt 文件的内容复制给 test2.txt 文件。

```
# 创建 test1.txt，并添加内容
test1 = open("test1.txt", "w")
list = ["Python\n","Java\n","C\n"]          # 定义字符串列表，添加换行符
test1.writelines( list )                    # 写入字符串列表
test1.close()                               # 关闭文件

# 把 test1.txt 复制给 test2.txt
src = open("test1.txt", "r")                # 以只读模式打开 test1.txt
dst = open("test2.txt", "a")                # 以追加模式打开 test2.txt
dst.write(src.read())                       # 把 test1.txt 文件内容复制给 test2.txt

# 关闭文件
src.close()
dst.close()
```

在上面的示例中，通过 read()方法读取 test1.txt 的内容，然后使用 write()方法把这些内容写入 test2.txt 文件。

■ **拓展**

shutil 模块是另一个文件、目录的管理接口，提供了一些用于复制文件、目录的方法。其中，copyfile()方法可以实现文件的复制。具体用法如下：

```
copyfile(src, dst)
```

该方法把 src 指向的文件复制到 dst 指向的文件。参数 src 表示源文件的路径，参数 dst 表示目标文件的路径，两个参数都是字符串类型。

扫一扫，看视频

13.1.6 重命名文件

■ **知识点**

使用 os 模块的 rename()方法可以对文件或目录进行重命名。

■ **上机练习**

【示例 1】本例演示重命名文件的操作。如果当前目录下存在名为 test1.txt 的文件，则重命名为 test2.txt；如果存在名为 test2.txt 的文件，则重命名为 test1.txt。

```
import os                                   # 导入 os 模块
path = os.listdir(".")                      # 获取当前目录下所有文件或文件夹名称列表
```

```
print(path)                                # 显示列表
if "test1.txt" in path:                    # 如果 test1.txt 存在
    os.rename("test1.txt", "test2.txt")    # 把 test1.txt 重命名为 test2.txt
elif  "test2.txt" in path:                 # 如果 test2.txt 存在
    os.rename("test2.txt", "test1.txt")    # 把 test2.txt 重命名为 test1.txt
```

在上面的示例中，“.”表示当前目录，os.listdir()方法能够返回指定目录包含的文件和子目录的名字的列表。

提示：

在实际应用中，通常需要把某一类文件修改为另一种类型，即修改文件的扩展名。这种需求可以通过 rename()方法和字符串查找函数实现。

【示例 2】把扩展名为 htm 的文件修改为以 html 为扩展名的文件。

```
import os                                  # 导入 os 模块
path = os.listdir(".")                     # 获取当前目录下所有文件或目录名称列表
for filename in path:                      # 遍历当前目录下的所有文件
    pos = filename.find(".")               # 获取文件扩展名前的点号下标位置
    if filename[pos+1:] == "htm":          # 如果文件扩展名为 htm
        newname = filename[:pos+1] + "html"  # 定义新的文件名，改扩展名为 html
        os.rename(filename,newname)        # 重命名文件
```

为获取文件的扩展名，这里先查找“.”所在的位置，然后通过切片 filename[pos+1:]截取扩展名。也可以使用 os.path 模块的 splitext()方法实现，splitext()方法返回一个列表，列表中的第 1 个元素表示文件名，第 2 个元素表示文件的扩展名。

13.1.7　获取文件基本信息

扫一扫，看视频

■ 知识点

当创建文件后，每个文件都会包含很多元信息，如创建时间、最新更新时间、最新访问时间、文件大小等。在 Python 中，使用 os 模块的 stat()函数可以获取文件的基本信息。语法格式如下：

```
os.stat(path)
```

参数 path 表示文件的路径，可以是相对路径，也可以是绝对路径。stat()函数返回一个 stat 对象，该对象包含下面几个属性，通过访问这些属性，可以获取文件的基本信息。

- st_mode：inode 保护模式。
- st_ino：inode 节点号。
- st_dev：inode 驻留的设备。
- st_nlink：inode 的链接数。
- st_uid：所有者的用户 ID。
- st_gid：所有者的组 ID。
- st_size：普通文件以字节为单位的大小，包含等待某些特殊文件的数据。
- st_atime：最后一次访问的时间。
- st_mtime：最后一次修改的时间。
- st_ctime：最后一次状态变化的时间，即 inode 上一次变动的时间。

提示：

inode 就是存储文件元信息的区域，也称为索引节点。每一个文件都有对应的 inode，里面包含了与该文件有关的基本信息。

上机练习

【示例 1】使用 stat()函数获取指定目录下特定文件的基本信息。

```
import os                                      # 导入 os 模块
path = "test/0.txt"
print(os.stat(path))                           # 获取全部文件的基本信息
print(os.stat(path).st_mode)                   # 权限模式
print(os.stat(path).st_ino)                    # inode number
print(os.stat(path).st_dev)                    # device
print(os.stat(path).st_nlink)                  # number of hard links
print(os.stat(path).st_uid)                    # 所有用户的 user id
print(os.stat(path).st_gid)                    # 所有用户的 group id
print(os.stat(path).st_size)                   # 文件的大小以位为单位
print(os.stat(path).st_atime)                  # 文件最后访问时间
print(os.stat(path).st_mtime)                  # 文件最后修改时间
print(os.stat(path).st_ctime)                  # 文件创建时间
```

输出为：

```
os.stat_result(st_mode=33206,    st_ino=585467951558244087,    st_dev=4232052604,
st_nlink=1, st_uid=0, st_gid=0, st_size=1, st_atime=1562033172, st_mtime=1562463030,
st_ctime=1562033172)
33206
585467951558244087
4232052604
1
0
0
1
1562033172.7986898
1562463030.9145854
1562033172.7986898
```

【示例 2】通过示例 1 的输出结果可以看到，直接获取的文件大小以字节为单位，获取的时间都是毫秒数。下面的示例尝试对其进行格式化，让它们更直观地显示。

```
import os                                      # 导入 os 模块
def timeFormat(longtime):
    '''时间格式化
        longtime:时间或毫秒数
    '''
    import time                                # 导入 time 模块
    # 把时间转换为本地时间，然后格式化为字符串返回
    return time.strftime('%Y-%m-%d %H:%M:%S', time.localtime(longtime))
```

```
def byteFormat(longbyte):
    '''字节格式化
        longbyte:字节数
    '''
    _temp = ""                              # 临时变量
    if longbyte < 1:                        # 小于 1 字节，返回 0 字节
        return "0 字节"
    if longbyte == 1:                       # 等于 1 字节，返回 1 字节
        return "1 字节"
    if longbyte >= 1024*1024*1024:          # 转换 GB
        _temp = "%dGB " %( longbyte//(1024*1024*1024) )
        longbyte  = longbyte % (1024*1024*1024)
    if longbyte >= 1024*1024:               # 转换 MB
        _temp = _temp + "%dMB " %( longbyte//(1024*1024) )
        longbyte  = longbyte % (1024*1024)
    if longbyte >= 1024:                    # 转换 KB
        _temp = _temp + "%dKB " %( longbyte//(1024) )
        longbyte  = longbyte % (1024)
    if longbyte < 1024:                     # 转换字节
        _temp = _temp + "%d 字节" %(longbyte)
    return  _temp

path = "test/1.jpg"
print(byteFormat(os.stat(path).st_size))   # 文件的大小以位为单位
print(timeFormat(os.stat(path).st_atime)) # 文件最后访问时间
print(timeFormat(os.stat(path).st_mtime)) # 文件最后修改时间
print(timeFormat(os.stat(path).st_ctime)) # 文件创建时间
```

输出为：

```
33KB 370 字节
2020-07-09 14:01:15
2020-07-09 14:01:06
2020-07-09 14:01:15
```

13.2　目录的基本操作

13.2.1　拼接路径

扫一扫，看视频

■ **知识点**

使用 os.path 子模块提供的 join()函数可以将两个或多个路径拼接成一个新的路径。基本语法如下：

```
os.path.join(path1[,path2[,...]])
```

参数 path1、path2 等表示路径字符串，多个参数使用逗号分隔。注意，该函数不负责检测路径的真实性。

提示：

在 Linux、UNIX 系统下，路径分隔符是斜杠(/)；在 Windows 系统下，路径分隔符是反斜杠(\)，也可以兼容斜杠；在 Mac OS 系统中，路径分隔符是冒号' :'。因此，当把两个路径拼接为一个路径时，不要直接使用字符串连接，建议使用 os.path.join()函数，这样可以正确处理不同系统的路径分隔符。

■ 上机练习

【示例 1】使用 os.path.join()函数连接多个路径。

```
import os                                    # 导入 os 模块
Path1 = 'home'
Path2 = 'develop'
Path3 = 'code'
Path4 = Path1 + Path2 + Path3                # 连接字符串
Path5 = os.path.join(Path1,Path2,Path3) # 拼接路径
print ('Path4 = ',Path4)
print ('Path5 = ',Path5)
```

输出为：

```
Path4 =  homedevelopcode
Path5 =  home\develop\code
```

注意：

- 除了第 1 个参数外，如果参数的首字母不是\或/字符，则在拼接路径时会被加上分隔符\的前缀。
- 如果所有参数没有一个是绝对路径，那么拼接的路径将是一个相对路径。
- 如果有一个参数是绝对路径，则在它之前的所有参数均被舍弃，拼接的路径将是一个绝对路径。
- 如果有多个参数是绝对路径，则以参数列表中最后一个出现的绝对路径参数为基础，在它之前的所有参数均被舍弃，拼接的路径将是一个绝对路径。
- 如果最后一个参数为空字符串，则生成的路径将以\字符作为路径的后缀，表示拼接的路径是一个目录。

【示例 2】设计当组成参数包含根路径，或者是绝对路径，或者最后一个参数为空时，使用 os.path.join()函数连接多个路径后的演示效果。

```
import os                                    # 导入 os 模块
Path1 = 'home'
Path2 = '\develop'
Path3 = ''
Path4 = Path1 + Path2 + Path3                # 连接字符串
Path5 = os.path.join(Path1,Path2,Path3) # 拼接路径
print ('Path4 = ',Path4)
print ('Path5 = ',Path5)
```

输出为：

```
Path4 =  home\develop
Path5 =  \develop\
```

在示例 2 中，Path1 = 'home'被舍弃，因为 Path2 = '\develop'包含了根目录，而 Path3 = ' '表示最后一个参数为空，即显示为一个'\'分隔符。

扫一扫，看视频

13.2.2 检测目录

■ 知识点

在文件操作中经常需要先检测给定的目录是否存在，这时可以使用 os.path 模块提供的 exists()函数。基本语法如下：

```
os.path.exists(path)
```

参数 path 为路径字符串，可以是绝对路径，也可以是相对路径。返回布尔值，如果指定的目录存在，则返回 True，否则返回 False。

■ 上机练习

【示例】使用 os.path.exists()函数检测当前目录下是否存在 test 文件夹。

```
import os                              # 导入 os 模块
b = os.path.exists("test")             # 判断当前目录下是否存在 test 文件夹
print(b)
```

输出为：

```
True
```

■ 补充

exists()函数除了可以检测目录，也可以检测文件。也就是说，该函数不区分路径是目录，还是文件。因此，如果要区分指定路径是目录、文件、链接，或者为绝对路径，可以使用以下专用函数。

- os.path.isabs(path)：检测指定路径是否为绝对路径。
- os.path.isdir(path)：检测指定路径是否为目录。
- os.path.isfile(path)：检测指定路径是否为文件。
- os.path.islink(path)：检测指定路径是否为链接。

13.2.3 创建和删除目录

扫一扫，看视频

■ 知识点

使用 mkdir()、makedirs()、rmdir()、removedirs()函数可以创建和删除目录。简单比较如下。

- mkdir(path, mode=0o777)：创建一级目录。
- makedirs(path, mode=0o777)：创建多级目录。
- rmdir(path)：删除一级目录。
- removedirs(path)：删除多级目录。

参数 path 用于指定要创建或删除的目录，可以是绝对路径，也可以是相对路径。参数 mode 用于为目录设置的权限数字模式，默认值为八进制值 0o777，在非 UNIX 系统中无效，或被忽略。

■ 上机练习

【示例】简单调用 mkdir()、makedirs()、rmdir()、removedirs()函数创建和删除目录的操作过程。

```
import os                              # 导入 os 模块
os.mkdir("test")                       # 在当前目录下创建 test 文件夹
os.rmdir("test")                       # 在当前目录下删除 test 文件夹
os.makedirs("test/sub_test")           # 创建多级目录
os.removedirs("test/sub_test")         # 删除多级目录
```

在上面的示例中，第 2 行代码创建一个名为 test 的目录；第 3 行代码删除目录 test；第 4 行代码创建多级目录，先创建目录 test，再创建子目录 sub_test；第 5 行代码删除目录 test 和 sub_test。

注意：

如果创建的目录已经存在，执行创建操作将抛出异常。如果删除的目录不存在，执行删除操作也将抛出异常。因此，在创建或删除目录之前，建议使用 os.path.exists(path)函数先检测指定的目录是否存在。

提示：

rmdir()和 removedirs()函数只能够删除空目录。如果要删除非空目录，可以使用 shutil 模块的 rmtree(path)函数实现。例如，下面的代码将删除当前目录下 test 子目录及其包含的所有内容。

```
import shutil
shutil.rmtree("test")
```

扫一扫，看视频

13.2.4 遍历目录

■ 知识点

遍历目录有两种方法：递归函数和使用 os.walk()。递归函数就是在函数内直接或间接地调用函数本身。os 模块提供了 walk()函数，该函数可用于目录的遍历，功能类似于 os.path 模块的函数 walk()。os.walk()不需要回调函数，更容易使用。语法格式如下：

```
os.walk(top, topdown=True, onerror=None, followlinks=False)
```

参数说明如下。

- top：设置需要遍历的目录路径，即指定要遍历的树形结构的根目录。
- topdown：可选参数，设置遍历的顺序。默认值为 True，表示自上而下遍历，先遍历根目录下的文件，再遍历子目录，以此类推。当值为 False 时，则表示自下而上遍历，先遍历最后一级子目录下的文件，最后才遍历根目录。
- onerror：可选参数，默认值为 None，设置一个函数或可调用的对象，当遍历出现异常时，该对象被调用，用来处理异常。
- followlinks：可选参数，默认值为 False。如果为 True，则会遍历目录下的快捷方式，即在支持的系统上访问由符号链接指向的目录。

该函数返回一个元组，包含 3 个元素：每次遍历的路径名、目录列表和文件列表。

■ 上机练习

【示例 1】先定义一个遍历函数，该函数能够根据指定的目录自动遍历该目录下包含的所有文件，并输出该目录下所有文件名称，以及子目录名称。

首先，在当前目录下构建测试目录结构，如图 13.3 所示。

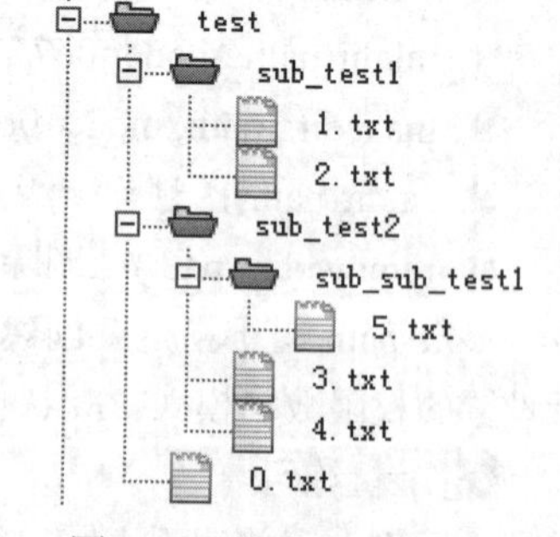

图 13.3 构建测试目录结构

然后，定义一个递归函数，用来遍历指定目录结构。

```
#递归遍历目录
import os                                    # 导入 os 模块
def visitDir(path):
    li = os.listdir(path)                    # 获取指定目录包含的文件或文件夹名字的列表
    for p in li:                             # 遍历列表
        pathname = os.path.join(path, p )    # 拼接成完整的路径
```

```
        if not os.path.isfile(pathname):  # 检测当前路径是否为文件夹
            visitDir(pathname)            # 递归调用函数，遍历子目录下文件
        else:
            print(pathname)               # 输出显示完整的路径
```

在上面的代码中，第 3 行代码定义了名为 visitDir()的函数，该函数以目录路径作为参数；第 4 行代码返回当前路径下所有的目录名和文件名；第 6 行代码调用 os.path 模块的函数 join()，获取文件的完整路径，并保存到变量 pathname 中；第 7 行代码判断 pathname 是否为文件，如果 pathname 表示目录，则递归调用 visitDir()函数，继续遍历底层目录，否则直接输出文件的完整路径。

最后，调用 visitDir()函数，遍历当前目录下 test 文件夹中的所有文件。

```
visitDir("test")
```

输出为：

```
test\0.txt
test\sub_test1\1.txt
test\sub_test1\2.txt
test\sub_test2\3.txt
test\sub_test2\4.txt
test\sub_test2\sub_sub_test1\5.txt
```

【示例 2】使用 os.walk()函数遍历示例 1 中创建的目录 test。

```
# 递归遍历目录
import os                                          # 导入 os 模块
def visitDir(path):
    for root, dirs, files in os.walk(path):        # 遍历目录
        for filepath in files:                     # 遍历文件
            print(os.path.join(root, filepath))    # 输出文件的完整路径
# 调用函数
visitDir("test")
```

使用 os 模块的 walk()函数只要提供一个参数 path，即待遍历的目录树的路径。os.walk()函数实现目录遍历的输出结果和递归函数实现目录遍历的输出结果相同。

13.3 案 例 实 战

13.3.1 复制多媒体文件

扫一扫，看视频

■ 案例分析

复制当前目录下的音频文件“时间都去哪了.mp3”，播放复制后的文件。

■ 案例实现

```
music_name = '时间都去哪了.mp3'                     # 定义文件名
with open(music_name, 'rb') as music:               # 以字节流方式打开文件，赋予读权限
    new_name = 'a.mp3'                              # 定义复制后文件名
    with open(new_name, 'wb') as new_music:         # 以二进制模式打开文件，赋予写权限
```

```
        buffer = 1024                               # 定义一次读 1024 字节
        while True:                                 # 循环读取
            content = music.read(buffer)            # 读取内容
            if not content:                         # 当文件读取结束
                break                               # 跳出循环
            new_music.write(content)                # 写内容
```

扫一扫，看视频

13.3.2 过滤敏感词

■ **案例分析**

创建敏感词文件 file_name，包含以下内容：

```
程序员
北京
上海
```

通过读入文件中敏感词与用户输入信息对比，将含有敏感词的内容用星号(*)代替。

■ **案例实现**

```
def filterwords(file_name):                     # 定义敏感词过滤函数
    with open(file_name,'r') as f:              # 打开文件
        content = f.read()                      # 读取文件内容
        word_list = content.split('\n')         # 将文件内容转换成列表格式
        text = input('敏感词过滤:')              # 输入测试内容
        for word in word_list:                  # 遍历敏感词列表
            if word in text:                    # 测试内容含有敏感词
                length = len(word)              # 获取敏感词长度
                text = text.replace(word,'*'*length)    # 用'*'替换敏感词
        return text                             # 返回测试内容
file = 'filtered_words.txt'                     # 定义文件名
print (filterwords(file))                       # 打印结果
```

扫一扫，看视频

13.3.3 查找文件

■ **案例分析**

输入需要查找的文件路径，在该路径下查找指定文件。

■ **案例实现**

```
import os                                       # 导入模块
def find_file():                                # 定义函数
    path = input('请输入查找文件目录:')          # 接收目录
    filename = input('请输入查找目标文件:')       # 接收文件名
    visit_dir(path, filename)                   # 调用遍历目录函数
def visit_dir(path, filename):                  # 定义函数
    li = os.listdir(path)                       # 获取指定目录包含的文件或文件夹名字的列表
    for p in li:                                # 遍历列表
        pathname = os.path.join(path,p)         # 拼接成完整的路径
        if not os.path.isfile(pathname):        # 检测当前路径是否为文件夹
            visit_dir(pathname, filename)       # 递归调用函数，遍历子目录下文件
```

```
        else:
            if p == filename:                   # 查找到目标文件
                print(pathname)                 # 输出完整文件路径
            else:
                continue
find_file()                                     # 调用函数
```

13.3.4　统计指定目录下文件类型

扫一扫，看视频

■ 案例分析

本案例利用字典结构的特性，把扩展名设置为键名，同类型文件的个数设置为键值，然后遍历指定目录，获取所有文件，再根据键名快速统计同类型文件的个数。

■ 案例实现

```
import os                                       # 导入 os 模块
def count_filetype(file_path):                  # 定义统计文件类型函数
    file_dict={}                                # 定义文件类型字典
    file_list = os.listdir(file_path)           # 获取指定目录包含的文件或文件夹名字的列表
    for file in file_list:                      # 遍历列表
        pathname = os.path.join(file_path, file)        # 拼接成完整的路径
        if os.path.isfile(pathname):            # 检测是否为文件
            (file_name,file_extention)=os.path.splitext(file) # 获取文件名和文件后缀
            if file_dict.get(file_extention) == None:  # 检测字典中是否含有该后缀文件
                count = 0                       # 没有该后缀文件，设置值为 0
            else:
                count = file_dict.get(file_extention)     # 有该后缀文件，获取该值
            count += 1                          # 文件类型个数累加
            file_dict.update({file_extention:count})     # 添加到字典中
    for key,count in file_dict.items(): # 遍历字典
        print('\"%s\"文件夹下共有类型为\"%s\"的文件%s 个'%(file_path,key,count))
count_filetype(r'D:\Python\file')               # 打印信息
```

13.3.5　分页读取文件信息

扫一扫，看视频

■ 案例分析

当文件信息很多时，如果一次性读取全部内容，会占用很多内存资源；如果采用分页读取信息的方法进行显示，会更友好、更高效。本案例通过循环读取每一行文本，结合条件检测控制每一次读取的行数，以实现分页读取文件的信息。

■ 案例实现

```
file = input('请输入文件名:')                   # 接收文件名或文件路径
with open(file ,'r') as f:                      # 打开文件
    flag = False                                # 定义文件是否读取完毕，默认没有读完
    while True:                                 # 循环读取文件
        for i in range(20):                     # 定义一页显示 20 行
            content = f.readline()              # 读取一行
            if content:                         # 判断是否读取完毕
                print (content,end = '')        # 打印内容
```

```
        else:                                   # 读取完毕
            print('文件读取结束!')
            flag = True                         # 设置标记为True
            break                               # 退出读取循环
    if flag:
        break                                   # 文件读取结束，退出整个循环
    choice = input('是否继续读入[y/n]:')        # 文件没有读完，判断是否继续读取
    if choice == 'n' or choice == 'N':          # 不读取
        break                                   # 退出
```

13.4 在线支持

扫码，拓展学习

第 14 章　数据库操作

数据库按规模大小可以分为 4 种类型：大型数据库（如 Oracle）、中型数据库（如 SQL Server）、小型数据库（如 MySQL）、微型数据库（如 SQLite）。本章将以 MySQL 和 SQLite 为例介绍数据库的基本操作，它们都是关系型数据库，可以触类旁通。另外，还有一类非关系型数据库，如 MongoDB 和 Redis 等，本章不再涉及。

【学习重点】

- 安装和使用 PyMySQL 模块。
- 创建 SQLite 数据库。
- 编写简单的数据库读写程序。

14.1　使用 PyMySQL

MySQL 数据库驱动有以下两种。

- MySQL-python：封装了 MySQL 驱动的 MySQLdb 模块。
- mysql-connector-python：MySQL 官方的纯 Python 驱动，即 PyMySQL 模块。

本节主要介绍 mysql-connector-python 驱动的安装和使用。

14.1.1　安装 PyMySQL

扫一扫，看视频

■ 知识点

PyMySQL 是在 Python 3 版本中新增的用于连接 MySQL 服务器的一个库，在 Python 2 中仅能够使用 MySQLdb。PyMySQL 遵循 Python 的 DB API V2.0 规范，并包含了 MySQL 客户端库。

在使用 PyMySQL 之前，需要安装 PyMySQL。PyMySQL 下载地址为 https://github.com/PyMySQL/PyMySQL。

■ 上机操作

安装 PyMySQL 的方法如下。

第 1 步，在 DOS 下输入 cmd 命令，打开命令行窗口。

第 2 步，输入下面命令，安装 PyMySQL 模块，如图 14.1 所示。

```
pip install PyMySQL
```

图 14.1　安装 PyMySQL 模块

第 3 步，安装成功之后，在 Python 命令行中输入以下代码，导入 PyMySQL 模块，如果没有报错，说明安装成功。

```
import pymysql
```

扫一扫，看视频

14.1.2 连接数据库

■ 知识点

在连接数据库之前，应确保在 MySQL 中创建了数据库和数据表，可以使用 MySQL 命令行工具，或者使用 Navicat 等可视化操作工具来实现。

■ 上机操作

【示例】简单演示如何连接 MySQL 数据库。

第 1 步，使用 Navicat 在 MySQL 中新建数据库 python_test，再新建数据表 tb_test，表中包含两个字段：id 和 user，如图 14.2 所示。

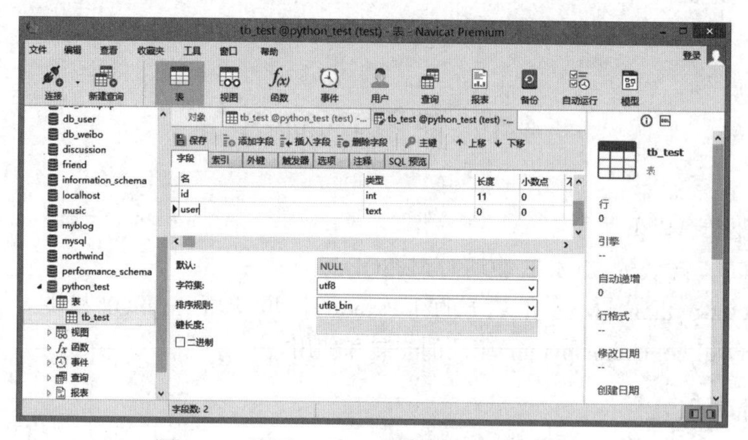

图 14.2 使用 Navicat 新建数据库和数据表

第 2 步，在脚本中导入 PyMySQL 模块。

```
import pymysql
```

第 3 步，建立 Python 与 MySQL 数据库的连接。

```
db = pymysql.connect("localhost","root","11111111","python_test" )
```

因为 PyMySQL 也遵循 Python 的 DB API V2.0 规范，所以可以使用模块的 connect()方法连接 MySQL 数据库。其中，第 1 个参数表示主机名，第 2、3 个参数表示用户名和密码，第 4 个参数表示要连接的数据库名称。

第 4 步，调用连接对象的 cursor()方法，获取游标对象，然后使用游标对象的 execute()方法执行 SQL 语句，本例调用 VERSION()方法，获取数据库的版本号，最后输出版本号信息，并关闭数据库连接。完整代码如下：

```
import pymysql                                      # 导入 PyMySQL 模块
# 打开数据库连接
db = pymysql.connect("localhost","root","11111111","python_test" )
cursor = db.cursor()                                # 使用 cursor()方法创建一个游标对象 cursor
cursor.execute("SELECT VERSION()")                  # 使用 execute()方法执行 SQL 查询
data = cursor.fetchone()                            # 使用 fetchone()方法获取单条数据
```

```
print ("数据库的版本号: %s " % data)
db.close()                                    # 关闭数据库连接
```

第 5 步，执行代码，输出结果如下。

```
数据库的版本号: 5.7.13-log
```

14.1.3　建立数据表

扫一扫，看视频

■ 知识点

连接数据库之后，可以使用 execute()方法为数据库创建数据表。

■ 上机练习

【示例】本例将在 python_test 数据库中创建一个 tb_new 数据表，包含 id（主键）和 user（用户名）两个字段。

```
import pymysql                                # 导入 PyMySQL 模块
# 打开数据库连接
db = pymysql.connect("localhost","root","11111111","python_test" )
cursor = db.cursor()                          # 使用 cursor()方法创建一个游标对象 cursor
# 使用 execute()方法执行 SQL，如果表存在则删除
cursor.execute("DROP TABLE IF EXISTS tb_new")
 # 使用预处理语句创建表
sql = """CREATE TABLE tb_new (
         id  INT NOT NULL AUTO_INCREMENT,
         user text,
         PRIMARY KEY  (id) )"""
cursor.execute(sql)                           # 使用 execute()方法执行 SQL 查询
cursor.close()                                # 关闭游标对象
db.close()                                    # 关闭数据库连接
```

在上面示例的代码中，先检测数据库中是否存在 tb_new 数据表，如果存在，则使用 DROP TABLE 命令先删除，然后使用 CREATE TABLE 命令创建 tb_new 数据表。设置两个字段：id（整数，自动递增）和 user（用户名，文本）。同时设置 id 字段为主键。

执行代码，即可在 python_test 数据库中创建 tb_new 数据表。

使用 Navicat 在数据库 python_test 中查看新建数据表 tb_new，表中包含两个字段：id 和 user，如图 14.3 所示。

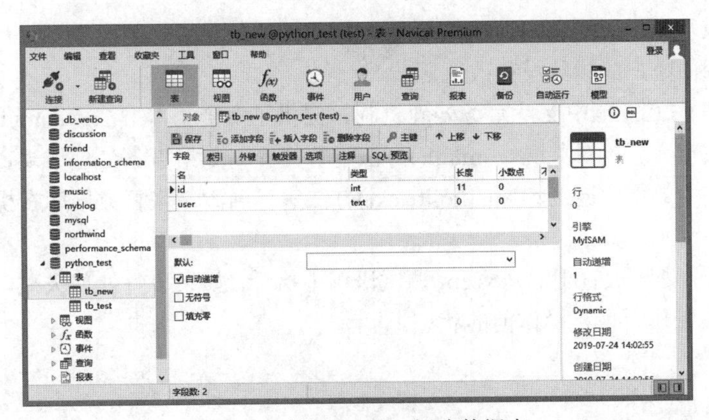

图 14.3　使用 Python 新建数据表

扫一扫，看视频

14.1.4 事务处理

■ 知识点

在操作数据过程中，为了确保数据的一致性和完整性，一般数据库都支持事务处理机制。

事务就是一个数据库操作序列，当一个事务被提交后，数据库要确保该事务中的所有操作都完成，如果部分未完成，则事务中的所有操作都被回滚，恢复到事务执行前的数据状态。

【示例】假设A账户向B账户汇款100元，那么数据库需要完成6步操作。

第1步，从A账户中把余额读出来（500）。

第2步，对A账户做减法操作（500−100）。

第3步，把结果写回A账户中（400）。

第4步，从B账户中把余额读出来（500）。

第5步，对B账户做加法操作（500+100）。

第6步，把结果写回B账户中（600）。

事务具有4个特性，下面结合上面的示例分别进行具体描述。

➘ 原子性

事务中的所有操作不可分割，要么都执行，要么都不执行。

例如，针对上面的示例，提交事务之后，如果执行到第5步时，B账户突然不可用（如被注销），那么之前的所有操作都应该回滚到执行事务之前的数据状态。

➘ 一致性

事务要确保数据库中的数据总是处于一致性状态。

例如，在转账之前，A和B的账户中共有500+500=1000元；在转账之后，A和B的账户中还是400+600=1000元，不会无故增多，也不会无故减少。同时，一致性还要保证账户余额不会变成负数等。

➘ 隔离性

一个事务的执行不能被其他事务干扰，并发执行的多个事务之间不能互相影响。

例如，在A向B转账的过程中，只要事务还没有提交（commit），查询A和B账户的钱数都不会变化。如果在A给B转账的同时，有另外一个事务执行了C给B转账的操作，那么当两个事务都结束的时候，B账户里面的钱应该是A转给B的钱加上C转给B的钱，再加上自己原有的钱。

➘ 持久性

一个事务一旦提交，它对数据库中数据的改变就应该是永久性的。

例如，一旦转账成功（事务提交），A和B两个账户的钱数就会真的发生变化，不会因为网络延迟或不同步等原因，而出现的账户的钱数没有改变等情况。

Python在DB API V2.0规范中支持事务处理机制，提供了两个基本方法：commit()和rollback()。当执行事务时，可以使用数据库连接对象的commit()方法进行提交，如果事务处理成功，则不可撤销；如果事务处理失败，则可以使用数据库连接对象的rollback()方法进行回滚，恢复数据库在操作之前的状态。

■ 上机练习

【示例】一般把事务处理放置于try/except调试语句中执行。如果事务处理失败，可以在except语句中使用rollback()方法回滚操作，恢复操作前的状态。

```
import pymysql                                          # 导入 PyMySQL 模块
# 打开数据库连接
db = pymysql.connect("localhost","root","11111111","python_test" )
```

```
cursor = db.cursor()                        # 使用 cursor()方法创建一个游标对象 cursor
# 事务处理
try:                                        # 定义 SQL 插入语句
    sql = """INSERT INTO tb_new(id, user) VALUES (10, 'test')"""
    cursor.execute(sql)                     # 执行 SQL 语句
    db.commit()                             # 提交事务，同步数据库数据
except:
    db.rollback()                           # 如果发生错误则回滚事务
cursor.close()                              # 关闭游标对象
db.close()                                  # 关闭数据库连接
```

注意：

在 Python 数据库编程中，当游标建立之时，就会自动开始一个隐形的数据库事务。

14.1.5　插入记录

扫一扫，看视频

■ 知识点

插入记录可以在数据表中写入一条或多条数据，主要使用 SQL 的 INSERT INTO 语句实现。

■ 上机练习

【示例 1】使用 SQL 的 INSERT INTO 语句向数据表 tb_new 中插入一条数据。

```
import pymysql                              # 导入 PyMySQL 模块
# 打开数据库连接
db = pymysql.connect("localhost","root","11111111","python_test" )
cursor = db.cursor()                        # 使用 cursor()方法创建一个游标对象 cursor
# 定义 SQL 插入语句
sql = """INSERT INTO tb_new(id, user) VALUES (1, 'zhangsan')"""
try:
    cursor.execute(sql)                     # 执行 SQL 语句
    db.commit()                             # 提交事务，同步数据库数据
except:
    db.rollback()                           # 如果发生错误则回滚事务
cursor.close()                              # 关闭游标对象
db.close()                                  # 关闭数据库连接
```

提示：

在执行插入记录操作中，为了避免操作失败，可以使用 try 语句进行异常跟踪，如果发生异常，则回滚操作，恢复数据库在操作之前的数据状态。

注意：

在涉及数据库的写操作时，都应该使用 commit()方法提交事务，确保数据操作的完整性和一致性。

【示例 2】使用 executemany(sql, data)方法批量插入数据。

```
import pymysql                              # 导入 PyMySQL 模块
# 打开数据库连接
db = pymysql.connect("localhost","root","11111111","python_test" )
cursor = db.cursor()                        # 使用 cursor()方法创建一个游标对象 cursor
```

```
sql = 'insert into tb_new(id,user) values(%s,%s)' # 定义要执行的 SQL 语句
data = [
    (2, 'lisi'),
    (3, 'wangwu'),
    (4, 'zhaoliu')
]
try:
    cursor.executemany(sql, data)        # 批量执行 sql 语句
    db.commit()                          # 提交事务，同步数据库数据
except:
    db.rollback()                        # 如果发生错误则回滚事务
cursor.close()                           # 关闭游标对象
db.close()                               # 关闭数据库连接
```

扫一扫，看视频

14.1.6 查询记录

■ 知识点

查询记录主要使用 SQL 的 SELECT 语句实现，使用 cursor 对象的 execute()方法执行查询后，再通过下面 4 个方法从结果集中读取数据。

- fetchall()：获取结果集中的所有行。
- fetchmany(size=None)：获取结果集中的 size 条记录。如果 size 大于结果集中行的数量，则返回 cursor.arraysize 条记录。
- fetchone()：获取结果集中下一行记录。
- rowcount：只读属性，返回执行 execute()方法后影响的行数。

■ 上机练习

【示例】查询 tb_new 表中 id 字段大于 1 的所有数据。

```
import pymysql                           # 导入 PyMySQL 模块
# 打开数据库连接
db = pymysql.connect("localhost","root","11111111","python_test" )
cursor = db.cursor()                     # 使用 cursor()方法创建一个游标对象 cursor
# SQL 查询语句
sql = "SELECT * FROM tb_new  WHERE id > %s" % (1)
try:
    cursor.execute(sql)                  # 执行 SQL 语句
    results = cursor.fetchall()          # 获取所有记录列表
    for row in results:
        id = row[0]
        user = row[1]
        print ("id=%s,user=%s" %(id, user ))       # 打印结果
except:
    print ("Error: unable to fetch data")
db.close()                               # 关闭数据库连接
```

输出为：

```
id=2,user=lisi
```

```
id=3,user=wangwu
id=4,user=zhaoliu
```

14.1.7 更新记录

扫一扫，看视频

■ 知识点

更新记录可以修改数据表中的数据，主要使用 SQL 的 UPDATE 语句实现。

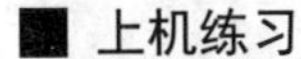

■ 上机练习

【示例】将 tb_new 表中 id 为 2 的 user 字段修改为 new_name。

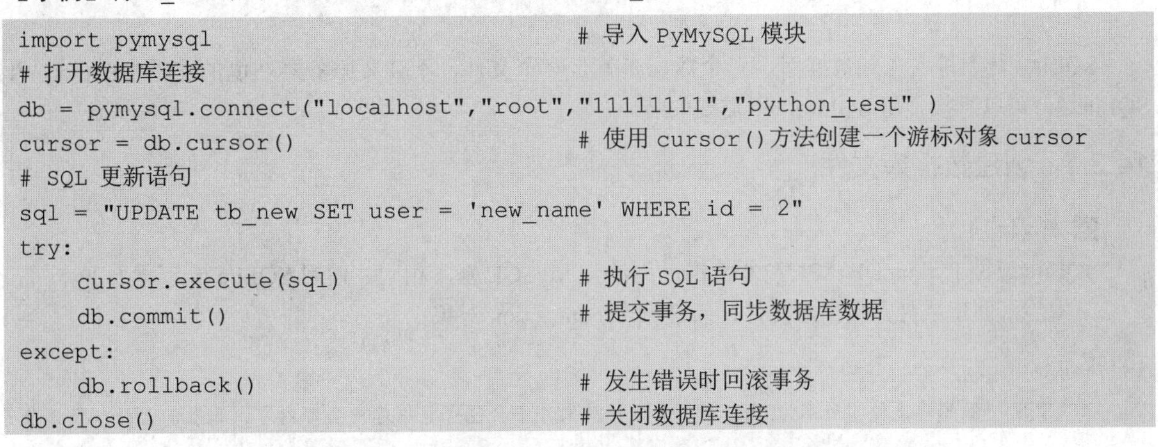

```
import pymysql                                    # 导入 PyMySQL 模块
# 打开数据库连接
db = pymysql.connect("localhost","root","11111111","python_test" )
cursor = db.cursor()                              # 使用 cursor()方法创建一个游标对象 cursor
# SQL 更新语句
sql = "UPDATE tb_new SET user = 'new_name' WHERE id = 2"
try:
    cursor.execute(sql)                           # 执行 SQL 语句
    db.commit()                                   # 提交事务，同步数据库数据
except:
    db.rollback()                                 # 发生错误时回滚事务
db.close()                                        # 关闭数据库连接
```

执行程序，然后使用 Navicat 在数据库 python_test 中查看更新的记录，效果如图 14.4 所示。

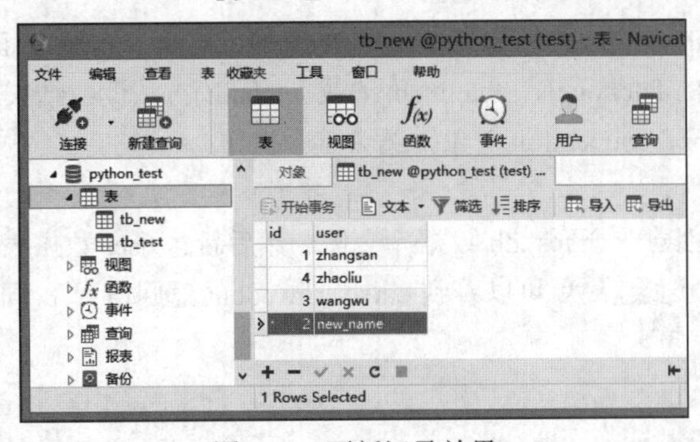

图 14.4　更新记录效果

14.1.8 删除记录

扫一扫，看视频

■ 知识点

删除记录可以删除数据表中的数据，主要使用 SQL 的 DELETE FROM 语句实现。

■ 上机练习

【示例】将 tb_new 表中 id 为 2 的记录删除。

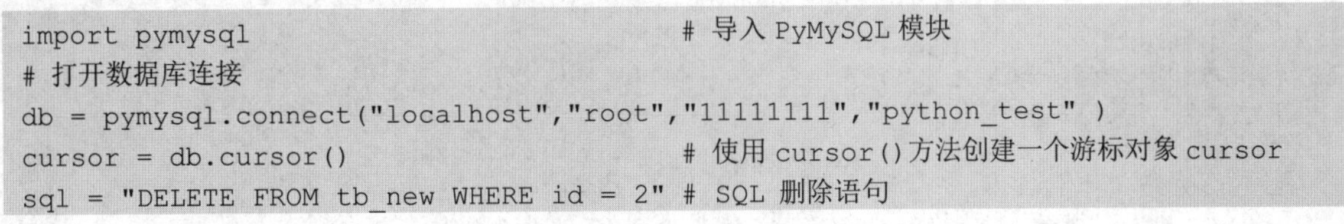

```
import pymysql                                    # 导入 PyMySQL 模块
# 打开数据库连接
db = pymysql.connect("localhost","root","11111111","python_test" )
cursor = db.cursor()                              # 使用 cursor()方法创建一个游标对象 cursor
sql = "DELETE FROM tb_new WHERE id = 2" # SQL 删除语句
```

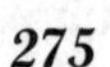

```
try:
    cursor.execute(sql)                    # 执行 SQL 语句
    db.commit()                            # 提交事务
except:
    db.rollback()                          # 发生错误时回滚事务
db.close()                                 # 关闭数据库连接
```

14.2 使用 SQLite

SQLite 是一种嵌入式数据库，一个数据库就是一个文件，不需要服务器环境的支持。Python 内置了 SQLite 3，可以直接使用 SQLite，不需要安装。

扫一扫，看视频

14.2.1 创建数据库文件

■ 知识点

SQLite 遵循 Python DB API V2.0 标准，用法与 MySQL 基本相同。使用 SQLite 的步骤如下。

第 1 步，创建或打开数据库文件，新建一个 connection 对象。

提示：

SQLite 数据库文件扩展名为.db，在一个数据库文件中会包含数据库中全部内容，如表、索引、数据自身等。

第 2 步，使用连接对象打开一个 cursor 对象。

第 3 步，调用游标对象的方法，执行 SQL 命令，如查询、更新、删除、插入等操作。

第 4 步，使用游标对象的 fetchone()、fetchmany()或 fetchall()方法读取结果。

第 5 步，分别关闭 cursor、connection 对象，结束整个操作。

■ 上机操作

【示例】在当前目录中创建一个 test.db 数据库文件，然后新建 user 数据表，表中包含 id 和 name 两个字段，再在数据表中插入一条记录，最后可以看到 cursor.rowcount 返回值为 1，同时在当前目录中新建 test.db 文件。

```
import sqlite3                             # 导入 SQLite 模块
conn = sqlite3.connect('test.db')          # 连接到 SQLite 数据库。数据库文件是 test.db
                                           # 不存在，则会自动创建
cursor = conn.cursor()                     # 创建一个 cursor
try:                                       # 执行一条 SQL 语句：创建 user 表
    cursor.execute('create table user(id varchar(20) primary key,name varchar(20))')
    # 插入一条记录
    cursor.execute('insert into user (id, name) values (\'1\', \'Michael\')')
    # 通过 rowcount 获得插入的行数
    conn.commit()                          # 提交事务
except:
    conn.rollback()                        # 回滚事务
print(cursor.rowcount)                     # 影响的行数：1
cursor.close()                             # 关闭 cursor
conn.close()                               # 关闭 connection
```

14.2.2　从 SQLite 查询数据

■ 知识点

在数据库操作中，使用最频繁的应该是 SELECT 查询语句。该语句的基本语法格式如下：

```
SELECT 列名 FROM 表名 WHERE 限制条件
```

打开本节提供的示例数据库 Northwind_cn.db，针对“产品”数据表练习 SELECT 查询语句的各种查询功能。

■ 上机练习

【示例】在查询数据过程中，可以为 SQL 字符串传递变量。在 SQL 字符串中可以使用“？”定义占位符，在 execute()方法的第 2 个参数中，可以以元组的格式传递一个或多个值。

```
import sqlite3                                      # 导入 SQLite 模块
conn = sqlite3.connect('Northwind_cn.db')  # 连接到 SQLite 数据库
cursor = conn.cursor()                              # 创建一个 cursor
cursor.execute('select * from 产品 where ID =?', ('1',))    # 执行查询语句
values = cursor.fetchall()                          # 使用 fetchall 获得结果集（list）
for i in values:
    print(i)                                        # 返回结果
cursor.close()                                      # 关闭游标
conn.close()                                        # 关闭连接
```

输出为：

```
('4', 1, 'NWTB-1', '苹果汁', None, 5.0, 30.0, 10, 40, '10 箱 x 20 包', 0, 10, '饮料', '')
```

➘ 设置查询的字段

在使用 SELECT 语句时，应先确定所要查询的列，多列之间通过逗号进行分隔，星号(*)表示所有列。如果针对多个数据表进行查询，则在指定的字段前面添加表名和点号(.)前缀，这样就可以防止表之间字段重名而造成的错误。

➘ 比较查询

SELECT 语句一般需要使用 WHERE 限制条件，用于达到更加精确的查询。WHERE 限制条件可以设置精确的值或者查询值的范围（=、<、>、>=、<=）。例如，查询价格高于 50 的产品：

```
"SELECT 产品名称,列出价格 FROM 产品 WHERE 列出价格>50"
```

➘ 多条件查询

使用关键字 AND 和 OR 可以筛选同时满足多个限定条件，或者满足其中一个限定条件。例如，筛选出价格在 30 以上且成本小于 10 的记录：

```
"SELECT * FROM 产品 WHERE 列出价格>=30 AND 标准成本<10"
```

➘ 范围查询

使用关键字 IN 和 NOT IN 可以筛选在或不在某个范围内的结果。例如，筛选产品类别不是“调味品”和“干果和坚果”的记录：

```
"SELECT * FROM 产品 WHERE 类别 NOT IN ('调味品','干果和坚果')"
```

➘ 模糊查询

使用关键字 LIKE 可以实现模糊查询，常见于搜索功能中。在模糊查询中还可以使用通配符，代表未知字符。其中“_”代表一个未指定字符，“%”代表若干个未指定字符。例如，查询产品名称中包含“肉”字的记录：

```
"SELECT * FROM 产品 WHERE 产品名称 LIKE '%肉%'"
```

➘ 结果排序

使用 ORDER BY 关键字可以排序查询的结果集。使用关键字 ASC 和 DESC 可以指定升序或降序排序，默认是升序排列。例如，筛选出所有调味品并按价格由高到低进行排序：

```
"SELECT * FROM 产品 WHERE 类别 = '调味品' ORDER BY 列出价格 DESC"
```

SELECT 语句功能强大，除了上面介绍的功能外，它还可以实现多表查询、汇总计算、限定输出、查询分组等，限于篇幅本小节仅介绍常用的查询功能。

■ 补充

在 SQL 语句中可以使用占位符，SQLite3 模块支持两种占位符：问号(?)和命名占位符。例如，以下两行代码分别使用问号和命名占位符为 SQL 字符串传入参数。

```
# 以问号格式定义占位符，传值时可以使用序列对象
cursor.execute("SELECT * FROM 产品 WHERE
            列出价格>=? AND 标准成本<?", (30, 20) )
# 以命名格式定义占位符（名字占位符前面要加:前缀），传值时必须使用字典进行映射
cursor.execute("SELECT * FROM 产品 WHERE
            列出价格>=:price AND 标准成本<:cost ", {"price": 30, "cost": 20})
```

扫一扫，看视频

14.2.3 操作 SQLite 数据

■ 知识点

➘ 插入数据。在数据表中插入数据的 SQL 语法格式如下：

```
INSERT INTO 数据表 (字段1, 字段2,...) VALUES (值1, 值2,...)
```

➘ 更新数据。更新记录可以使用 UPDATE 语句，语法格式如下：

```
UPDATE 数据表 SET 字段1=值1 [, 字段2=值2 ...] [WHERE 限定条件]
```

其中，SET 子句指定要修改的列和列的值，WHERE 子句是可选的，如果省略该子句，则将对所有记录中的字段进行更新。

➘ 删除数据。删除记录可以使用 DELETE 语句，语法格式如下：

```
DELETE FROM 数据表 [WHERE 限定条件]
```

在执行删除操作时，如果没有指定 WHERE 子句，则将删除所有的记录，因此在操作时要特别慎重。

■ 上机练习

【示例 1】创建或打开数据库 test.db，然后检测是否存在 company 表，如果没有，则新建 company 表，该表包含 5 个字段：id、name、age、address、salary，然后使用 INSERT INTO 子句插入 4 条记录，最后使用 SELECT 子句查询所有记录，并打印出来。

```
import sqlite3                          # 导入 SQLite 模块
conn = sqlite3.connect('test.db')       # 连接到 SQLite 数据库，数据库文件是 test.db
```

```
cursor = conn.cursor()                        # 创建一个 cursor
try:                                          # 创建数据表，如果存在则不创建，否则创建
    cursor.execute('''create table  if not exists  company
       (id int primary key     not null,
       name           text    not null,
       age            int     not null,
       address         char(50),
       salary          real);''')
except:
    pass
try:                                          # 插入 4 条记录
    cursor.execute("insert into company (id,name,age,address,salary) values (1, '张三', 32, '北京', 20000.00 )")
    cursor.execute("insert into company (id,name,age,address,salary) values (2, '李四', 25, '上海', 15000.00 )")
    cursor.execute("insert into company (id,name,age,address,salary)  values (3, '王五', 23, '广州', 20000.00 )")
    cursor.execute("insert into company (id,name,age,address,salary)  values (4, '赵六', 25, '深圳 ', 65000.00 )")
    conn.commit()                             # 提交事务，完成数据写入操作
except:
    conn.rollback()                           # 如果操作异常，则回滚事务
cursor.execute('select * from company')  # 查询所有数据
values = cursor.fetchall()                    # 使用 fetchall 获得结果集（list）
print(values)                                 # 打印结果
cursor.close()                                # 关闭游标
conn.close()                                  # 关闭连接
```

输出为：

```
[(1, '张三', 32, '北京', 20000.0), (2, '李四', 25, '上海', 15000.0), (3, '王五', 23, '广州', 20000.0), (4, '赵六', 25, '深圳 ', 65000.0)]
```

【示例 2】针对示例 1 插入的 4 条记录，更新 id 为 1 的记录，修改该记录的 salary 字段值为 25000.00，然后查询修改后的该条记录，并打印出来。

```
import sqlite3                                # 导入 SQLite 模块
conn = sqlite3.connect('test.db')             # 连接到 SQLite 数据库，数据库文件是 test.db
cursor = conn.cursor()                        # 创建一个 cursor
try:                                          # 更新记录
    cursor.execute("update company set salary = 25000.00 where id=1")
    conn.commit()                             # 提交事务，执行更新操作
except:
    conn.rollback()                           # 如果操作异常，则回滚事务
# 查询记录
results = conn.execute("select id, name, address, salary from company  where id=1")
for row in results:                           # 打印记录
    print("id = ", row[0])
    print("name = ", row[1])
```

```
    print("address = ", row[2])
    print("salary = ", row[3], "\n")
cursor.close()                              # 关闭游标
conn.close()                                # 关闭连接
```

【示例 3】使用 DELETE 语句删除 company 表中 id 为 1 的记录，然后查询所有记录，仅显示 3 条记录。

```
import sqlite3                              # 导入 SQLite 模块
conn = sqlite3.connect('test.db')           # 连接到 SQLite 数据库，数据库文件是 test.db
cursor = conn.cursor()                      # 创建一个 cursor
try:                                        # 删除记录
    cursor.execute("delete from company where id=1")
    conn.commit()                           # 提交事务，执行更新操作
except:
    conn.rollback()                         # 如果操作异常，则回滚事务
# 查询记录
results = conn.execute("select id, name, address, salary from company ")
for row in results:                         # 打印记录
    print("id = ", row[0])
    print("name = ", row[1])
    print("address = ", row[2])
    print("salary = ", row[3], "\n")
cursor.close()                              # 关闭游标
conn.close()                                # 关闭连接
```

扫一扫，看视频

14.3 案 例 实 战

■ 案例分析

本案例练习封装 SQLite 操作，一方面练习面向对象的程序设计，另一方面练习如何操作 SQLite 数据库。设计思路如下。

在当前目录下新建 Model 文件夹，专门存放所有模型代码。新建 DBModel.py 文件，专门用来编写数据库操作的相关代码，然后保存到 Model 文件夹中。

在 DBModel.py 文件中导入 SQLite 模块，定义 DBTool 类，在该类中封装 SQLite 数据库操作的相关函数，主要包括创建指定的数据库和数据表，以及数据的常规操作，如插入、更新、删除、查询等，也可以指定表的结构，表的结构以 SQL 字符串的格式指定。语法格式如下：

```
"字段名 类型，字段名 类型，..."
```

■ 案例实现

DBTool 类的完整代码如下：

```
import sqlite3                              # 导入 SQLite 模块
class DBTool(object):
    def __init__(self, name):               # 初始化函数
        """
        创建数据库连接
```

```
        :param name: 数据库文件的路径和名称
        """
        try:
            self.conn = sqlite3.connect(name)   # 创建或打开数据库
            self.curs = self.conn.cursor()      # 获取游标对象
        except:
            print('创建或打开数据库失败！')
            return None
    def __call__(self, table, fields):          # 调用实例对象
        """
        创建数据表
        :param table: 数据表的名称
        :param fields: SQL 字符串，字段列表
        """
        try:                                    # 判断是否存在指定的表，否则创建表和结构
            create_tb = 'create table if not exists %s ( %s )' % ( table, fields)
            self.conn.execute(create_tb)
        except Exception as e:
            print('创建表失败！')
            print('错误类型：', e)
    def exec(self, sql, args=[]):
        """
        数据库基本操作，可执行插入、修改、删除操作
        :param sql: SQL 字符串
        :param args: SQL 字符串的参数列表
        :return: 返回操作成功与否
        """
        try:                                    # 如果参数 args 为嵌套序列，则批量处理
            if (isinstance(args,(list, tuple)) and len(args) > 0  and
                isinstance(args[0],(list, tuple, dict)) and len(args[0]) > 0):
                self.curs.executemany(sql, args)
            else:                               # 否则执行单个 SQL 字符串
                self.curs.execute(sql, args)
            i = self.conn.total_changes         # 被修改、插入或删除的数据总行数
            self.conn.commit()                  # 提交事务
        except Exception as e:
            print('错误类型：', e)
            self.conn.rollback()                # 回滚事务
            return False
        if i > 0:                               # 根据操作反馈结果，返回布尔值
```

```
            return True
        else:
            return False
    def query(self, sql, args=[]):
        """
        数据查询
        :param sql: SQL字符串
        :param args: SQL字符串的参数列表
        :return: 返回查询结果
        """
        result = self.curs.execute(sql, args)  # 执行查询
        return result                          # 返回查询结果对象
    def close(self):
        """
        关闭连接
        :return:
        """
        self.curs.close()                      # 关闭游标对象
            self.conn.close()                  # 关闭数据库连接
```

【测试代码】

第 1 步，新建测试文件 test1.py，然后导入 DBTool 类。

```
from Model.DBModel import DBTool
```

第 2 步，实例化 DBTool 类，指定要创建的数据库名称 test.db。

```
db = DBTool("test.db")
```

第 3 步，调用实例对象，指定新建数据表的名称和表结构。

```
db("user", "name text, age int")
```

第 4 步，调用相关的数据库操作函数，实现对 SQLite 数据库的操作。

```
# 插入一条记录
sql = 'insert into user (name, age) values (?, ?)'
while True:
    name = input('请输入名称：')
    age = input('请输入年龄：')
    ob = [(name, age)]
    T = db.exec(sql, ob)
    if T:
        print('插入成功！')
    else:
        print('插入失败！')
    go = input("是否继续插入（y/n）：")          # 询问是否继续插入
    if go == "n" or go == "N":
```

```
        break                                        # 跳出循环
# 查询插入的所有记录
sql = 'select * from user'
results = db.query(sql)                              # 获取所有记录列表
for row in results:
    print("name=%s,age=%s" % (row[0], row[1]))  # 打印结果
db.close()                                           # 关闭对象
```

第 5 步，执行程序，根据提示输入用户名和年龄，最后打印所有记录。

14.4 在线支持

扫码，拓展学习

3 应用部分

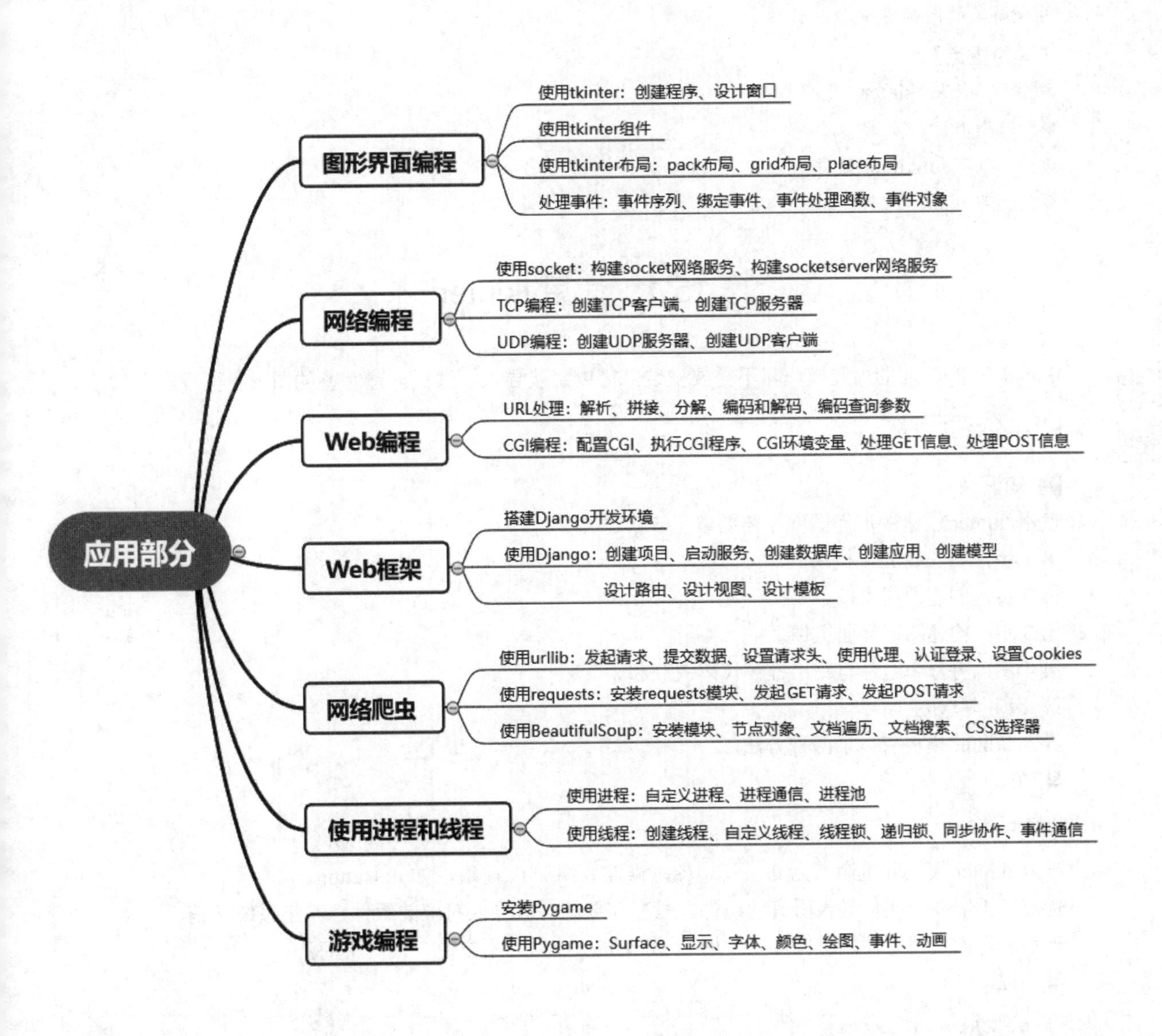

应用部分
图形界面编程
使用tkinter：创建程序、设计窗口
使用tkinter组件
使用tkinter布局：pack布局、grid布局、place布局
处理事件：事件序列、绑定事件、事件处理函数、事件对象
网络编程
使用socket：构建socket网络服务、构建socketserver网络服务
TCP编程：创建TCP客户端、创建TCP服务器
UDP编程：创建UDP服务器、创建UDP客户端
Web编程
URL处理：解析、拼接、分解、编码和解码、编码查询参数
CGI编程：配置CGI、执行CGI程序、CGI环境变量、处理GET信息、处理POST信息
Web框架
搭建Django开发环境
使用Django：创建项目、启动服务、创建数据库、创建应用、创建模型
设计路由、设计视图、设计模板
网络爬虫
使用urllib：发起请求、提交数据、设置请求头、使用代理、认证登录、设置Cookies
使用requests：安装requests模块、发起GET请求、发起POST请求
使用BeautifulSoup：安装模块、节点对象、文档遍历、文档搜索、CSS选择器
使用进程和线程
使用进程：自定义进程、进程通信、进程池
使用线程：创建线程、自定义线程、线程锁、递归锁、同步协作、事件通信
游戏编程
安装Pygame
使用Pygame：Surface、显示、字体、颜色、绘图、事件、动画

第 15 章　图形界面编程

tkinter 是 Python 自带的用于图形界面编程的模块，它是对图形库 TK 的封装，TK 使用简单，支持跨平台，在 Windows 下编写的程序可以直接移植到 Linux、UNIX 等系统下运行。本章将详细讲解 tkinter 模块的使用和简单的图形界面程序设计。

【学习重点】

- 正确使用 tkinter。
- 使用 tkinter 组件。
- 正确布局 tkinter 组件。
- 处理 tkinter 组件事件。

15.1　使用 tkinter

扫一扫，看视频

tkinter 是 Python 的内置模块，不需要安装，可以直接导入，然后创建完整的图形界面程序。

15.1.1　创建程序

■ 知识点

使用 tkinter 创建图形界面程序需要以下 5 步。

第 1 步，导入 tkinter 模块。

第 2 步，创建顶层窗口。

第 3 步，构建图形界面组件。

第 4 步，将每个组件与底层程序代码关联起来。

第 5 步，执行主循环。

导入 tkinter 模块有以下两种方法。

➘ 方法一

```
import tkinter as tk
```

导入 tkinter 模块并重命名为 tk。使用的时候需要添加 tk.前缀，如 tk.Button。

优点：不需要一次性导入所有的组件，只在需要的时候导入对应的组件，减小系统开销。

缺点：每次使用组件的时候都要使用 tk.或 tkinter.前缀，不方便，代码不简洁。

➘ 方法二

```
from tkinter import *
```

将 tkinter 中的所有组件一次性导入，之后编写代码的时候可以直接使用。

优点：方便直接使用组件，代码简洁。

缺点：一次性导入所有组件，系统开销比较大。

使用 Tk()函数可以创建顶层主窗口对象。

■ 上机练习

【示例】创建一个顶层窗口，并设置窗口标题为“顶层窗口”。

```
from tkinter import *                    # 导入 tkinter 模块内的所有组件
root = Tk()                              # 生成 root 主窗口
root.title("顶层窗口")                    # 给窗口自定义名称，否则默认显示为 k
root.mainloop()                          # 进入消息循环，否则运行时将一闪而过，看不到界面
```

运行代码，创建了一个顶层窗口，效果如图 15.1 所示。

图 15.1 创建顶层窗口

tkinter 会调用系统的窗口样式，所以在不同的系统下会拥有与该系统一致的界面。目前创建的是一个空窗口，什么组件都没有添加。

在命令行下，运行 Tk()函数后进入消息循环，可以显示顶层窗口。如果运行 Python 文件，要调用 mainloop()方法进入消息循环，否则窗口一闪而逝，看不到运行结果。

15.1.2 设计窗口

扫一扫，看视频

■ 知识点

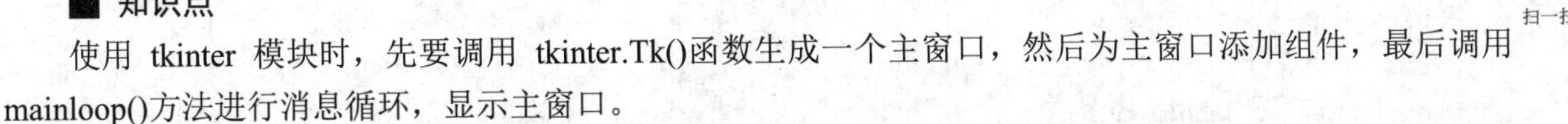

使用 tkinter 模块时，先要调用 tkinter.Tk()函数生成一个主窗口，然后为主窗口添加组件，最后调用 mainloop()方法进行消息循环，显示主窗口。

■ 上机练习

【示例】设计一个包含标签和按钮组件的主窗口。

```
import tkinter                                    # 导入 tkinter 模块
root=tkinter.Tk()                                 # 生成 root 主窗口
label = tkinter.Label(root, text="第一个界面示例")  # 生成标签
label.pack()                                      # 将标签添加到 root 主窗口
button1 = tkinter.Button(root, text="按钮 1")     # 生成 button1
button1.pack(side=tkinter.LEFT)                   # 将 button1 添加到 root 主窗口
button2=tkinter.Button(root, text="按钮 2")  # 生成 button2
button2.pack(side=tkinter.RIGHT)                  # 将 button2 添加到 root 主窗口
root.mainloop()                                   # 进入消息循环
```

在上面的示例代码中，直接实例化 tkinter 库中的一个标签组件（Label）和两个按钮组件（Button），然后调用 pack()方法，将它们添加到主窗口中。演示效果如图 15.2 所示，运行后的主窗口中显示了一个标签和两个按钮。

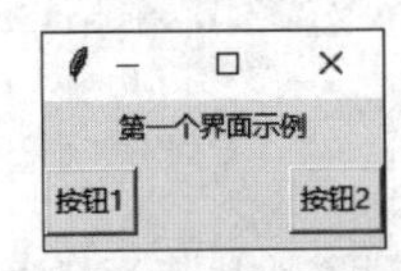

图 15.2 在界面中添加组件

TK 使用布局包管理器管理所有的组件。当定义完组件之后，需要调用 pack()方法控制组件的显示方式，如果不调用 pack()方法，组件将不会显示。调用 pack()方法时，还可以给 pack()方法传递参数控制显示方式。

运行上面的示例后，单击两个按钮均无反应，这是因为本例还没有为按钮绑定事件。关于组件的事件处理，将在15.5节中进行详细讲解。

15.2 使用tkinter组件

tkinter提供了丰富的组件，能够满足图形界面程序的设计需求。本节将介绍一些常用组件的基本用法，详细说明可以参考官方文档。

15.2.1 标签

扫一扫，看视频

■ **知识点**

标签（Label）提供了在窗口中显示文本或图片的组件。使用tkinter.Label()构造函数可以创建标签组件。语法格式如下：

```
Label(master=None, **options)
```

其中，参数master表示父组件；可变关键字参数**options设置组件参数。关键字参数说明请参考本章在线支持部分。

■ **上机练习**

【示例】使用Label编写一个文本显示的程序，在程序主体中显示“设计标签组件”。

```
from tkinter import *                        # 导入 tkinter 模块
root = Tk()                                  # 生成主窗口
root.title('使用标签组件')                    # 定义窗口标题
# 定义标签并设置样式
label = Label(root,
        anchor = E,                          # 右侧显示
        bg = '#eef',                         # 浅灰背景色
        fg = 'red',                          # 红色字体
        text = '设计标签组件',                # 显示的文本
        font=('隶书', 24),                    # 字体类型和大小
        width = 20,                          # 标签的宽度，单位为字体大小
        height = 3                           # 标签的高度，单位为字体大小
)
label.pack()                                 # 调用 pack()方法，添加到主窗口
root.mainloop()                              # 进入主循环
```

运行程序，演示效果如图15.3所示。

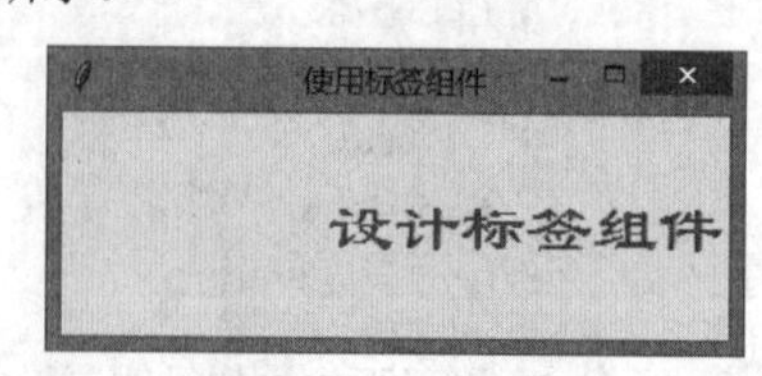

图15.3　定义标签

15.2.2　按钮

■ **知识点**

按钮（Button）提供人机交互，专门用于捕获键盘和鼠标事件，并且能够做出相关响应的组件。语法格式如下：

```
Button(master=None, **options)
```

其中，参数 master 表示父组件；可变关键字参数**options 设置组件参数，关键字参数说明请参考本章在线支持部分。按钮常用的参数如下：

```
tkinter.Button(window, text="显示文本", command=回调函数或命令)
```

其中，参数 window 表示显示按钮的窗口；text 用于设置按钮文本；command 用于设置按钮响应的回调函数或命令。

■ **上机练习**

【示例 1】本示例演示按钮的基本用法，界面如图 15.4 所示。

```
from tkinter import *                          # 导入 tkinter 模块
root =Tk()                                     # 生成主窗口
root.title('使用按钮组件')                     # 定义窗口标题
# 使用 state 参数设置按钮的状态
Button(root, text='禁用', state=DISABLED).pack(side=RIGHT)
Button(root, text='取消').pack(side=LEFT)
Button(root, text='确定').pack(side=LEFT)
Button(root, text='退出', command=root.quit).pack(side=RIGHT)
root.mainloop()                                # 进入主循环
```

在上面的代码中，state=DISABLED 表示定义禁用按钮，command=root.quit 表示为按钮绑定了退出主窗口的命令。

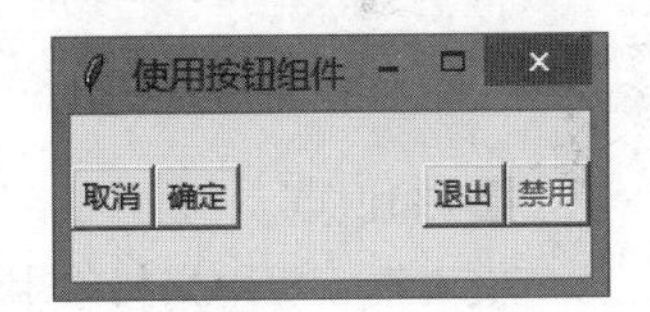

图 15.4　定义按钮

从图 15.4 可以看到，“禁用”按钮的样式与其他按钮的样式不同，它是不能进行任何操作的。在单击“退出”按钮的时候，程序会退出，而单击“取消”和“确定”按钮则没有任何反应，这是因为“退出”按钮绑定了 root.quit，这是系统内置回调命令，表示退出整个主循环，自然整个程序就退出了。而由于没有为“取消”和“确定”按钮绑定任何回调，所以单击这两个按钮没有任何事情发生。

可以为每一个按钮绑定一个回调函数，当按钮被按下时，系统会自动调用绑定的函数。按钮可以禁用，禁用之后的按钮不能进行单击等任何操作。如果将按钮放进 Tab 群中，就可以使用 Tab 键来进行跳转和定位。

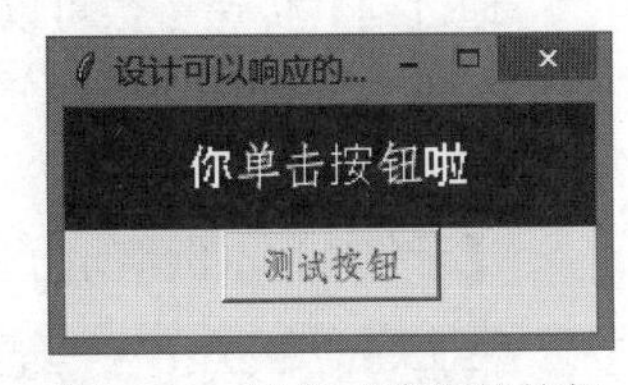

图 15.5　定义可响应的按钮

【示例 2】在窗口中添加一个标签组件和一个按钮组件。当用户单击按钮时，将调用自定义函数 hit_me()，改写标签显示的文本，演示效果如图 15.5 所示。

```
import tkinter as tk                           # 使用 tkinter 前需要
先导入
# 第 1 步，实例化 object，建立窗口 window
window = tk.Tk()
# 第 2 步，给窗口的可视化起名字
window.title('设计可以响应的按钮')
```

```
# 第 3 步，设定窗口的大小（长×宽）
window.geometry('240x100')                    # 这里的乘号是小写字母 x
# 第 4 步，在图形界面上设定标签
var = tk.StringVar() # 将label标签的内容设置为字符类型，用var接收hit_me()函数的返回值，
                       用于显示在标签上
l = tk.Label(window, textvariable=var, bg='blue', fg='white', font=('Arial', 16),
width=20, height=2)
# 说明： bg为背景，fg为字体颜色，font为字体，width为长，height为高，这里的长和高是字符的长
和高，如height=2，就是标签有两个字符高
l.pack()
# 定义一个函数功能（代码可以自由编写），供单击Button按键时调用，调用命令参数command=函数名
on_hit = False
def hit_me():
    global on_hit
    if on_hit == False:
        on_hit = True
        var.set('你单击按钮啦')
    else:
        on_hit = False
        var.set('')
# 第 5 步，在窗口界面放置Button按键
b = tk.Button(window, text='测试按钮', font=('Arial', 12), width=10, height=1,
command=hit_me)
b.pack()
# 第 6 步，主窗口循环显示
window.mainloop()
```

扫一扫，看视频

15.2.3 文本框

■ 知识点

文本框主要用来接收用户输入。使用 tkinter.Entry 和 tkinter.Text 组件都可以创建输入文本框。具体区别如下。

- tkinter.Entry：创建单行文本框。
- tkinter.Text：创建多行文本框。

通过向其传递参数可以设置文本框的背景色、大小、状态等。tkinter.Entry 和 tkinter.Text 关键字参数说明请参考本章在线支持部分。

■ 上机练习

【示例 1】本例演示了在主窗口中显示创建密文形式和明文形式的单行文本框。

```
import tkinter as tk                          # 使用tkinter前需要先导入
# 第 1 步，实例化object，建立窗口window
window = tk.Tk()
# 第 2 步，给窗口的可视化起名字
window.title('设计单行文本框')
# 第 3 步，设定窗口的大小（长×宽）
window.geometry('280x100')                    # 这里的乘号是小写字母 x
# 第 4 步，在图形界面上设定输入框控件Entry并放置控件
```

```
e1 = tk.Entry(window, show='*', font=('Arial', 14))    # 显示成密文形式
e2 = tk.Entry(window, show=None, font=('Arial', 14))   # 显示成明文形式
e1.pack()
e2.pack()
# 第 5 步，主窗口循环显示
window.mainloop()
```

运行程序，演示效果如图 15.6 所示。

图 15.6　定义单行文本框

【示例 2】可以为文本框设置默认值，也可以禁止用户输入。如果禁止输入，用户就不能改变输入框中的值。本例使用 state="disabled"禁用文本框；使用 state="readonly"设置文本框为只读；使用 textvariable = value 设置文本框的默认值，其中，value 为一个变量，接收 StringVar 对象，再通过 StringVar 对象设置默认值。演示效果如图 15.7 所示。

```
import tkinter as tk                                # 使用 tkinter 前需要先导入
# 第 1 步，实例化 object，建立窗口 window
window = tk.Tk()
# 第 2 步，给窗口的可视化起名字
window.title('设计文本框状态属性')
# 第 3 步，设定窗口的大小（长×宽）
window.geometry('280x100')                          # 这里的乘号是小写字母 x
# 第 4 步，定义 StringVar()对象
value1 = tk.StringVar()
value2 = tk.StringVar()
# 第 5 步，在图形界面上设定输入框控件 Entry 并放置控件
e1 = tk.Entry(window, state="disabled", textvariable = value1, font=('Arial', 14) )
                                                    # 禁用文本框，也可以设置为 state=tk.DISABLED
e2 = tk.Entry(window, state="readonly", textvariable = value2, font=('Arial', 14) )
                                                    # 只读文本框
# 第 6 步，设置默认值
value1.set("禁用文本框的默认值")
value2.set("只读文本框的默认值")
# 第 7 步，把文本框绑定到窗口上
e1.pack()
e2.pack()
# 第 8 步，主窗口循环显示
window.mainloop()
```

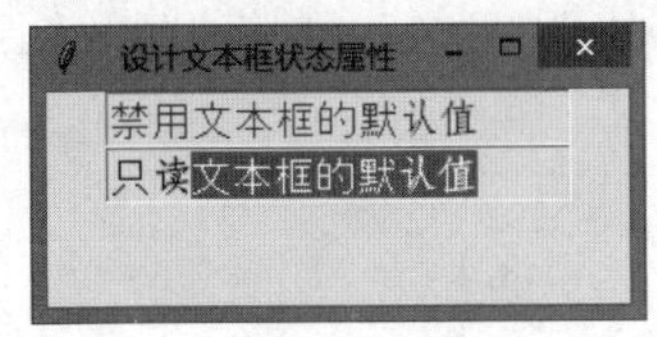

图 15.7　设置文本框的状态属性

【示例 3】对于禁用文本框，用户不能进行输入操作，但是不管是禁用文本框，还是只读文本框，输入框中的内容都可以在回调方法中获取。

本示例在窗口中放置两个文本框，一个是单行文本框 e，另一个是多行文本框 t。再放置两个按钮，绑定回调函数，实现单击按钮时，读取单行文本框的值，然后分别插入到多行文本框的焦点位置和尾部位置。演示效果如图 15.8 所示。

```
import tkinter as tk                          # 使用 tkinter 前需要先导入
# 第 1 步，实例化 object，建立窗口 window
window = tk.Tk()
# 第 2 步，给窗口的可视化起名字
window.title('读取文本框中的值')
# 第 3 步，设定窗口的大小（长×宽）
window.geometry('360x160')                    # 这里的乘号是小写字母 x
# 第 4 步，在图形界面上设定输入框控件 Entry
e = tk.Entry(window, show = None)             # 显示成明文形式
e.pack()
# 第 5 步，定义两个触发事件时的函数 insert_point()和 insert_end()
# 注意，因为 Python 的执行顺序是从上至下，所以函数一定要放在按钮的上面
def insert_point():                           # 在光标焦点处插入输入内容
    var = e.get()
    t.insert('insert', var)
def insert_end():                             # 在文本框的内容最后接着插入需要输入的内容
    var = e.get()
    t.insert('end', var)
# 第 6 步，创建并放置两个按钮分别触发两种情况
b1 = tk.Button(window, text='在光标位置插入', width=20, height=2, command=insert_point)
b1.pack()
b2 = tk.Button(window, text='在文本尾部插入', width=20, height=2, command=insert_end)
b2.pack()
# 第 7 步，创建并放置一个多行文本框 Text 用以显示
# 指定 height=3 为文本框是 3 个字符高度
t = tk.Text(window, height=3)
t.pack()
# 第 8 步，主窗口循环显示
window.mainloop()
```

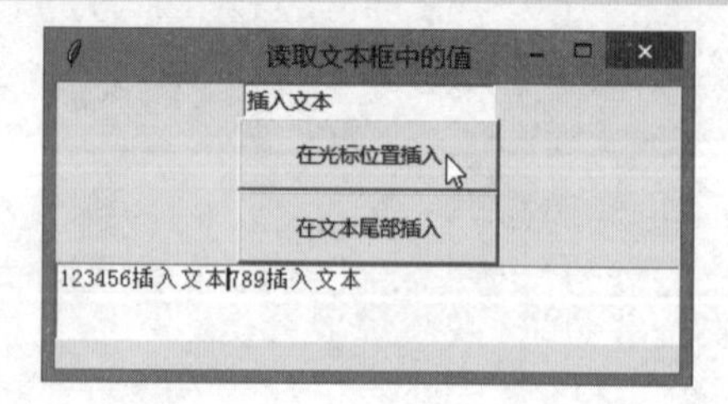

图 15.8 读取单行文本框的值并插入多行文本框

扫一扫，看视频

15.2.4 单选按钮和复选按钮

■ 知识点

单选按钮（Radiobutton）是一组排他性的选择框，只能从该组中选择一个选项，当选择了其中一项之

后便会取消其他选项的选择。

与按钮组件一样，单选按钮可以使用图像或文本。要想使用单选按钮，必须将这一组单选按钮与一个相同的变量关联起来，由用户为这个变量选择不同的值。

与单选按钮相对的是复选按钮（Checkbutton），复选按钮表示两种不同的状态，即被选中表示一种状态，未被选中表示另一种状态。复选按钮之间没有互斥作用，可以一次选择多个。

每一个复选按钮都需要跟一个变量相关联，并且每一个复选按钮关联的变量都是不一样的。如果像单选按钮一样，关联的是同一个按钮，则当选中其中一个的时候，会将所有的按钮都选上。可以给每一个复选按钮绑定一个回调函数，当该选项被选中的时候，执行回调函数。

使用 tkinter.Radiobutton 和 tkinter.Checkbutton 可以分别创建单选按钮和复选按钮。通过向其传递参数可以设置单选按钮和复选按钮的背景色、大小、状态等。有关关键字参数说明请参考本章在线支持部分。

■ **上机练习**

【示例 1】在窗口中插入 3 个按钮，然后把它们绑定为一组，当用户选中某个选项时，则在顶部的标签中动态显示被选中项的提示信息。

```
import tkinter as tk                          # 使用 tkinter 前需要先导入
# 第 1 步，实例化 object，建立窗口 window
window = tk.Tk()
# 第 2 步，给窗口的可视化起名字
window.title('设计单选按钮组')
# 第 3 步，设定窗口的大小（长×宽）
window.geometry('240x140')                    # 这里的乘号是小写字母 x
# 第 4 步，在图形界面上创建一个标签 label 用于显示并放置
var = tk.StringVar()    # 定义一个 var 用来将 Radiobutton 的值和 Label 的值联系在一起
l = tk.Label(window, bg='yellow', width=20, text='')
l.pack()
# 第 6 步，定义选项触发函数功能
def print_selection():
    l.config(text='被选项为：' + var.get())
# 第 5 步，创建 3 个 Radiobutton 选项，其中 variable=var, value='a'的意思就是当选中了其中一个
选项时，把 value 的值 a 放到变量 var 中，然后赋值给 variable
r1 = tk.Radiobutton(window, text='A', variable=var, value='a', command=print_selection)
r1.pack()
r2 = tk.Radiobutton(window, text='B', variable=var, value='b', command=print_selection)
r2.pack()
r3 = tk.Radiobutton(window, text='C', variable=var, value='c', command=print_selection)
r3.pack()
# 第 7 步，主窗口循环显示
window.mainloop()
```

运行程序，演示效果如图 15.9 所示。

【示例 2】设计复选按钮组，使用 onvalue=1 设置被选中时的值，使用 offvalue=0 设置未被选中时的值，定义 var1 和 var2 整型变量用来存放选择行为返回值，然后为每个复选按钮绑定单击事件，定义事件处理函数为 print_selection()，该函数获取复选按钮当前的状态值，并在顶部标签组件中显示提示信息。

```
import tkinter as tk                          # 使用 tkinter 前需要先导入
# 第 1 步，实例化 object，建立窗口 window
window = tk.Tk()
```

```
# 第 2 步，给窗口的可视化起名字
window.title('设计复选按钮组')
# 第 3 步，设定窗口的大小（长×宽）
window.geometry('300x100')                    # 这里的乘号是小写字母 x
# 第 4 步，在图形界面上创建一个标签 label 用于显示信息
l = tk.Label(window, bg='yellow', width=20, text='')
l.pack()
# 第 6 步，定义触发函数功能
def print_selection():
    if (var1.get() == 1) & (var2.get() == 0): # 如果选中第 1 个选项，未选中第 2 个选项
        l.config(text='勾选了 Python ')
    elif (var1.get() == 0) & (var2.get() == 1):# 如果选中第 2 个选项，未选中第 1 个选项
        l.config(text='勾选了 C++')
    elif (var1.get() == 0) & (var2.get() == 0):    # 如果两个选项都未选中
        l.config(text='什么都没有勾选')
    else:
        l.config(text='全部勾选')                  # 如果两个选项都选中
# 第 5 步，定义两个 Checkbutton 选项并放置
var1 = tk.IntVar()  # 定义 var1 和 var2 整型变量用来存放选择行为返回值
var2 = tk.IntVar()
c1 = tk.Checkbutton(window, text='Python',variable=var1, onvalue=1, offvalue=0,
command=print_selection)                          # 传值原理类似于 Radiobutton 部件
c1.pack()
c2 = tk.Checkbutton(window, text='C++',variable=var2, onvalue=1, offvalue=0,
command=print_selection)
c2.pack()
# 第 7 步，主窗口循环显示
window.mainloop()
```

运行程序，演示效果如图 15.10 所示。

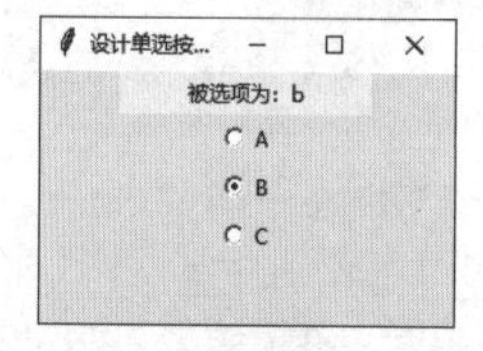

图 15.9　设计单选按钮组

图 15.10　设计复选按钮组

注意：

对于单选按钮和复选按钮，variable 是比较关键的参数。由 variable 指定的变量应使用 tkinter.IntVar 或 tkinter.StringVar 生成。其中，tkinter.IntVar 生成一个整型变量，而 tkinter.StringVar 将生成一个字符串变量。

当使用 tkinter.IntVar 或 tkinter.StringVar 生成变量后，可以使用 set()方法设置变量的初始值。如果该初始值与组件 value 所指定的值相等，则该组件处于被选中状态。如果其他组件被选中，则变量值将被更改为该组件 value 所指定的值。

扫一扫，看视频

15.2.5　菜单

■ 知识点

菜单用来实现下拉式或弹出式菜单，单击菜单后便弹出的一个选项列表，用户可以从中进行选择。一

般的应用程序界面都需要提供菜单选项功能。

注意：

在 tkinter 中，菜单组件的添加与其他组件有所不同。菜单要使用创建的主窗口的 config()方法添加到窗口中。

■ **上机练习**

【示例 1】创建一个顶级菜单，先创建一个菜单实例，然后使用 add()方法将命令和其他子菜单添加进去，演示效果如图 15.11 所示。

```
import tkinter as tk            # 使用 tkinter 前需要先导入
# 第 1 步，实例化 object，建立窗口 window
window = tk.Tk()
# 第 2 步，创建一个顶级菜单
menubar = tk.Menu(window)
menubar.add_command(label = "Hello")
# 第 3 步，显示菜单
window.config(menu = menubar)
# 第 4 步，主窗口循环显示
window.mainloop()
```

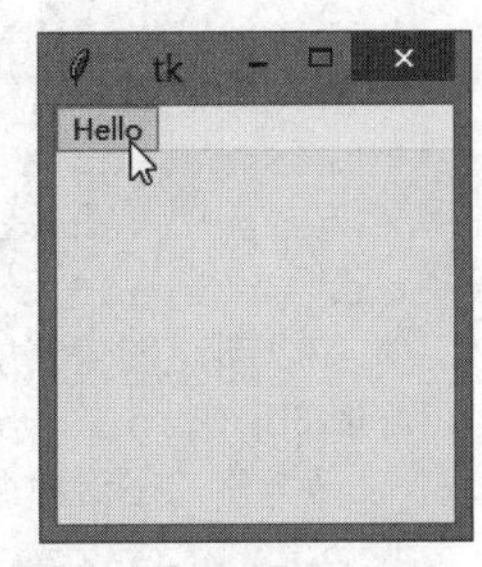

图 15.11　设计顶级菜单

创建一个顶级菜单，需要先使用 Menu()构造函数创建一个菜单实例，然后使用 add()方法将命令和其他子菜单添加进去。Menu()构造函数的用法如下：

```
Menu(master=None, **options)
```

其中，参数 master 表示一个父组件；**options 用于设置组件参数，各个参数的具体含义和用法可以参考本章在线支持环节。

创建菜单实例之后，可以调用 add()方法添加具体组件，用法如下：

```
add(type, **options)
```

参数 type 指定添加的菜单类型，可以是 command（命令）、cascade（父菜单）、checkbutton（复选按钮）、radiobutton（单选按钮）或 separator（分隔线）；还可以通过 options 参数设置菜单的属性，举例如下。

- label：指定菜单项显示的文本。
- menu：该选项仅在 cascade 类型的菜单中使用，用于指定它的下级菜单。
- command：将该选项与一个方法相关联，当用户单击该菜单项时将自动调用此方法。

options 可以使用的选项和具体含义参考本章在线支持部分。几个专用方法的说明如下。

- add_cascade(**options)：表示添加一个父菜单，相当于 add("cascade", **options)。
- add_checkbutton(**options)：表示添加一个复选按钮的菜单项，相当于 add("checkbutton", **options)。
- add_command(**options)：表示添加一个普通的命令菜单项，相当于 add("command", **options)。
- add_radiobutton(**options)：表示添加一个单选按钮的菜单项，相当于 add("radiobutton", **options)。
- add_separator(**options)：表示添加一条分割线，相当于 add("separator", **options)。

【示例 2】创建一个下拉菜单或其他子菜单，方法与示例 1 大同小异，最主要的区别是它们最后需要添加到主菜单上，而不是窗口上。本例演示如何在主窗口中添加下拉菜单。

```
import tkinter as tk                    # 使用 tkinter 前需要先导入
# 第 1 步，实例化 object，建立窗口 window
window = tk.Tk()
```

```
# 第 2 步，给窗口的可视化起名字
window.title('设计菜单')
# 第 3 步，设定窗口的大小（长×宽）
window.geometry('250x150')                    # 这里的乘号是小写字母 x
# 第 5 步，创建一个菜单栏，这里可以理解为一个容器，在窗口的上方
menubar = tk.Menu(window)
# 第 6 步，创建一个文件菜单项
filemenu = tk.Menu(menubar, tearoff=0)
# 将上面定义的空菜单命名为文件，放在菜单栏中，就是装入那个容器中
menubar.add_cascade(label='文件', menu=filemenu)
# 在文件中加入新建、打开、保存子菜单，即下拉菜单
filemenu.add_command(label='新建')
filemenu.add_command(label='打开')
filemenu.add_command(label='保存')
# 第 7 步，创建菜单栏完成后，配置让菜单栏 menubar 显示出来
window.config(menu=menubar)
# 第 8 步，主窗口循环显示
window.mainloop()
```

运行程序，演示效果如图 15.12 所示。

图 15.12　设计下拉菜单

在上面代码的第 6 步中：filemenu = tk.Menu(menubar, tearoff=0)，tearoff=0 表示关闭菜单独立功能。如果设置为 1 或 True，则表示开启菜单独立功能，此时，菜单上面会显示一条虚线，单击虚线能够让该菜单独立悬浮显示，如图 15.13 所示。

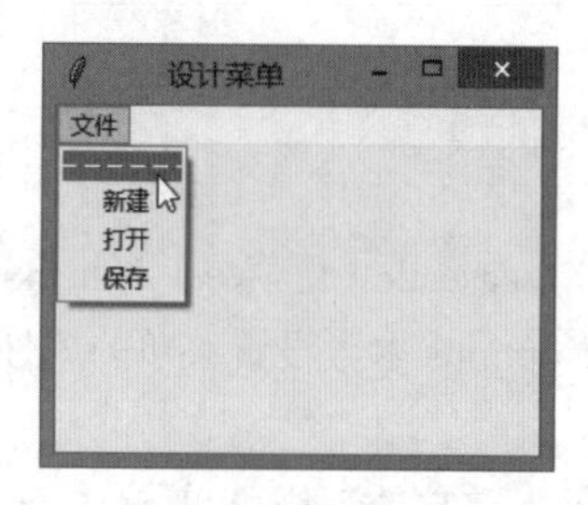

（a）开启 tearoff

（b）单击之后独立显示

图 15.13　开启独立菜单功能

【示例 3】创建弹出菜单的方法与示例 2 的方法相同，不过需要使用 post()方法明确地将其显示出来。设计一个右键快捷菜单，并为菜单项绑定功能：简单记录用户单击快捷菜单项目的次数。

```
import tkinter as tk                          # 使用 tkinter 前需要先导入
# 第 1 步，实例化 object，建立窗口 window
window = tk.Tk()
# 第 2 步，给窗口的可视化起名字
window.title('设计菜单')
# 第 3 步，设定窗口的大小（长×宽）
window.geometry('300x200')                    # 这里的乘号是小写字母 x
# 第 4 步，在图形界面上创建一个标签用以显示用户操作次数
l = tk.Label(window, text='操作次数：0', bg='yellow')
l.pack()
# 第 5 步，定义一个计数器函数，用来代表菜单选项的功能
```

```
counter = 1
def callback():
    global counter
    l.config(text='操作次数：'+ str(counter))
    counter += 1
# 第 6 步，创建一个弹出菜单
menu = tk.Menu(window, tearoff=False)
menu.add_command(label="撤销", command=callback)
menu.add_command(label="重做", command=callback)
# 第 7 步，定义弹出菜单
def popup(event):
    menu.post(event.x_root, event.y_root)
# 第 8 步，绑定鼠标右键
window.bind("<Button-3>", popup)
# 第 9 步，主窗口循环显示
window.mainloop()
```

运行程序，演示效果如图 15.14 所示。

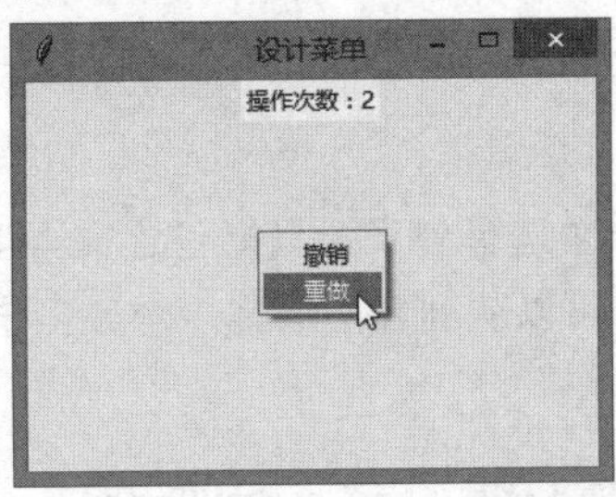

图 15.14　设计弹出菜单

15.2.6　消息

■ 知识点

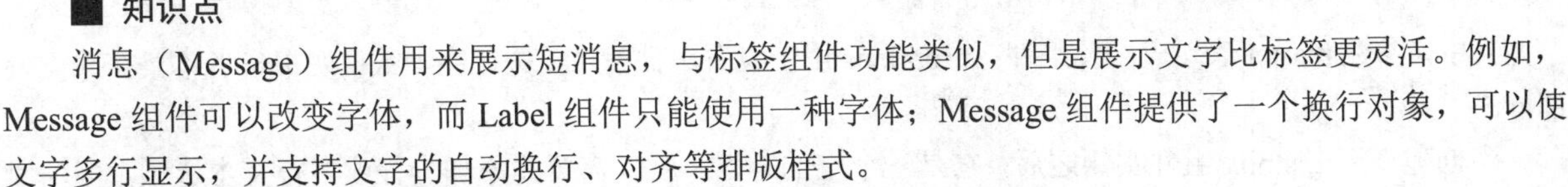

消息（Message）组件用来展示短消息，与标签组件功能类似，但是展示文字比标签更灵活。例如，Message 组件可以改变字体，而 Label 组件只能使用一种字体；Message 组件提供了一个换行对象，可以使文字多行显示，并支持文字的自动换行、对齐等排版样式。

创建消息组件的方法如下：

```
Message (master=None, **options)
```

其中，参数 master 表示一个父组件；**options 用于设置组件参数，关键字参数说明请参考本章在线支持部分。

■ 上机练习

【示例】使用 Message 组件设计一个简单的消息显示窗口。

```
from tkinter import *                          # 导入 Message 模块
# 第 1 步，实例化对象，建立窗口 window
window=Tk()
# 第 2 步，创建一个 Message
whatever_you_do = "消息（Message）组件用来展示一些文字短消息，与标签组件类似，但在展示文字方
面比 Label 更灵活。"
```

```
msg = Message(window, text = whatever_you_do)       # 创建实例
msg.config(bg='lightgreen', font=('宋体', 16, 'italic'))        # 设置消息显示属性
msg.pack()                                          # 显示消息
# 第 3 步，主窗口循环显示
window.mainloop()
```

运行程序，演示效果如图 15.15 所示。

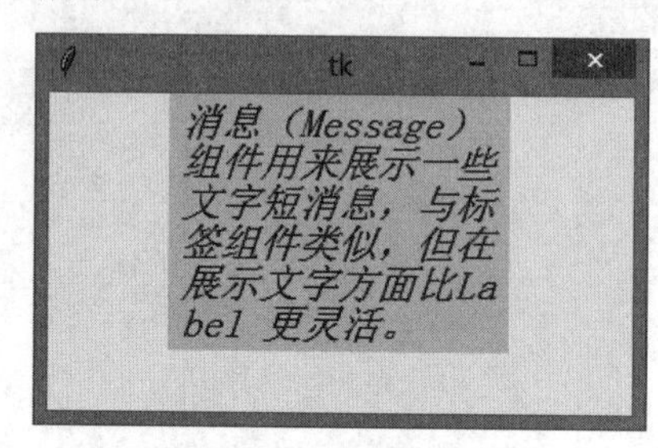

图 15.15　显示多行消息

15.2.7　列表框

■ **知识点**

列表框（Listbox）组件用于显示一个选择列表，只能包含文本项目，并且所有的项目都需要使用相同的字体和颜色。根据组件的配置，用户可以从列表中选择一个或多个选项。

提示：

Listbox 组件通常被用于显示一组文本选项，与 Checkbutton 和 Radiobutton 组件类似，不过 Listbox 是以列表的形式提供选项的，而后面两个是通过按钮的形式提供的。

创建列表框组件的方法如下：

```
Listbox(master=None, **options)
```

其中，参数 master 表示一个父组件；**options 用于设置组件参数，关键字参数说明请参考本章在线支持部分。

当创建一个 Listbox 组件实例之后，它是一个空的容器，所以需要先添加一行或多行文本选项。可以使用 insert()方法添加文本。该方法有两个参数：第 1 个参数是插入的索引号；第 2 个参数是插入的字符串。索引号通常是项目的序号，0 表示列表中第 1 项的序号。

■ **上机练习**

【示例 1】创建一个列表框，并添加 3 个列表项目，演示效果如图 15.16 所示。

```
from tkinter import *                          # 导入 tkinter 模块
root=Tk()                                      # 创建顶级窗口
lb=Listbox(root)                               # 创建列表框
for item in ['Python','Java','C']:             # 添加列表项目
    lb.insert(END,item)
lb.pack()                                      # 显示列表框
root.mainloop()                                # 主窗口循环显示
```

【示例 2】使用 selectmode=MULTIPLE 设置列表框多选，代码如下，效果如图 15.17 所示。

```
from tkinter import *                          # 导入 tkinter 模块
root=Tk()                                      # 创建顶级窗口
lb=Listbox(root, selectmode=MULTIPLE)          # 创建列表框
for item in ['Python','Java','C']:             # 添加列表项目
    lb.insert(END,item)
lb.pack()                                      # 显示列表框
root.mainloop()                                # 主窗口循环显示
```

图 15.16 设计简单的列表框

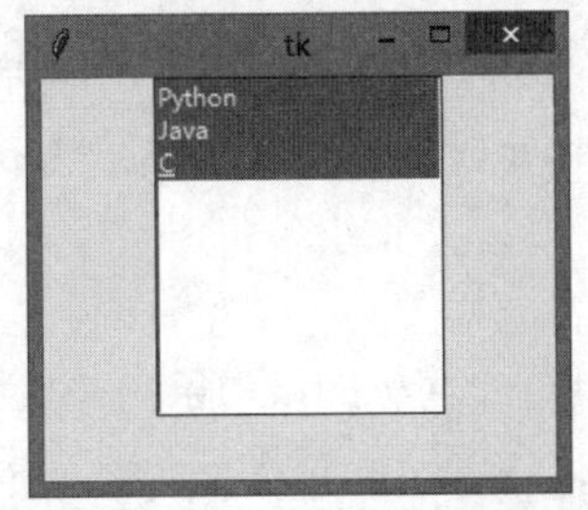

图 15.17 设计多选列表框

selectmode 决定选择的模式，有 4 种不同的选择模式：SINGLE（单选）、BROWSE（也是单选，但拖动鼠标或通过方向键可以直接改变选项）、MULTIPLE（多选）和 EXTENDED（也是多选，但需要同时按住 Shift 键或 Ctrl 键或拖曳鼠标实现），默认值是 BROWSE。

lb.insert(END,item)表示在列表框中插入一个项目，第 1 个参数指定插入点位置，0 表示在起始位置插入，END 表示在结尾位置插入，ACTIVE 表示在当前元素位置为索引插入。

【示例 3】为列表项目绑定鼠标双击事件，跟踪用户的选择，并把用户的选择项目显示在窗口顶部的标签中，演示效果如图 15.18 所示。

```
from tkinter import *                          # 导入 tkinter 模块
root=Tk()                                      # 创建顶级窗口
l = Label(root, bg='yellow', width=20, text='')    # 定义一个提示信息显示的标签
l.pack()
def printList(event):                          # 定义选项触发函数功能
    l.config(text='被选项为: ' + lb.get(lb.curselection()))
lb=Listbox(root)                               # 定义列表框
lb.bind('<Double-Button-1>',printList)         # 绑定鼠标双击事件
for i in range(10):                            # 插入列表项目
    lb.insert(END,str(i*100))
lb.pack()                                      # 显示列表框
root.mainloop()                                # 主窗口循环显示
```

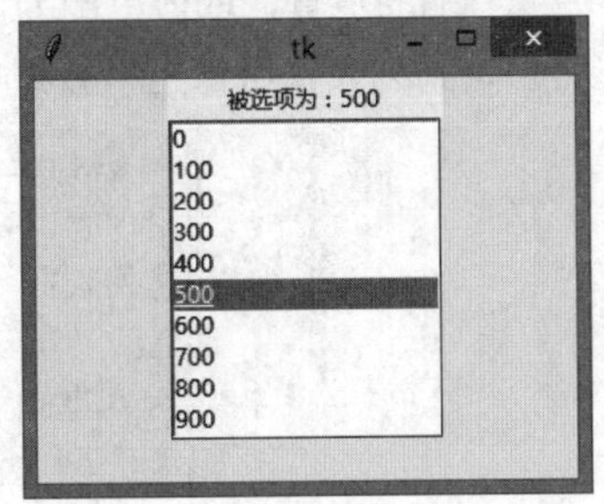

图 15.18 为列表绑定事件

扫一扫，看视频

15.2.8 滚动条

■ 知识点

滚动条（Scrollbar）组件用于滚动一些组件的可见范围，根据方向可分为垂直滚动条和水平滚动条。Scrollbar 组件通常与 Text 组件、Canvas 组件和 Listbox 组件一起使用，水平滚动条还可以与 Entry 组件配合使用。创建滚动条组件的方法如下：

```
Scrollbar (master=None, **options)
```

其中，参数 master 表示一个父组件；**options 用于设置组件参数，关键字参数说明请参考本章在线支持部分。

■ 上机练习

【示例 1】创建一个简单的滚动条，并显示在窗口中，演示效果如图 15.19 所示。

```
from tkinter import *                          # 导入 tkinter 模块
root=Tk()                                      # 创建顶级窗口
sb=Scrollbar(root)                             # 创建滚动条
sb.pack()                                      # 显示滚动条
root.mainloop()                                # 主窗口循环显示
```

【示例 2】创建一个滚动条，设置水平显示，并设置滑块位置，如图 15.20 所示。

```
from tkinter import *                          # 导入 tkinter 模块
root=Tk()                                      # 创建顶级窗口
sb=Scrollbar(root, orient=HORIZONTAL )         # 创建滚动条，并设置水平显示
sb.set(0.5,1)                                  # 设置滑块的位置
sb.pack()                                      # 显示滚动条
root.mainloop()                                # 主窗口循环显示
```

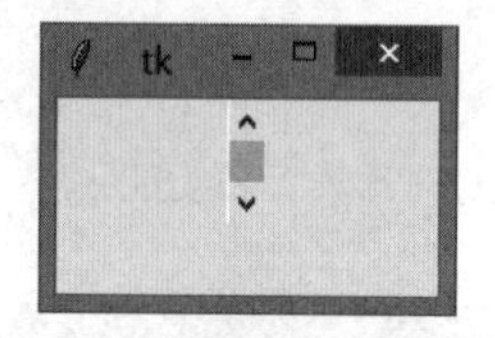

图 15.19 创建简单的滚动条

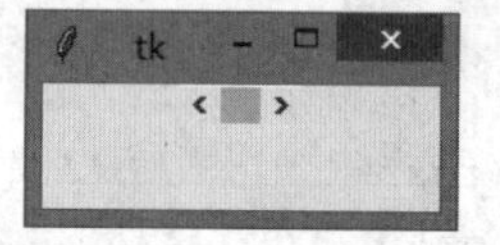

图 15.20 设置滚动条

在上面的示例中，orient=HORIZONTAL 设置滚动条的显示方向为水平显示，取值包括 HORIZONTAL（垂直滚动条）和 VERTICAL（水平滚动条），默认值为 VERTICAL。

set(*args)方法用于设置当前滚动条的位置，可以包含两个参数（first, last），first 表示当前滑块的顶端或左端的位置，last 表示当前滑块的底端或右端的位置，取值范围为 0.0～1.0。

【示例 3】创建一个滚动条，并把它绑定到列表框组件上，效果如图 15.21 所示。

```
from tkinter import *                          # 导入 tkinter 模块
root=Tk()                                      # 创建顶级窗口
lb=Listbox(root)                               # 创建列表框
sb=Scrollbar(root)                             # 创建滚动条
sb.pack(side=RIGHT,fill=Y)                     # 显示滚动条
lb['yscrollcommand']=sb.set                    # 把滚动条绑定到列表框
for i in range(100):                           # 为列表框插入列表项目
    lb.insert(END,str(i))
```

```
lb.pack(side=LEFT)                      # 显示列表框
sb['command']=lb.yview                  # 绑定事件
root.mainloop()                         # 主窗口循环显示
```

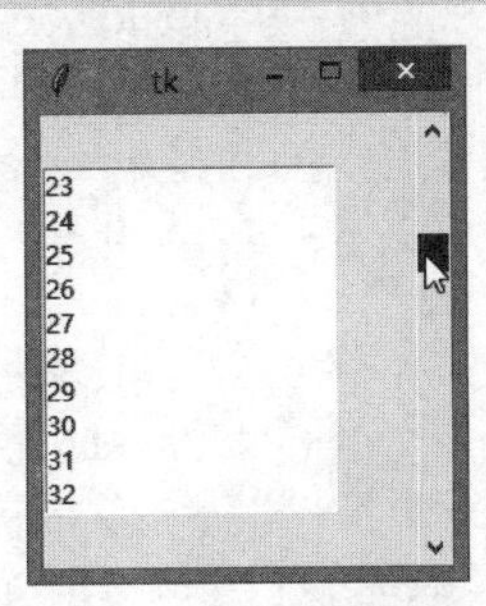

图 15.21　绑定滚动条

在 sb.pack(side=RIGHT,fill=Y)语句中，side 指定滚动条的显示位置，这里设置为右侧显示；fill 指定填充满整个区域。lb['yscrollcommand']=sb.set 用于指定 Listbox 的 yscrollbar 的事件处理函数为 Scrollbar 的 set。sb['command']=lb.yview 用于指定 Scrollbar 的 command 的事件处理函数是 Listbox 的 yview。

扫一扫，看视频

15.2.9　框架

■ 知识点

对于其他组件，框架（Frame）只是一个容器，在屏幕上创建一块矩形区域，多作为界面布局窗体，一般可包含一组组件，并且可以定制外观。框架没有方法，但是它可以捕获键盘和鼠标的事件进行回调。

■ 上机练习

【示例 1】设计一个简单的框架，在框架中绑定两个标签，效果如图 15.22 所示。

```
from tkinter import *    # 导入 tkinter 模块
root=Tk()                # 创建顶级窗口
root.title('设计框架')    # 设置主体窗口的名称
root.geometry('600x500') # 设置主体窗口的大小
# 1.创建 Frame
# 注意这个创建 Frame 的方法与其他创建控件的方法不同，第 1 个参数不是 root
fm=Frame(height=200, width=200, bg='green',border=2)
fm.pack_propagate(0)     # 固定 Frame 大小，如果不设置 Frame 会随着标签的大小改变
fm.pack()                # 显示框架
# 2.在 Frame 中添加组件
Label(fm, text='左侧标签').pack(side='left')
Label(fm, text='右侧标签').pack(side='right')
root.mainloop()          # 主窗口循环显示
```

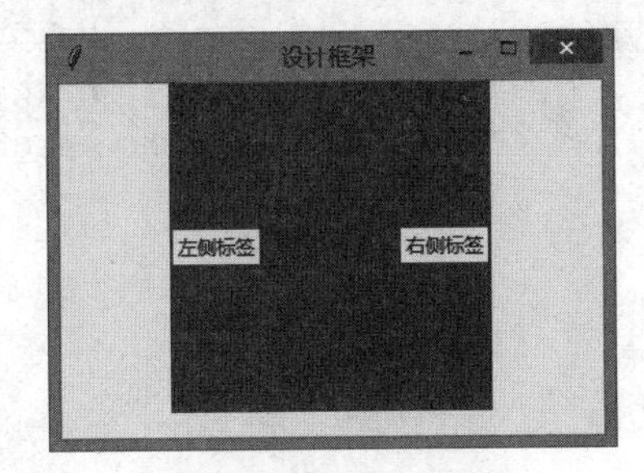

图 15.22　设计框架

【示例 2】在 tkinter 8.4 以后，Frame 又添加了一类 LabelFrame，添加了 Title 的支持。针对示例 1，可以使用 LabelFrame 快速设计。演示效果与示例 1 演示效果相同。

```
from tkinter import *          # 导入 tkinter 模块
root=Tk()                      # 创建顶级窗口
root.title('设计框架')          # 设置主体窗口的名称
root.geometry('600x500')       # 设置主体窗口的大小
# 创建 LabelFrame
lbfm=LabelFrame(height=200, width=200,bg='green')
lbfm.pack_propagate(0)         # 固定 Frame 大小，如果不设置 Frame 会随着标签大小改变
lbfm.pack()                    # 显示框架
Label(lbfm, text='左侧标签').pack(side='left')
Label(lbfm, text='右侧标签').pack(side='right')
root.mainloop()                # 主窗口循环显示
```

【示例 3】框架也可以嵌套，设计多层布局效果。本例设计了一个框架，然后再嵌套两个子框架，在子框架中设计两个标签，演示效果如图 15.23 所示。

```
from tkinter import*           # 导入 tkinter 模块
window = Tk()                  # 初始化 Tk()
window.title('设计框架')        # 设置标题
# 设置窗口大小
width = 380
height = 300
# 获取屏幕尺寸以计算布局参数，使窗口居于屏幕中央
screenwidth = window.winfo_screenwidth()
screenheight = window.winfo_screenheight()
alignstr = '%dx%d+%d+%d' % (width, height, (screenwidth-width)/2,
(screenheight-height)/2)
window.geometry(alignstr)
# 设置窗口长和宽是否可变，True 为可变，False 为不可变
window.resizable(width=False, height=True)
# 定义主框架
frame_root = Frame(window)
# 定义嵌套框架
frame_l = Frame(frame_root)
frame_r = Frame(frame_root)
# 创建 4 个标签，并在窗口上显示
Label(frame_l, text="北京", bg="#eef", width=10, height=4).pack(side=TOP)
Label(frame_l, text="上海", bg="#efe", width=10, height=4).pack(side=TOP)
Label(frame_r, text="广州", bg="#fee", width=10, height=4).pack(side=TOP)
Label(frame_r, text="深圳", bg="#eef", width=10, height=4).pack(side=TOP)
# 布局嵌套框架
frame_l.pack(side=LEFT)
frame_r.pack(side=RIGHT)
frame_root.pack()
window.mainloop()              # 进入消息循环
```

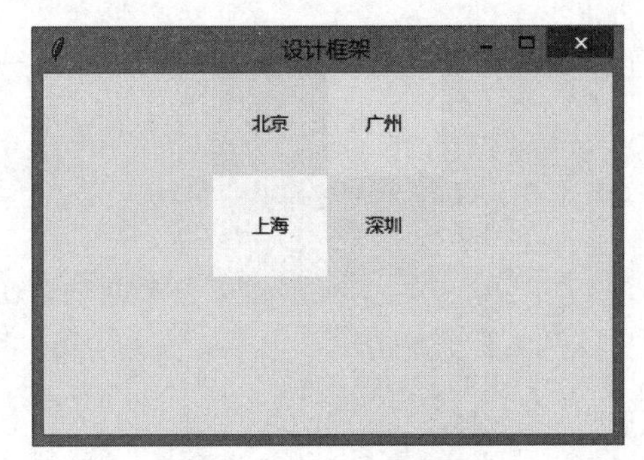

图 15.23 设计嵌套框架

15.2.10 画布

扫一扫，看视频

■ 知识点

画布（Canvas）组件为 tkinter 的图形绘制提供了基础。Canvas 是一个通用的组件，通常用于显示和编辑图形。可以用它来绘制线段、圆形、多边形，甚至是绘制其他组件。

创建画布组件的方法如下：

```
Canvas(master=None, **options)
```

其中，参数 master 表示一个父组件；**options 用于设置组件参数，各个参数的具体含义和用法可以参考本章在线支持部分。

■ 上机练习

【示例 1】使用 Canvas 组件绘制一块画布，然后绘制矩形和线段，演示效果如图 15.24 所示。

```
from tkinter import *                          # 导入 tkinter 模块
root=Tk()                                      # 创建顶级窗口
root.title('使用画布')                          # 设置主体窗口的名称
# 创建画布
w = Canvas(root, width =200, height = 100)
w.pack()                                       # 显示画布
#画一条黄色的横线
w.create_line(0, 50, 200, 50, fill = "yellow")
#画一条红色的竖线（虚线）
w.create_line(100, 0, 100, 100, fill = "red", dash = (4, 4))
#中间画一个蓝色的矩形
w.create_rectangle(50, 25, 150, 75, fill = "blue")
root.mainloop()                                # 主窗口循环显示
```

【示例 2】添加到 Canvas 上的对象会一直保留。如果希望编辑它们，可以使用 coords()、itemconfig()和 move()方法移动画布上的对象，或者使用 delete()方法删除。本例在示例 1 的基础上，新添加一个按钮组件，绑定事件，设计当单击按钮时，会清除画布上所有图形，演示效果如图 15.25 所示。

```
from tkinter import *                          # 导入 tkinter 模块
root=Tk()                                      # 创建顶级窗口
root.title('使用画布')                          # 设置主体窗口的名称
# 创建画布
```

```
w = Canvas(root, width =200, height = 100)
w.pack()                                        # 显示画布
# 画一条黄色的横线
w.create_line(0, 50, 200, 50, fill = "yellow")
# 画一条红色的竖线（虚线）
w.create_line(100, 0, 100, 100, fill = "red", dash = (4, 4))
# 中间画一个蓝色的矩形
w.create_rectangle(50, 25, 150, 75, fill = "blue")
# 定义按钮，绑定事件，单击删除所有绘图
Button(root, text = "删除全部", command = (lambda x = "all" : w.delete(x))).pack()
root.mainloop()                                 # 主窗口循环显示
```

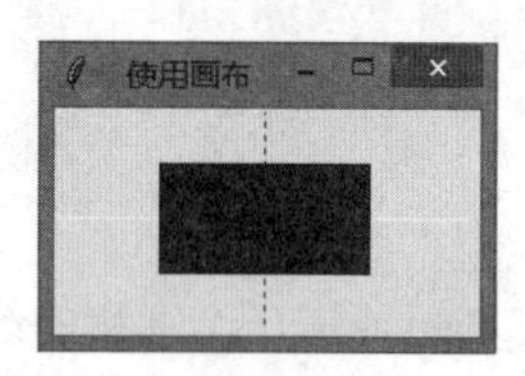

图 15.24　绘制简单的图形

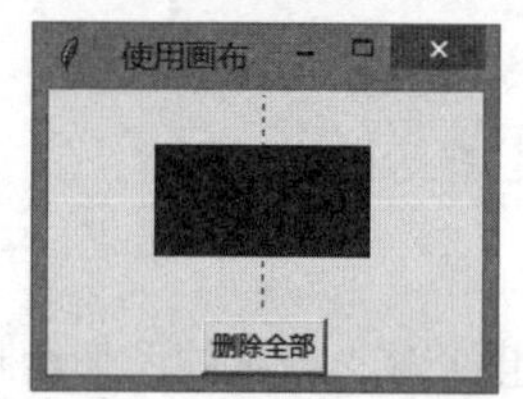

图 15.25　删除画布上的图形

【示例 3】使用 create_text()方法可以在 Canvas 上显示文本，演示效果如图 15.26 所示。

```
from tkinter import *                           # 导入 tkinter 模块
root=Tk()                                       # 创建顶级窗口
root.title('使用画布')                          # 设置主体窗口的名称
# 创建画布
w = Canvas(root, width =200, height = 100)
w.pack()                                        # 显示画布
# 中间画一个蓝色的矩形
w.create_rectangle(50, 25, 150, 75, fill = "blue")
# 绘制文本
w.create_text(100, 50, text = "Python")
root.mainloop()                                 # 主窗口循环显示
```

【示例 4】使用 create_oval()方法可以绘制椭圆形或圆形。本例绘制一个简单的椭圆，并插入文本，演示效果如图 15.27 所示。

```
from tkinter import *                                   # 导入 tkinter 模块
root=Tk()                                               # 创建顶级窗口
root.title('使用画布')                                  # 设置主体窗口的名称
w = Canvas(root, width =200, height = 100)              # 创建画布
w.pack()                                                # 显示画布
w.create_rectangle(40, 20, 160, 80, dash = (4, 4))      # 绘制矩形
w.create_oval(40, 20, 160, 80, fill = "pink")           # 绘制椭圆
w.create_text(100, 50, text = "Python")                 # 插入文字
root.mainloop()                                         # 主窗口循环显示
```

【示例 5】使用 create_polygon()方法可以绘制多边形，本例使用 create_polygon()方法绘制一个简单的矩形，演示效果如图 15.28 所示。

```
from tkinter import *                              # 导入 tkinter 模块
```

```
root=Tk()                                          # 创建顶级窗口
root.title('使用画布')                               # 设置主体窗口的名称
w = Canvas(root, width =200, height = 100)         # 创建画布
w.pack()                                           # 显示画布
points = [10,10,10,100,100,100,100,10]
w.create_polygon(points, outline = "green", fill = "yellow")
                                                   # fill 参数默认为 black ，黑色填充
root.mainloop()                                    # 主窗口循环显示
```

图 15.26　插入文本

图 15.27　绘制椭圆

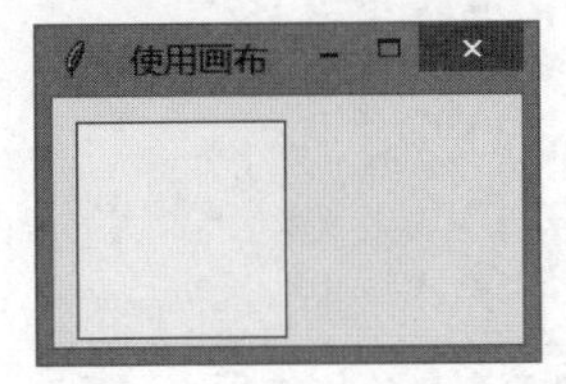

图 15.28　绘制多边形

15.3　使用 tkinter 布局

tkinter 提供了 3 个布局管理器：pack（包）、grid（网格）、place（位置），它们均用于管理同一个父组件下所有组件的布局。

- pack：按添加顺序排列组件。
- grid：按行、列格式排列组件。
- place：可以准确设置组件的大小和位置。

15.3.1　pack 布局

■ 知识点

pack 使用简单，适用于少量组件的排列。使用组件的 pack()方法可以将组件添加到窗口中，还可以通过参数设置组件在容器中的位置。常用参数及其取值说明如下。

- anchor：控制组件在 pack 分配的空间中的位置，取值包括 n（北）、ne（东北）、e（东）、se（东南）、s（南）、sw（西南）、w（西）、nw（西北）、center（居中），默认值为 center。
- expand：是否填充父组件的额外空间，默认值为 False。
- fill：填充 pack 分配的空间，取值包括 x（水平填充）、y（垂直填充）、both（水平和垂直填充），默认值为 NONE，表示保持子组件的原始尺寸。
- side：组件放置位置，取值包括 left、bottom、right、top，默认值为 top。
- ipadx：设置组件水平方向上的内边距。
- ipady：设置组件垂直方向上的内边距。
- padx：设置组件水平方向上的外边距。
- pady：设置组件垂直方向上的外边距。
- in_：将组件放到该参数指定的组件中，指定的组件必须是父组件。

■ 上机练习

【示例】在窗口中插入两个标签，然后使用 pack()方法设置第 1 个标签靠左显示，设置第 2 个标签靠

右显示，演示效果如图 15.29 所示。

```
from tkinter import *                              # 导入 tkinter 模块
tk=Tk()                                            # 生成 root 主窗口
# 标签组件，显示文本和位置
Label(tk,text="左侧对齐").pack(side="left")  # 显示在左侧
Label(tk,text="右侧对齐").pack(side="right") # 显示在右侧
mainloop()                                         # 主事件循环
```

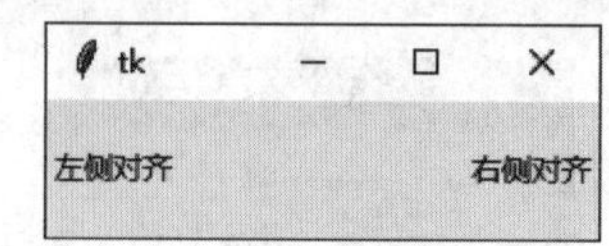

图 15.29　设置标签组件水平并列显示

扫一扫，看视频

15.3.2　grid 布局

■ **知识点**

grid 是 tkinter 三大布局管理器中最灵活多变的。使用组件的 grid()方法可以以网格化方式设置组件的位置，主要参数说明如下。

- column：设置组件所在的列，默认值为 0，表示第 1 列。
- columnspan：组件跨列显示，设置要跨的列数。
- row：设置组件所在的行，0 表示第 1 行。
- rowspan：组件跨行显示，设置要跨的行数。
- sticky：设置组件在 grid 分配的空间中的位置，取值包括 n、e、s、w，以及它们的组合来定位，使用加号（+）表示拉长填充，类似 pack()方法的 anchor 和 fill 两个参数的功能，如 n+s 表示将组件垂直拉长填充网格。
- ipadx：设置组件水平方向上的内边距。
- ipady：设置组件垂直方向上的内边距。
- padx：设置组件水平方向上的外边距。
- pady：设置组件垂直方向上的外边距。
- in_：将组件放到该参数指定的组件中，指定的组件必须是父组件。

■ **上机练习**

【示例】在 15.3.1 小节示例的基础上，再添加两个文本输入组件，然后使用 grid()方法设置它们分别在第 1 行的第 2 列和第 2 行的第 2 列显示，演示效果如图 15.30 所示。

```
from tkinter import *                       # 导入 tkinter 模块
tk=Tk()                                     # 生成 root 主窗口
#标签组件，显示文本和位置
Label(tk,text="姓名").grid(row=0)           # 显示在第 1 行
Label(tk,text="密码").grid(row=1)           # 显示在第 2 行
# 设计输入组件，分别在第 1 行的第 2 列和第 2 行的第 2 列显示
Entry(tk).grid(row=0,column=1)
Entry(tk).grid(row=1,column=1)
mainloop()                                  # 主事件循环
```

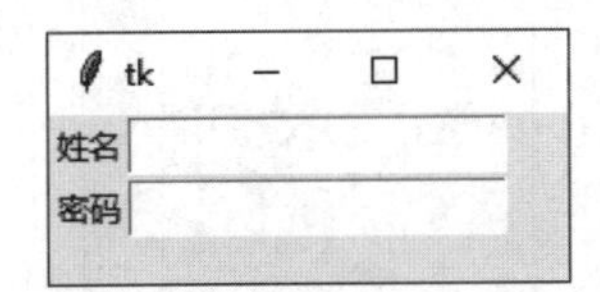

图 15.30　设置组件多行多列显示

15.3.3　place 布局

扫一扫，看视频

■ 知识点

使用 place()方法可以精确定义组件的位置和大小，可用参数说明如表 15.1 所示。一般不建议使用 place 布局，仅适合在特殊情况下精确定位。

表 15.1　place()方法参数列表

参　数	说　明
anchor	控制组件在分配空间中的位置。具体说明可参考 pack()方法的 anchor 参数项
x	组件的水平偏移位置（像素）
y	组件的垂直偏移位置（像素）
relx	组件相对于父组件的水平位置，取值为 0.0～1.0 的小数
rely	组件相对于父组件的垂直位置，取值为 0.0～1.0 的小数
width	组件的宽度（像素）
height	组件的高度（像素）
relwidth	组件相对于父组件的宽度，取值为 0.0～1.0 的小数
relheight	组件相对于父组件的高度，取值为 0.0～1.0 的小数
in_	将组件放到该参数指定的组件中，指定的组件必须是父组件

■ 上机练习

【示例】在窗口中央位置创建一个按钮，设计按钮被单击后会自动计数，记录按钮被点击的次数，演示效果如图 15.31 所示。

```
import tkinter as tk # 导入框架
root = tk.Tk()       # 创建主窗口
name = tk.StringVar() # 定义一个字符串型动态变量
name.set("点我")      # 设置动态变量的初始值
n = 0                # 计时器初始值
def callback(e):     # 事件处理函数，参数 event 为 Event 事件对象
    global n         # 设置为全局变量
    n += 1           # 递增计数器
    name.set("我被点击了 %d 次"%n) # 修改动态变量的值
btn = tk.Button(root, textvariable = name)  # 创建一个按钮组件，标签名绑定到动态变量
btn.bind('<Button-1>', callback)            # 绑定事件处理函数
btn.place(relx=0.5, rely=0.5, anchor="center") # 精确定位按钮在窗口中居中显示
root.mainloop()                             # 主事件循环
```

图 15.31　设置组件多行多列显示

15.4　处 理 事 件

扫一扫，看视频

在图形界面中，除了组件外，另一个重要的事情就是定义事件、绑定事件，为组件增加功能。

15.4.1　事件序列

■ 知识点

事件序列是以字符串的形式表示一个或多个相关联的事件。它包含在尖括号（< >）中，语法格式如下：

```
<modifier-type-detail>
```

扫码，拓展学习

- type：用于描述通用事件类型，如鼠标单击、键盘按键等。
- modifier：可选项，用于描述组合键，如 Ctrl+C 组合键表示同时按下 Ctrl 和 C 键。
- detail：可选项，用于描述具体的按键，如 Button-1 表示鼠标左键。

■ 上机练习

【示例】定义 3 个事件序列。

```
<Button-1>                              # 用户单击鼠标左键
<KeyPress-H>                            # 用户按 H 键
<Control-Shift-KeyPress-H>              # 用户同时按 Ctrl+Shift+H 组合键
```

提示：

也可以使用短格式表示事件。例如，<1>等同于<Button-1>、<x>等同于<KeyPress-x>。对于大多数的单字符按键，还可以忽略“<>”符号，但是空格键和尖括号键不能省略，正确表示分别为<space>和<less>。

扫一扫，看视频

15.4.2　事件绑定

■ 知识点

事件绑定的方法有以下 4 种。

- 在创建组件对象时指定

在创建组件对象实例时，可以通过其命名参数 command 指定事件处理函数。例如，为 Button 控件绑定单击事件，当组件被单击时执行 clickhandler()处理函数。

```
b = Button(root, text='按钮', command=clickhandler)
```

- 实例绑定

调用组件对象的 bind()方法，可以为指定组件绑定事件。语法格式如下：

```
w.bind('<event>', eventhandler, add='')
```

其中，w 表示组件对象；参数<event>为事件类型；eventhandler 为事件处理函数；可选参数 add 默认为空，表示事件处理函数替代其他绑定，如果为“+”，则加入事件处理队列。

例如，以下代码为 Canvas 组件实例 c 绑定鼠标右击事件，处理函数名称为 eventhandler。

```
c=Canvas(); c.bind('Button-3', eventhandler)
```

➘ 类绑定

调用组件对象的 bind_class()方法，可以为特定类绑定事件。语法格式如下：

```
w.bind_class('Widget', '<event>', eventhandler, add='')
```

其中，参数 Widget 为组件类；<event>为事件；eventhandler 为事件处理函数。

例如，为 Canvas 组件类绑定方法，使所有 Canvas 组件实例都可以处理鼠标中键事件。

```
c = Canvas();
c.bind_class('Canvas', '<Button-2>', eventhandler)
```

➘ 程序界面绑定

调用组件对象的 bind_all()方法，可以为所有组件类型绑定事件。语法格式如下：

```
w.bind_all('<event>', eventhandler, add='')
```

其中，参数<event>为事件；eventhandler 为事件处理函数。

例如，将 PrintScreen 键与所有组件绑定，使程序界面能处理打印屏幕的键盘事件。

```
c = Canvas(); c.bind('<Key-Print>', printscreen)
```

■ 上机练习

【示例】在窗口中定义一个文本框，然后为其绑定两个事件：光标经过和光标离开。设计当光标经过时，背景色为红色；光标离开时，背景色为白色，演示效果如图 15.32 所示。

```
import tkinter as tk                      # 导入框架
root = tk.Tk()                            # 创建主窗口
entry = tk.Entry(root)                    # 单行文本输入框
# 事件处理函数
def f1(event):                            # 通过事件对象获取组件
    event.widget['bg'] = 'red'            # 光标进入组件变红
def f2(event):
    event.widget['bg'] = 'white'          # 光标离开组件变白
# 绑定事件
entry.bind('<Enter>',f1)
entry.bind('<Leave>',f2)
entry.pack()                              # 渲染组件
root.mainloop()                           # 主窗口循环显示
```

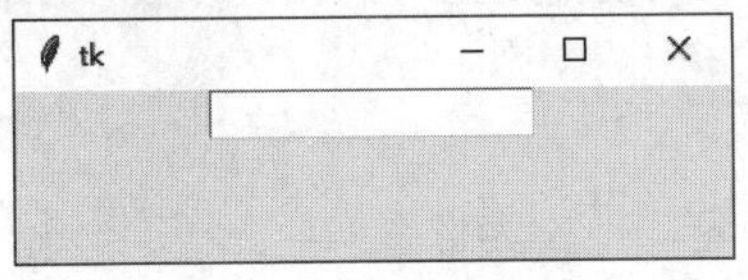

（a）光标离开状态

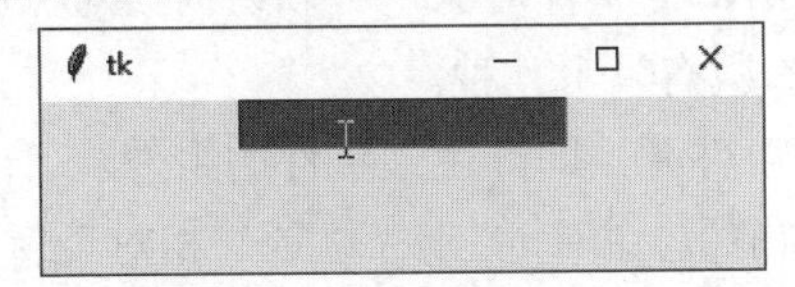

（b）光标经过时状态

图 15.32　设计组件交互样式

扫一扫，看视频

15.4.3　事件处理函数

■ **知识点**

对于通过 command 传入的函数，不用指定第 1 个参数为 event，但是通过 bind()、bind_class()、bind_all() 方法绑定时，事件处理可以定义为函数，也可以定义为对象的方法，两者都带一个参数 event。触发事件调用处理函数时，将传递 Event 对象实例。

```
# 函数定义
def handlerName(event):                       # event 为默认参数，表示事件对象，传递参数
    # 事件处理
# 类中定义方法
def handlerName(self, event):                 # event 为默认参数，表示事件对象，传递参数
    # 事件处理
```

■ **上机练习**

【示例】在窗口中嵌入一个框架组件，然后为其绑定鼠标单击事件，在事件处理函数中获取鼠标单击位置的坐标，并在控制台打印出来，演示效果如图 15.33 所示。

```
import tkinter as tk                           # 导入框架
root = tk.Tk()                                 # 创建主窗口
def callback(event):                           # 事件处理函数，参数 event 为 Event 事件对象
    print("点击位置：", event.x, event.y)
frame = tk.Frame(root, width=200, height= 200)  # 定义框架，并嵌入到主窗口中
frame.bind("<Button-1>", callback)             # 绑定鼠标单击事件
frame.pack()                                   # 渲染窗口
root.mainloop()                                # 主窗口循环显示
```

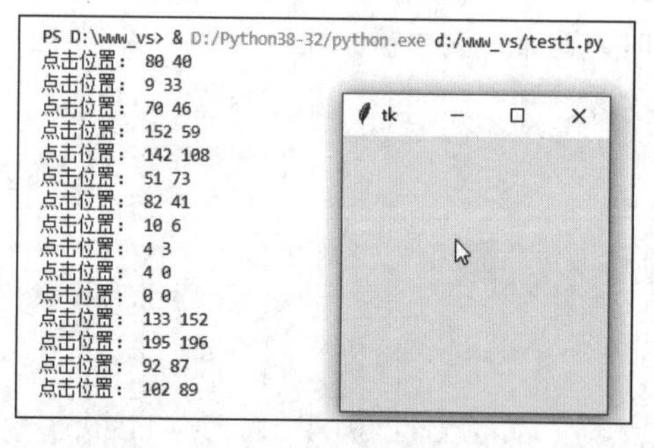

图 15.33　获取鼠标单击点坐标位置

扫一扫，看视频

15.4.4　事件对象

■ **知识点**

通过传入的 Event 事件对象，可以访问该对象属性，获取事件发生时的相关参数，以备程序使用。常用的 Event 事件参数有以下几种。

- widget：事件源，即产生该事件的组件。
- x，y：当前鼠标指针的坐标位置（相对于窗口左上角，单位为像素）。
- x_root，y_root：当前鼠标指针的坐标位置（相对于屏幕左上角，单位为像素）。
- keysym：按键名。

- keycode：按键码。
- num：按钮数字（鼠标事件专属）。
- width，height：组件的新尺寸（Configure 事件专属）。
- type：事件类型。

■ 上机练习

【示例】演示如何获取键盘响应。只有当组件获取焦点的时候，才能接收键盘事件（Key），使用 focus_set()方法可以获得焦点，也可以设置 Frame 的 takefocus 选项为 True，然后使用 Tab 将焦点转移上来，演示效果如图 15.34 所示。

```
import tkinter as tk                          # 导入框架
root = tk.Tk()                                # 创建主窗口
def callback(event):                          # 事件处理函数，参数 event 为 Event 事件对象
    print("点击的键盘字符为：", event.char)
frame = tk.Frame(root, width=200, height= 200)  # 定义框架，并嵌入到主窗口中
frame.bind("<Key>", callback)                 # 绑定鼠标单击事件
frame.focus_set()                             # 获取焦点，接收键盘响应
frame.pack()                                  # 渲染窗口
root.mainloop()                               # 主窗口循环显示
```

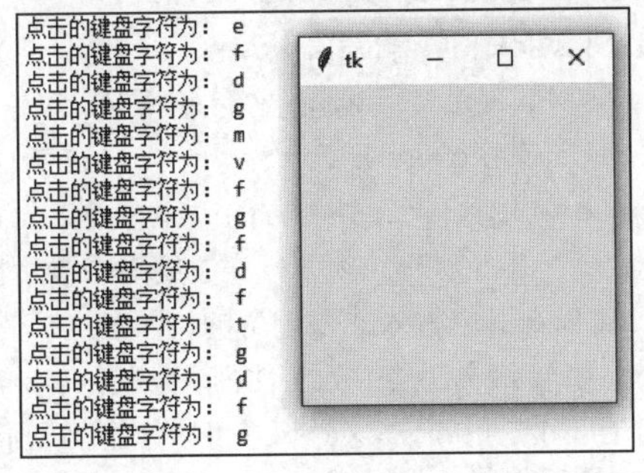

图 15.34　获取鼠标单击的键名

15.5 案 例 实 战

■ 案例分析

本案例设计一个目录浏览器，从当前目录开始，提供一个文件列表。双击列表中任意其他目录，就会切换到新目录中，用新目录中的文件列表代替旧文件列表。本案例主要应用了列表框、文本框和滚动条，增加了鼠标单击、键盘按下、滚动操作等事件。示例演示效果如图 15.35 所示。

■ 案例实现

```
import os                                   # 导入 os 模块
from time import sleep                      # 导入 sleep() 函数
from tkinter import *                       # 导入 tkinter 中的所有组件
class DirList(object):                      # 自定义目录列表类
    def __init__(self, initdir=None):       # 初始化构造函数
        self.top = Tk()                     # 生成 root 主窗口
        self.top.title('文件浏览器')         # 定义窗口标题
```

```
self.label = Label(self.top, text='当前目录列表')    # 添加一个提示性标签
self.label.pack()                      # 将标签添加到 root 主窗口
# 变量 cwd 用于保存当前所在的目录名
# 然后又创建一个 Label 控件，用于显示当前的目录名
self.cwd = StringVar(self.top)  # 保存当前所在的目录名
self.dirl = Label(self.top, fg='blue', font=('宋体', 12, 'bold'))
                                       # 格式化目录路径标签
self.dirl.pack()                       # 将标签添加到 root 主窗口
# 定义 Listbox 控件 dirs，该控件包含了要列出的目录的文件列表
# Scrollbar 可以在文件数超过 Listbox 的大小时能够移动列表
# Listbox 和 Scrollbar 两个控件都包含在 Frame 控件中
# 使用 bind()方法，将 Listbox 的列表项与回调函数 setDirAndGo 连接起来
# 当双击 Listbox 中的任意条目时，会调用 setDirAndGo()方法
self.dirfm = Frame(self.top)        # 定义框架
self.dirsb = Scrollbar(self.dirfm)  # 在框架中定义滚动条
self.dirsb.pack(side=RIGHT, fill=Y)  # 滚动条显示在右侧
# 在框架中定义列表框
self.dirs = Listbox(self.dirfm, height=15,width=50, yscrollcommand=self.dirsb.set)
# 双击 Listbox 中的任意条目时，就会调用 setdirandgo()方法
self.dirs.bind('', self.setdirandgo) # 绑定双击事件回调函数
self.dirsb.config(command=self.dirs.yview) # 配置滚动条行为
self.dirs.pack(side=LEFT, fill=BOTH)       # 设置列表框显示
self.dirfm.pack()                      # 在主窗口中显示框架
# 创建了一个文本框，可以在其中输入想要遍历的目录名
# 从而可以在 Listbox 中看到该目录中的文件列表
# 给文本框添加了一个回车键的绑定，这样除了可以单击“显示目录”按钮外
# 还可以回车来更新文件列表，与双击 Listbox 中的条目有同样的效果
self.dirn = Entry(self.top, width=50, textvariable=self.cwd)  # 定义文本框
self.dirn.bind('', self.dols)     # 绑定回车事件
self.dirn.pack()                      # 在主窗口中显示文本框
self.bfm = Frame(self.top)          # 定义了按钮框架（bfm)，用来放置 3 个按钮
# 下面定义 3 个按钮：“清除”按钮（clr)、“显示目录”按钮（ls）和
# “退出”按钮（quit)，每个按钮在按下时都有独立的配置和回调函数
self.clr = Button(self.bfm, text='清除',
                  command=self.clrdir,          # 绑定回调函数
                  activeforeground='white',     # 激活时前景色
                  activebackground='blue')      # 激活时背景色
self.ls = Button(self.bfm,
                 text='显示目录',
                 command=self.dols,             # 绑定回调函数
                 activeforeground='white',      # 激活时前景色
                 activebackground='green')      # 激活时背景色
self.quit = Button(self.bfm, text='退出',
                   command=self.top.quit,       # 绑定回调函数
```

```
                        activeforeground='white',  # 激活时前景色
                        activebackground='red')    # 激活时背景色
    # 在主窗口中显示 3 个按钮
    self.clr.pack(side=LEFT)
    self.ls.pack(side=LEFT)
    self.quit.pack(side=LEFT)
    self.bfm.pack()
    if initdir:                          # 初始化程序，并以当前工作目录作为起始点
        self.cwd.set(os.curdir)
        self.dols()
# clrDir()方法会清空 Tk 字符串变量 cwd（包含当前活动目录）
# 该变量会跟踪当前所处的目录，当发生错误时可以回到之前的目录
def clrdir(self, ev=None):
    self.cwd.set('')
# setdirandgo()方法设置要遍历的目录，并通过调用 doLS()方法实现遍历目录的行为
def setdirandgo(self, ev=None):
    self.last = self.cwd.get()
    self.dirs.config(selectbackground='red')
    check = self.dirs.get(self.dirs.curselection())
    if not check:
        check = os.curdir
    self.cwd.set(check)
    self.dols()
# dolS()方法负责所有安全检查，如是否是一个目录、是否存在等
# 如果发生错误，之前的目录就会重设为当前目录。如果一切正常，就会调用 os.listdir()
# 获取实际文件列表，并在 Listbox 中进行替换。当后台忙于获取新目录中的信息时
# 突出显示的蓝色条就会变成红色，直到新目录设置完毕后，又会变回蓝色
def dols(self, ev=None):                # 实现遍历目录的行为
    error = ''
    tdir = self.cwd.get()
    if not tdir:
        tdir = os.curdir
    if not os.path.exists(tdir):
        error = tdir + ': 没有这样的文件'
    elif not os.path.isdir(tdir):
        error = tdir + ': 不是目录'
    if error:
        self.cwd.set(error)
        self.top.update()
        sleep(2)
        if not (hasattr(self, 'last')and self.last):
            self.last = os.curdir
        self.cwd.set(self.last)
        self.dirs.config(
```

```
                selectbackground='LightSkyBlue')
            self.top.update()
            return
        self.cwd.set('获取目录内容...')
        self.top.update()
        dirlist = os.listdir(tdir)
        dirlist.sort()
        os.chdir(tdir)
        self.dirl.config(text=os.getcwd())
        self.dirs.delete(0, END)
        self.dirs.insert(END, os.curdir)
        self.dirs.insert(END, os.pardir)
        for eachFile in dirlist:
            self.dirs.insert(END, eachFile)
        self.cwd.set(os.curdir)
        self.dirs.config(
            selectbackground='LightSkyBlue')
# 当直接调用脚本时，main()函数才会执行。当main()函数运行时，会创建GUI 应用
# 然后调用mainloop()来启动GUI 程序，之后由其控制应用的执行
if __name__ == '__main__':
    d = DirList(os.curdir)                    # 实例化目录列表
    mainloop()                                # 进入消息循环
```

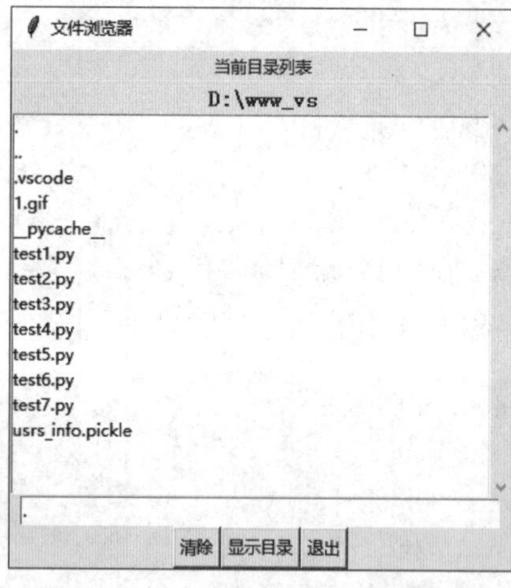

图 15.35　设计的文件浏览器演示效果

15.6 在线支持

扫码，拓展学习

第 16 章　网 络 编 程

网络编程就是编写能够在两台计算机之间相互通信的程序。例如，使用微信聊天时，用户的手机与腾讯的服务器在通信；在使用百度搜索时，本地的浏览器与百度的 Web 服务器在通信，以及各种手机 APP，都需要连接到远程的另一台计算机才能够实现其功能。本章将介绍网络的基本知识，以及使用 Python 进行 TCP 和 UDP 编程的方法。

【学习重点】

- 了解 socket 编程接口。
- 正确使用 TCP 编程。
- 正确使用 UDP 编程。

16.1　使用 socket

socket 是应用层与传输层、网络层之间进行通信的中间软件抽象层，它把复杂的 TCP/IP 协议封装起来，提供一组简单的接口，调用 socket 接口函数就可以组织数据，以符合指定的协议，实现网络间的通信。

Python 提供了两个基本的 socket 处理模块。

- socket：提供了标准的 BSD Sockets API，可以访问底层操作系统 socket 接口的全部方法。
- socketserver：提供了服务器中心类，可以简化网络服务器的开发。

16.1.1　构建 socket 网络服务

扫一扫，看视频

■ 知识点

使用 socket 模块的基本步骤如下。

1. 服务器

服务器端进程需要申请套接字，然后绑定该套接字，并进行监听。当有客户端发送请求，则接收数据并进行处理，处理完成后对客户端进行响应。具体步骤如下。

第 1 步，创建套接字。

```
import socket                              # 导入 socket 模块
s1=socket.socket(family, type)             # 实例化 socket 对象
```

提示：

socket 模块的 socket()构造函数能够创建 socket 对象。语法格式如下：

```
socket.socket([family[, type[, proto]]])
```

参数说明如下。

- family：设置套接字地址，包括 AF_UNIX（用于同一台机器进程间通信）或 AF_INET（用于 Internet 进程间通信），常用 AF_INET 选项。

- type：设置套接字类型，包括 SOCK_STREAM（流式套接字，主要用于 TCP 协议）或 SOCK_DGRAM（数据报套接字，主要用于 UDP 协议）。
- protocol：协议类型，默认为 0，一般不填。

调用 socket()函数之后，生成 socket 对象，socket 对象主要方法可以扫描右侧二维码详细了解。

第 2 步，绑定套接字。

```
s1.bind(address)
```

由 AF_INET 所创建的套接字，address 地址必须是一个元组：(host, port)。其中，host 表示服务器主机域名，port 表示端口号。

第 3 步，监听套接字。

```
s1.listen(backlog)
```

参数 backlog 指定最多允许多少个客户端连接到服务器，参数值至少为 1。收到连接请求后，所有请求排队等待处理，如果队列已满，就拒绝请求。

第 4 步，等待接受连接。

```
connection, address = s1.accept()
```

调用 accept()方法后，socket 对象进入等待状态，也就是处于阻塞状态。如果客户端发起连接请求，accept()方法将建立连接，并返回一个元组：(connection,address)。其中，connection 表示客户端的 socket 对象，服务器必须通过它与客户端进行通信；address 表示客户端网络地址。

第 5 步，处理阶段。

```
connection.recv(bufsize[,flag])
```

接收客户端发送的数据。数据以字节串格式返回，参数 bufsize 指定最多可以接收的数量。参数 flag 提供有关消息的其他信息，一般可以忽略。

```
connection.send(string[,flag])
```

将参数 string 包含的字节流数据发送给连接的客户端套接字。返回值是已发送的字节数量，该数量可能小于 string 的字节大小，即可能未能把 string 包含的内容全部发送。

第 6 步，传输结束，可以根据需要选择关闭连接。

```
s1.close()
```

2. 客户端

客户端只需要申请一个套接字，然后通过这个套接字连接到服务器端，建立连接之后就可以相互通信。具体步骤如下。

第 1 步，创建 socket 对象。

```
import socket                              # 导入 socket 模块
s2= socket.socket()                        # 实例化 socket 对象
```

第 2 步，连接到服务器端。

```
s2.connect(address)
```

参数 address 为元组：(host, port)，分别表示服务器端套接字绑定的主机域名和端口号。

第 3 步，处理阶段。

```
s2.recv(bufsize[,flag])
```

接收数据以字节串形式返回，参数 bufsize 指定最多可以接收的数量；flag 提供有关消息的其他信息，一般可以忽略。

```
s2.send(string[,flag])
```

将参数 string 包含的字节串发送到服务器端。返回值表示已经发送的字节数量，该数量可能小于 string 的字节大小，即可能未能把 string 包含的内容全部发送。

第 4 步，连接结束，可以根据需要选择关闭套接字。

```
s2.close()
```

■ **上机练习**

下面通过一个简单的示例演示使用 socket 模块构建一个网络通信服务。

第 1 步，新建 Python 文件，保存为 server.py 作为服务器端响应文件，然后输入以下代码。

```
import socket                                    # 导入 socket 模块
# 创建服务端服务
server = socket.socket(socket.AF_INET,socket.SOCK_STREAM)
server.bind(('localhost',6999))                  # 绑定要监听的端口，本地计算机 6999 端口
server.listen(5)                                 # 开始监听，参数表示可以使用 5 个连接排队
while True:
    # conn 表示客户端套接字对象，addr 为一个元组，包含客户端的 IP 地址和端口号
    conn,addr = server.accept()
    print(conn,addr)                             # 输出连接信息
    try:
        data = conn.recv(1024)                   # 接收数据
        print('recive:',data.decode())           # 打印接收到的数据，注意解码
        conn.send(data.upper())                  # 然后再发送数据
        conn.close()                             # 关闭连接
    except:
        print('关闭了正在占线的连接！')
        break                                    # 如果出现异常，则跳出接收的状态
```

第 2 步，新建 Python 文件，保存为 client.py 作为客户端请求文件，然后输入以下代码。

```
# 客户端发送一个数据，再接收一个数据
import socket                                    # 导入 socket 模块
# 声明 socket 类型，同时生成套接字对象
client = socket.socket(socket.AF_INET,socket.SOCK_STREAM)
client.connect(('localhost',6999))               # 建立一个连接，连接到本地的 6999 端口
msg = '欢迎新同学！'                               # 可以使用 strip()函数去掉字符串的头尾空格
client.send(msg.encode('utf-8'))                 # 发送一条信息，Python3 只接收字节流
                                                 # 应使用 encode()方法把字符串转换为字节流
data = client.recv(1024)                         # 接收信息，并指定接收的大小为 1024 字节
print('recv:',data.decode())                     # 输出接收的信息
client.close()                                   # 关闭这个连接
```

第 3 步，在“运行”对话框中执行 cmd 命令，打开命令行窗口，输入类似下面的命令，进入当前程序所在的目录。读者应该根据实际情况调整路径。

```
cd C:\Users\8\Documents\www
```

第 4 步，输入如下命令，执行 server.py 文件，如图 16.1 所示。此时，服务器开始不断监听客户端的请求。

```
python server.py
```

第 5 步，模仿第 3、4 步操作，重新打开一个命令行窗口，使用 cd 命令进入当前程序所在的目录，然后输入如下命令执行 client.py 文件，如图 16.2 所示。

```
python client.py
```

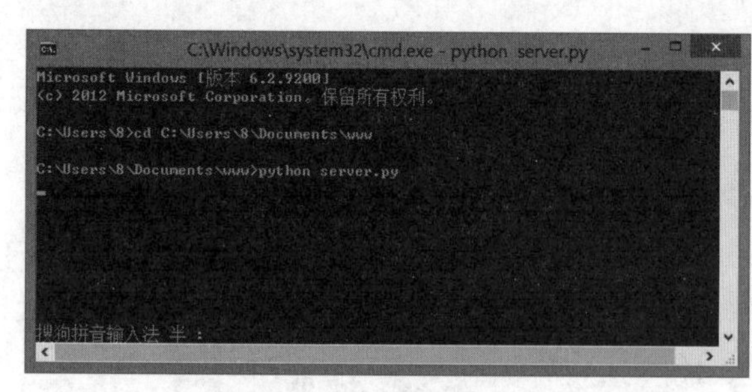

图 16.1　运行服务器端文件

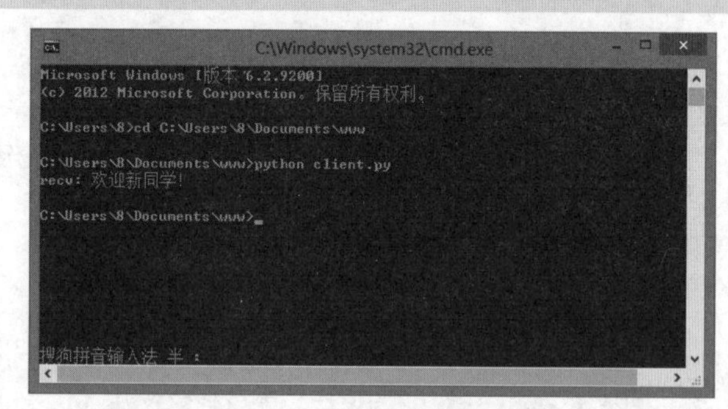

图 16.2　运行客户端文件

此时，客户端向服务器端发送一个请求，并接收响应信息。

```
C:\Users\8>cd C:\Users\8\Documents\www
C:\Users\8\Documents\www>python client.py
recv: 欢迎新同学!
```

可以看到客户端 client.py 文件接收到一条字节流信息，并将它打印在屏幕中。

第 6 步，切换到第 1 个打开的命令行窗口，可以看到服务器端 server.py 文件也接收到一条请求信息，并打印在屏幕上，如图 16.3 所示。

```
C:\Users\8>cd C:\Users\8\Documents\www
C:\Users\8\Documents\www>python server.py
<socket.socket fd=292, family=AddressFamily.AF_INET, type=SocketKind.SOCK_STREAM,
proto=0, laddr=('127.0.0.1', 6999), raddr=('127.0.0.1', 54714)> ('127.0.0.1',
54714)
recive: 欢迎新同学!
```

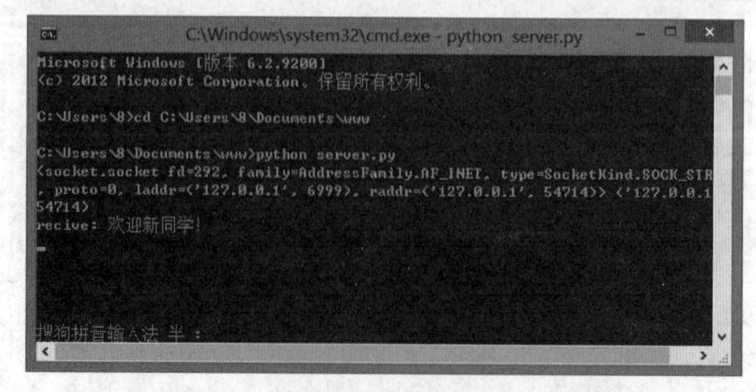

图 16.3　服务器端文件接收的信息

16.1.2　构建 socketserver 网络服务

■ 知识点

使用 socketserver 创建一个服务的步骤如下。

第 1 步，创建一个请求处理类，选择 StreamRequestHandler 或 DatagramRequestHandler 作为父类，也可以选用 BaseRequestHandler 作为父类，并重写 handle()方法。

第 2 步，实例化一个服务类对象，并将服务的地址和第 1 步创建的请求处理类传递给它。

第 3 步，调用服务类对象的 handle_request()或 serve_forever()方法开始处理请求。

■ 上机练习

下面通过一个简单的示例演示如何使用 socketserver 模块构建一个网络通信服务。

第 1 步，新建 Python 文件，保存为 server.py 作为服务器端响应文件，然后输入以下代码。

```
import socketserver                               # 导入 socketserver 模块
class MyTCPHandler(socketserver.BaseRequestHandler):  # 自定义请求处理类
    def handle(self):                             # 重写 handle()方法
        try:
            while True:                           # 无限循环
                self.data=self.request.recv(1024)          # 接收数据
                print("{} 发送的信息：".format(self.client_address),self.data)      # 打印数据
                if not self.data:                 # 如果没有接收到数据
                    print("连接丢失")               # 提示信息
                    break                         # 结束轮询
                self.request.sendall(self.data.upper()) # 向客户端响应数据
        except Exception as e:                    # 如果发生异常，则打印错误提示信息
            print(self.client_address,"连接断开")
        finally:                                  # 关闭连接
            self.request.close()
    def setup(self):                              # 重写 setup()方法
        print("在 handle()调用前执行,连接建立：",self.client_address)
    def finish(self):                             # 重写 finish()方法
        print("在 handle()调用后执行，完成运行")
if __name__=="__main__":
    HOST,PORT = "localhost",9999                  # 设置主机和端口号
    server=socketserver.TCPServer((HOST,PORT),MyTCPHandler)   # 创建 TCP 服务
    server.serve_forever()                        # 持续循环运行，监听并开始处理请求
```

第 2 步，新建 Python 文件，保存为 client.py 作为客户端请求文件，然后输入以下代码。

```
import socket                                     # 导入 socket 模块
client=socket.socket()                            # 创建 socket 对象
client.connect(('localhost',9999))                # 连接到服务器
while True:
    cmd=input("是否退出(y/n)>>").strip()  # 是否退出
    if len(cmd)==0:
        continue
    if cmd=="y" or cmd=="Y":                      # 退出交流
        break
```

```
    client.send(cmd.encode())                    # 发送信息
    cmd_res=client.recv(1024)                    # 接收响应信息
    print(cmd_res.decode())                      # 打印响应的信息
client.close()                                   # 关闭连接
```

第 3 步，分别打开不同的命令行窗口，独立运行 server.py 和 client.py，然后就可以在两个窗口间进行交流，演示效果如图 16.4 所示。

```
python server.py                                 # 命令行窗口 1
python client.py                                 # 命令行窗口 2
```

```
C:\Windows\system32\cmd.exe - python server....
Microsoft Windows [版本 10.0.18363.900]
(c) 2019 Microsoft Corporation。保留所有权利。

C:\Users\css14>d:

D:\>cd www_vs

D:\www_vs>python server.py
在handle()调用前执行,连接建立：('127.0.0.1', 56415)
('127.0.0.1', 56415) 发送的信息：b'hi,python'
('127.0.0.1', 56415) 发送的信息：b'socketserver'
('127.0.0.1', 56415) 发送的信息：b''
连接丢失
在handle()调用后执行，完成运行
```

（a）server

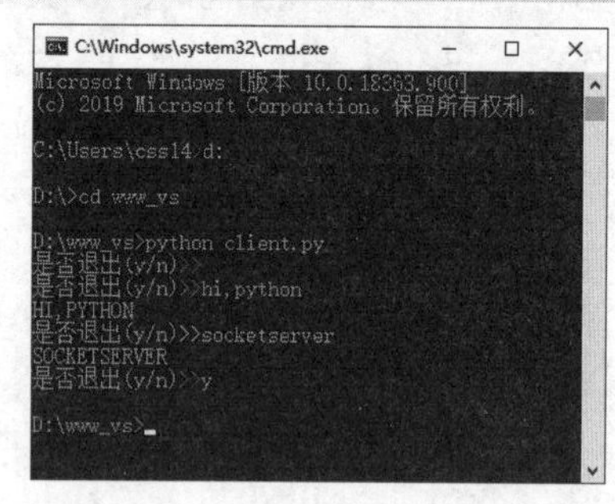

（b）client

图 16.4　服务器与客户端交互信息

socketserver 服务类都是同步处理请求，一个请求没处理完不能处理下一个请求。如果想支持异步模型，可以使用 ThreadingTCPServer（多线程）和 ForkingTCPServer（多进程），请参考本节示例源码。

16.2　TCP 编程

TCP 是一种面向连接、安全可靠的、基于字节流的传输层协议。TCP 协议通过 3 次握手在两台计算机之间建立稳定的连接，最后再通过 4 次挥手结束连接。很多高级的协议都是建立在 TCP 基础上的，如 HTTP、SMTP、FTP 等。

扫一扫，看视频

16.2.1　创建 TCP 客户端

■ **知识点**

在 Python 程序中，创建 TCP 连接时，主动发起连接的为客户端，被动响应连接的为服务器。TCP 的通信流程与打电话的过程非常相似，开发 TCP 服务可以按如下步骤实现。

第 1 步，使用 socket()构造函数创建一个套接字对象。类似购买手机。

第 2 步，调用 bind()方法绑定服务器的 IP 和端口号。类似绑定手机卡。

第 3 步，调用 listen()为套接字对象建立被动连接，监听客户请求。类似待机状态。

第 4 步，使用 accept()方法等待客户端的连接。类似来电显示，接收通话。

第 5 步，调用 recv()或 send()方法接收或发送数据。类似通话中的听和说。

第 6 步，调用 close()方法关闭连接。类似挂断电话。

■ **上机练习**

【示例】创建一个基于 TCP 的客户端 socket 对象，并向百度的 Web 服务器请求网页信息。

第 1 步，创建客户端套接字连接。

```
import socket                                   # 导入 socket 模块
s = socket.socket(socket.AF_INET, socket.SOCK_STREAM) # 创建一个 socket 对象
s.connect(('www.baidu.com.cn', 80))             # 建立连接，参数为元组，包含地址和端口号
```

创建 socket 对象时，AF_INET 指定使用 IPv4 协议，如果要使用更先进的 IPv6 协议，可以指定为 AF_INET6。SOCK_STREAM 指定使用面向流的 TCP 协议。

客户端要主动发起 TCP 连接，必须知道服务器的 IP 地址和端口号。百度网站的 IP 地址可以使用域名 www.baidu.com.cn，域名服务器会自动把它转换为 IP 地址。

作为服务器，提供什么样的服务，端口号必须固定。百度提供网页服务的服务器端口号固定为 80，因为 80 是 Web 服务的标准端口。其他服务都有对应的标准端口号。例如，SMTP 服务是 25，FTP 服务是 21 等。端口号小于 1024 的是 Internet 标准服务的端口，端口号大于 1024 的可以自由使用。

第 2 步，建立 TCP 连接后，可以向百度 Web 服务器发送请求，要求返回首页内容。

```
s.send(b'GET / HTTP/1.1\r\n\r\n\r\n')     # 发送数据
```

TCP 创建的连接是双向通道，双方都可以同时给对方发送数据，但是谁先发，谁后发，怎么协调，要根据具体的协议决定。例如，HTTP 协议规定客户端必须先发送请求给服务器，服务器收到后才会发送数据给客户端。

第 3 步，发送的文本必须符合 HTTP 标准，如果格式没有问题，就可以接收到百度 Web 服务器返回的数据。如果发送的格式不对，会接收不到响应，或者接收到其他响应内容。

```
# 接收数据
buffer = []                                     # 临时列表，初始为空
while True:
    d = s.recv(1024)                            # 每次最多接收 1KB
    if d:                                       # 如果接收到数据
        buffer.append(d)                        # 把数据推入列表中
    else:
        break                                   # 接收完毕，跳出循环
data = b''.join(buffer)                         # 把接收的所有数据连接为一个字符串
```

接收数据时，调用 recv(max)方法，同时设置一次最多接收的字节数，然后在 while 循环中反复接收，直到 recv()返回空数据，表示接收完毕，退出循环。

第 4 步，接收数据后，调用 close()方法关闭 socket，这样一次完整的网络通信就结束了。

```
s.close()                                       # 关闭连接
```

第 5 步，接收到的数据包括 HTTP 头和网页本身，还需要把 HTTP 头和网页分离一下，把 HTTP 头打印出来，网页内容保存到文件。

```
header, html = data.split(b'\r\n\r\n', 1)  # 分离 HTTP 头和网页内容
print(header.decode('utf-8'))               # 在控制台打印消息头
with open('baidu.html', 'wb') as f:         # 把接收的数据写入文件
    f.write(html)
```

第 6 步，在浏览器中打开这个 baidu.html 文件，就可以看到百度的首页。

16.2.2 创建 TCP 服务器

■ **知识点**

创建 TCP 服务器时，首先要绑定一个服务器端口，然后开始监听该端口，如果接收到客户端的请求，服务器就与该客户端建立 socket 连接，接下来通过这个 socket 连接与其进行通信。

每建立一个客户端连接，服务器都会创建一个 socket 连接。由于服务器会有大量来自不同客户端的请求，所以，服务器要区分每一个 socket 连接分别属于哪个客户端。

如果希望服务器并发处理多个客户端的请求，那么就需要用到多进程或多线程技术，否则，在同一个时间内，服务器一次只能服务一个客户端。

■ **上机练习**

【示例】编写一个简单的服务器程序，用来接收客户端请求，把客户端发过来的字符串加上 Hello 前缀，再转发回去进行响应。

第 1 步，新建服务器文件，保存为 server.py。导入 socket、time 和 threading 模块。

```
import socket                                    # 导入 socket 模块
import time                                      # 导入时间模块
import threading                                 # 导入多线程模块
```

第 2 步，创建一个基于 IPv4 和 TCP 的 socket 对象。

```
s = socket.socket(socket.AF_INET, socket.SOCK_STREAM) # 创建套接字对象
```

第 3 步，绑定监听的地址和端口。

```
s.bind(('127.0.0.1', 9999))                      # 绑定 IP 和端口
```

服务器可能有多块网卡，可以绑定到某一块网卡的 IP 地址上，也可以用 0.0.0.0 绑定到所有的网络地址，还可以用 127.0.0.1 绑定到本机地址。

提示：

127.0.0.1 是一个特殊的 IP 地址，表示本机地址，如果绑定到这个地址，客户端必须同时在本机运行才能连接，也就是说，外部的计算机无法连接进来。

指定端口号。因为本例服务不是标准服务，所以用 9999 这个端口号。

注意：

小于 1024 的端口号必须要有管理员权限才能绑定。

第 4 步，调用 listen()方法开始监听端口，传入的参数指定等待连接的最大数量。

```
s.listen(5)                                      # 监听端口
print('Waiting for connection...')               # 打印提示信息
```

第 5 步，服务器程序通过一个无限循环不断监听来自客户端的连接，accept()方法会等待并返回一个客户端的连接。

```
while True:
    sock, addr = s.accept()                      # 接收一个新连接
    # 创建新线程来处理 TCP 连接
    t = threading.Thread(target=tcplink, args=(sock, addr))
```

```
    t.start()                                 # 开启线程
```

第 6 步，每个连接都必须创建新线程（或进程）处理，否则，单线程在处理连接的过程中，无法接收其他客户端的连接。有关线程和进程知识请参考第 20 章的内容。

```
def tcplink(sock, addr):                      # TCP 连接函数
    print('Accept new connection from %s:%s...' % addr) # 打印提示信息
    sock.send(b'Welcome!')                    # 发送问候信息
    while True:
        data = sock.recv(1024)                # 接收信息
        time.sleep(1)                         # 延迟片刻
        if not data or data.decode('utf-8') == 'exit': # 如果接收到退出或者接收完毕
            break                             # 跳出循环
        sock.send(('Hello, %s!' % data.decode('utf-8')).encode('utf-8')) # 响应信息
    sock.close()                              # 关闭连接
    print('Connection from %s:%s closed.' % addr)     # 提示结束信息
```

第 7 步，建立连接之后，服务器首先发出一条欢迎消息，然后等待客户端数据，如果接收到客户端数据，则加上 Hello，再发送给客户端。如果客户端发送了 exit 字符串，就直接关闭连接。

第 8 步，编写一个客户端程序，保存为 client.py，用来测试服务器程序。

```
import socket                                 # 导入 socket 模块
s = socket.socket(socket.AF_INET, socket.SOCK_STREAM) # 创建套接字对象
s.connect(('127.0.0.1', 9999))                # 建立连接
print(s.recv(1024).decode('utf-8'))           # 接收欢迎消息
for data in [b'Michael', b'Tracy', b'Sarah']: # 循环请求，批量发送多个信息
    s.send(data)                              # 发送数据
    print(s.recv(1024).decode('utf-8'))       # 打印接收的信息，注意编码
s.send(b'exit')                               # 发送结束命令
s.close()                                     # 关闭连接
```

第 9 步，分别打开两个命令行窗口，一个运行服务器程序，另一个运行客户端程序，就可以进行通信了。

注意：

客户端程序运行完毕后可以退出，而服务器程序会永远运行下去，按 Ctrl+C 组合键可以强制退出程序。另外，同一个端口只能绑定一个 socket。

16.3 UDP 编程

UDP 是一种无连接的通信协议，与 TCP 同属于传输层协议。UDP 协议的特点：处理速度快，传输效率高，可以一对一、一对多、多对一、多对多，无拥塞控制。UDP 的应用场景为视频会议、视频直播、语音通话、网络广播等。

16.3.1 创建 UDP 服务器

扫一扫，看视频

■ **知识点**

UDP 通信不需要建立连接，只需要发送数据即可。UDP 服务器首先需要绑定端口，代码如下。

```
s = socket.socket(socket.AF_INET, socket.SOCK_DGRAM)
s.bind(('127.0.0.1', 9999))                    # 绑定端口
```

创建 socket 时，SOCK_DGRAM 指定 socket 的类型是 UDP。绑定端口和 TCP 一样，但是不需要调用 listen()方法进行监听，而是直接接收来自任何客户端的数据。

■ 实现代码

```
while True:
    data, addr = s.recvfrom(1024)          # 接收数据
    print(addr)                            # 打印地址
    s.sendto(b'Hello, %s!' % data, addr)   # 发送数据
```

recvfrom()方法返回数据、客户端的地址和端口号，当服务器收到客户端的消息之后，直接调用 sendto()方法就可以把数据发给客户端。

扫一扫，看视频

16.3.2 创建 UDP 客户端

■ 知识点

客户端使用 UDP 时，首先创建基于 UDP 的 socket，不需要调用 connect()方法连接服务器，直接调用 sendto()方法给指定的主机端口号发送数据即可。

■ 实现代码

```
s = socket.socket(socket.AF_INET, socket.SOCK_DGRAM)
for data in [b'a', b'b', b'c']:
    s.sendto(data, ('127.0.0.1', 9999)) # 发送数据
    print(s.recv(1024).decode('utf-8')) # 接收数据
s.close()                               # 关闭连接
```

从服务器接收数据可以调用 recv()方法，建议使用 recvfrom()方法，这样可以同时获取服务器的 IP 地址和端口号。

提示：

服务器绑定 UDP 端口和 TCP 端口可以相同，但互不冲突。例如，UDP 的 8888 端口与 TCP 的 8888 端口可以各自绑定。

16.4 案例实战

扫一扫，看视频

16.4.1 B/S 通信

■ 案例分析

设计一个 B/S（请求/响应）的 TCP 连接，由服务器向客户端发送问候语：Hello World，使用网页浏览器接收问候信息，并显示在页面中。

■ 案例实现

第 1 步，新建 test1.py 文件，输入以下代码。

```
import socket                          # 导入 socket 模块
host = "127.0.0.1"                     # 设置本地 IP
```

```
port = 12345                                  # 设置端口
s = socket.socket()                           # 创建 socket 对象
s.bind((host, port))                          # 绑定端口
s.listen(5)                                   # 等待客户端连接
print ('服务器处于监听状态中...')
while True:
    c,addr = s.accept()                       # 建立客户端连接
    data = c.recv(1024).decode()              # 获取客户端请求数据
    print( data )                             # 打印客户端请求的数据
    head = 'HTTP/1.1 200 OK\r\n\r\n'
    body = '<html><head><title>客户端请求</title></head><body><meta charset="utf-8">
<h1>Hello World</h1></body></html>'
    html = head + body
    c.sendall(html.encode())                  # 向客户端发送数据
    c.close()                                 # 关闭连接
```

注意：

在发送给客户端的字符串中，需要添加'HTTP/1.1 200 OK\r\n\r\n'前缀，设置 HTTP 头部消息。同时，使用 encode()方法把字符串转换为字节流，响应给客户端浏览器。

第 2 步，在“运行”对话框中执行 cmd 命令，打开命令行窗口，输入类似下面命令，进入当前程序所在的目录。读者应根据实际情况调整路径。

```
cd C:\Users\8\Documents\www
```

第 3 步，输入下面的命令，执行 test1.py 文件，此时服务器开始不断监听客户端的请求。

```
python test1.py
```

第 4 步，打开浏览器，在地址栏中输入 IP 地址和端口号，则可以看到服务器发送的响应信息，如图 16.5 所示。

图 16.5　在浏览器中查看服务器响应信息

16.4.2　TCP 聊天

扫一扫，看视频

■ 案例分析

设计一个简单的客户端与服务器无限聊天。客户端和服务器建立连接之后，客户端可以向服务器发送请求文字，服务器可以响应，客户端接收到响应信息之后，客户端可以继续发送请求，然后服务器可以继续响应，如此往返重复。

■ 案例实现

第 1 步，设计服务器程序。新建 server.py 文件，输入以下代码。

```
import socket                                        # 导入 socket 模块
host = socket.gethostname()                          # 获取主机地址
port = 8888                                          # 设置端口号
s = socket.socket(socket.AF_INET,socket.SOCK_STREAM)  # 创建 TCP/IP 套接字
s.bind((host,port))                                  # 绑定地址到套接字
s.listen(5)                                          # 设置最多连接数量
print ('服务器处于监听状态中...\r\n')
sock,addr = s.accept()                               # 被动接受 TCP 客户端连接
print('已连接到客户端.')
print('**提示，如果要退出，请输入 esc 后回车.\r\n')
info = sock.recv(1024).decode()                      # 接收客户端数据
while info != 'esc':                                 # 判断是否退出
    if info :
        print('客户端说:'+info)
    send_data = input('服务器说：')                   # 发送消息
    sock.send(send_data.encode())                    # 发送 TCP 数据
    if send_data =='esc':                            # 如果发送 esc,则退出
        break
    info = sock.recv(1024).decode()                  # 接收客户端数据
sock.close()                                         # 关闭客户端套接字
s.close()                                            # 关闭服务器端套接字
```

第 2 步，新建 Python 文件，保存为 client.py 作为客户端请求文件，然后输入以下代码。

```
import socket                                        # 导入 socket 模块
s= socket.socket()                                   # 创建套接字
host = socket.gethostname()                          # 获取主机地址
port = 8888                                          # 设置端口号
s.connect((host,port))                               # 连接 TCP 服务器
print('已连接到服务器.')
print('**提示，如果要退出，请输入 esc 后回车.\r\n')
info = ''
while info != 'esc':                                 # 判断是否退出
    send_data=input('客户端说：')                     # 输入内容
    s.send(send_data.encode())                       # 发送 TCP 数据
    if send_data =='esc':                            # 判断是否退出
        break
    info = s.recv(1024).decode()                     # 接收服务器端数据
    print('服务器说:'+info)
s.close()                                            # 关闭套接字
```

第 3 步，分别打开不同的命令行窗口，独立运行 server.py 和 client.py，然后就可以在两个窗口间进行交流，演示效果如图 16.6 所示。

```
python server.py                                     # 命令行窗口 1
python client.py                                     # 命令行窗口 2
```

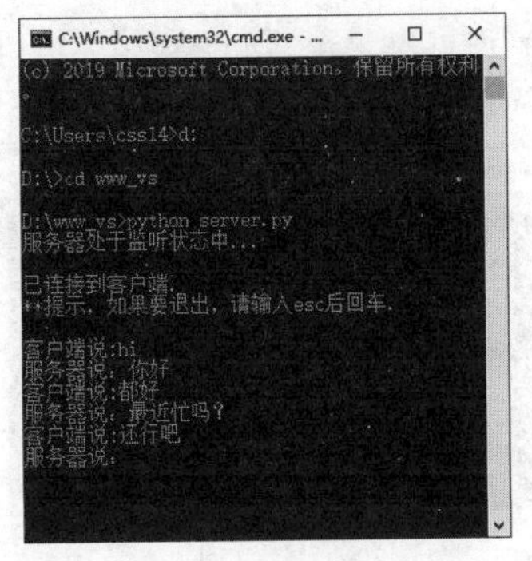

（a）服务器

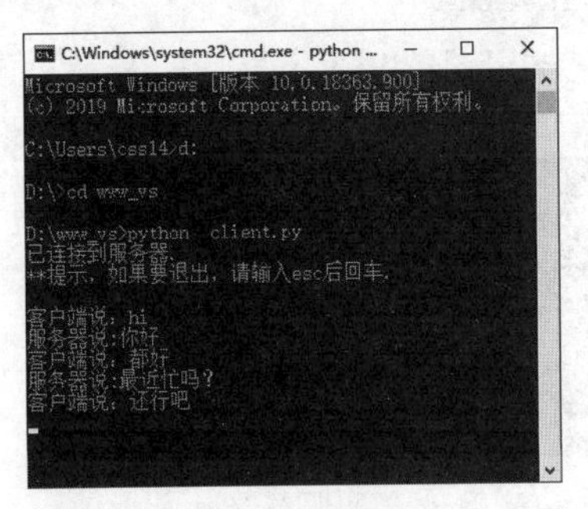

（b）客户端

图 16.6 TCP 聊天演示

扫一扫，看视频

16.4.3 网络运算

■ **案例分析**

设计一个简单的客户端与服务器之间的网络运算。客户端接收用户输入的数字之后，向服务器发送请求，服务器根据用户输入的数字，计算该数字的阶乘，然后把计算结果返回给客户端，客户端接收到响应信息之后，输出显示，完成网络协同运算操作。

■ **案例实现**

第 1 步，设计服务器程序。新建 server.py 文件，输入以下代码。

```
import socket                                  # 导入 socket 模块
def factorial(num):                            # 定义阶乘函数
    j = 1
    for i in range(1,num+1):
        j = j*i
    return j
s = socket.socket(socket.AF_INET, socket.SOCK_DGRAM)  # 创建 UDP 套接字
s.bind(('127.0.0.1', 8888))                    # 绑定地址
data, addr = s.recvfrom(1024)                  # 接收数据
data = factorial(int(data))                    # 调用阶乘函数，计算阶乘结果
send_data = str(data)                          # 把数字转换为字符串
print('Received from %s:%s.' % addr)           # 打印客户端信息
s.sendto(send_data.encode(), addr)             # 发送给客户端
s.close()                                      # 关闭服务器端套接字
```

第 2 步，新建 Python 文件，保存为 client.py 作为客户端请求文件，输入以下代码。

```
import socket                                  # 导入 socket 模块
s = socket.socket(socket.AF_INET, socket.SOCK_DGRAM)  # 创建 UDP 套接字
data = int(input("请输入阶乘数字："))
s.sendto(str(data).encode(), ('127.0.0.1', 8888))     # 发送数据
print("计算结果：", s.recv(1024).decode())   # 打印接收数据
s.close()                                      # 关闭套接字
```

第 3 步，分别打开不同的命令行窗口，独立运行 server.py 和 client.py，然后就可以在两个窗口间进行交流，演示效果如图 16.7 所示。

```
python server.py                                    # 命令行窗口 1
python client.py                                    # 命令行窗口 2
```

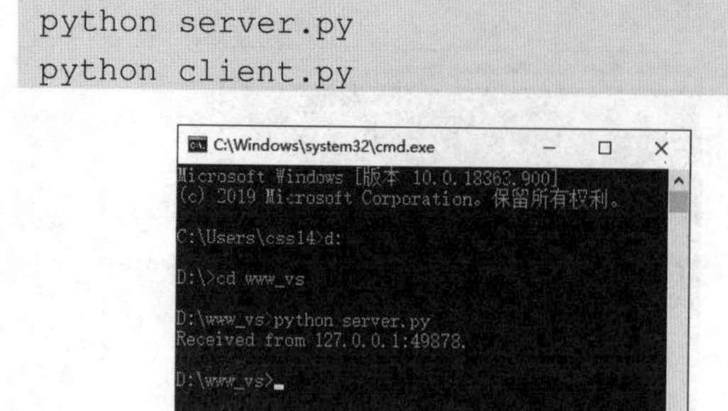

（a）服务器

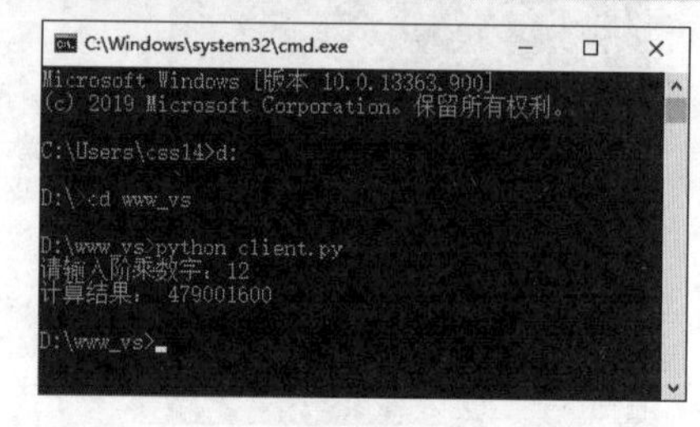

（b）客户端

图 16.7 UDP 运算

扫一扫，看视频

16.4.4 网络广播

■ 案例分析

本案例使用 UDP 设计一个网络广播，实现广播的发送和接收功能，结合多线程技术，满足多用户并发收听广播，解决一对一、一对多、多对一和多对多的消息推送与共享。

程序设计流程：创建接收端 socket→创建发送端 socket→启动接收端 socket→启动发送端 socket→等待广播→接收并推送广播→广播消息的显示。

扫码，拓展学习

提示：

如果要实现 UDP 广播功能，需要为 socket 对象设置相关属性，可以使用 setsockopt()方法完成，该方法的用法和参数说明，可以扫描右侧二维码进行了解。

■ 案例实现

第 1 步，设计服务器程序。新建 server.py 文件，输入以下代码。服务器程序使用自定义类 Broadcast，能够发送广播，也能够接收广播，结合多线程能够满足多人并发收听广播。

```
import socket, time, threading                          # 导入 socket、time 和 threading 模块
class Broadcast:
    def __init__(self):                                 # 全局参数配置
        self.encoding = "utf-8"                         # 字符编码
        self.broadcastPort = 7788                       # 广播端口
        # 创建广播接收器
        self.recvSocket = socket.socket(socket.AF_INET, socket.SOCK_DGRAM)
        self.recvSocket.setsockopt(socket.SOL_SOCKET, socket.SO_REUSEADDR, 1)
        self.recvSocket.bind(("", self.broadcastPort))
        # 创建广播发送器
        self.sendSocket = socket.socket(socket.AF_INET, socket.SOCK_DGRAM)
        self.sendSocket.setsockopt(socket.SOL_SOCKET, socket.SO_BROADCAST, 1)
        self.threads = []                               # 多线程列表
    def send(self):                                     # 发送广播
        print("UDP 发送器启动成功，可以发送广播...\n")
        self.sendSocket.sendto("***进入广播室".encode(self.encoding), ('255.255.255.255',
self.broadcastPort))
        while True:
```

```
            sendData = input("发送消息>>> ")
            self.sendSocket.sendto(sendData.encode(self.encoding), ('255.255.255.255',
                                   self.broadcastPort))
            time.sleep(1)
    def recv(self):                                    # 接收广播
        print("UDP 接收器启动成功，可以收听广播...\n")
        while True:
            recvData = self.recvSocket.recvfrom(1024) # 接收数据格式为(data, (ip, port))
            t = (
                time.strftime("%Y-%m-%d %H:%M:%S", time.localtime()),
                recvData[1][0], recvData[1][1],
                recvData[0].decode(self.encoding).replace("***进入广播室",
                                                "%s 进入广播室"%recvData[1][1])
            )
            print("\n【广播时间】%s\n【广播来源】IP:%s  端口:%s\n【广播内容】\n %s \n" % t )
            time.sleep(1)
    def start(self):                                   # 启动线程
        t1 = threading.Thread(target=self.recv)        # 创建广播接收多线程
        t2 = threading.Thread(target=self.send)        # 创建广播发送多线程
        self.threads.append(t1)                        # 添加到线程列表
        self.threads.append(t2)                        # 添加到线程列表
        for t in self.threads:                         # 排队执行队列
            t.setDaemon(True)                          # 主线程执行完毕后会将子线程回收掉
            t.start()                                  # 启动线程
        while True:                                    # 等待收发广播，避免程序结束
            pass
if __name__ == "__main__":
    test = Broadcast()                                 # 实例化类
    test.start()                                       # 启动线程
```

提示：

255.255.255.255 是一个受限的广播地址，路由器不转发目的地址为受限的广播地址的数据报，这样的数据报仅出现在本地网络中。如果要实现全网广播，可以在服务器端记录每个客户端的 IP 地址、端口号及相关信息，通过循环逐一推送广播信息。

第 2 步，新建 Python 文件，保存为 client.py 作为客户端收听接口，输入以下代码。客户端仅能够收听广播，不能够发送广播。

```
import socket, time                          # 导入 socket、time 模块
# 创建广播接收器
recvSocket = socket.socket(socket.AF_INET, socket.SOCK_DGRAM)
recvSocket.setsockopt(socket.SOL_SOCKET, socket.SO_REUSEADDR, 1)
recvSocket.bind(('', 7788))
print("UDP 接收器启动成功，准备收听广播...\n")
while True:
    recvData = recvSocket.recvfrom(1024)   # 接收数据格式为(data, (ip, port))
    print("【广播时间】%s"% (time.strftime("%Y-%m-%d %H:%M:%S", time.localtime()) ) )
    print("【广播来源】IP:%s  端口:%s" % (recvData[1][0], recvData[1][1]))
```

```
    print("【广播内容】\n %s\n" % recvData[0].decode("utf-8").replace("***进入广播室", "%s
进入广播室"%recvData[1][1] ))
```

第 3 步，分别打开不同的命令行窗口，独立运行 server.py 和 client.py，就可以在 server 窗口发送广播，在多个客户端的 client 中同时收听广播，演示效果如图 16.8 所示。

```
python server.py                          # 命令行窗口 1
python client.py                          # 命令行窗口 2
python client.py                          # 命令行窗口 3
```

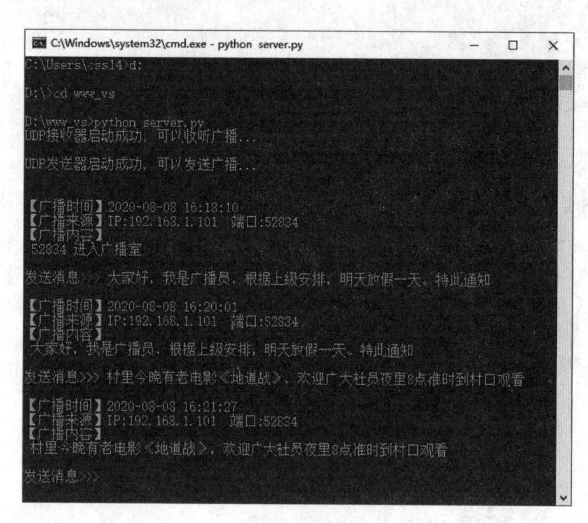

（a）服务器

（b）多客户端

图 16.8　UDP 广播

16.5　在 线 支 持

扫码，拓展学习

第 17 章　Web 编 程

Python 适合从简单到复杂地开发各种 Web 项目，由于 Python 代码简洁、扩展能力强，被广泛应用于旅行、医疗保健、交通运输、金融等领域，成为 Web 开发和测试、脚本编写和生成的重要工具。越来越多的互联网公司选用 Python 作为 Web 开发的技术，如知乎、网易、腾讯、搜狐、金山、豆瓣等，国外有 YouTube、Google 等。本章将介绍 Web 开发基础，以及如何使用 CGI 编写简单的 Web 程序。

【学习重点】

- URL 解析、拼合和分解。
- URL 编码和解码。
- 使用 CGI 编程。

17.1　URL 处理

在互联网上，每个文件都有一个唯一的 URL（统一资源定位符），它包含的信息指出文件的位置，以及浏览器应该如何处理它。

扫一扫，看视频

17.1.1　解析 URL

■ 知识点

在 Python 3 中用来对 URL 字符串进行解析的模块是 urllib.parse，在 Python 2 中为 urlparse 模块。调用 urllib.parse 模块下的 urlparse()方法可以解析 URL 字符串，语法格式如下：

```
urllib.parse.urlparse(urlstring,scheme='',allow_fragments=True)
```

参数说明如下。

- urlstring：必填项，即待解析的 URL 字符串。
- scheme：可选参数，设置默认协议，如 http、https 等。
- allow_fragments：可选参数，设置是否忽略 fragment，默认值为 True。如果为 False，fragment 部分被忽略，它会被解析为 path、params、query 的一部分，而 fragment 为空。

urlparse()方法将返回一个包含 6 个元素的可迭代的 ParseResult 对象，对象的属性在 URL 字符串中的位置示意如下。

```
scheme://netloc/path;params?query#fragment
```

每个属性的值都是字符串，如果在 URL 中不存在对应的元素，则属性的值为空字符串。使用 urlparse()方法返回的对象属性说明如表 17.1 所示。

提示：

有些组成部分没有进一步解析，如域名和端口仅作为一个字符串表示。

表 17.1　使用 urlparse()方法返回对象的属性

属　性	索 引 值	值	如果不包含的值
scheme	0	协议	空字符串
netloc	1	域名（服务器地址）	空字符串
path	2	访问路径	空字符串
params	3	参数	空字符串
query	4	查询条件	空字符串
fragment	5	锚点	空字符串
username		用户名	None
password		密码	None
hostname		主机名	None
port		端口	None

实际上 netloc 属性值包含了表 17.1 中最后 4 个属性值。在解析 URL 的时候，所有的%转义符都不会被处理。另外，分隔符将会去掉，除了在路径中的第 1 个起始斜杠。

■ **上机练习**

【示例】使用 urlparse()方法进行 URL 解析，然后输出解析结果类型、结果字符串，以及读取属性的值。

```
from urllib.parse import urlparse                    # 导入 urlparse 方法
result=urlparse('http://www.baidu.com/index.html;user?id=5#comment')  # 解析 URL 字符串
print(type(result))                                  # 输出解析结果的类型
print(result)                                        # 输出解析结果
print(result[0])                                     # 输出第 1 个元素的值
print(result.path)                                   # 输出第 3 个元素的值
```

输出为：

```
<class 'urllib.parse.ParseResult'>
ParseResult(scheme='http', netloc='www.baidu.com', path='/index.html', params='user',
query='id=5', fragment='comment')
http
/index.html
```

分析 URL 字符串'http://www.baidu.com/index.html;user?id=5#comment'可以发现，urlparse()方法将其拆分为如下 6 个部分。

- scheme='http'：代表协议。
- netloc='www.baidu.com'：代表域名。
- path='/index.html'：代表 path，即访问路径。
- params='user'：代表参数。
- query='id=5'：代表查询条件，一般用于 GET 方法的 URL。
- fragment='comment'：代表锚点，用于直接定位页面内的位置。

17.1.2 拼接 URL

■ **知识点**

拼接 URL 有以下两种方法。

- 使用加号运算符。
- 使用 urljoin()方法。基本语法格式如下：

```
urljoin(base, url[, allow_fragments])
```

该方法将以参数 base 作为基地址，与参数 url 的相对地址相结合，返回一个绝对地址的 URL。

【拼接规律】

- 如果参数 base 不以'/'结尾，如'http://baidu.com/a'，参数 url 不以'/'开头，如'b/c'，那么 base 最右边的文件名及其后面部分被删除，然后与 url 直接连接，将返回'http://baidu.com/b/c'。
- 如果参数 base 以'/'结尾，如'http://baidu.com/a/'，参数 url 不以'/'开头，如'b/c'，那么 base 与 url 直接连接，将返回'http://baidu.com/a/b/c'。
- 如果参数 url 以'/'开头，如'/b/c'，那么 base 将删除路径部分及其后面的字符串，如'http://baidu.com/a?n=1#id'，再与 url 直接连接，将返回'http://baidu.com/b/c'。
- 如果参数 url 以'../'开头，如'../b/c'，那么 base 将删除文件名及其后面部分，以及其父目录字符串，如'http://baidu.com/sup/sub/a?n=1#id'，再与 url 直接连接，将返回'http://baidu.com/sup/b/c'。

■ **上机练习**

【示例 1】拼接 URL 字符串最简单的方法是使用加号运算符。

```
url='http://baidu.com/'
path='api/user/login'
result = url + path
print(result)
```

输出为：

```
http://baidu.com/api/user/login
```

当然，如果两个 URL 字符串不规则，拼接时就会出错误。

【示例 2】在'api/user/login'字符串前面添加一个斜杠。

```
url='http://baidu.com/'
path='/api/user/login'
result = url + path
print(result)
```

输出为：

```
http://baidu.com//api/user/login
```

因此，对于不确定的 URL 字符串拼接，建议使用 urljoin()方法。

【示例 3】针对示例 2，使用 urljoin()方法就可以避免示例 2 出现的错误。

```
from urllib.parse import urljoin          # 导入 urljoin 方法
url='http://baidu.com/'
path='/api/user/login'
result = urljoin(url,path)                # 拼接 URL 字符串
```

```
print(result)
```

输出为：

```
http://baidu.com/api/user/login
```

【示例 4】使用 urljoin()方法拼接复杂的 URL 字符串。

```
from urllib.parse import urljoin          # 导入 urljoin 方法
result = urljoin("http://www.baidu.com/sub/a.html", "b.html")
print(result)
result = urljoin("http://www.baidu.com/sub/a.html", "/b.html")
print(result)
result = urljoin("http://www.baidu.com/sub/a.html", "sub2/b.html")
print(result)
result = urljoin("http://www.baidu.com/sub/a.html", "/sub2/b.html")
print(result)
result = urljoin("http://www.baidu.com/sup/sub/a.html", "/sub2/b.html")
print(result)
result = urljoin("http://www.baidu.com/sup/sub/a.html", "../b.html")
print(result)
```

输出结果如下：

```
http://www.baidu.com/sub/b.html
http://www.baidu.com/b.html
http://www.baidu.com/sub/sub2/b.html
http://www.baidu.com/sub2/b.html
http://www.baidu.com/sub2/b.html
http://www.baidu.com/sup/b.html
```

扫一扫，看视频

17.1.3 分解 URL

■ **知识点**

使用 urlsplit()方法可以分解 URL 字符串，返回一个包含 5 个元素的可迭代的 SplitResult 对象，其用法和功能与 urlparse()方法相似，不同点是 urlsplit()方法在分割的时候，path 和 params 属性不被分割。

■ **上机练习**

【示例】简单比较 urlsplit()和 urlparse()方法返回值的异同。

```
from urllib.parse import urlsplit, urlparse
url = "https://username:password@www.baidu.com:80/index.html;parameters?name= tom#example"
print(urlsplit(url))
print(urlparse(url))
```

输出为：

```
SplitResult(
    scheme='https',
    netloc='username:password@www.baidu.com:80',
    path='/index.html;parameters',
    query='name=tom',
```

```
    fragment='example'
)
ParseResult(
    scheme='https',
    netloc='username:password@www.baidu.com:80',
    path='/index.html',
    params='parameters',
    query='name=tom',
    fragment='example'
)
```

提示：

使用 urlparse.urlunsplit(parts)方法可以将通过 urlsplit()方法生成的 SplitResult 对象组合成一个 URL 字符串。这两个方法组合在一起可以有效地格式化 URL，特殊字符可以在这个过程中得到转换。

17.1.4 编码和解码 URL

扫一扫，看视频

■ 知识点

在 URL 中使用的是 ASCII 字符集中的字符。如果需要使用不在这个字符集中的字符，就需要对此字符进行编码，特别是对于亚洲地区的字符，如中文。

编码的规则：百分号+两个十六进制的数字，与其在 ASCII 字符表中的对应位置相同。

例如，一般情况下不能在 URL 中使用空格字符，如果使用的话会出错。这时就可以将空格符编码成%20，代码如下：

```
http://www.python.org/advanced%20search.html
```

在上面的 URL 中，可以看到用%20 替代了空格符。实际上，这个 URL 将从主机 www.python.org 上获取 advanced search.html 页面。

另外，还有些字符可能会使 URL 非法，或者导致上下文歧义。这些字符称为保留字符和不安全字符。

- 保留字符：不能在 URL 中出现的字符。例如，斜杠字符将会用来分隔路径，如果需要使用斜杠字符，而不是将其作为路径的分隔符，则需要对其进行转义。保留字符说明如表 17.2 所示。

表 17.2 URL 编码中的保留字符

保留字符	URL 编码	保留字符	URL 编码	保留字符	URL 编码
;	%3B	:	%3A	=	%3D
/	%2F	@	%40		
?	%3F	&	%26		

- 不安全字符：虽然在 URL 中没有特殊的意义，而可能在 URL 的上下文中有特殊含义的字符。例如，双引号在标签中是用来分开属性和值的，如果在 URL 中含有双引号的话，则有可能在浏览器解析的时候发生错误。此时，可以通过使用%22 编码双引号，进而解决这种冲突。不安全字符说明如表 17.3 所示。

表 17.3 URL 编码中的不安全字符

不安全字符	URL 编码	不安全字符	URL 编码	不安全字符	URL 编码
<	%3C	{	%7B	~	%7E
>	%3E	}	%7D	[	%5B
“	%22	|	%7C	]	%5D
#	%23	\	%5C	‘	%60
%	%25	^	%5E		

提示：

对于非字母和数字的字符，如果不知道是否需要编码，建议都进行一次编码，即使是字母表中的字符进行编码也是没有问题的，但是当字符具有特定含义的时候，则不应进行编码。例如，在 HTTP 协议中对协议字段上的斜杠进行编码是不对的，这会阻止浏览器对 URL 的正确访问。

在 urllib.parse 模块中有一套可以对 URL 进行编码和解码的方法，简单说明如下。

- quote()：对 URL 字符串进行编码。
- unquote()：对 URL 字符串进行解码。
- quote_plus()：与 quote()方法相同，会进一步将空格表示成加号(+)。
- unquote_plus()：与 unquote()方法相同，会进一步将加号(+)变成空格。

quote()方法的语法格式如下：

```
quote(string, safe='/', encoding=None, errors=None)
```

参数说明如下。

- string：表示待编码的字符串。
- safe：设置不需要转码的字符，以字符列表的形式传递，默认不对斜杠(/)进行转码。
- encoding：指定转码的字符的编码类型，默认为 utf-8。
- errors：设置发生异常时的回调函数。

■ 上机练习

【示例 1】调用 quote()方法对 URL 字符串进行编码，然后再解码。

```
from urllib.request import quote, unquote # 导入 quote()和 unquote()方法
url = "https://www.baidu.com/s?wd=住院"
res1 = quote(url)                          # 编码
print(res1)  # https%3A//www.baidu.com/s%3Fwd%3D%E4%BD%8F%E9%99%A2
res2 = unquote(res1)                       # 解码
print(res2)                                # https://www.baidu.com/s?wd=住院
```

【示例 2】也可以仅对 URL 查询字符串进行编码，然后再解码。

```
from urllib.request import quote, unquote # 导入 quote()和 unquote()方法
url = "https://www.baidu.com/s?wd=住院"
res1 = quote(url, safe=";/?:@&=+$,", encoding="utf-8")     # 编码
print(res1)  # https://www.baidu.com/s?wd=%E4%BD%8F%E9%99%A2
res2 = unquote(res1, encoding='utf-8')     # 解码
print(res2)                                # https://www.baidu.com/s?wd=住院
```

扫一扫，看视频

17.1.5 编码查询参数

■ 知识点

使用 urllib.parse 模块的 urlencode()方法可以对查询参数进行编码，即将字典类型的数据格式化为查询字符串，以“键=值”的形式返回，方便在 HTTP 中进行传递。

■ 上机练习

【示例 1】设计一个 URL 附带请求参数 http://www.baidu.com/s?k1=v1&k2=v2。如果在脚本中，请求参数为字典类型，如 data = {k1:v1, k2:v2}，且参数中包含中文或？、=等特殊字符时，通过 urlencode()编码，将 data 格式化为 k1=v1&k2=v2，且将中文和特殊字符编码。

```
from urllib import parse                  # 导入 urllib.parse 模块
url = 'http://www.baidu.com/s?'           # URL 字符串
dict1 ={'wd': '百度翻译'}                   # 字典对象
url_data = parse.urlencode(dict1)         #unlencode()将字典{k1:v1,k2:v2}转化为k1=v1&k2=v2
print(url_data)                           # wd=%E7%99%BE%E5%BA%A6%E7%BF%BB%E8%AF%91
url_org = parse.unquote(url_data)         # 解码
print(url_org)                            # wd=百度翻译
```

urlencode()方法包含一个可选的参数，默认为 False，设置当查询参数的值为序列对象的时候，将调用 quote_plus()方法对序列对象进行整体编码，并作为键值对的值。如果该参数为 True 时，urlencode()方法会将键名与值序列中的每个元素配成键值对，返回多个键值对的组合形式。

【示例 2】比较 urlencode()方法的可选参数为 False 和 True 时，编码的结果不同。

```
import urllib.parse                        # 导入 urllib.parse 模块
key = 'key'                                # 键名
val= ('val1','val2')                       # 键值，元组数据
dvar = {                                   # 键值对，字典类型
   key:val
}
incode = urllib.parse.urlencode(dvar) # 整体编码
print(incode)                              # 输出 key=%28%27val1%27%2C+%27val2%27%29
incode = urllib.parse.urlencode(dvar,True) # 逐个编码
print(incode)                              # 输出 key=val1&key=val2
```

在上面的代码中，对 val 为元组的查询数据进行了编码。从输出结果可以看到，urlencode()方法将其作为一个整体来看待，元组被 quote_plus()方法编码为一个字符串。第 2 次调用 urlencode()方法时，设置参数为 True。此时将 key 与元组中每个元素配成键值对，输出结果为 key=val1&key=val2。

17.2 CGI 编程

17.2.1 配置 CGI 程序

扫一扫，看视频

■ 知识点

本小节以 Apache 服务器为基础，介绍如何配置 Apache 服务器，以便能够正确运行 CGI 程序。

■ 上机操作

第 1 步，搭建 Apache 服务器。下载、安装 Apache 运行文件包，然后配置和运行 Apache 服务器。具体步骤可以参考 18.4 节中的内容讲解。

第 2 步，在运行 CGI 程序之前，确保 Web 服务器支持 CGI。打开配置文件 httpd.conf，确认是否导入 CGI 模块，默认是开启的。

```
LoadModule cgi_module modules/mod_cgi.so
```

第 3 步，在配置文件 httpd.conf 中，设置 CGI 目录。找到<IfModule alias_module>模块，然后设置 CGI 目录。

```
<IfModule alias_module>
    ScriptAlias /cgi-bin/ "D:/Apache24/cgi-bin/"
</IfModule>
```

提示：

CGI 目录也称为虚拟目录，默认为 cgi-bin，将被映射到本地物理目录中，通过 URL（域名+CGI 目录）可以访问本地物理目录中的脚本文件。

注意：

CGI 文件的扩展名为.cgi，Python 脚本也可以使用.py 扩展名。

第 4 步，设置<Directory "D:/Apache24/cgi-bin">模块，为本地物理目录设置服务器操作权限。

```
<Directory "D:/Apache24/cgi-bin">
    Options ExecCGI                         # 允许使用 mod_cgi 模块执行该目录的 CGI 脚本
    Require all granted                     # 允许所有访问
</Directory>
```

第 5 步，在 AddHandler 中添加.py 后缀，允许访问.py 结尾的 Python 脚本文件。在 httpd.conf 配置文件中找到<IfModule mime_module>模块，在 AddHandler 中添加.cgi、.py 后缀，这样即可访问以.cgi、.py 结尾的脚本文件。

```
<IfModule mime_module>
   AddHandler cgi-script .cgi .py
</IfModule>
```

扫一扫，看视频

17.2.2 执行 CGI 程序

■ 知识点

本小节设计输出 HTML 文档，介绍如何正确使用 CGI 程序，运行 Python 脚本。

■ 上机操作

第 1 步，新建 Python 脚本文件，命名为 test1.py。在第 1 行输入如下字符串：

```
#!D:\Python37\python.exe
```

这是一条 Python 注释行，不会被 Python 解析，但是 CGI 程序能够解析它，根据这一句注释找到解析本文件代码的脚本程序 Python。

第 2 步，对于 CGI 脚本输出的内容，包括两部分：文件头和文件信息。在文件头部分设置 MIME 类型是 text/html。

```
print("Content-Type:text/html")
print()
```

在上面的代码中，第 1 行代码用来设置输出文件的类型为 HTML 文档。当客户端接收到响应信息之后，就可以使用特定的渲染方法来显示文档。第 2 行代码打印一个空行，用来表示文件头的结束。

【拓展】

Content-Type:text/html 为 HTTP 头部的一部分，它会告诉浏览器文件的内容类型。HTTP 头部的格式如下：

```
HTTP 字段名：字段内容
```

例如：

```
Content-type: text/html
```

以下列表显示了 CGI 程序中 HTTP 头部经常使用的信息。

- Content-type：请求的与实体对应的 MIME 信息，如 Content-type:text/html。
- Expires: Date：响应过期的日期和时间。
- Location: URL：用来重定向接收方到非请求 URL 的位置，完成请求或标识新的资源。
- Last-modified: Date：请求资源的最后修改时间。
- Content-length: N：请求的内容长度。
- Set-Cookie: String：设置 TTTP Cookie。

第 3 步，设计文件信息。可以使用 print()方法输出完整的 HTML 文档结构和信息。对于 HTML5 文档，可以直接输出文档类型和要显示的标签信息。

```
print("<!doctype html>")
print("<h1>CGI 程序</h1>")
```

整个 test1.py 文件的代码如下：

```
#!D:\Python37\python.exe

print("Content-Type:text/html")
print()
print("<!doctype html>")
print("<h1>CGI 程序</h1>")
```

第 4 步，把 test1.py 文件放到 Apache 服务器的 cgi-bin 目录下。例如：

```
D:\Apache24\cgi-bin
```

第 5 步，在浏览器地址栏中输入以下 URL，按回车键即可看到如图 17.1 所示的显示信息。

```
http://localhost/cgi-bin/test1.py
```

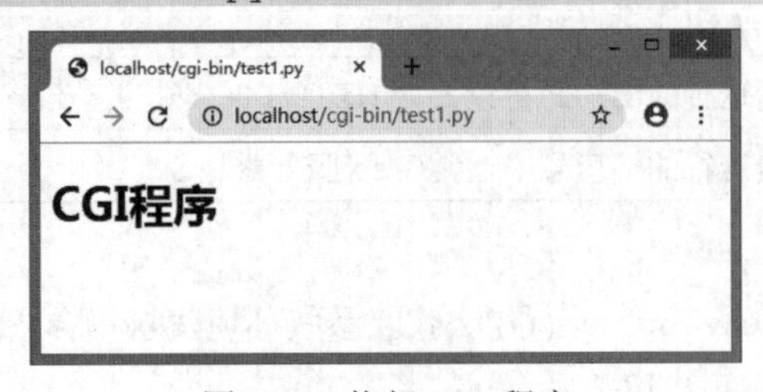

图 17.1　执行 CGI 程序

扫一扫，看视频

17.2.3 CGI 环境变量

■ 知识点

CGI 程序继承了系统的环境变量，CGI 的环境变量在 CGI 程序启动时初始化，结束时销毁。当一个 CGI 程序不是被 HTTP 服务器调用时，其环境变量基本是系统的环境变量。当属于 HTTP 服务器调用时，环境变量就会多了以下关于 HTTP 服务器、客户端、CGI 传输过程等项目。

CGI 环境变量有 3 种：与请求相关的环境变量、与服务器相关的环境变量，以及与客户端相关的环境变量。常用 CGI 环境变量说明如表 17.4 所示。

表 17.4　CGI 常用环境变量

环境变量	说明
CONTENT_TYPE	如果表单使用 POST 递交，值为 application/x-www-form-urlencoded；在上载文件的表单中，值为 multipart/form-data
CONTENT_LENGTH	使用 POST 递交的表单，标准输入口的字节数
HTTP_ACCEPT	浏览器能直接接收的 Content-type
HTTP_COOKIE	客户机内的 COOKIE 内容
HTTP_USER_AGENT	递交表单的浏览器的名称、版本，以及其他平台性的附加信息
HTTP_REFERER	递交表单的文本 URL，不是所有的浏览器都发出这个信息，不要依赖它
PATH_INFO	附加的路径信息，由浏览器通过 GET 方法发出
PATH_TRANSLATED	在 PATH_INFO 中系统规定的路径信息
QUERY_STRING	如果服务器与 CGI 程序信息的传递方式是 GET，这个环境变量的值即是所传递的信息。这个信息经跟在 CGI 程序名的后面，两者中间用一个问号(?)分隔
REMOTE_ADDR	递交脚本的主机 IP 地址
REMOTE_HOST	递交脚本的主机名，这个值不能被设置
REQUEST_METHOD	提供脚本被调用的方法，如 GET 和 POST
REMOTE_USER	递交脚本的用户名
SCRIPT_FILENAME	CGI 脚本的完整路径
SCRIPT_NAME	CGI 脚本的名称
QUERY_STRING	包含 URL 中问号后面的参数
SERVER_NAME	CGI 脚本运行时的主机名和 IP 地址
SERVER_SOFTWARE	调用 CGI 程序的 HTTP 服务器的名称和版本号，如 Apache/2.2.14(Unix)
GATEWAY_INTERFACE	运行的 CGI 版本
SERVER_PROTOCOL	服务器运行的 HTTP 协议，如 HTTP/1.0
SERVER_PORT	服务器运行的端口号，通常 Web 服务器是 80

■ 上机练习

【示例】使用 os 模块的 os.environ.keys()方法获取系统环境变量集合，然后使用 for 语句遍历所有可用环境变量并显示出来，演示效果如图 17.2 所示。

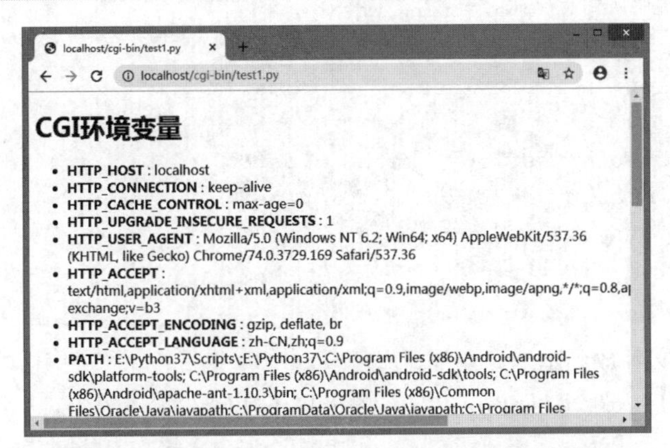

图 17.2　显示当前环境中可用 CGI 环境变量及其值

示例完整代码如下：

```
#!D:\Python37\python.exe
import os                                    # 导入 os 系统模块
print("Content-Type:text/html")              # 定义 MIME 类型
print()                                      # 换行，区分头部和文件主体信息
print("<!doctype html>")                     # 输出 HTML 类型
print("<h1>CGI 环境变量</h1>")                # 输出标题
print("<ul>")
for key in os.environ.keys():                # 遍历系统环境变量
    print("<li><b>%30s </b>: %s</li>" % (key,os.environ[key]))
print("</ul>")
```

17.2.4　处理 GET 信息

扫一扫，看视频

■ 知识点

使用 GET 方法发送信息到服务端，数据被附加在 URL 的后面，以问号(?)分割，例如：

```
http://localhost/cgi-bin/test1.py?key1=value1&key2=value2
```

注意：

使用 GET 方法处理信息时，需要注意以下几点特性：

- GET 请求可被缓存。
- GET 请求保留在浏览器历史记录中。
- GET 请求可被收藏为书签。
- GET 请求不要包含敏感信息，避免被泄露。
- GET 传递的信息有长度限制。
- GET 方法不是传输数据的主要通道，常用于获取响应数据，

■ 上机练习

【示例】设计一个简单的表单页面，当用户在表单中输入姓名，提交表单之后，CGI 程序通过 GET 方法获取用户的姓名，然后做出响应，显示针对该用户的欢迎界面。

第 1 步，新建 test.html 文档，在该文档中设计一个简单的表单结构，包含一个文本框和一个提交按钮。页面完整代码如下：

```
<!DOCTYPE html>
```

```
<html>
<head><meta charset="utf-8"></head>
<body>
<form action="/cgi-bin/test1.py" method="get">
    输入你的姓名 <input type="text" name="name">
    <input type="submit" value="确 定" />
</form>
</body></html>
```

第 2 步，把 test.html 文件放到本地站点根目录下。

第 3 步，设计 CGI 程序。新建 test1.py 文档，输入以下代码。

```
#!D:\Python37\python.exe
import cgi                                    # 导入 CGI 处理模块
form = cgi.FieldStorage()                     # 创建 FieldStorage 的实例化
name = form.getvalue('name')                  # 获取 GET 数据
print("Content-Type:text/html")               # 定义 MIME 类型
print()                                       # 换行，区分头部和文件主体信息
print("<!doctype html>")                      # 输出 HTML 类型
print("<h1>%s: </h1><p>欢迎光临。</p>" % (name))
```

第 4 步，把 test1.py 文件放到 cgi-bin 目录下。

第 5 步，使用浏览器访问 http://localhost/test.html，在网页表单中输入用户名然后单击“确定”按钮，即可跳转到 CGI 处理页面，并返回响应页面，显示用户提示信息，演示如图 17.3 所示。

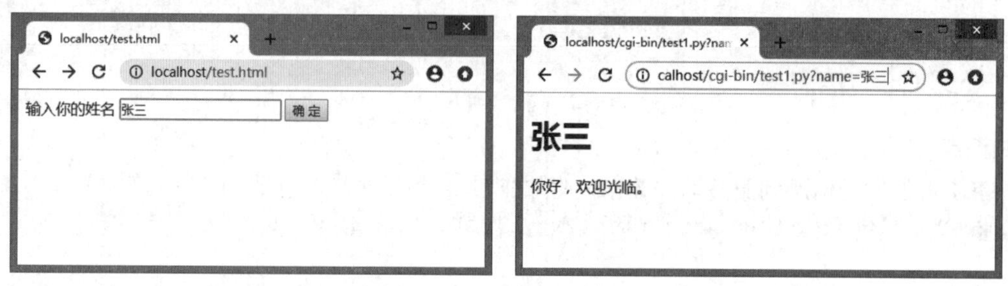

图 17.3　处理 GET 信息

扫一扫，看视频

17.2.5　处理 POST 信息

■ 知识点

使用 POST 方法向服务器传递数据是比较安全可靠的，对于一些敏感信息，如用户密码等，或者二进制数据，都需要使用 POST 传输数据。

■ 上机练习

【示例】设计一个用户登录表单，由于涉及密码提交，因此本例使用 POST 方法提交用户名和密码。

第 1 步，新建 test.html 文档，设计表单结构，包含两个文本框和一个提交按钮。页面完整代码如下：

```
<!DOCTYPE html>
<html>
<head><meta charset="UTF-8"></head>
<body>
<form action="./cgi-bin/test1.py" method="post">
```

```
    <label>用户名: <input type="text" name="username"></label><br><br>
    密 码: <input type="password" name="password"><br><br>
    <input type="submit">
</form>
</body></html>
```

第 2 步，把 test.html 文件放到本地站点根目录下。

第 3 步，设计 CGI 程序。新建 test1.py 文档，输入以下代码。

```
#!D:\Python37\python.exe
import cgi                                  # 导入 CGI 处理模块
print("Content-Type:text/html")             # 定义 MIME 类型
print()                                     # 换行，区分头部和文件主体信息
fs = cgi.FieldStorage()                     # 使用 cgi 获取 Web form 提交过来的数据
inputs = {}
for key in fs.keys():                       # 将 cgi 从 Web 获取到的数据存入字典 inputs
    inputs[key] = fs[key].value
for k,v in inputs.items():                  # for in 循环打印字典 inputs 中的数据
    print(k,'-->',v)
    print('<br/>')
```

第 4 步，把 test1.py 文件放到 cgi-bin 目录下。

第 5 步，使用浏览器访问 http://localhost/test.html，在网页表单中输入用户名和密码，然后单击“提交”按钮，即可跳转到 CGI 处理页面并返回响应页面，显示用户名和密码，演示如图 17.4 所示。

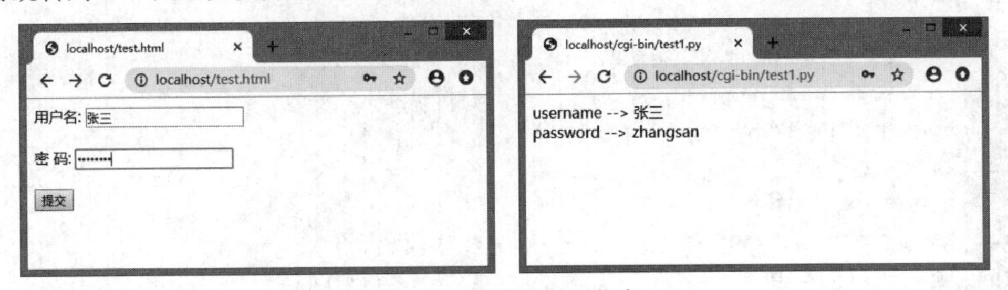

图 17.4　处理 POST 信息

17.3 案例实战

本案例设计一个调查表用来调查学生信息，调查结果被存储到 SQLite 数据库，同时在网页中打印调查信息。本案例使用 Python+CGI 技术，同时导入第 14.6 节案例实战开发的 SQLite 操作模块，辅助完成数据库的读写操作。

第 1 步，设计调查表。调查表主要用到 HTML5+CSS3 技术，设计效果如图 17.5（a）所示。

第 2 步，设计 Python 脚本，用来接收前端表单提交的信息，然后利用 14.3 节开发的 DBTool 模块，把用户提交的调查信息写入 cgi_temp_upfile.db 数据库。新建 test1.py 文件，然后输入以下代码。

注意：

在测试本案例时，要根据 python.exe 的本地路径修改第 1 行代码中的 URL。

```
#!D:\Python38-32\python.exe
import cgi                                  # 导入 CGI 模块
import os                                   # 导入 os 模块
from Model.DBModel import DBTool            # 导入 DBTool 类，参考 14.6 节
print("Content-Type:text/html")             # 定义 MIME 类型
print()                                     # 换行，区分头部和文件主体信息
# 第 1 部分，使用 CGI 接收 web form 提交过来的数据
form = cgi.FieldStorage()                   # 创建 FieldStorage 的实例
name = form.getvalue('name')                # 接收姓名信息
if form.getvalue('sex'):                    # 接收性别信息
    sex = form.getvalue('sex')
else:
    sex = "未知"
if form.getvalue('grade'):                  # 接收年级信息
    grade = form.getvalue('grade')
else:
    grade = "未知"
# 接收擅长信息
interest = []                               # 临时列表变量，存储兴趣信息
if form.getvalue('interest1'):
    interest.append("网络开发")
if form.getvalue('interest2'):
    interest.append("游戏开发")
if form.getvalue('interest3'):
    interest.append("人工智能")
if form.getvalue('suggest'):                # 接收文本区域的信息
    suggest = form.getvalue('suggest')
else:
    suggest = "无建议"
fileitem = form['filename']                 # 获取文件名
if fileitem.filename:                       # 检测文件是否上传
    fn = os.path.basename(fileitem.filename)        # 设置文件路径
    temp = "cgi_temp_upfile"                # 上传文件的文件夹名称
    if not os.path.exists(temp):            # 如果在当前目录下没有，则创建文件夹
       os.mkdir(temp)
    open( temp+ '/' + fn, 'wb').write(fileitem.file.read())     # 保存文件
else:
    fn = '文件没有上传'
# 把用户信息保存到 SQLite 数据库
db = DBTool( temp + ".db")                  # 实例化 DBTool 类，指定要创建的数据库名称
db("user", "name text, sex text, grade int, interest text, suggest text, file text")
# 插入记录
sql = 'insert into user (name, sex, grade, interest, suggest, file) values
 (?, ?, ?, ?, ?, ?)'
interest = ','.join(interest)               # 把列表转换为字符串表示
ob = [(name, sex, grade, interest, suggest, fn )]
T = db.update(sql, ob)
```

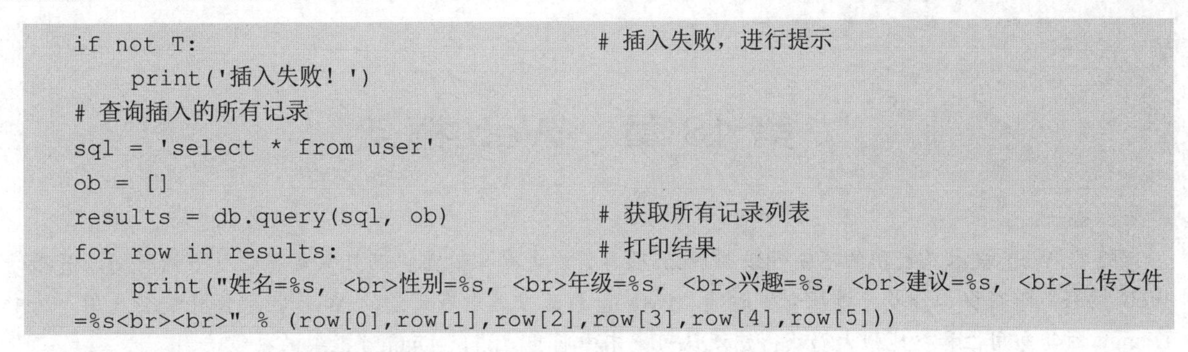

```
    if not T:                                    # 插入失败，进行提示
        print('插入失败！')
    # 查询插入的所有记录
    sql = 'select * from user'
    ob = []
    results = db.query(sql, ob)                  # 获取所有记录列表
    for row in results:                          # 打印结果
        print("姓名=%s, <br>性别=%s, <br>年级=%s, <br>兴趣=%s, <br>建议=%s, <br>上传文件
=%s<br><br>" % (row[0],row[1],row[2],row[3],row[4],row[5]))
```

第 3 步，把 test1.py 文件存储到 Apache 目录下的 cgi-bin 文件夹中。

第 4 步，把 14.6 节案例源代码中的 Model 文件夹复制到 Apache 目录下的 cgi-bin 文件夹中。注意，其中要包含 DBModel.py。

第 5 步，把 test.html 文件存储到 Apache 站点根目录下。

第 6 步，使用浏览器访问 http://localhost/test.html。在页面显示的表单中填写信息，然后提交即可，演示效果如图 17.5 所示。

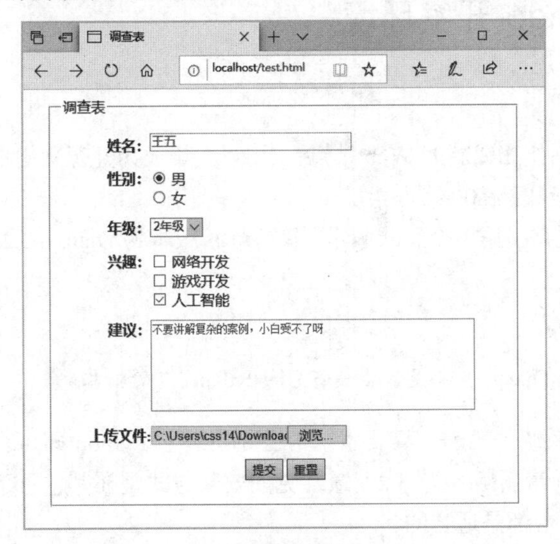

（a）填写表单信息

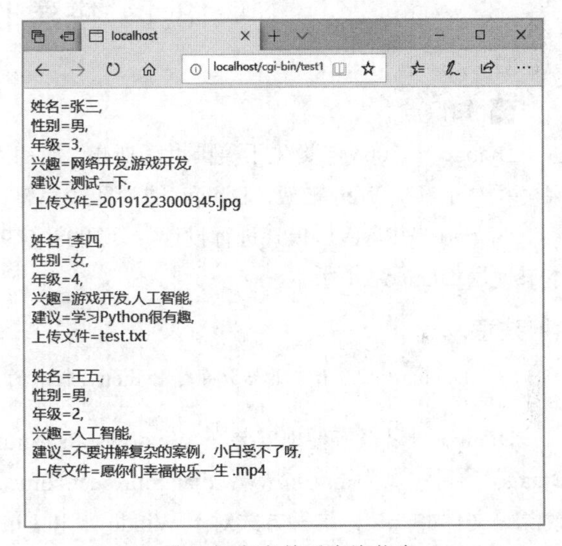

（b）提交表单后查询信息

图 17.5　调查表设计效果

第 7 步，提交表单后，在 Apache 目录下的 cgi-bin 文件夹中可以看到新建的 cgi_temp_upfile 文件夹和 cgi_temp_upfile.db 数据库文件。

17.4　在 线 支 持

扫码，拓展学习

第 18 章　Web 框架

随着 Web 技术及应用的不断升级，Web 项目开发也越来越难，而且需要花费更多的时间。灵活运用 Web 框架能够减少工作量，缩短开发时间。Python 第三方库中有大量的 Web 框架供开发者选用，其中，Django 因其易用性和功能强大而获得广泛认可。本章将重点讲解 Django 框架的初步使用。

【学习重点】

- Django 开发环境的搭建。
- 设计 Django 框架的视图和模板系统。
- 设计 Django 框架的路由系统。

18.1　搭建 Django 开发环境

■ 知识点

Django 于 2003 年诞生于美国堪萨斯州，最初用来制作在线新闻 Web 站点，于 2005 年成为开源网络框架。相对于其他 Web 框架，Django 的功能较完整，是最成熟的网络框架。

Django 采用 MVC 模式进行设计，于 2008 年 9 月发布了第 1 个正式版本，目前最新版本为 Django 3.2，本书使用 Django 3.1 版本。

注意：

Django 从 2.0 版本开始放弃对 Python 2 版本的支持，Django 1.11 是最后一个支持 Python 2.7 的版本。

Django 可以很方便地安装在 Windows 和 Linux 等系统平台上，只要系统中已经安装了 Python 即可。Django 项目主页为 https://www.djangoproject.com/，当前最新版本为 3.2。最常见的安装方式是在其主页下载源码文件并安装，这种方式对于 Windows 和 Linux 平台都是适合的。

■ 上机操作

第 1 步，访问官网 https://www.djangoproject.com/download/或者 https://github.com/django/django.git，下载 django-master.zip。

第 2 步，将下载的源码包解压。

第 3 步，在命令行下，进入刚解压的 Django 目录。

第 4 步，运行以下命令，开始安装，如图 18.1 所示。

```
python setup.py install
```

提示：

对于特定的系统平台，可以针对特定平台安装 Django。例如，在 Ubuntu 和 Debian 等发行版的 Linux 中，可以使用 apt 程序来安装。如果安装在 Linux 系统下，还需要具有安装的权限。

```
apt-get install django
```

如果要使用一些新的特性，则可以安装 Django 的开发版本。可以使用以下方式获取开发版本，并按照上面源码的安装方式安装。

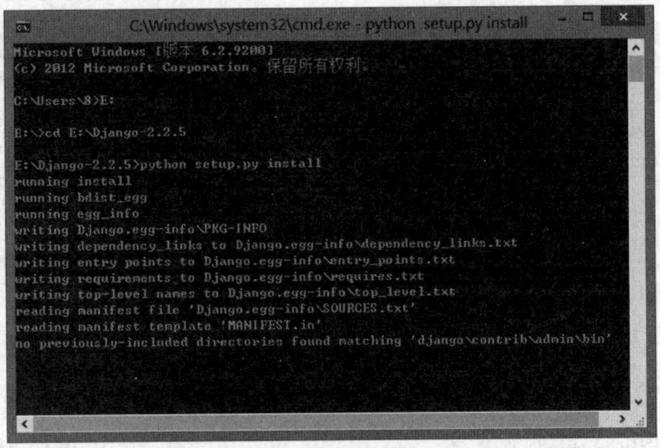

```
C:\Windows\system32\cmd.exe - python setup.py install
Microsoft Windows [版本 6.2.9200]
(c) 2012 Microsoft Corporation。保留所有权利。

C:\Users\8>E:

E:\>cd E:\Django-2.2.5

E:\Django-2.2.5>python setup.py install
running install
running bdist_egg
running egg_info
writing Django.egg-info\PKG-INFO
writing dependency_links to Django.egg-info\dependency_links.txt
writing entry points to Django.egg-info\entry_points.txt
writing requirements to Django.egg-info\requires.txt
writing top-level names to Django.egg-info\top_level.txt
reading manifest file 'Django.egg-info\SOURCES.txt'
reading manifest template 'MANIFEST.in'
no previously-included directories found matching 'django\contrib\admin\bin'
```

图 18.1　安装 Django

```
git clone https://github.com/django/django.git
```

git 为版本管理工具 Git 的命令工具，后面的 URL 地址为其开发版本的下载地址。可以从官网 https://github.com/django/下载。

注意：

也可以在命令行下使用 pip 命令快速下载和安装 Django 框架。

```
pip install Django==3.1.0
```

第 5 步，安装完 Django 框架之后，可以通过以下方式测试是否安装成功。

```
import django
print(django.VERSION)
```

在上面的代码中，先导入 Django 模块。如果 Django 安装成功，则此语句将运行成功，否则表示安装失败。然后输出当前框架的版本号。输出结果如下：

```
(3, 1, 0, 'alpha', 0)
```

18.2　使用 Django

使用 Django 框架应该从命令行执行开始，下面分步进行介绍。

18.2.1　创建项目

扫一扫，看视频

■ **知识点**

在 Django 框架中，一个网站可以包含多个 Django 项目，一个 Django 项目又包含一组特定的对象，如 URL 设计、数据库设计，以及其他选项设置。创建项目的基本步骤如下。

■ **上机操作**

第 1 步，在本地系统中新建文件夹用来存放项目，如 E:\test。

第 2 步，使用 cmd 命令打开命令行窗口，使用 cd 命令切换到 test 目录，如图 18.2 所示。

第 3 步，输入以下命令，在当前目录中新建一个项目，项目名称为 mysite，如图 18.3 所示。

```
django-admin startproject mysite
```

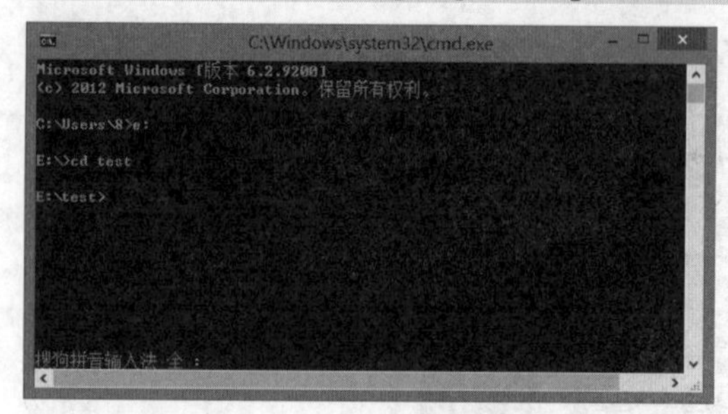

图 18.2　进入 test 目录

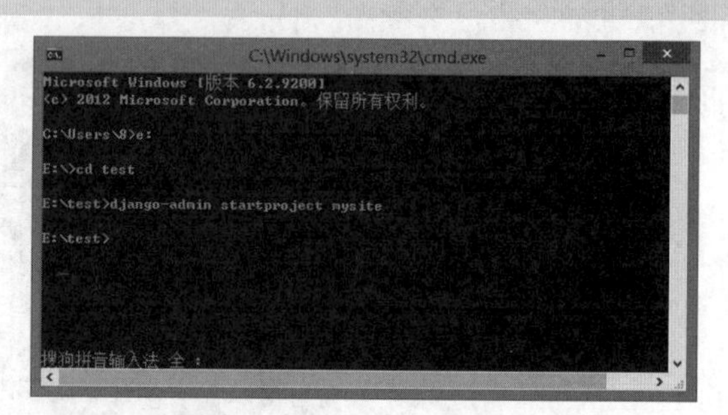

图 18.3　新建 mysite 项目

Django 框架提供了一个实用工具 django-admin，用来对 Web 应用进行管理。当 Django 安装成功后，在 Python 安装目录下的 Scripts 子目录中将会包含 django-admin.exe 和 django-admin-script.py 文件。另外，如果是在 Linux 下使用安装包的方式安装，则会创建 django-admin 的链接。

注意：

如果在执行 django-admin startproject mysite 命令时，提示类似如下的错误信息：

```
pkg_resources.DistributionNotFound: The 'sqlparse' distribution was not found and
is required by Django
```

说明当前 Python 运行环境中缺乏'sqlparse'包，可以使用以下命令安装该包。

```
python -m pip install sqlparse
```

凡遇到 DistributionNotFound 错误，都可以通过类似方式安装对应的包。

第 4 步，打开 test 文件夹，可以看到 Django 框架将在当前目录下，使用 startproject 命令选项生成一个项目，项目名称为 mysite，如图 18.4 所示。

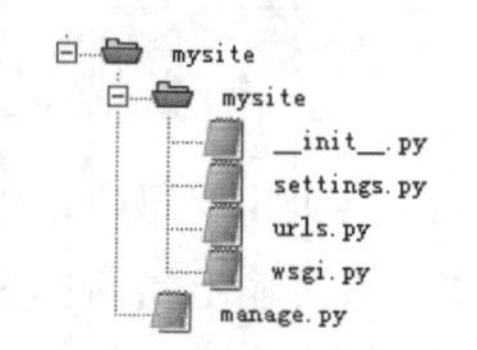

图 18.4　mysite 项目结构

从图 18.4 可以看到，使用 startproject 命令选项后，Django 框架生成了一个 mysite 的目录。其中包含一个与项目名称相同的子目录和 Python 文件 manage.py。在子目录 mysite 中包含一个基本 Web 应用所需要的文件集合。简单介绍如下。

- mysite：项目名称。
- manage.py：Django 管理主程序，也是实用的命令行工具，方便管理 Django 项目，同时方便用户以各种方式与该 Django 项目进行交互。
- __init__.py：一个空文件，告诉 Python 该目录是一个 Python 包。
- settings.py：全局配置文件，包括 Django 模块应用配置、数据库配置、模板配置等。
- urls.py：路由配置文件，包含 URL 的配置文件，也是用户访问 Django 应用的方式。
- wsgi.py：一个与 WSGI 兼容的 Web 服务器入口，以便运行项目，相当于网络通信模块。

这些文件仅包含一个最简单的 Web 应用所需的代码。当 Web 应用变得复杂的时候，将对这些代码进行扩充。

注意：

由于 Django 的项目是作为 Python 的包来处理的，所以在项目命名的时候尽量不要和已有的 Python 模块名冲突，否则在实际使用的时候有可能出错。另外，尽量不要将网站的代码放在 Web 服务器的根目录下，这有可能带来安全问题。

18.2.2 启动服务器

■ 知识点

Django 框架包含了一个轻量级的 Web 应用服务器，可以在开发的时候使用。启动内置的 Web 服务器的步骤如下。

■ 上机操作

第 1 步，以 18.2.1 小节创建的 mysite 项目为例，使用 cmd 命令打开命令行窗口，使用 cd 命令切换到 test 目录下 mysite 项目目录中。

第 2 步，输入以下命令，启动 Web 服务器，如图 18.5 所示。

```
python manage.py runserver
```

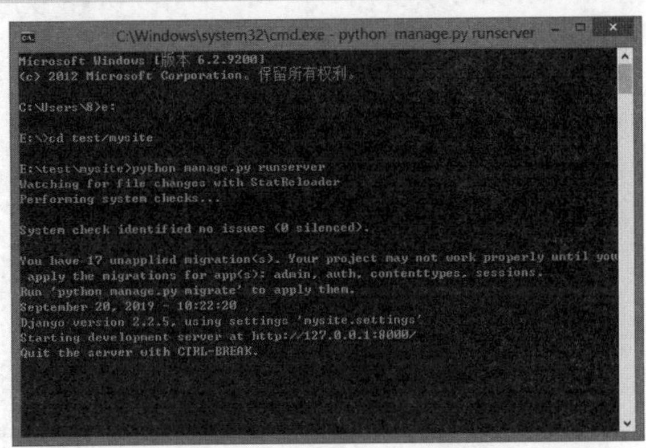

图 18.5 启动 Web 服务器

提示：

在默认情况下，使用 python manage.py runserver 命令将在本机的 8000 端口监听。如果 8000 端口被占用，可以使用以下命令监听其他端口。

```
python manage.py runserver 8002
```

上面的代码将设置本机的 8002 端口进行监听。

一般情况下，Django 只接受本机连接。如果在多人开发 Django 项目的情况下，可能需要从其他主机访问 Web 服务器。此时，可以使用以下命令接受来自其他主机的请求。

```
python manage.py runserver 0.0.0.0:8000
```

上面的代码将对本机的所有网络接口监听 8000 端口，可以满足多人合作开发和测试 Django 项目的需求。这样就可以从其他主机访问该 Web 服务器了。

第 3 步，在启动内置 Web 服务器的时候，Django 会检查配置的正确性。如果配置正确，将使用 setting.py 文件中的配置启动服务器。此时，在命令行窗口中会显示以下提示信息：

```
C:\Users\8>e:
E:\>cd test/mysite
E:\test\mysite>python manage.py runserver
Watching for file changes with StatReloader
Performing system checks...
System check identified no issues (0 silenced).
You have 17 unapplied migration(s). Your project may not work properly until you
 apply the migrations for app(s): admin, auth, contenttypes, sessions.
```

```
Run 'python manage.py migrate' to apply them.
September 20, 2019 - 10:22:20
Django version 2.2.5, using settings 'mysite.settings'
Starting development server at http://127.0.0.1:8000/
Quit the server with CTRL-BREAK.
```

第 4 步，打开浏览器，在地址栏中输入 http://127.0.0.1:8000/，连接该 Web 服务器，可以显示 Django 项目的初始化内容，如图 18.6 所示。

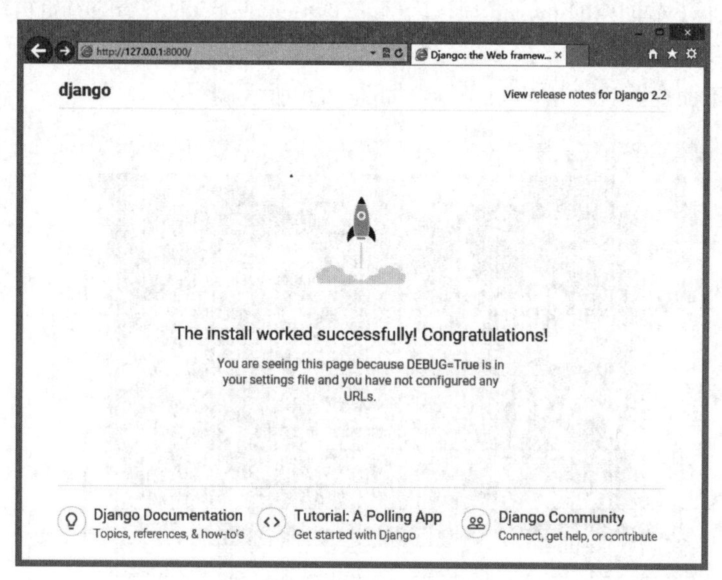

图 18.6　访问 Web 服务器

从图 18.6 中可以看到，Django 已经正确安装，并且生成了一个项目。在这个起始页面中，还介绍了更多的操作。

第 5 步，连接服务器的时候，在控制台中还会显示以下信息：

```
[20/Sep/2019 10:45:36] "GET / HTTP/1.1" 200 16348
```

该输出信息显示了连接的时间，以及响应信息。在输出响应中，显示出 HTTP 的状态码为 200，表示此连接已经成功。

第 6 步，如果要中断该服务器，使用 Ctrl+C 组合键或 Ctrl+Break 组合键即可。

扫一扫，看视频

18.2.3　创建数据库

■ **知识点**

在 Web 开发中，大部分的数据需要保存到数据库中。Django 内置了 SQLite 数据库，同时支持更多数据库，如 MySQL、PostgreSQL 等。

对于每个 Django 应用，其目录中都包含一个 setttings.py 文件，可以用来实现对数据库的配置。在 setting.py 文件中，可以通过设置以下属性值设置 Django 对数据库的访问。

- DATABASE_ENGINE：设置数据库引擎的类型。其中可以设置的类型包括 SQLite3、MySQL、PostgreSQL 和 Ado_msSQL 等。
- DATABASE_NAME：设置数据库的名字。如果数据库引擎使用的是 SQLite，需要指定全路径。

- DATABASE_USERNAME：设置连接数据库时候的用户名。
- DATABASE_PASSWORD：设置使用用户 DATABASE_USER 的密码。当数据库引擎使用 SQLite 的时候，不需要设置此值。
- DATABASE_HOST：设置数据库所在的主机。当此值为空的时候表示数据将保存在本机中。当数据库引擎使用 SQLite 的时候，不需要设置此值。
- DATABASE_PORT：设置连接数据库时使用的端口号。当此值为空的时候将使用默认端口。同样，此值不需要在 SQLite 数据库引擎中设置。

■ **上机练习**

【示例 1】在 setting.py 文件中配置 SQLite 数据库。

```
# Database
# https://docs.djangoproject.com/en/2.2/ref/settings/#databases
DATABASES = {
    'default': {
        'ENGINE': 'django.db.backends.sqlite3',
        'NAME': os.path.join(BASE_DIR, 'db.sqlite3'),
    }
}
```

【示例 2】配置 MySQL 数据库。

```
DATABASES = {
    'default': {
        'ENGINE':'django.db.backends.mysql',
        'NAME':'webapp',                        # 数据库名
        'USER':'test1',                         # 用户名
        'PASSWORD':'123456',                    # 密码
        'HOST':'127.0.0.1',                     # 域名
        'PORT':'3306',                          # 端口号
    }
}
```

如果使用其他数据库，还要设置 DATABASE_USER 和 DATABASE_PASSWORD 等选项。

设置完数据库，使用 manage.py 生成数据库，具体操作步骤如下。

第 1 步，运行 cmd 命令，打开命令行窗口，使用 cd 命令进入 test 目录下的 mysite 子目录。

第 2 步，输入以下命令，生成数据库，如图 18.7 所示。

```
python manage.py migrate
# 或者
python manage.py makemigrations
```

提示：

在 Django 1.9 及之前的版本，应该使用以下命令生成数据库。

```
python manage.py syncdb
```

图 18.7　生成数据库

第 3 步，在命令行窗口可以看到数据库的迁移过程。

```
E:\test\mysite>python manage.py migrate
Operations to perform:
   Apply all migrations: admin, auth, contenttypes, sessions
Running migrations:
   Applying contenttypes.0001_initial... OK
   Applying auth.0001_initial... OK
   Applying admin.0001_initial... OK
   Applying admin.0002_logentry_remove_auto_add... OK
   Applying admin.0003_logentry_add_action_flag_choices... OK
   Applying contenttypes.0002_remove_content_type_name... OK
   Applying auth.0002_alter_permission_name_max_length... OK
   Applying auth.0003_alter_user_email_max_length... OK
   Applying auth.0004_alter_user_username_opts... OK
   Applying auth.0005_alter_user_last_login_null... OK
   Applying auth.0006_require_contenttypes_0002... OK
   Applying auth.0007_alter_validators_add_error_messages... OK
   Applying auth.0008_alter_user_username_max_length... OK
   Applying auth.0009_alter_user_last_name_max_length... OK
   Applying auth.0010_alter_group_name_max_length... OK
   Applying auth.0011_update_proxy_permissions... OK
   Applying sessions.0001_initial... OK
```

提示：

Django 默认帮助用户做了很多事情。例如，User、Session 都需要创建表来存储数据，Django 已经把这些模块准备好了，用户只需要执行数据库同步，把相关表生成出来即可。

第 4 步，打开配置文件 mysite\mysite\settings.py，该命令会在 INSTALLED_APPS 域中添加以下设置，在数据库中创建了特定的应用。

```
INSTALLED_APPS = [
    'django.contrib.admin',
    'django.contrib.auth',
```

```
    'django.contrib.contenttypes',
    'django.contrib.sessions',
    'django.contrib.messages',
    'django.contrib.staticfiles',
]
```

django.contrib 是一套庞大的功能集，它是 Django 基本代码的组成部分。

第 5 步，在执行了这个子命令之后，在 mysite 文件夹中可以看到生成的 db.sqlite3 文件。在该文件中将保存生成的数据库表，使用 SQLite 可视化工具可以看到结果，如图 18.8 所示。

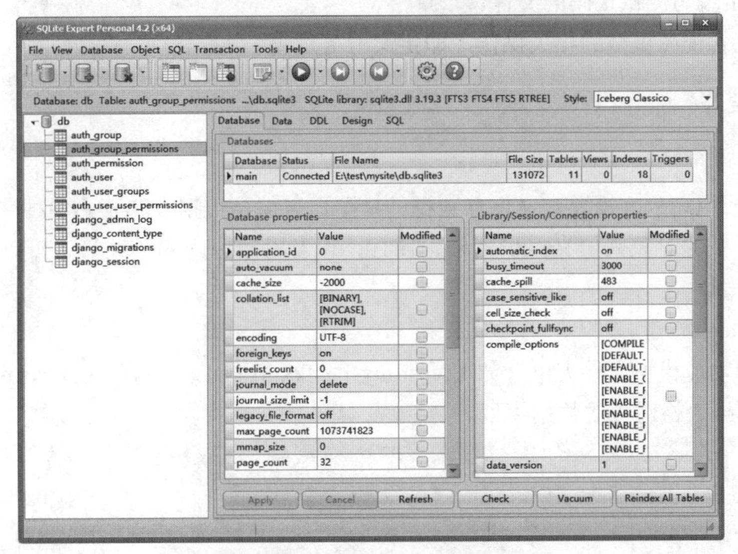

图 18.8　查看 SQLite 数据库结构和信息

18.2.4　创建应用

扫一扫，看视频

■ 知识点

Django 规定：如果要使用模型，必须先要创建一个应用（App）。一个 Django 项目可以包含多个 Django 应用。使用 manage.py 的 startapp 子命令能够生成一个 Django 应用。一个应用中可以包含一个数据模型，以及相关的处理逻辑。创建 Django 应用的步骤如下。

■ 上机操作

第 1 步，运行 cmd 命令，打开命令行窗口。使用 cd 命令，进入 test\mysite 子目录。

第 2 步，输入以下命令生成 Web 应用，TestModel 表示应用的名称，如图 18.9 所示。

```
python manage.py startapp TestModel
```

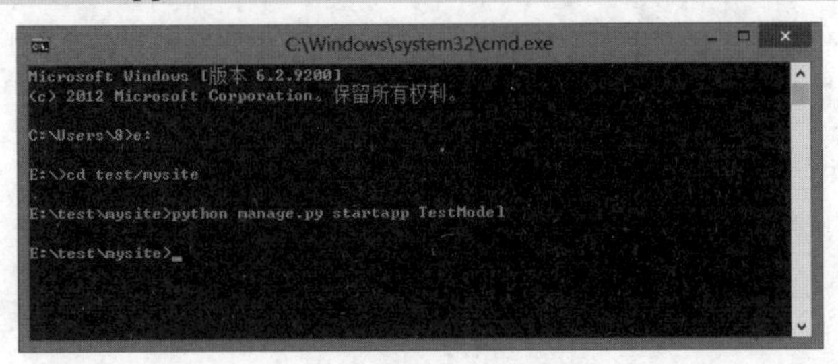

图 18.9　生成应用

第 3 步，在 mysite 目录下生成了一个 TestModel 目录，该目录中的文件信息定义了应用的数据模型信息及其处理方式。其中包含一个文件夹和 6 个文件，具体说明如下。

- migrations：该文件夹用于在之后定义引用迁移功能。
- __init__.py：一个空文件，在这里是必需的，用来将整个应用作为一个 Python 模块加载。
- admin.py：管理站点模型，用于编写 Django 自带的后台相关操作，默认为空。
- apps.py：定义应用信息。
- models.py：设置数据模型，即定义数据表结构。
- tests.py：用于编写测试代码的文件。
- views.py：包含视图模型的相关操作，即定义业务逻辑。

扫一扫，看视频

18.2.5 创建模型

■ 知识点

创建了 Django 应用之后，需要定义保存数据的模型，也就是数据表和表中各种字段。在 Django 中，数据模型通过一组相关的对象来定义，包括类、属性，以及对象之间的关系等。可以通过修改 models.py 文件实现创建数据模型。

■ 上机操作

第 1 步，在应用功能模块文件夹下（如 E:\test\mysite\TestModel），打开 models.py 文件，然后添加以下代码，可以创建数据表格对应的数据模型。

```
from django.db import models
class Test(models.Model):
    username = models.CharField(primary_key=True, max_length=20)
    password = models.CharField(max_length=20)
```

上述第 1 行代码表示引用数据库创建模块。从 django.db 模块中导入 models 对象。可以在后面定义多个类，每个类都表示一个类对象，也就是数据库中的一个表。

第 2 行代码定义表结构，定义了一个 Test 类，此类从 models 中的 Model 类继承而来。Test 表示数据表的表名，models.Model 表示继承的类名。

第 3、4 行代码定义字段列表。在 Test 类的主体部分中，定义了两个域用来描述用户登录的相关信息，包括账号的名字和密码。username 和 password 表示数据表的字段名，models.CharField 定义字段类型（相当于 varchar），这里使用了 models 中的 CharField 域，表示该对象为字符域，其构造函数中包含字段的设置参数，primary_key=True 表示设置主键，max_length=20 表示定义字段的最大长度限制。更多的域模型可以参看 Django 参考文档。

提示：

每个数据类型对应的都是数据库中的一张表格。数据模型相当于数据的载体，用来完成开发人员对表格数据的增加、删除、修改和查询操作。

第 2 步，创建了数据模型之后，可以在 mysite\setting.py 文件中加入此应用。

```
INSTALLED_APPS = [
    'django.contrib.admin',
    'django.contrib.auth',
    'django.contrib.contenttypes',
```

```
    'django.contrib.sessions',
    'django.contrib.messages',
    'django.contrib.staticfiles',
    ' TestModel',                       # 添加该设置项
]
```

在 INSTALLED_APPS 最后面加入 TestModel 值，将刚刚生成的应用加入 Django 项目中。

第 3 步，将该应用加入项目中后，可以继续使用 migrate 在数据库中生成未创建的数据模型。参考 18.2.3 小节操作步骤，在命令窗口中使用 cd 命令进入 E:\test\mysite 目录下，然后输入以下命令创建表结构。

```
python manage.py migrate                 # 创建表结构
```

第 4 步，输入以下命令，让 Django 知道在数据模型中有一些变更，如图 18.10 所示。

```
python manage.py makemigrations TestModel
```

第 5 步，输入以下命令，创建 TestModel 数据表结构。

```
python manage.py migrate TestModel
```

第 6 步，显示以下提示信息，说明数据表创建成功。

```
E:\test\mysite>python manage.py migrate TestModel
Operations to perform:
    Apply all migrations: TestModel
Running migrations:
    Applying TestModel.0001_initial... OK
```

第 7 步，使用 SQLite 可视化工具，如 SQLite Expert Personal，可以看到新创建的数据表结果，如图 18.11 所示。

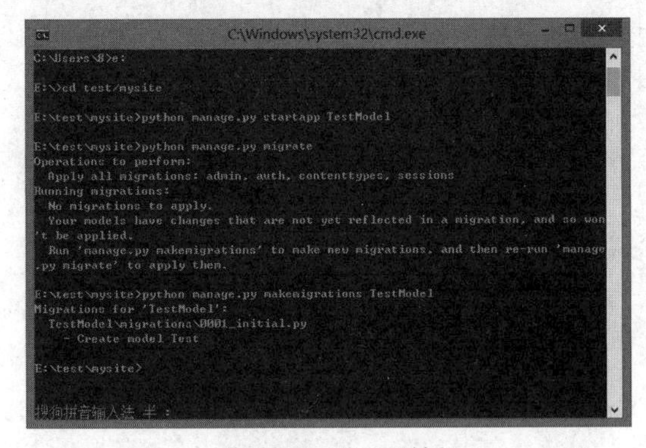

图 18.10　注册更新

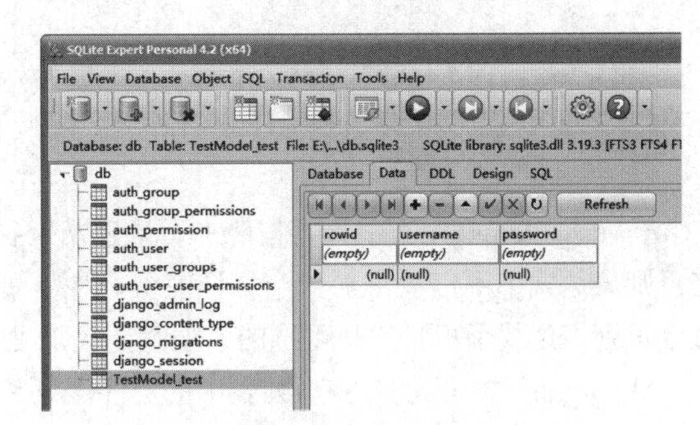

图 18.11　查看新增加的数据表

从图 18.11 可以看到，新添加的表名组成结构为：应用名_类名，如 TestModel_test，类名小写。

注意：

如果没有在 models 给表设置主键，Django 会自动添加一个 rowid 作为主键。

18.2.6　设计路由

扫一扫，看视频

■ **知识点**

Django 提倡使用简洁、优雅的 URL，在 URL 中不会显示.php 或.py 等后缀，也不会使用 1234、

1-2-3468、?id=10 等无意义的字符串，用户可以随心所欲地设计自己的 URL，不受框架束缚，而这些想法和功能都是由路由系统实现的。

路由就是根据不同的 URL 分发不同的数据。路由的处理就是在服务器端接收到 HTTP 请求之后，能够对请求的路径字符串进行匹配处理，并根据 URL 调用相应的应用程序。

例如，设计一个简单的路由需求：当路径为“/”时，返回欢迎信息；当路径为“/python”时，返回 Hello Python；当为其他路径时，返回 404 页面。

URLconf（URL 配置）是纯 Python 代码，该模块是 URL 路径表达式与 Python 函数（视图）之间的映射。URLconf 基本格式如下：

```
from django.conf.urls import url
urlpatterns = [
    url(正则表达式, views 视图函数, 参数, 别名),
]
```

参数说明如下。

- 正则表达式：一个正则表达式字符串。
- views 视图函数：一个可调用对象通常为一个视图函数，或者一个指定视图函数路径的字符串。
- 参数：可选的要传递给视图函数的默认参数（字典形式）。
- 别名：一个可选的 name 参数。

■ **上机练习**

【示例 1】在 E:\test\mysite\mysite 中打开 urls.py 文件，可以添加或编辑 urlpatterns 元素值。

```
from django.conf.urls import url
from app_xx import views
urlpatterns = [
    url(r'^articles/2018/$', views.special_case_2018),
    url(r'^articles/([0-9]{4})/$', views.year_archive),
    url(r'^articles/([0-9]{4})/([0-9]{2})/$', views.month_archive),
    url(r'^articles/([0-9]{4})/([0-9]{2})/([0-9]+)/$', views.article_detail),
]
```

在 urlpatterns 元素中，将按照书写顺序从上往下逐一匹配正则表达式，一旦匹配成功，则不再继续。在正则表达式中不需要添加一个斜杠前缀，因为每个 URL 都有。例如，应该是 ^articles 而不是 ^/articles。每个正则表达式前面的 r 是可选的，但是建议加上。

- /articles/2019/03/：将与列表中的第 3 个条目匹配。Django 会调用 views.month_archive(request, '2019', '03')。
- /articles/2019/3/：不匹配任何 URL 模式，因为列表中的第 3 个条目需要两位数字。
- /articles/2018/：将匹配列表中的第 1 个模式，而不是第 2 个模式。Django 会调用 views.special_case_2018(request)。
- /articles/2018：不匹配任何模式，因为每个模式都要求 URL 以斜杠结尾。
- /articles/2018/03/03/：将匹配第 4 个模式。Django 会调用 views.article_detail(request, '2018', '03', '03')。

提示：

正则表达式应使用^和$严格匹配请求 URL 的开头和结尾，以便匹配唯一的字符串。

- 域名、端口、参数不参与匹配。
- 先在项目下 urls.py 进行匹配，再到应用的 urls.py 匹配。
- 自上而下的匹配。
- 匹配成功的 URL 部分会去掉，剩下的部分继续进行匹配。
- 匹配不成功，提示 404 错误。

【示例 2】下面结合一个具体完整的、可操作的案例演示路由配置的方法和步骤。本例以 18.2.4 小节创建的应用为基础进行说明。

第 1 步，打开 TestModel 应用中的 views.py 文件（test\mysite\TestModel\views.py），然后输入以下代码。

```
from django.http import HttpResponse      # 导入 HTTP 响应模块
def hi(request):                          # 定义视图函数
    return HttpResponse("Hi, Python! ")  # 设计响应内容，函数的返回值为响应信息
```

第 2 步，编写路由。打开 mysite 项目中的 urls.py 文件（test\mysite\mysite\urls.py），然后添加以下代码，绑定 URL 与视图函数。

```
from django.contrib import admin
from django.urls import path
from TestModel import views               # 添加该行代码，导入视图模块
urlpatterns = [
    path('admin/', admin.site.urls),
    path('hi/', views.hi),                # 添加一个元素，定义路由
]
```

正则表达式 hi/将匹配 URL 字符串中末尾为 hi/的请求，如果匹配成功，将调用 views.py 文件中的 hi()函数，然后把返回的内容响应给用户。

第 3 步，参考 18.2.2 小节的操作步骤，启动服务器。

第 4 步，在浏览器地址栏中输入以下地址进行请求，然后就可以看到页面响应的内容，如图 18.12 所示。

```
http://127.0.0.1:8000/hi/
```

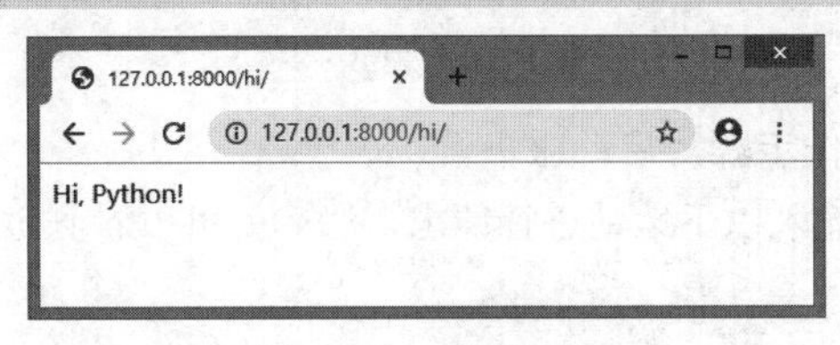

图 18.12　响应内容

扫一扫，看视频

18.2.7　设计视图

■ 知识点

视图就是一个简单的 Python 函数或类，它接受 Web 请求，并返回 Web 响应。响应内容可以是 HTML 网页、重定向、404 错误信息，或者是一个 XML 文档或图片等。

无论视图包含什么代码，都要返回响应；无论视图代码放置于哪儿，只要在当前项目目录下即可，一般是将视图放在项目或应用目录中的 views.py 文件中。

提示：

当浏览器向服务端发送请求时，Django 将创建一个 HttpRequest 对象，该对象包含关于请求的元数据，然后

Django 加载相应的视图，将这个 HttpRequest 对象作为第 1 个参数传递给视图函数，每个视图函数负责返回一个 HttpResponse 对象。

■ 上机练习

【示例 1】设计一个动态新闻界面，新闻内容将根据捕获 URL 中的值进行动态显示。假设请求的 URL 格式如下。

```
http://127.0.0.1:8000/show_news/1/2      # /show_news/新闻类别/页码
```

技术问题：如何捕获 URL 中代表新闻类别和页码的值，并传给视图函数进行处理。

解决思路：把 URL 中需要获取的值设置为正则表达式的一个组。Django 在进行 URL 匹配时，就会自动把匹配成功的内容作为参数传递给视图函数。URL 中的正则表达式组（位置参数）与视图函数中的参数一一对应，视图函数中的参数名可以自定义。

【操作步骤】

第 1 步，继续以 18.2.4 小节创建的应用为基础进行说明。打开 TestModel 应用中的 views.py 文件（test\mysite\TestModel\views.py），然后输入以下代码。

```
from django.http import HttpResponse     # 导入 HTTP 响应模块
def show_news(request, a, b):
    """显示新闻界面"""
    return  HttpResponse("<h1> 新 闻 界 面 </h1><p> 新 闻 类 别  <b>%s</b></p><p> 当 前 页 面 <b>%s</b></p>" % (a, b))
```

第 2 步，编写路由。打开 mysite 项目中的 urls.py 文件（test\mysite\mysite\urls.py），然后添加以下代码，绑定 URL 与视图函数。

```
from django.conf.urls import url           # 导入 url 函数
from TestModel import views                # 添加该行代码，导入视图模块
urlpatterns = [
    # 位置参数：新闻查看/新闻类别/第几页
    url(r'^show_news/(\d+)/(\d+)$', views.show_news),
]
```

第 3 步，参考 18.2.2 小节操作步骤，启动服务器。

第 4 步，在浏览器地址栏中输入以下地址进行请求，然后就可以看到页面响应的内容，如图 18.13 所示。

```
http://127.0.0.1:8000/show_news/5/8
```

图 18.13　新闻界面响应内容

提示：

Django 内置了处理 HTTP 错误的视图（在 django.views. defaults 包下），主要错误及视图包括以下 3 类。

- 404 错误：page_not_found 视图，找不到界面。

- 500 错误：server_error 视图，服务器内部错误。
- 403 错误：permission_denied 视图，权限拒绝。

Django 视图可以分为以下两种。

- FBV：基于函数的视图。
- CBV：基于类的视图。

示例 1 演示了基于函数的视图设计，而对于基于类的视图，服务器端不用判断请求方式是 GET，还是 POST。在视图类中，定义了 get()方法就是设计 GET 请求逻辑；定义了 post()方法就是设计 POST 请求逻辑。

【示例 2】通过比较演示 Django 两种视图的设计方法。

第 1 步，继续以 18.2.4 小节创建的应用为基础进行说明。打开 TestModel 应用中的 views.py 文件（test\mysite\TestModel\views.py），然后输入以下代码。

```
from django.shortcuts import render      # 导入 render 函数
from django.views import View            # 导入 View 基类
from django.shortcuts import redirect    # 导入 redirect 方法
class LoginView(View):                   # CBV 基于类的视图
    def get(self,request,*args, **kwargs):  # GET 请求处理
        return render(request,"login.html")
    def post(self,request,*args, **kwargs):  # POST 请求处理
        return redirect('/index/')
def  index(request):                     # FBV 基于函数的视图
    return render(request,"index.html")
```

第 2 步，编写路由。打开 mysite 项目中的 urls.py 文件（test\mysite\mysite\urls.py），然后添加以下代码，绑定 URL 与视图函数。

```
from django.urls import path             # 导入 path 函数
from TestModel import views              # 添加该行代码，导入视图模块
urlpatterns = [
    path('admin/', admin.site.urls),
    path('login/', views.LoginView.as_view()),     # CBV 基于类的视图
    path('index/', views.index),         # FBV 基于函数的视图
]
```

第 3 步，设计模板页面 index.html，放置在当前应用下的 templates 目录中，代码如下。

```
<!DOCTYPE html>
<html><head><meta charset="utf-8"></head>
<body>index.html</body></html>
```

第 4 步，设计模板页面 login.html，放置在当前应用下的 templates 目录中，代码如下。

```
<!DOCTYPE html>
<html><head><meta charset="utf-8"></head>
<body>login.html</body></html>
```

第 5 步，参考 18.2.2 小节操作步骤，启动服务器。

第 6 步，在浏览器地址栏中输入以下地址进行请求，然后就可以看到页面响应的内容，如图 18.14 所示。

```
http://127.0.0.1:8000/index/
```

第 7 步，在浏览器地址栏中输入以下地址进行请求，然后就可以看到页面响应的内容，如图 18.15 所示。

```
http://127.0.0.1:8000/index/
```

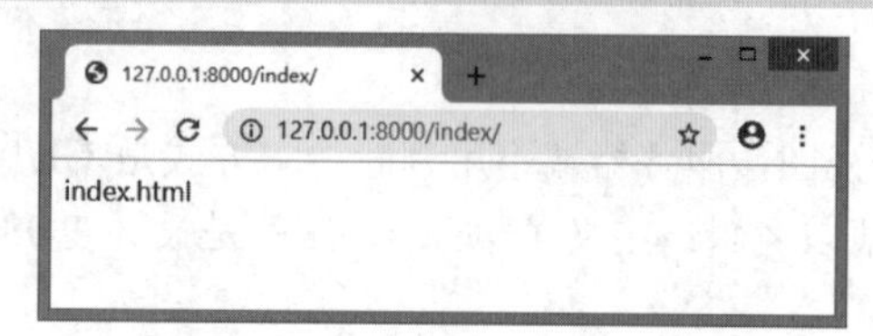

图 18.14　函数视图的响应内容

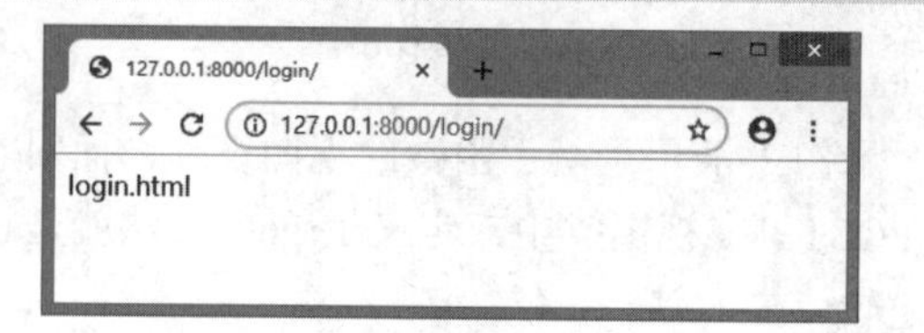

图 18.15　类视图的响应内容

扫一扫，看视频

18.2.8　设计模板

■ 知识点

Django 支持模板，用于编写 HTML 代码。模板包含以下两部分。

- 静态部分：包含 HTML、CSS、JS。
- 动态部分：模板语言。

提示：

Django 模板语言，简写为 DTL，定义在 django.template 包中。创建项目后，在“项目名称/settings.py”文件中可以定义有关模板的配置，代码如下。

```
TEMPLATES = [
    {
        'BACKEND': 'django.template.backends.django.DjangoTemplates',
        'DIRS': [],
        'APP_DIRS': True,
        'OPTIONS': {
            'context_processors': [
                'django.template.context_processors.debug',
                'django.template.context_processors.request',
                'django.contrib.auth.context_processors.auth',
                'django.contrib.messages.context_processors.messages',
            ],
        },
    },
]
```

DIRS 配置项定义一个目录列表，模板引擎会按列表顺序搜索这些目录以查找模板文件，通常是在项目的根目录下创建 templates 目录。

Django 处理模板分为以下两个阶段。

- 加载：根据 DIRS 和路由系统给定的路径找到模板文件，编译后放在内存中。
- 渲染：使用上下文数据对模板进行插值，并返回生成的字符串。Django 使用 render()函数调用模板进行渲染。

■ 上机练习

【示例 1】设计一个静态模板，并应用到项目中。

第 1 步，继续以 18.2.4 小节创建的应用为基础进行说明。在 TestModel 应用根目录下新建 templates 文件夹，用于存放模板页。

第 2 步，新建 search_form.html 页面，保存到 test\mysite\TestModel\templates 目录中。

第 3 步，打开 search_form.html 文档，设计一个简单的表单页面，HTML 代码结构如下。

```
<!DOCTYPE html>
<html><head><meta charset="utf-8"></head>
<body>
    <form action="/search" method="get">
        <input type="text" name="q">
        <input type="submit" value="搜索">
    </form>
</body></html>
```

第 4 步，打开 TestModel 应用中的 views.py 文件（test\mysite\TestModel\views.py），然后输入以下代码，定义两个视图函数。

```
from django.shortcuts import render
from django.http import HttpResponse      # 导入 HTTP 响应模块
def search_form(request):                 # 表单视图
    return render (request, 'search_form.html')
def search(request):                      # 接收请求数据
    request.encoding='utf-8'
    if 'q' in request.GET and request.GET['q']:
        message = '你搜索的内容为: ' + request.GET['q']
    else:
        message = '你提交了空表单'
    return HttpResponse(message)
```

第 5 步，编写路由。打开 mysite 项目中的 urls.py 文件（test\mysite\mysite\urls.py），然后添加以下代码，绑定 URL 与视图函数。

```
from django.conf.urls import url          # 导入 url 函数
from TestModel import views               # 添加该行代码，导入视图模块
urlpatterns = [
    url(r'^search-form$', views.search_form),
    url(r'^search$', views.search),
]
```

第 6 步，参考 18.2.2 小节操作步骤，启动服务器。

第 7 步，在浏览器地址栏中输入下面的地址进行请求，将打开搜索表单模板页，然后输入关键字之后提交表单，将显示响应内容，如图 18.16 所示。

```
http://127.0.0.1:8000/search-form
```

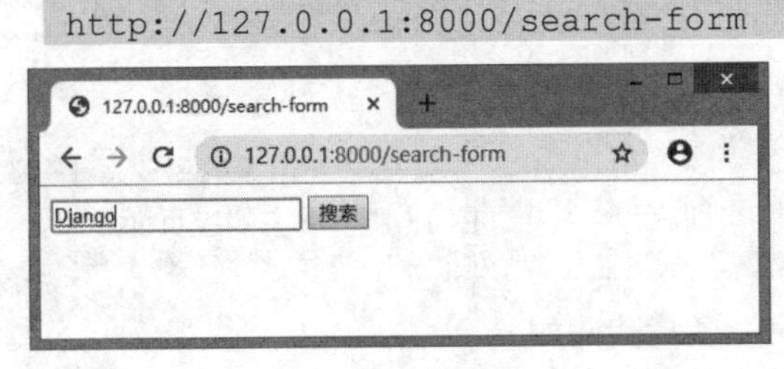

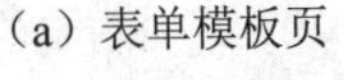

（a）表单模板页

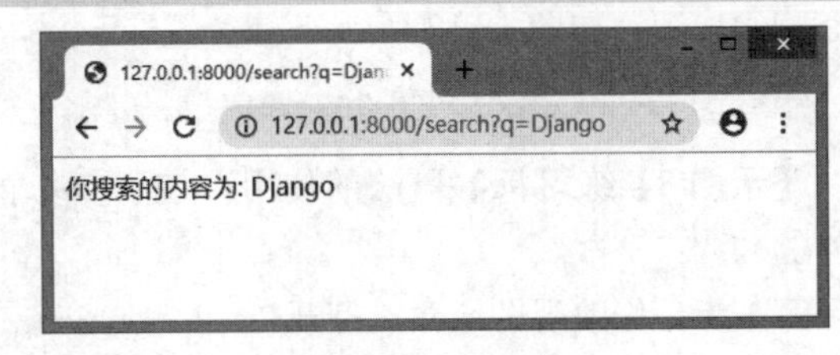

（b）响应页面

图 18.16 搜索表单互动页面

Django 模板语言包括以下 4 种类型。

- 变量：{{变量}}。
- 标签：{%代码段%}。
- 过滤器：变量|过滤器:参数。
- 注释：{#单行注释#}、{%comment%}多行注释{%endcomment%}。

【示例 2】使用变量传递数据，实现在模板页中嵌入动态值。

第 1 步，以示例 1 的 Web 应用为基础，打开 TestModel/views.py 文件，创建视图 temp。

```
from django.shortcuts import render      # 导入 render 函数
class Book():                             # 定义空类型
    pass
def temp(request):                        # 视图函数
    dict={'title':'字典键值'}              # 定义字典数据
    book=Book()                           # 定义对象数据
    book.title='对象属性'
    context={'dict':dict,'book':book}
    return render(request,'temp.html',context)
```

第 2 步，编写路由。打开 mysite 项目中的 urls.py 文件（test\mysite\mysite\urls.py），然后添加以下代码，绑定 URL 与视图函数。

```
from django.conf.urls import url         # 导入 url 函数
from TestModel import views              # 添加该行代码，导入视图模块
urlpatterns = [
    url(r'^temp/$', views.temp),
]
```

第 3 步，创建模板页 temp.html，使用{{dict.title}}和{{book.title}}在 HTML 文档中嵌入动态值，然后把模板文档保存到 TestModel\templates 目录下，页面完整代码如下。

```
<!DOCTYPE html>
<html><head><meta charset="utf-8"></head>
<body>
模板变量：<br/>
{{dict.title}}<br/>
{{book.title}}<br/>
</body></html>
```

第 4 步，参考 18.2.2 小节的操作步骤，启动服务器。

第 5 步，在浏览器地址栏中输入以下地址进行请求，将显示动态响应内容，如图 18.17 所示。

```
http://127.0.0.1:8000/temp/
```

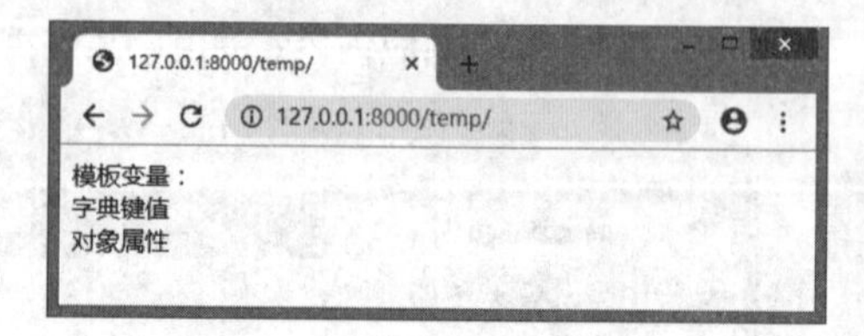

图 18.17　动态响应页面

【示例 3】练习标签语法的使用，在示例 2 的基础上进行操作。

第 1 步，修改视图函数，打开 TestModel/views.py 文件，重置代码如下。

```
from django.shortcuts import render      # 导入 render 函数
def temp(request):                        # 视图函数
```

```
    books=["Python","Java","C++","Perl"]   # 定义图书列表
    context={'books':books}
    return render(request,'temp.html',context)
```

第 2 步，打开模板页 temp.html，使用{%代码段%}语法在 HTML 文档中嵌入 Python 代码片段，使用 for 语句循环输出图书列表，页面完整代码如下。

```
<!DOCTYPE html>
<html><head><meta charset="utf-8"></head>
<body>图书列表如下：
<ul>
    {%for book in books%}
        <li>{{book}}</li>
    {%empty%}
        <li>对不起，没有图书</li>
    {%endfor%}
</ul>
</body></html>
```

在上面的代码中，{%empty%}表示如果列表 books 为空，将输出其下的信息。

第 3 步，参考 18.2.2 小节的操作步骤，启动服务器。

第 4 步，在浏览器地址栏中输入以下地址进行请求，将显示动态响应内容，如图 18.18 所示。

```
http://127.0.0.1:8000/temp/
```

【示例 4】以示例 3 为基础练习使用过滤器语法，设计过滤出大于 4 个字符的书名进行显示。演示效果如图 18.19 所示。

打开 temp.html 文档，在模板的循环代码中添加一个过滤条件。

```
<!DOCTYPE html>
<html><head><meta charset="utf-8"></head>
<body>
图书列表如下：
{%for book in books%}
    {%if book|length > 4%}
        <li>{{book}}</li>
    {%endif%}
{%endfor%}
</body></html>
```

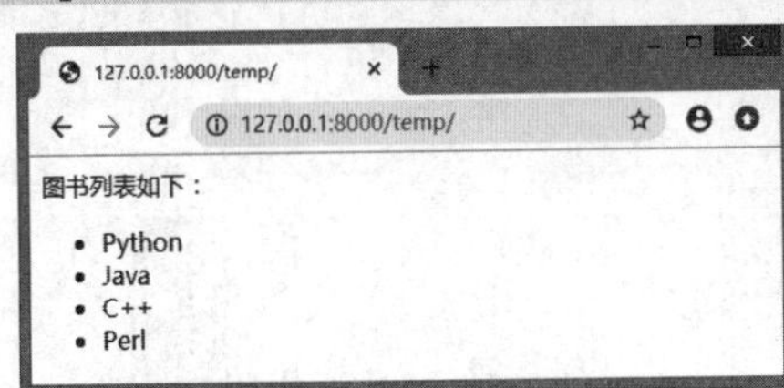

图 18.18 循环输出动态信息

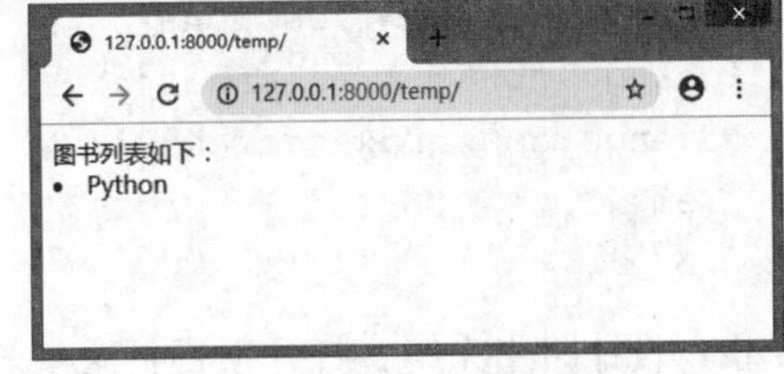

图 18.19 过滤出大于 4 个字符的书名进行显示

提示：

在过滤器语法中：

```
变量|过滤器:参数
```

使用管道符号“|”应用过滤器，用于进行计算、转换操作，可以使用在变量、标签中。如果过滤器需要参数，则使用冒号传递参数。长度 length 返回字符串包含字符的个数，或列表、元组、字典的元素个数。

18.3 案例实战

■ 案例分析

本案例设计一个表单页面，允许用户提交用户信息，同时会在当前页面显示用户的信息列表，演示效果如图 18.20 所示。

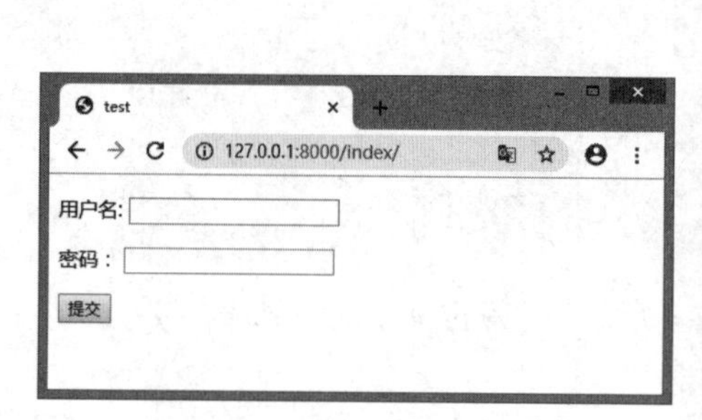

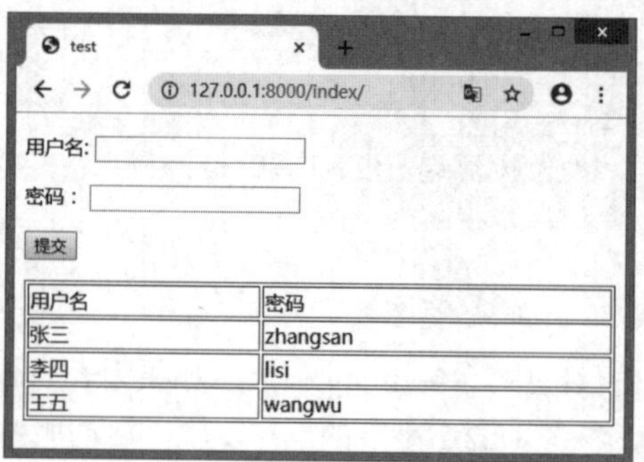

图 18.20　设计表单交互页

■ 案例实现

第 1 步，新建项目 form。参考 18.2.1 小节操作步骤创建一个项目，命令行代码如下：

```
django-admin startproject form
```

第 2 步，新建应用 Demo1。参考 18.2.4 小节操作步骤在项目 form 中创建一个具体应用，名称为 Demo1。命令行代码如下：

```
python manage.py startapp Demo1
```

第 3 步，注册应用。打开项目目录中的 form/form/settings.py 设置文件，在 INSTALLED_APPS 模块添加应用的名称 Demo1。具体代码如下：

```
INSTALLED_APPS = [
    'django.contrib.admin',
    'django.contrib.auth',
    'django.contrib.contenttypes',
    'django.contrib.sessions',
    'django.contrib.messages',
    'django.contrib.staticfiles',
    "Demo1",
]
```

第 4 步，设计路由系统。打开项目目录中的 form\form\urls.py 文件，输入以下代码。

```
from Demo1 import views                      # 导入 views 模块
from django.conf.urls import url             # 导入 url 函数

urlpatterns=[
```

```
    url(r'^index/',views.index)          # 配置当访问 index/时，调用 views 中 index 方法
]
```

第 5 步，设计业务逻辑。打开 Demo1 目录下的 views.py 文件，输入以下代码。

```
from django.shortcuts import render      # 导入 render 函数

# 先定义一个数据列表，如果条件成熟，可以考虑从数据库中读取
list = []
def index(request):
    # 获取前端 post 过来的用户名和密码
    name = request.POST.get('name',None)
    password = request.POST.get('password',None)
    # 把用户和密码组装成字典
    if not ( name is None or password is None):
        data = {'name':name,'password':password}
        list.append(data)

    # 通过 render 模块把 index.html 这个文件返回到前端
    # 并且返回给前端一个变量 form，在 HTML 文档中可以调用这个 form
    # 然后展示 list 里的信息
    return render(request,'index.html',{'form':list})
```

第 6 步，在 Demo1 目录下，新建模板文件夹 templates。

第 7 步，在 templates 文件夹中新建 HTML 文档，保存为 index.html，然后输入以下代码。

```
<!DOCTYPE html>
<html lang="en">
    <head>
        <meta charset="UTF-8">
        <title>test</title>
    </head>
    <body>
        <form action="/index/" method="post">
            {% csrf_token %}
            <P>
                <label >用户名:</label>
                <input type="text" name ='name'/>
            </P>
            <P>
                <label>密码：</label>
                <input type="text" name='password'/>
            </P>
            <p><input type="submit" value="提交"/></p>
        </form>
        {%if form %}
        <table border="1" width="100%">
            <thead>
                <tr>
```

```
                    <td>用户名</td>
                    <td>密码</td>
                </tr>
            </thead>
            {%for line in form%}
                <tr>
                    <td>{{line.name}}</td>
                    <td>{{line.password}}</td>
                </tr>
            {% endfor %}
        </table>
        {%endif%}
    </body>
</html>
```

【代码解析】

- {% csrf_token %}：表示禁止跨站点伪造请求。
- {%if form %}：设计当用户提交表单之后，响应的数据变量 form 不为空，将显示下面的数据表格。
- {%for line in form%}：设计当用户提交表单之后，将循环显示所有用户列表信息。
- {{line.name}}和{{line.password}}：分别表示用户的姓名和密码。

第 8 步，参考 18.2.2 小节的操作步骤，输入以下命令行代码启动服务器。

```
python manage.py runserver
```

第 9 步，在浏览器地址栏中输入以下访问地址，即可预览本示例运行效果。

```
http://127.0.0.1:8000/index/
```

18.4 在线支持

扫码，拓展学习

第 19 章　网 络 爬 虫

不论是工程领域还是研究领域，数据已经成为必不可少的一部分，而数据的获取在很大程度上依赖于爬虫技术，所以爬虫也逐渐火爆起来。早期爬虫主要用于搜索引擎，随着大数据时代的到来，聚焦网络爬虫的应用需求越来越大，经常需要在海量数据的互联网中收集一些特定的数据，并对其进行分析，使用网络爬虫对这些特定的数据进行爬取，并将对一些无关的数据进行过滤，将目标数据筛选出来。本章将介绍如何使用 Python 开发网络爬虫，从网页中提取数据。

【学习重点】

- 了解网络爬虫。
- 了解常用网络爬虫框架。
- 使用 urllib 模块。
- 使用 requests 模块。
- 使用 BeautifulSoup 库。

19.1 使用 urllib 库

urllib 是 URL 请求连接的官方标准库，在 Python 2 中分为 urllib 和 urllib2，在 Python 3 中整合为 urllib。urllib 包含以下 4 个模块。

- urllib.request：主要负责构造和发起网络请求，定义了适用于在各种复杂情况下打开 URL 的函数和类。
- urllib.error：异常处理。
- urllib.parse：解析各种数据格式。
- urllib.robotparser：解析 robots.txt 文件。

urllib3 是非内置模块，可以通过 pip install urllib3 命令快速安装，urllib3 服务于升级的 HTTP 1.1 标准，拥有高效 HTTP 连接池管理，以及 HTTP 代理服务的功能库。

19.1.1 发起请求

扫一扫，看视频

■ 知识点

使用 urllib.request 模块的 urlopen()方法可以模拟浏览器发起 HTTP 请求。语法格式如下：

```
urllib.request.urlopen(url, data=None, [timeout, ]*, cafile=None, capath=None, context=None)
```

参数说明如下。

- url：字符串类型，必设参数，指定请求的路径。
- data：bytes 类型，可选参数，可以使请求方式变为 POST 方式提交表单，即使用标准格式 application/x-www-form-urlencoded。可以通过 bytes()函数转换为字节流。
- timeout：设置请求超时时间，单位是秒。
- cafile 和 capath：设置 CA 证书和 CA 证书的路径。如果使用 HTTPS 则需要用到。

➘ context：ssl.SSLContext 类型，指定 SSL 设置。

该方法可以单独传入 urllib.request.Request 对象，返回一个 http.client.HTTPResponse 对象。

■ 上机练习

【示例 1】使用 urllib.request.urlopen()方法请求百度首页，并获取页面源代码。

```
import urllib.request                        # 导入 urllib.request 子模块
url = "http://www.baidu.com"
response = urllib.request.urlopen(url)       # 请求百度首页
html = response.read()                       # 获取页面源代码
print(html.decode('utf-8'))                  # 转换为 utf-8 编码
```

【示例 2】有些请求可能因为网络原因无法即时响应。因此，可以手动设置超时时间。当请求超时，可以采取进一步的措施，如选择直接丢弃该请求，或者再请求一次。

```
import urllib.request                        # 导入 request 模块
url = "http://www.baidu.com"
response = urllib.request.urlopen(url, timeout=1) # 请求百度首页，并设置超时为 1s
html = response.read()                       # 获取页面源代码
print(html.decode('utf-8'))                  # 转换为 utf-8 编码
```

扫一扫，看视频

19.1.2 提交数据

■ 知识点

在发起请求时，有些网页可能需要用户数据，此时可以使用 data 参数提交数据。

■ 上机练习

【示例】向百度发送请求时，尝试提交两个值。

```
import urllib.parse                          # 导入 urllib.parse 子模块
import urllib.request                        # 导入 urllib.request 子模块
url = "http://www.baidu.com/"
params = {                                   # 设置参数字典对象
    'name':'python',
    'author':'admin'
}
data = bytes(urllib.parse.urlencode(params), encoding='utf8')   # 将参数对象转换为字节流
response = urllib.request.urlopen(url, data=data)               # 提交数据，并发送请求
print(response.read().decode('utf-8'))                          # 转换为 utf-8 编码
```

参数对象需要被转码成字节流。在上面的代码中，params 是一个字典，需要使用 urllib.parse.urlencode()函数将字典转换为 URL 字符串，再使用 bytes()转换为字节流。最后使用 urlopen()方法发起请求，请求是模拟用 POST 方式提交表单数据。

注意：

当 URL 地址含有中文或“/”的时候，需要使用 urlencode()方法进行编码转换，该方法的参数是字典对象，它可以将键值对转换成查询字符串格式。

扫一扫，看视频

19.1.3 设置请求头

■ 知识点

使用 urlopen()方法可以发起简单的请求，但是如果请求中需要加入 headers（请求头）、指定请求方式

等信息，就需要使用 Request 类构建一个请求。语法格式如下：

```
urllib.request.Request(url, data=None, headers={}, origin_req_host=None, unverifiable
= False, method=None)
```

参数说明如下。

- data：与 urlopen()方法中的 data 参数用法相同。
- headers：指定发起的 HTTP 请求的头部信息。headers 是一个字典，它除了在 Request 中添加，还可以通过调用 Request 实例的 add_header()方法添加请求头。
- origin_req_host：设置请求方的 host 名称或 IP 地址。
- unverifiable：表示请求是否是无法验证的，默认为 False，即用户没有足够权限选择接收这个请求的结果。例如，请求一个 HTML 文档中的图片，但是用户没有自动抓取图像的权限，这时就要将 unverifiable 的值设置成 True。
- method：设置发起的 HTTP 请求的方式，如 GET、POST、DELETE、PUT 等。

■ 上机练习

【示例】使用 Request 伪装成浏览器发起 HTTP 请求。如果不设置 headers 中的 User-Agent，默认 User-Agent 为 Python-urllib/3.5，一些网站可能会拦截爬虫请求，所以需要伪装成浏览器发起请求。下面的代码设置 User-Agent 为 Chrome 浏览器。

```
import urllib.request                                    # 导入 urllib.request 子模块
url = "http://www.baidu.com/"
# 修改 User-Agent 为 chrome 的 UA 进行伪装
headers = {
    'User-Agent': 'Mozilla/5.0 (Windows NT 6.1; Win64; x64) AppleWebKit/537.36 (KHTML,
like Gecko) Chrome/56.0.2924.87 Safari/537.36'
}
request = urllib.request.Request(url=url, headers=headers)    # 发送请求
response = urllib.request.urlopen(request)        # 获取响应
print(response.read().decode('utf-8'))            # 转换为 utf-8 编码
```

提示：

打开浏览器，如谷歌浏览器，按 F12 键可以打开开发者工具，找到 Network 选项，然后访问网页，选择一项资源 URL，就可以看到请求的头部信息，复制其中的 User-Agent 即可，如图 19.1 所示。

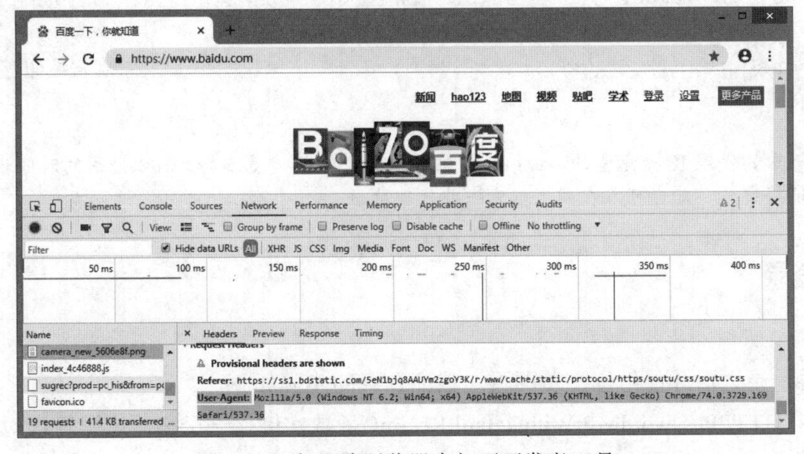

图 19.1　在谷歌浏览器中打开开发者工具

扫一扫，看视频

19.1.4 使用代理

■ 知识点

如果需要在请求中添加代理、处理请求的 Cookies，就需要用到 Handler 和 OpenerDirector。

Handler 能处理请求（HTTP、HTTPS、FTP 等）中的各种事情。具体实现由 urllib.request.BaseHandler 基类负责，它包含多个子类，具体说明如下。

- ProxyHandler：请求设置代理。
- HTTPCookieProcessor：处理 HTTP 请求中的 Cookies。
- HTTPDefaultErrorHandler：处理 HTTP 响应错误。
- HTTPRedirectHandler：处理 HTTP 重定向。
- HTTPPasswordMgr：用于管理密码，它维护了用户名密码的表。
- HTTPBasicAuthHandler：用于登录认证，一般与 HTTPPasswordMgr 结合使用。

OpenerDirector 简称为 Opener。例如，urlopen()方法就是 urllib 模块提供的一个 Opener。使用 build_opener(handler)方法可以创建 opener 对象，使用 install_opener(opener)方法可以创建自定义的 opener。install_opener 实例化会得到一个全局的 OpenerDirector 对象。

■ 上机练习

【示例 1】有些网站会限制浏览频率，如果请求该网站频率过高，会被封 IP，禁止访问。用户可以为 HTTP 请求设置代理，解决 IP 被封的难题。

```
import urllib.request                                         # 导入 urllib.request 子模块
url = "http://tieba.baidu.com/"
headers = {                                                   # 定义请求头用户代理信息
    'User-Agent': 'Mozilla/5.0 AppleWebKit/537.36 Chrome/56.0.2924.87 Safari/537.36'
}
proxy_handler = urllib.request.ProxyHandler({                 # 定义代理信息
    'http': '125.71.212.17:9000',
    'http': '113.123.28.103:9999'
})
opener = urllib.request.build_opener(proxy_handler)           # 创建代理
urllib.request.install_opener(opener)                         # 安装代理
request = urllib.request.Request(url=url, headers=headers)    # 发起请求
response = urllib.request.urlopen(request)                    # 获取响应
print(response.read().decode('utf-8'))                        # 转换字符编码
```

提示：

由于本示例中的代理 IP 是免费的，由第三方服务器提供，IP 质量不高，所以使用的时间不固定，超出使用时间范围内的地址将失效。读者可以在网上搜索一些代理地址。

扫一扫，看视频

19.1.5 认证登录

■ 知识点

有些网站需要登录之后才能继续浏览网页。认证登录的步骤如下。

第 1 步，使用 HTTPPasswordMgrWithDefaultRealm()函数实例化一个账号密码管理对象。

第 2 步，使用 add_password()函数添加账号和密码。

第 3 步，使用 HTTPBasicAuthHandler()函数得到 handler。

第 4 步，使用 build_opener()函数获取 opener 对象。

第 5 步，使用 opener 的 open()函数发起请求。

■ **上机练习**

【示例】使用模拟账号和密码请求登录博客园。

```
import urllib.request                                           # 导入 urllib.request 子模块
url = "http://cnblogs.com/xtznb/"
user = 'user'
password = 'password'
pwdmgr = urllib.request.HTTPPasswordMgrWithDefaultRealm()#实例化账号密码管理对象
pwdmgr.add_password(None,url,user,password)                     # 添加账号和密码
auth_handler = urllib.request.HTTPBasicAuthHandler(pwdmgr)# 获取 handler 对象
opener = urllib.request.build_opener(auth_handler)              # 获取 opener 对象
response = opener.open(url)                                     # 发起请求
print(response.read().decode('utf-8'))                          # 读取响应信息并转码
```

19.1.6 设置 Cookies

扫一扫，看视频

■ **知识点**

如果请求的页面每次需要身份验证，可以使用 Cookies 自动登录，免去重复登录验证的操作。获取 Cookies 的具体步骤如下。

第 1 步，使用 http.cookiejar.CookieJar()函数实例化一个 Cookies 对象。

第 2 步，使用 urllib.request.HTTPCookieProcessor 构建 handler 对象。

第 3 步，使用 opener 的 open()函数发起请求。

■ **上机练习**

【示例】获取请求百度贴吧的 Cookies 并保存到文件中。

```
import http.cookiejar                                      # 导入 http.cookiejar 子模块
import urllib.request                                      # 导入 urllib.request 子模块
url = "http://tieba.baidu.com/"
fileName = 'cookie.txt'
cookie = http.cookiejar.CookieJar()                        # 实例化一个 cookies 对象
handler = urllib.request.HTTPCookieProcessor(cookie)       # 构建 handler 对象
opener = urllib.request.build_opener(handler)              # 获取 opener 对象
response = opener.open(url)                                # 发起请求
f = open(fileName,'a')                                     # 新建或打开 cookie.txt 文件
for item in cookie:                                        # 逐条写入 cookie 信息
    f.write(item.name+" = "+item.value+'\n')
f.close()                                                  # 关闭 cookie.txt 文件
```

运行程序，将在当前目录下新建 cookie.txt 文件并写入 cookie 信息，如图 19.2 所示。

图 19.2 写入 cookie 信息

19.2　使用 requests 模块

requests 模块在 urllib 的基础上进行了高度封装，使用更方便，网络请求更加简洁和人性化。它们的最大区别是：在爬取数据时的连接方式不同，urllib 爬取数据之后直接断开连接，而 requests 爬取数据之后可以继续复用 socket，并没有断开连接。

扫一扫，看视频

19.2.1　安装 requests 模块

■ 上机操作

安装 requests 模块比较简单，在命令行窗口中使用 pip 命令安装即可，代码如下。

```
pip install requests
```

安装完毕后，在命令行窗口中输入 python 命令进入 Python 运行环境，再输入以下命令，尝试导入 requests 模块，如果没有抛出异常，则说明安装成功。

```
import requests
```

扫一扫，看视频

19.2.2　GET 请求

■ 知识点

使用 requests 模块的 get()方法可以发送 GET 请求。语法格式如下：

```
get(url, params=None, **kwargs)
```

参数说明如下。

- url：请求的 URL 地址。
- params：字典或字节序列，作为参数增加到 URL 中。
- **kwargs：控制访问的参数。

■ 上机练习

【示例 1】本例简单演示了 GET 请求方法。

```
import requests                                # 导入 requests 模块
response = requests.get('http://www.baidu.com')
```

提示：

get()方法将返回一个 Response 对象，利用该对象提供的各种属性和方法可以获取详细的响应内容。演示代码如下。

```
import requests                                # 导入 requests 模块
response = requests.get('http://www.baidu.com')
print(response.url)                            # 请求 URL
print(response.cookies)                        # cookie 信息
print(response.encoding)                       # 获取当前的编码
print(response.encoding = 'utf-8')             # 设置编码
print(response.text)                           # 以 encoding 解析返回内容
                                               # 字符串方式的响应体，会自动根据响应头部的
                                               # 字符编码进行解码
```

```
  print(response.content)                    # 以字节形式（二进制）返回。字节方式的响应体
                                             # 会自动解码 gzip 和 deflate 压缩
  print(response.headers)                    # 以字典对象存储服务器响应头，但是这个字典
                                             # 比较特殊，字典键不区分大小写
                                             # 若键不存在则返回 None
  print(response.status_code)                # 响应状态码
  print(response.raw)                        # 返回原始响应体，也就是 urllib 的 response 对象
                                             # 使用 print(response.raw.read())
  print(response.ok)                         # 查看 print(response.ok)的布尔值便
                                             # 可以知道是否登录成功
  print(response.requests.headers)           # 返回发送到服务器的头信息
  print(response.history)                    # 返回重定向信息，可以在请求中
                                             # 加上 allow_redirects = false 阻止重定向
  # *特殊方法* #
  print(response.json())                     # requests 中内置的 JSON 解码器
                                             # 以 JSON 形式返回，前提返回的内容
                                             # 确保是 JSON 格式，否则解析出错会抛出异常
  print(response.raise_for_status())         # 失败请求（非 200 响应）抛出异常
```

【示例 2】发送带参数的请求。

方法一：可以手工构建 URL，以键值对的形式附加在 URL 后面，通过问号分隔，如 www.baidu.com/?key=val。

方法二：requests 允许使用 params 关键字参数，以一个字符串字典提供这些参数。

```
import requests                                                    # 导入 requests 模块
payload = {'key1': 'value1', 'key2': 'value2'}                     # 字符串字典
r = requests.get("http://www.baidu.com/", params=payload)
print(r.url)
# 输出 http://www.baidu.com/?key1=value1&key2=value2
payload = {'key1': 'value1', 'key2': ['value2', 'value3']}         # 将一个列表作为值传入
r = requests.get('http://www.baidu.com/', params=payload)
print(r.url) # 输出 http://www.baidu.com/?key1=value1&key2=value2&key2=value3
```

【示例 3】定制请求头。如果为请求添加 HTTP 头部，只需要传递一个 dict 给 headers 参数即可。

```
import requests                              # 导入 requests 模块
url = 'http://www.baidu.com/s?wd=python'
headers = {
        'Content-Type': 'text/html;charset=utf-8',
        'User-Agent' : 'Mozilla/5.0 (Windows NT 10.0; Win64; x64)'
    }
r = requests.get(url,headers=headers)
print(r.headers)                             # 打印头信息
```

【示例 4】使用代理。与 headers 用法相同，使用 proxies 参数可以设置代理，代理参数也是一个 dict。

```
import requests                              # 导入 requests 模块
url = 'http://www.baidu.com/'
proxy = {                                    # 设置代理网站键值
    'http': '120.25.253.234:812',
    'https': '163.125.222.244:8123'
```

```
}
heads = {}
heads['User-Agent'] = 'Mozilla/5.0 (Windows NT 10.0; WOW64) AppleWebKit/537.36 (KHTML, like Gecko) Chrome/49.0.2623.221 Safari/537.36 SE 2.X MetaSr 1.0' # 设置请求头信息
req = requests.get(url, headers=heads,proxies=proxy)                # 发送请求
```

提示：

可以使用 timeout 参数设置延时时间，使用 verify 参数设置证书验证，使用 cookies 参数传递 cookie 信息等。

扫一扫，看视频

19.2.3 POST 请求

■ **知识点**

HTTP 协议规定 POST 提交的数据必须放在消息主体（entity-body）中，但协议并没有规定数据必须使用什么编码方式。服务端根据请求头中的 Content-Type 字段获知请求中的消息主体是用何种方式进行编码，再对消息主体进行解析。具体的编码方式如下。

- 以 form 表单形式提交数据。

```
application/x-www-form-urlencoded
```

- 以 JSON 字符串提交数据。

```
application/json
```

- 上传文件。

```
multipart/form-data
```

发送 POST 请求，可以使用 requests 的 post()方法，该方法的用法与 get()方法完全相同，也返回一个 Response 对象。

■ **上机练习**

【示例 1】以 form 形式发送 POST 请求。reqeusts 模块支持以 form 表单形式发送 POST 请求，只需要将请求的参数构造成一个字典，然后传给 requests.post()的 data 参数即可。

```
import requests                                    # 导入 requests 模块
payload = {'key1': 'value1',
        'key2': 'value2'
}
r = requests.post("http://httpbin.org/post", data=payload)
print(r.text)
```

输出为：

```
{
   "args": {},
   "data": "",
   "files": {},
   "form": {
      "key1": "value1",
      "key2": "value2"
   },
   "headers": {
```

```
        "Accept": "*/*",
        "Accept-Encoding": "gzip, deflate",
        "Content-Length": "23",
        "Content-Type": "application/x-www-form-urlencoded",
        "Host": "httpbin.org",
        "User-Agent": "python-requests/2.22.0"
    },
    "json": null,
    "origin": "116.136.20.179, 116.136.20.179",
    "url": "https://httpbin.org/post"
}
```

【示例2】以JSON格式发送POST请求，可以将一个JSON字符串传给requests.post()方法的data参数。

```
import requests                                  # 导入requests模块
import json                                      # 导入json模块
url = 'http://httpbin.org/post'
payload = {'key1': 'value1', 'key2': 'value2'}
r = requests.post(url, data=json.dumps(payload))
print(r.headers.get('Content-Type'))      # 输出为application/json
```

在上面的示例中，使用JSON模块中的dumps()方法将字典类型的数据转换为JSON 字符串。

【示例3】以multipart形式发送POST请求。requests模块也支持以multipart形式发送POST请求，只需将文件传给requests.post()方法的files参数即可。

新建文本文件 report.txt，输入一行文本：Hello world，从请求的响应结果可以看到数据已上传到服务端中。

```
import requests                                  # 导入requests模块
url = 'http://httpbin.org/post'
files = {'file': open('report.txt', 'rb')}
r = requests.post(url, files=files)
print(r.text)
```

输出为：

```
{
    "args": {},
    "data": "",
    "files": {
        "file": "Hello world"
    },
    "form": {},
        "headers": {
        "Accept": "*/*",
        "Accept-Encoding": "gzip, deflate",
        "Content-Length": "157",
        "Content-Type": "multipart/form-data; boundary=ac7653667ac71d8b6d131d1d6dab3333",
        "Host": "httpbin.org",
        "User-Agent": "python-requests/2.22.0"
    },
```

```
    "json": null,
    "origin": "116.136.20.179, 116.136.20.179",
    "url": "https://httpbin.org/post"
}
```

提示：

requests 模块不仅提供了 GET 和 POST 请求方式，还提供了更多请求方式，用法如下所示。

```
import requests                                          # 导入 requests 模块
requests.get('https://github.com/timeline.json')        # GET 请求
requests.post("http://httpbin.org/post")                # POST 请求
requests.put("http://httpbin.org/put")                  # PUT 请求
requests.delete("http://httpbin.org/delete")            # DELETE 请求
requests.head("http://httpbin.org/get")                 # HEAD 请求
requests.options("http://httpbin.org/get")              # OPTIONS 请求
```

【比较】

GET 和 POST 都是 HTTP 常用的请求方法，GET 主要用于从指定的资源请求数据，而 POST 主要用于向指定的资源提交要被处理的数据。两者详细比较如表 19.1 所示。

表 19.1　GET 和 POST 方法比较

比较项目	GET 方法	POST 方法
后退或刷新操作	无害	数据会被重新提交（浏览器应该告知用户数据会被重新提交）
书签	可以收藏书签	不可以收藏书签
缓存	能够被缓存	不能够被缓存
编码类型	application/x-www-form-urlencoded	application/x-www-form-urlencoded 或 multipart/form-data，为二进制数据使用多重编码
历史	参数保留在浏览器历史中	参数不会保留在浏览器历史中
数据类型限制	只允许 ASCII 字符	没有限制，也可以使用二进制数据
安全性	较差，发送的数据显示在 URL 字符串中	较安全，发送的数据不会保存在浏览器历史或 Web 服务器日志中
可见性	数据在 URL 中可见	数据不会显示在 URL 中

19.3　使用 BeautifulSoup 库

使用 requests 模块仅能够抓取一堆网页源码，如何对源码进行筛选、过滤，精准地找到需要的数据，这就需要用到 BeautifulSoup。BeautifulSoup 是一个可以从 HTML 或 XML 文件中提取数据的 Python 库。

19.3.1　安装 BeautifulSoup

扫一扫，看视频

■ 上机操作

BeautifulSoup 最新版本是 BeautifulSoup 4.9.1，在命令行窗口下输入下面的命令即可安装 BeautifulSoup 第三方库。

```
pip install beautifulsoup4
```

提示：

如果安装最新版本的BeautifulSoup，可以访问https://pypi.org/project/beautifulsoup4/，下载BeautifulSoup 4.9.1，下载后解压在命令行下进入该目录，然后输入以下命令安装即可。

```
python setup.py install
```

注意：

BeautifulSoup需要调用HTML解析器，因此根据需要还要安装解析器。命令如下所示。

- 安装html5lib模块

```
pip install html5lib
```

- 安装lxml模块

```
pip install lxml
```

HTML解析器模块具体说明请参考下一小节的内容。

19.3.2 使用BeautifulSoup

扫一扫，看视频

■ 上机操作

下面结合一个简单示例介绍BeautifulSoup库的基本使用方法。

第1步，新建HTML5文档，保存到当前目录下，命名为test.html。

第2步，打开test.html文件，输入以下代码，构建HTML文档结构。

```
<!doctype html>
<html>
    <head>
        <meta charset="utf-8">
        <title>Hello,Wrold</title>
    </head>
    <body>
        <div class="book">
            <span><!--这里是注释的部分--></span>
            <a href="https://www.baidu.com">百度一下，你就知道</a>
            <img src="https://a.jpg" />
            <p class="a">这是一个示例</p>
        </div>
    </body>
</html>
```

第3步，从bs4库中导入BeautifulSoup库。

```
from bs4 import BeautifulSoup
```

第4步，继续输入如下代码，生成BeautifulSoup对象。

```
from bs4 import BeautifulSoup                   # 从bs4库中导入BeautifulSoup库
f = open('test.html','r',encoding='utf-8') # 打开test.html
html = f.read()                                 # 读取全部源代码
f.close()                                       # 关闭文件
soup = BeautifulSoup(html, "html5lib")          # 创建BeautifulSoup
```

```
print(type(soup))                                    # 打印BeautifulSoup类型
```

输出为：

```
<class 'bs4.BeautifulSoup'>
```

在进行内容提取之前，需要将获取的 HTML 字符串转换成 BeautifulSoup 对象，后面所有的内容提取都基于这个对象。

在 BeautifulSoup(html, "html5lib")代码中使用了 html5lib 解析器，在构造 BeautifulSoup 对象的时候，需要指定具体的解析器。BeautifulSoup 支持 Python 自带的解析器和少数第三方解析器，具体比较说明如表 19.2 所示。

表 19.2　HTTP 的请求方法

解 析 器	使 用 方 法	优　势	劣　势
Python 标准库	BeautifulSoup(html,"html.parser")	Python 的内置标准库，执行速度适中，文档容错能力强	Python 3.2.2 前的版本文档容错能力差
lxml HTML 解析器	BeautifulSoup(html, "lxml")	速度快文档容错能力强	需要安装 C 语言库
lxml XML 解析器	BeautifulSoup(html, ["lxml","xml"]) BeautifulSoup(html, "xml")	速度快，唯一支持 XML 的解析器	需要安装 C 语言库
html5lib	BeautifulSoup(markup,"html5lib")	最好的容错性，以浏览器的方式解析文档生成 HTML5 格式的文档	速度慢但不依赖外部扩展

一般来说，对速度或性能要求不太高的场景，可选用 html5lib 进行解析，如果解析规模达到一定程度，解析速度就会影响到整体项目的速度，此时推荐使用 lxml 进行解析。

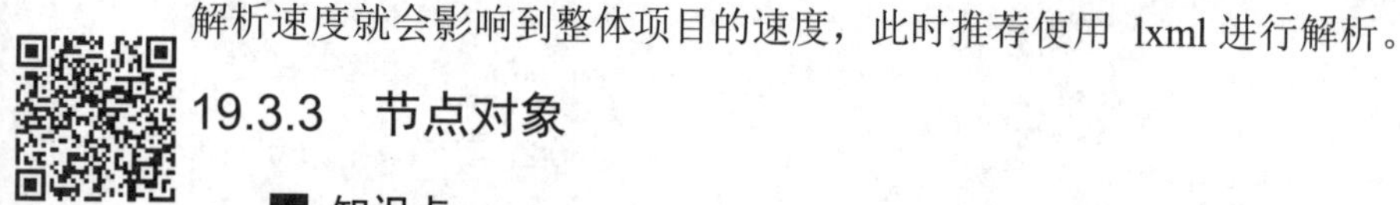

扫一扫，看视频

19.3.3　节点对象

■ 知识点

BeautifulSoup 将复杂的 HTML 文档转换成一个树状的结构，每个节点都是一个 Python 对象，所有的对象都可以归纳为 4 类：Tag、NavigableString、BeautifulSoup、Commnet。

- Tag 对象：HTML 标签，使用 name 属性可以访问标签名称，也可以使用字典一样的方法访问标签属性。使用 get_text()方法或 string 属性可以获取标签包含的文本内容。
- NavigableString 对象：可以遍历的字符串，一般为被标签包含的文本。
- BeautifulSoup 对象：通过解析网页所得到的对象。
- Comment 对象：网页中的注释及特殊字符串。

■ 上机练习

【示例】读取 test.html 并进行解析，读取 p 元素名称、class 属性值和包含文本。

```
from bs4 import BeautifulSoup                        # 从bs4库中导入BeautifulSoup模块
f = open('test.html','r',encoding='utf-8')  # 打开test.html
html = f.read()                                      # 读取全部源代码
f.close()                                            # 关闭文件
soup = BeautifulSoup(html, "html5lib")              # 创建BeautifulSoup
tag = soup.p                                         # 读取p标签
print(tag.name)                                      # 获取p标签的名称，返回p
```

```
print(tag["class"])                    # 获取 class 属性值，返回['a']
print(tag.get_text())                  # 获取 p 标签包含的文本，返回：这是一个示例
```

19.3.4　文档遍历

扫一扫，看视频

■ 知识点

Tag 是 BeautifulSoup 中最重要的对象，通过 BeautifulSoup 提取数据大部分都围绕该对象进行操作。一个节点可以包含多个子节点和多个字符串。除了根节点外，每个节点都包含一个父节点。遍历节点所要用到的属性说明如下。

- contents：获取所有子节点，包括里面的 NavigableString 对象，返回的是一个列表。
- children：获取所有子节点，返回的是一个迭代器。
- descendants：获得所有子孙节点，返回的是一个迭代器。
- string：获取直接包含的文本。
- strings：获取全部包含的文本，返回一个可迭代对象。
- parent：获取上一层父节点。
- parents：获取所有父辈节点，返回一个可迭代对象。
- next_sibling：获取当前节点的下一个兄弟节点。
- previous_sibling：获取当前节点的上一个兄弟节点。
- next_siblings：获取下方所有的兄弟节点。
- previous_siblings：获取上方所有的兄弟节点。

■ 上机练习

【示例】遍历<head>标签包含的所有子节点，然后输出显示。

```
from bs4 import BeautifulSoup                  # 从 bs4 库中导入 BeautifulSoup 模块
f = open('test.html','r',encoding='utf-8')     # 打开 test.html
html = f.read()                                # 读取全部源代码
f.close()                                      # 关闭文件
soup = BeautifulSoup(html, "html5lib")         # 创建 BeautifulSoup
tags = soup.head.children                      # 获取 head 的所有子节点
print(tags)
for tag in tags:
    print(tag)
```

输出为：

```
<list_iterator object at 0x000000719B476630>
<meta charset="utf-8"/>
<title>Hello,Wrold</title>
```

19.3.5　文档搜索

扫一扫，看视频

■ 知识点

为了适应复杂的场景，BeautifulSoup 提供了 find_all()方法，用于搜索整个文档树，该方法基本适用于任何节点。

- 通过 name 搜索：soup.find_all('a')、soup.find_all(['a','p'])。
- 通过属性搜索：soup.find_all(attrs={'class':'book'})。

- 通过文本搜索：soup.find_all("a", text="百度一下,你就知道")。
- 限制查找范围：将 recursive 参数设置为 False，则可以将搜索范围限制在直接子节点中，如 soup.find_all("a",recursive=False)。
- 使用正则表达式：可以与 re 模块配合，将 re.compile 编译的对象传入 find_all()方法，如 soup.find_all(re.compile("b"))。

■ 上机练习

【示例】使用正则表达式匹配文档中包含字母 a 的所有节点对象。

```
from bs4 import BeautifulSoup                    # 从 bs4 库中导入 BeautifulSoup 模块
import re                                        # 导入 re 模块
f = open('test.html','r',encoding='utf-8') # 打开 test.html
html = f.read()                                  # 读取全部源代码
f.close()                                        # 关闭文件
soup = BeautifulSoup(html, "html5lib")   # 创建 BeautifulSoup
tags = soup.find_all(re.compile("a"))     # 使用正则表达式匹配包含字母 a 的所有节点对象
print(tags)
```

输出为：

```
[<head>
        <meta charset="utf-8"/>
        <title>Hello,Wrold</title>
    </head>, <meta charset="utf-8"/>, <span><!--这里是注释的部分--></span>, <a
href="https://www.baidu.com">百度一下,你就知道</a>]
```

扫一扫，看视频

19.3.6 CSS 选择器

■ 知识点

select()方法可以使用 CSS 选择器语法查找节点对象，该方法允许传入一个 CSS 选择器字符串。

■ 上机练习

【示例】使用 select()方法匹配类名为 a 的标签。

```
from bs4 import BeautifulSoup                    # 从 bs4 库中导入 BeautifulSoup 模块
import re                                        # 导入 re 模块
f = open('test.html','r',encoding='utf-8') # 打开 test.html
html = f.read()                                  # 读取全部源代码
f.close()                                        # 关闭文件
soup = BeautifulSoup(html, "html5lib")   # 创建 BeautifulSoup
tags = soup.select(".a")                         # 使用 CSS 选择器
print(tags)
```

输出为：

```
[<p class="a">这是一个示例</p>]
```

19.4 案 例 实 战

扫一扫，看视频

19.4.1 下载单张图片

■ **案例分析**

本案例设计下载单张图片，并保存到本地磁盘当前目录下面的 test 文件夹中。

■ **案例实现**

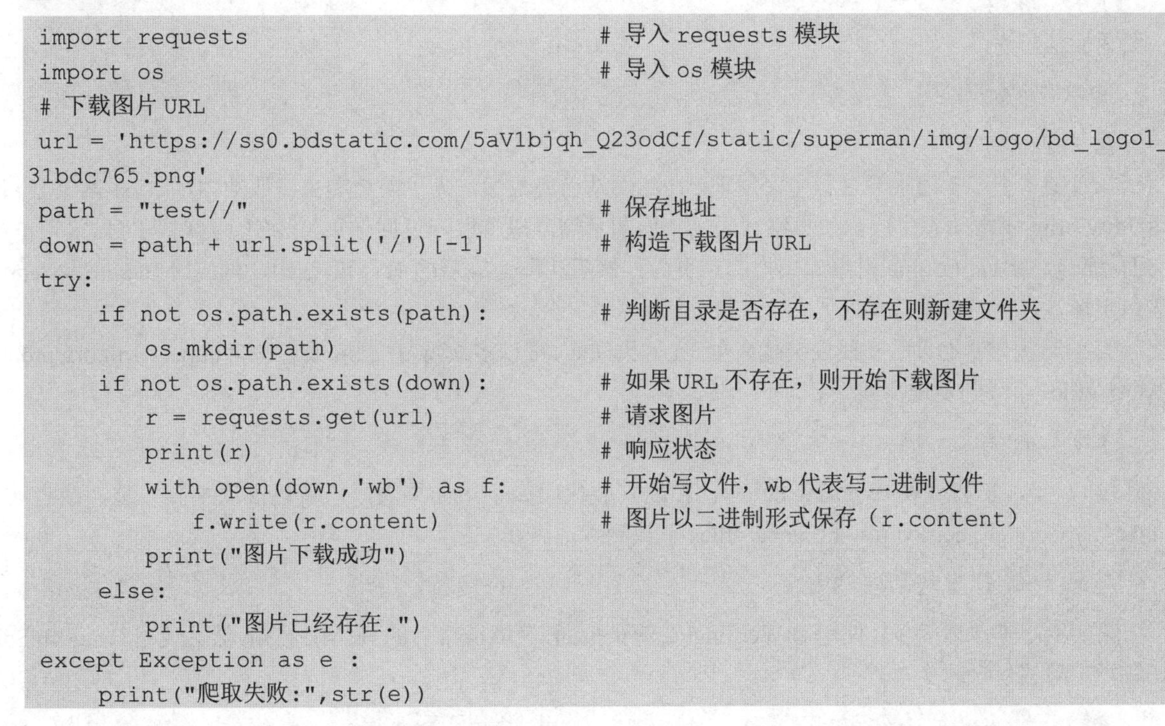

```
import requests                              # 导入 requests 模块
import os                                    # 导入 os 模块
# 下载图片 URL
url = 'https://ss0.bdstatic.com/5aV1bjqh_Q23odCf/static/superman/img/logo/bd_logo1_
31bdc765.png'
path = "test//"                              # 保存地址
down = path + url.split('/')[-1]             # 构造下载图片 URL
try:
    if not os.path.exists(path):             # 判断目录是否存在，不存在则新建文件夹
        os.mkdir(path)
    if not os.path.exists(down):             # 如果 URL 不存在，则开始下载图片
        r = requests.get(url)                # 请求图片
        print(r)                             # 响应状态
        with open(down,'wb') as f:           # 开始写文件，wb 代表写二进制文件
            f.write(r.content)               # 图片以二进制形式保存（r.content）
        print("图片下载成功")
    else:
        print("图片已经存在.")
except Exception as e :
    print("爬取失败:",str(e))
```

运行程序，将在当前目录下创建 test 文件夹，然后把互联网上指定的图片下载并保存到本地 test 文件夹中。

扫一扫，看视频

19.4.2 抓取岗位数量

■ **案例分析**

本案例设计从 51job 网站的 Python 岗位页面抓取岗位数量的信息。设计流程如下。

第 1 步，确定要抓取的 URL，并设置请求头信息。

第 2 步，获取响应，抓取指定 URL 的源代码。

第 3 步，创建 bs4 对象。

第 4 步，先熟悉该页面结构，找到岗位数量标签的类名，并提取该标签包含的信息。

■ **案例实现**

```
import requests
from bs4 import BeautifulSoup
headers = {                                  # 设置请求头
    "User-Agent": "Mozilla/5.0 (Windows NT 10.0; Win64; x64) AppleWebKit/537.36 (KHTML,
```

```
like Gecko) Chrome/65.0.3325.181 Safari/537.36"}
 # 设置获取 Python 岗位数量的 URL
 url = "https://search.51job.com/list/030200,000000,0000,00,9,99,python,2,1.html"
 response = requests.get(url,headers=headers)  # 获取响应
 html = response.content.decode('gbk')         # 解码
 soup = BeautifulSoup(html,'lxml')             # 创建 bs4 对象
 # 获取岗位标签，通过类名 rt 找到岗位数量标签
 jobNum = soup.select('.rt')[1].text
 print(jobNum.strip())
```

返回信息为：

```
共 3826 条职位
```

■ 补充

在录制本小节学习视频过程中，发现 51job 网站已经改版，为了防止爬虫盗取数据，51job 网站全部采用 JavaScript 脚本动态生成。如果继续采用上面的示例源码爬取，返回结果将为空。此时，可以采用 PyQt 界面库配合 QtWebEngine 引擎库模拟渲染页面，然后获取渲染后的 HTML 结构，再使用 BeautifulSoup 抓取指定标签包含的数据。

第 1 步，安装 PyQt 库，在线安装代码如下。如果失败，可以多次重复安装，或者访问 https://pypi.org/project/PyQt5/#files 下载到本地离线安装。

```
pip install pyqt5
```

第 2 步，安装 PyQtWebEngine 库，在线安装代码如下。如果失败，可以多次重复安装，或者访问 https://pypi.org/project/PyQtWebEngine/#files 下载到本地离线安装。

```
pip install PyQtWebEngine
```

第 3 步，编写如下代码，使用 QtWebEngine 渲染页面，获取渲染后的 HTML 结构，然后使用 BeautifulSoup 抓取指定标签包含的文本。

```
import sys
from PyQt5.QtCore import QUrl
from PyQt5.QtWidgets import QApplication
from PyQt5.QtWebEngineWidgets import QWebEnginePage, QWebEngineView
from bs4 import BeautifulSoup
class Render(QWebEngineView):                    # 子类 Render 继承父类 QWebEngineView
    def __init__(self, url):
        self.html = ''
        self.app = QApplication(sys.argv)        # 初始应用程序
        QWebEngineView.__init__(self)            # 子类构造函数继承父类，super().__init__()
        self.loadFinished.connect(self._loadFinished)  # 页面加载完成后调用回调函数
        self.load(QUrl(url))                     # 加载页面
        self.app.exec_()                         # 进入主循环，执行渲染应用
    def _loadFinished(self):                     # 页面加载完成后回调函数
        self.page().toHtml(self.callable)        # 把页面生成 HTML 结构
    def callable(self, data):                    # 回调函数
        self.html = data                         # 把 HTML 结构源码保存到 html 变量中
        self.app.quit()                          # 退出应用
```

```
# 设置获取 Python 岗位数量的 URL
url = "https://search.51job.com/list/030200,000000,0000,00,9,99,python,2,1.html"
r = Render(url)
result = r.html
soup = BeautifulSoup(result,'lxml')          # 创建 bs4 对象
# 获取岗位标签，通过类名 rt 找到岗位数量标签
jobNum = soup.select('.rt')[1].text
print(jobNum.strip())
```

19.4.3　抓取基金数据

■ **案例分析**

本案例将抓取证券之星网站（http://quote.stockstar.com/）股票型基金列表中前两页的数据，包括基金代码、基金名称、访问接口和净值。设计流程如下。

第 1 步，确定要抓取的 URL，并设置请求头信息。

第 2 步，获取响应，抓取指定 URL 的源代码。

第 3 步，创建 bs4 对象。

第 4 步，熟悉该页面结构，找到股票型基金列表结构，并提取相关标签包含的信息。

■ **案例实现**

第 1 步，访问 http://quote.stockstar.com/fund/stock_3_1_1.html 页面，查看并分析股票型基金列表的结构，如图 19.3 所示。

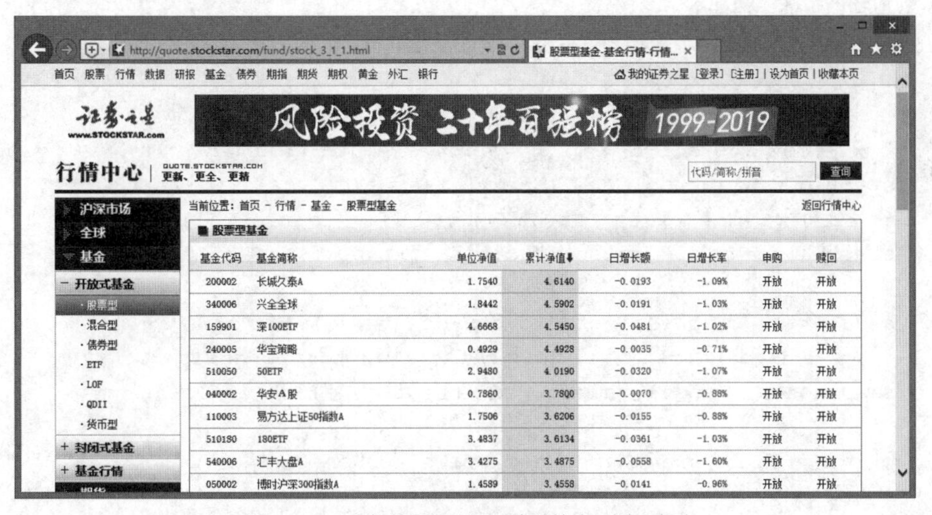

图 19.3　证券之星网站股票型基金列表页面

第 2 步，查看源代码，找到基金列表的第 1 条列表项的代码，分析结构规律。

```
<tbody class="tbody_right" id="datalist">
        <tr><td  class="align_center  "><a  href="//fund.stockstar.com/funds/
200002.shtml">200002</a></td><td class="align_left"><a href="//fund.stockstar.com/
funds/200002.shtml">长城久泰 A</a></td><td class="">1.7540</td><td class="select">
4.6140</td><td class=""><span class="green">-0.0193</span></td><td class=""><span
class="green">-1.09%</span></td><td class="align_center">开放</td>
```

第 3 步，编写 Python 代码，抓取数据并进行解析。

```
import csv
import requests
from bs4 import BeautifulSoup

# 设置请求头
headers = {
    "User-Agent": "Mozilla/5.0 (Windows NT 10.0; Win64; x64) AppleWebKit/537.36
(KHTML, like Gecko) Chrome/65.0.3325.181 Safari/537.36"}

# 抓取全部，翻页
for i in range(1,2):
    # 设置 URL
    url = "http://quote.stockstar.com/fund/stock_3_1_%d.html" % i
    # 获取响应
    response = requests.get(url,headers=headers)
    # < meta
    # http - equiv = "Content-Type"
    # content = "text/html; charset=gb2312" >
    # 编码格式为 gb2312，即中文简体
    # 而 gbk 编码包含简体和繁体，所以解码时使用 gbk
    html = response.content.decode('gbk')
    soup = BeautifulSoup(html,'lxml')
    # 获取当前页的全部基金
    stackList = soup.find('tbody',id='datalist').find_all('tr')
    print(len(stackList))
    for stack in stackList:
        # 基金代号  #datalist > tr.hoverTr > td:nth-child(1) > a
        stackId = stack.select("td:nth-of-type(1) > a")[0].text
        # 基金简称  #datalist > tr:nth-child(1) > td:nth-child(2) > a
        stackName = stack.select("td:nth-of-type(2) > a")[0].text
        # URL
        stackUrl = stack.select("td:nth-of-type(1) > a")[0]["href"]
        # 基金净值 #datalist > tr:nth-child(1) > td:nth-child(3)
        stackMoney = stack.select("td:nth-of-type(3)")[0].text

        print(stackId,stackName,stackUrl,stackMoney)
        # 写入 CSV 文件
        with open('fund.csv','a+',newline='',encoding='gbk',errors='ignore') as f:
            writer = csv.writer(f)
            writer.writerow([stackId,stackName,stackUrl,stackMoney])
```

提示：

CSV（comma-separated values）文件以纯文本形式存储表格数据，是最常用的一种文件存储方式。注意，分隔字符也可以是其他字符。

CSV 文件由任意数目记录组成，记录间以某种换行符分隔；每条记录由若干字段组成，字段间以字符（如逗号）或字符串分隔。

在 Python 中，读写 CSV 文件使用标准库 csv，可以直接导入。使用 open()方法可以打开或新建 CSV 文件，

然后使用 writer()方法创建写对象，再使用 writerow()方法写入每一行数据。使用 readlines()方法可以读取多行数据，然后迭代读取每一行数据。

第 4 步，执行程序，将会在当前目录下生成一个 fund.csv 文件，使用 Excel 可以打开，如图 19.4 所示。

	A	B	C	D	E	F
1	200002	长城久泰A	//fund.stockstar.com/funds/200002.shtml	1.754		
2	340006	兴全全球	//fund.stockstar.com/funds/340006.shtml	1.8442		
3	159901	深100ETF	//fund.stockstar.com/funds/159901.shtml	4.6668		
4	240005	华宝策略	//fund.stockstar.com/funds/240005.shtml	0.4929		
5	510050	50ETF	//fund.stockstar.com/funds/510050.shtml	2.948		
6	40002	华安A股	//fund.stockstar.com/funds/040002.shtml	0.786		
7	110003	易方达上	//fund.stockstar.com/funds/110003.shtml	1.7506		
8	510180	180ETF	//fund.stockstar.com/funds/510180.shtml	3.4837		
9	540006	汇丰大盘A	//fund.stockstar.com/funds/540006.shtml	3.4275		
10	50002	博时沪深3	//fund.stockstar.com/funds/050002.shtml	1.4589		
11	160919	大成产业	//fund.stockstar.com/funds/160919.shtml	1.305		
12	519180	万家180	//fund.stockstar.com/funds/519180.shtml	0.9372		
13	360001	量化核心	//fund.stockstar.com/funds/360001.shtml	1.0243		
14	310318	申万沪深3	//fund.stockstar.com/funds/310318.shtml	2.3861		
15	159902	中小板	//fund.stockstar.com/funds/159902.shtml	2.947		
16	180003	银华88A	//fund.stockstar.com/funds/180003.shtml	1.2186		
17	159928	消费ETF	//fund.stockstar.com/funds/159928.shtml	2.9221		

图 19.4　抓取的数据表

19.5 在线支持

扫码，拓展学习

第 20 章　进程和线程

在网络开发中，一台服务器在同一时间内往往需要服务成百上千个客户端，并发编程应运而生。并发是大数据运算和网络编程必须考虑的问题，实现并发的方式有很多，如多进程、多线程等。Python 支持多进程、多线程技术，能够实现在同一时间内运行多个任务。本章将介绍 Python 进程和线程的工作机制与基本应用。

【学习重点】

- 掌握正确创建进程的方法。
- 了解队列、管道机制。
- 使用进程池设计并发任务。
- 掌握正确创建线程的方法。
- 使用线程锁。
- 熟悉线程之间的通信方式。

20.1　使 用 进 程

扫一扫，看视频

multiprocessing 是多进程管理包，也是 Python 的标准模块，使用它可以编写多进程程序。

20.1.1　创建进程

■ 知识点

Process 是 multiprocessing 的子类，用来创建简单的进程。在 multiprocessing 中，每个进程都用一个 Process 类表示，语法格式如下：

```
multiprocessing.Process(group=None, target=None, name=None, args=(), kwargs={})
```

参数说明如下。

- group：线程组，目前还没有实现，参数值必须为 None。
- target：表示当前进程启动时要执行的调用对象，一般为可执行的方法或函数。
- name：进程名称，相当于给当前进程取一个别名。
- args：表示传递给 target 函数的位置参数，格式为元组。例如，target 是函数 a，它有两个参数 m、n，那么 args 传入(m, n)即可。
- kwargs：表示传递给 target 函数的关键字参数，格式为字典。

■ 上机练习

【示例 1】使用 multiprocessing.Process 创建 5 个子进程，并分别执行。

```
import multiprocessing                          # 导入进程管理模块
def worker(num):                                # 定义任务处理函数
    print('Worker:', num)
```

```
if __name__ == '__main__':                    # 主进程
    for i in range(5):                        # 连续创建 5 个子进程
        p = multiprocessing.Process(target=worker, args=(i+1,))
        p.start()                             # 执行子进程
```

提示：

Process 对象包含的实例方法如下。

- is_alive()：判断进程实例是否还在执行。
- join([timeout])：阻塞进程执行，直到进程终止，或者等待一段时间，具体时间由 timeout（可选参数）设置，单位为秒。
- start()：启动进程实例。
- run()：如果没有设置 target 参数，调用 start()方法时，将执行对象的 run()方法。
- terminate()：不管任务是否完成，立即停止进程。

Process 对象包含的常用属性如下。

- name：进程名称。
- pid：进程 ID，在进程被创造前返回 None。
- exitcode：进程的退出码，如果进程没有结束，那么返回 None；如果进程被信号 N 终结，则返回负数-N。
- authkey：进程的认证密钥，它为一个字符串。当多进程初始化时，主进程被使用 os.urandom()方法指定一个随机字符串。当进程被创建时，从它的父进程中继承认证密钥，可以通过设定密钥来更改它。
- sentinel：当进程结束时变为 ready 状态，可用于同时等待多个事件，否则使用 join()方法更简单些。
- daemon：与线程的 setDeamon 功能一样。将父进程设置为守护进程，当父进程结束时，子进程也结束。

【示例 2】每个 Process 实例都有一个名称，其默认值可以在创建进程时更改。命名进程对于跟踪它们非常有用，尤其是在同时运行多种类型进程的应用程序中。

```
import multiprocessing                                  # 导入 multiprocessing 模块
import time                                             # 导入 time 模块
def worker():                                           # 处理任务
    name = multiprocessing.current_process().name # 获取进程的名称
    print(name, 'Starting')
    time.sleep(4)                                       # 睡眠 4s
    print(name, 'Exiting')
def my_service():                                       # 处理任务
    name = multiprocessing.current_process().name # 获取进程的名称
    print(name, 'Starting')
    time.sleep(5)                                       # 睡眠 4s
    print(name, 'Exiting')
if __name__ == '__main__':                              # 主进程
    service = multiprocessing.Process(                  # 创建子进程 1
        name='my_service',                              # 修改进程名称
        target=my_service,                              # 调用对象
    )
    worker_1 = multiprocessing.Process(                 # 创建子进程 2
        name='worker 1',                                # 修改进程名称
        target=worker,                                  # 调用对象
    )
    worker_2 = multiprocessing.Process(          # 创建子进程 3，保持默认的进程名称
```

```
        target=worker,                                   # 调用对象
    )
    worker_1.start()                                     # 启动进程 1
    worker_2.start()                                     # 启动进程 2
    service.start()                                      # 启动进程 3
```

输出为：

```
worker 1 Starting
Process-3 Starting
my_service Starting
worker 1 Exiting
Process-3 Exiting
my_service Exiting
```

扫一扫，看视频

20.1.2 自定义进程

■ **知识点**

对于简单的任务，直接使用 multiprocessing.Process 实现多进程，而对于复杂的任务，通常会自定义 Process 类，以便扩展 Process 功能。下面结合示例说明如何自定义 Process 类。

■ **上机练习**

【示例】自定义 MyProcess，继承于 Process，然后重写__init__()和 run()函数。

```
from multiprocessing import Process              # 导入 Process 类
import time,os                                   # 导入 time 和 os 模块
class MyProcess(Process):                        # 自定义进程类，继承自 Process
    def __init__(self,name):                     # 重写初始化函数
        super().__init__()                       # 调用父类的初始化函数
        self.name = name                         # 重写 name 属性值
    def run(self):                               # 重写 run()函数
        print('%s is running'%self.name,os.getpid())   # 打印子进程信息
        time.sleep(3)
        print('%s is done' % self.name,os.getpid())         # 打印子进程信息
if __name__ == '__main__':
    p = MyProcess('子进程 1')                     # 创建子进程
    p.start()                                    # 执行进程
    print('主进程',os.getppid())                   # 打印主进程 ID
```

输出为：

```
主进程 9868
子进程 1 is running 11580
子进程 1 is done 11580
```

提示：

派生类应该重写基类的 run()方法以完成其工作。os.getppid()方法可以获取父进程 ID，而 os.getpid()方法可以获取子进程 ID。

20.1.3 进程通信

■ 知识点

Pipe 是 multiprocessing 的一个子类，可以创建管道，常用于在两个进程间进行通信，两个进程分别位于管道的两端。语法格式如下：

```
Pipe([duplex])
```

该方法将返回两个连接对象(conn1,conn2)，代表管道的两端。参数 duplex 为可选，默认值为 True。

- 如果 duplex 为 True，那么该管道是全双工模式，即 conn1 和 conn2 均可收发消息。
- 如果 duplex 为 False，那么 conn1 只负责接收消息，conn2 只负责发送消息。

实例化的 Pipe 对象拥有 connetion 的方法，以下为常用方法。

- send(obj)：发送数据。
- recv()：接收数据。如果没有消息可接收，recv()方法会一直阻塞。如果管道已经被关闭，那么 recv()方法会抛出 EOFError 错误。
- poll([timeout])：查看缓冲区是否有数据，可设置时间。如果 timeout 为 None，则会无限超时。
- send_bytes(buffer[, offset[, size]])：发送二进制字节数据。
- recv_bytes([maxlength])：接收二进制字节数据。

■ 上机练习

【示例 1】使用 Pipe()方法创建两个连接对象，然后通过管道功能，一个对象可以发送消息，另一个对象可以接收消息。

```
from multiprocessing import Pipe              # 导入 Pipe 类
a,b = Pipe(True)                              # 实例化管道对象
a.send("hi,b")                                # 从管道的一端发送消息
print(b.recv())                               # 从管道的另一端接收消息

a,b = Pipe(False)                             # 实例化管道对象，禁止全双工模式
b.send("hi,a")                                # 只能够在 b 端发送消息
print(a.recv())                               # 只能够在 a 端接收消息
```

【示例 2】调用 multiprocessing.Pipe()方法创建一个管道，管道两端连接两个对象 con1 和 con2，然后使用 multiprocessing.Process()方法创建两个进程，在进程中分别绑定 com1 和 com2 两个对象，那么通过 send()和 recv()方法，就可以在两个通道之间进行通信。

```
from multiprocessing import Process, Pipe # 导入 Process 和 Pipe 类
def send(pipe):                               # 调用进程函数 1
    pipe.send("发送端的消息")                  # 在管道中发出一个消息
    pipe.close()                              # 关闭连接对象
def recv(pipe):                               # 调用进程函数 2
    reply = pipe.recv()                       # 接收管道中的消息
    print('接收端:', reply)                    # 打印消息
if __name__ == '__main__':
    (con1, con2) = Pipe()                     # 创建管道对象
    # 创建进程 1
    sender = Process(target = send, name = 'send', args = (con1, ))
```

```
    sender.start()                          # 开始执行调用对象
    # 创建进程 2
    child = Process(target = recv, name = 'recv', args = (con2,))
    child.start()                           # 开始执行调用对象
```

输出为：

```
接收端：发送端的消息
```

【示例 3】利用管道的特性实现生产者—消费者模型设计。

```
import multiprocessing                      # 导入 multiprocessing 模块
import random                               # 导入随机数模块
import time                                 # 导入时间模块
import os                                   # 导入 os 模块
def producer(pipe):                         # 生产者函数
    while True:
        time.sleep(1)                       # 睡眠
        item = random.randint(1, 10)        # 生成随机数
        print('产品编号:{}'.format(item))   # 打印产品信息
        pipe.send(item)                     # 发送消息
        time.sleep(1)                       # 睡眠
def consumer(pipe):                         # 消费者函数
    while True:
        time.sleep(1)                       # 睡眠
        item = pipe.recv()                  # 接收消息
        print('接收产品:{}'.format(item))   # 显示消息
        time.sleep(1)                       # 睡眠
if __name__ == "__main__":
    pipe = multiprocessing.Pipe()           # 实例化通道对象
    process_producer = multiprocessing.Process(    # 创建进程 1
        target=producer, args=(pipe[0],))
    process_consumer = multiprocessing.Process(    # 创建进程 2
        target=consumer, args=(pipe[1],))
    process_producer.start()                # 执行进程 1
    process_consumer.start()                # 执行进程 2
    process_producer.join()                 # 阻塞进程 1
    process_consumer.join()                 # 阻塞进程 2
```

输出为：

```
产品编号:6
接收产品:6
产品编号:5
接收产品:5
产品编号:10
接收产品:10
...
```

20.1.4 进程队列

■ 知识点

Queue 是 multiprocessing 的一个子类，可以创建共享的进程队列。使用 Queue 能够实现多进程之间的数据传递。底层队列使用管道和锁定实现。语法格式如下：

```
Queue([maxsize])
```

参数 maxsize 表示队列中允许的最大项数，如果省略该参数，则无大小限制。

Queue 实例对象的常用方法说明如下。

- empty()：如果队列为空，返回 True；否则返回 False。
- full()：如果队列满了，返回 True；否则返回 False。
- put(obj[, block[, timeout]])：写入数据。如果设置 block:true,timeout:None，将持续阻塞，直到有可用的空槽。timeout 表示等待时间，为正值，如果在指定时间内依然没有可用空槽，就抛出 full 异常。
- get([block[, timeout]])：获取数据。参数说明与 put()方法相同，但是如果队列为空，获取数据时将抛出 empty 异常。
- put_nowait()：相当于 put(obj,False)。
- get_nowait()：相当于 get(False)。
- close()：关闭队列，不能再有数据添加进来，垃圾回收机制启动时自动调用。
- qsize()：返回队列的大小。

■ 上机练习

【示例 1】队列操作原则：先进先出，后进后出。创建一个队列，然后向队列中添加数字，再逐一读取出来。

```
from multiprocessing import Queue              # 导入 Queue 类
q = Queue()                                    # 创建一个队列对象
# 使用 put()方法往队列添加值
q.put(1)                                       # 添加数字 1
q.put(2)                                       # 添加数字 2
q.put(3)                                       # 添加数字 3
# 使用 get()方法从队列里面取值
print(q.get())                                 # 打印 1
print(q.get())                                 # 打印 2
print(q.get())                                 # 打印 3
q.put(4)                                       # 添加数字 4
q.put(5)                                       # 添加数字 5
print(q.get())                                 # 打印 4
```

提示：

get()方法将从队列里面取值，并且把队列内被取出来的值删掉。如果 get()方法没有参数，就是默认一直等着取值，就算是队列里面没有可取的值，程序也不会结束，就会卡在那里，一直等着。

【示例 2】multiprocessing 模块支持进程间通信的两种主要形式，即管道和队列，它们都是基于消息传递实现的。下面再通过一个示例演示队列的进出操作。

```
from multiprocessing import Queue    # 导入 Queue 类
```

```
q = Queue(3)                              # 创建一个队列对象，设置最大项数为 3
# 使用 put()方法向队列添加值
q.put(1)                                  # 添加数字 1
q.put(2)                                  # 添加数字 2
q.put(3)                                  # 添加数字 3
# q.put(4)                                # 如果队列已经满了，程序就会停在这里
                                          # 等待数据被取走，再将数据放入队列
                                          # 如果队列中的数据不被取走，程序就会永远停在这里
try:
    q.put_nowait(3)                       # 可以使用 put_nowait()方法，如果队列满了，不会阻塞
                                          # 但是会因为队列满了而报错
except:                                   # 因此可以用一个 try 语句处理这个错误
                                          # 这样程序不会一直阻塞下去，但是会提示这个消息
    print('队列已经满了')
# 因此在放入数据之前，可以先看一下队列的状态，如果已经满了，就不继续执行 put()方法
print(q.full())                           # 提示满了
print(q.get())                            # 打印 1
print(q.get())                            # 打印 2
print(q.get())                            # 打印 3
# print(q.get())                          # 与 put()方法一样，如果队列已经空了
                                          # 那么继续取值就会出现阻塞
try:
    q.get_nowait(3)                       # 可以使用 get_nowait()方法，如果队列满了，不会阻塞
                                          # 但是会因为没取到值而报错。
except:                                   # 使用 try 处理错误。这样程序就不会一直阻塞下去
    print('队列已经空了')
print(q.empty())                          # 提示空了
```

【示例 3】通过队列从子进程向父进程发送数据。

```
from multiprocessing import Process, Queue     # 导入 Process、Queue 类
def f(q, name, age):                           # 进程函数
    q.put([name, age])                         # 调用主函数中 p 进程传递过来的进程参数
                                               # 使用 put 向队列中添加一条数据
if __name__ == '__main__':
    q = Queue()                                # 创建一个 Queue 对象
    p = Process(target=f, args=(q, '张三', 18)) # 创建一个进程
    p.start()                                  # 执行进程
    print(q.get())                             # 打印消息，输出为['张三', 18]
    p.join()                                   # 阻塞进程
```

这是一个 Queue 的简单应用，使用队列 q 对象调用 get()方法取得队列中最先进入的数据。

【示例 4】使用队列设计一个生产者—消费者模型。在多进程开发中，生产者就是生产数据的进程，消费者就是消费数据的进程。如果生产者处理速度很快，而消费者处理速度很慢，那么生产者就必须等待消费者处理完，才能继续生产数据。同样的道理，如果消费者的处理能力大于生产者，那么消费者必须等待生产者。

```
from multiprocessing import Process, Queue     # 导入 Process、Queue 类
```

```
import time                                          # 导入时间模块
import random                                        # 导入随机生成器模块
def producer(q, name, food):                         # 生产者函数
    for i in range(3):
        print(f'{name}生产了{food}{i}')
        time.sleep((random.randint(1, 3))) # 随机阻塞一点时间
        res = f'{food}{i}'
        q.put(res)                                   # 在队列中添加数据
def consumer(q, name):                               # 消费者函数
    while True:
        res = q.get(timeout=5)
        if res == None:
            break                                    # 判断队列拿出的是不是生产者放入的结束生产的标识
                                                     # 如果是，则不取，直接退出，结束程序
        time.sleep((random.randint(1, 3))) # 随机阻塞一点时间
        print(f'{name}吃了{res}')                    # 打印消息
if __name__ == '__main__':
    q = Queue()                                      # 让生产者和消费者使用同一个队列
                                                     # 使用同一个队列进行通信
    # 多个生产者进程
    p1 = Process(target=producer, args=(q, '张三', '巧克力'))
    p2 = Process(target=producer, args=(q, '李四', '冰激凌'))
    p3 = Process(target=producer, args=(q, '王五', '可乐'))
    # 多个消费者进程
    c1 = Process(target=consumer, args=(q, '小朱'))
    c2 = Process(target=consumer, args=(q, '小刘'))
    # 告诉操作系统启动生产者进程
    p1.start()
    p2.start()
    p3.start()
    # 告诉操作系统启动消费者进程
    c1.start()
    c2.start()
    # 阻塞进程
    p1.join()
    p2.join()
    p3.join()
    # 结束生产，几个消费者就 put 几次
    q.put(None)
    q.put(None)
```

输出为:

```
张三生产了巧克力 0
李四生产了冰激凌 0
王五生产了可乐 0
李四生产了冰激凌 1
张三生产了巧克力 1
```

```
小朱吃了冰激凌 0
王五生产了可乐 1
张三生产了巧克力 2
小刘吃了巧克力 0
李四生产了冰激凌 2
小朱吃了可乐 0
王五生产了可乐 2
小刘吃了巧克力 1
小刘吃了可乐 1
小朱吃了冰激凌 1
小刘吃了巧克力 2
小朱吃了冰激凌 2
小刘吃了可乐 2
```

扫一扫，看视频

20.1.5 进程池

■ **知识点**

在使用 Python 进行系统管理，特别是同时操作多个文件目录或远程控制多台主机时，并行操作可以节约大量的时间。如果操作的对象数目不大，可以直接使用 Process 类动态地生成多个进程，但是如果有成百上千个进程，那么手动管理进程就显得特别烦琐，此时进程池就派上用场了。

Pool 是 multiprocessing 的一个子类，可以提供指定数量的进程供用户调用，当有新的请求提交到 Pool 中时，如果进程池还没有满，就会创建一个新的进程来执行请求。如果进程池满了，请求就会告知先等待，直到有进程结束，才会创建新的进程执行这些请求。语法格式如下：

```
Pool([processes[, initializer[, initargs[, maxtasksperchild[, context]]]]])
```

参数说明如下。

- processes：设置可工作的进程数。如果为 None，会使用运行环境的 CPU 核心数作为默认值，可以通过 os.cpu_count()查看。
- initializer：如果 initializer 不为 None，那么每个工作进程在开始时会调用 initializer(*initargs)函数。
- maxtasksperchild：工作进程退出之前可以完成的任务数，完成后用一个新的工作进程替代原进程，让闲置的资源被释放。maxtasksperchild 默认为 None，意味着只要 Pool 存在工作进程就会一直存活。
- context：用来指定工作进程启动时的上下文，一般使用 multiprocessing.Pool()或一个 context 对象的 Pool()方法创建一个池，两种方法都会被适当地设置 context。

Pool 常用实例方法说明如下。

- apply(func[, args=()[, kwds={}]])：执行进程函数，并传递不定参数，主进程会被阻塞直到函数执行结束。
- apply_async：与 apply()方法的用法相同，但是非阻塞，且支持结果返回后进行回调。
- map(func, iterable[, chunksize=None])：使进程阻塞直到结果返回，参数 iterable 是一个迭代器。该方法将 iterable 内的每一个对象作为单独的任务提交给进程池。
- map_async()：与 map()方法的用法一致，但是它是非阻塞的。
- close()：关闭进程池，使其不再接受新的任务。
- terminal()：结束工作进程，不再处理未处理的任务。
- join()：主进程阻塞等待子进程的退出，join()方法必须在 close()或 terminal()之后使用。

■ 上机练习

【示例 1】使用进程池并发完成 4 个任务，但是设置进程池的工作进程数为 3，则只有当结束一个工作进程之后，才开始最后一个进程。

```
import multiprocessing                    # 导入multiprocessing包
import time                               # 导入时间模块
def func(msg):                            # 进程处理函数
    print("开始进程: ", msg)
    time.sleep(3)                         # 阻塞 3s
    print("结束进程: ", msg)
if __name__ == "__main__":                # 主进程
    pool = multiprocessing.Pool(processes = 3)     # 创建进程池
    for i in range(4):
        msg = "ID %d" %(i)
        # 应用非阻塞进程
        pool.apply_async(func, (msg, )) # 维持执行的进程总数为processes
                                        # 当一个进程执行完毕后会，再添加新的进程进去
    print("并发执行: ")
    pool.close()                          # 关闭进程池
    pool.join()                           # 调用join()方法之前，先调用close()方法，否则会出错
                                          # 执行完close()方法后，不会有新的进程加入pool
                                          # join()方法等待所有子进程结束
    print("子进程全部结束")
```

输出为：

```
并发执行:
开始进程:  ID 0
开始进程:  ID 1
开始进程:  ID 2
结束进程:  ID 0
开始进程:  ID 3
结束进程:  ID 1
结束进程:  ID 2
结束进程:  ID 3
子进程全部结束
```

在上面的示例中，创建一个进程池 pool，并设定进程的数量为 3，语句 range(4)会相继产生 4 个对象[0, 1, 2, 4]，4 个对象被提交到 pool 中。因为 pool 指定进程数为 3，所以进程 0、1、2 会直接送到进程中执行，当其中一个执行完成后就会空出一个进程处理对象 3，所以会出现上述输出结果。因为是非阻塞，主函数会自己执行自己的，不理会进程的执行，所以运行完 for 循环后直接输出提示信息，主程序在 pool.join()处等待各个进程的结束。

注意：

如果把示例 1 中的 pool.apply_async(func, (msg,))修改为 pool.apply(func, (msg,))，则输出结果如下。因为 apply_async 方法是非阻塞操作，所以可以实现并发执行。而 apply()方法是阻塞操作，所以只能够设计串行操作。

```
开始进程:  ID 0
结束进程:  ID 0
```

```
开始进程： ID 1
结束进程： ID 1
开始进程： ID 2
结束进程： ID 2
开始进程： ID 3
结束进程： ID 3
并发执行：
子进程全部结束
```

【示例 2】通过进程池创建多个进程并发处理，与顺序执行比较处理同一数据所花费的时间差别。

```
import time                                      # 导入时间模块
from multiprocessing import Pool                 # 导入 Pool 类
def run(n):                                      # 进程处理函数
    time.sleep(1)                                # 阻塞 1s
    return n*n                                   # 返回浮点数的平方
if __name__ == "__main__":                       # 主进程
    testFL = [1, 2, 3, 4, 5, 6]                  # 待处理的数列
    print('顺序执行:')                            # 顺序执行，也就是串行执行，单进程
    s = time.time()                              # 计时开始
    for fn in testFL:
        run(fn)
    e1 = time.time()                             # 计时结束
    print("顺序执行时间: ", int(e1 - s))          # 计算所用时差
    print('并行执行:')                            # 创建多个进程，并行执行
    pool=Pool(6)                                 # 创建拥有 6 个进程数量的进程池
    # testFL 是要处理的数据列表，run()是处理 testFL 列表中数据的函数
    rl=pool.map(run, testFL)                     # 并发执行运算
    pool.close()                                 # 关闭进程池，不再接受新的进程
    pool.join()                                  # 主进程阻塞等待子进程的退出
    e2=time.time()                               # 计时结束
    print("并行执行时间: ", int(e2-e1))           # 计算所用时差
    print(rl)                                    # 打印计算结果
```

输出为：

```
顺序执行:
顺序执行时间： 6
并行执行:
并行执行时间： 1
[1, 4, 9, 16, 25, 36]
```

从结果可以看出，并发执行的时间明显比顺序执行要快很多，但进程是要耗资源的，所以平时工作中，进程数也不能开太大。

程序中的 r1 表示全部进程执行结束后返回的全部结果集。run()函数有返回值，所以一个进程对应一个返回结果，这个结果存在一个列表中，也就是一个结果堆中，实际上是用了队列的原理，等待所有进程都执行完毕后就返回这个列表。

对 Pool 对象调用 join()方法会等待所有子进程执行完毕，调用 join()方法之前必须先调用 close()方法，

让其不再接受新的 Process。

20.2 使用线程

进程是执行着的应用程序，而线程是进程内部的一个执行序列。一个进程可以有多个线程，线程也称为轻量级进程。运行多线程有以下优点。

- 使用线程可以把占据长时间的程序中的任务放到后台去处理。
- 用户界面可以更加吸引人，如用户单击了一个按钮触发某些事件的处理，可以弹出一个进度条显示处理的进度。
- 程序的运行速度可能加快。
- 对于需要等待的任务实现，如用户输入、文件读写和网络收发数据等，线程就比较有用。在这种情况下可以释放一些珍贵的资源，如内存占用等。

20.2.1 创建线程

扫一扫，看视频

■ 知识点

threading 是多线程管理包，也是 Python 的标准模块，使用它可以编写多线程。

Thread 是 threading 模块最核心的类，每个 Thread 对象代表一个线程，在每个线程中可以让程序处理不同的任务，这就是多线程编程。

创建 Thread 对象的语法格式如下：

```
Thread(group=None, target=None, name=None, args=(), kwargs={})
```

参数说明如下。

- group：设置线程组，参数值必须为 None，目前还没有实现，为以后拓展 ThreadGroup 类实现而保留。
- target：表示当前线程启动时要执行的调用对象，一般为可执行的方法或函数。默认为 None，意味着没有对象被调用。
- name：线程名称。默认形式为 Thread-N 的唯一的名字被创建，其中 N 是比较小的十进制数。
- args：表示传递给调用对象的位置参数，格式为元组，默认为空元组()。
- kwargs：表示传递给调用对象的关键字参数，格式为字典，默认为{}。

■ 上机练习

【示例 1】设计一个单线程运算。

```
# 单线程运算
import time                                    # 导入时间模块
def work(n):                                   # 任务函数
    print("单线程运算_", n)
    time.sleep(1)                              # 模拟任务执行的过程
if __name__ == "__main__":                     # 主进程
    start_time = time.time()                   # 开始计时
    for i in range(5):                         # 执行 5 次任务
        work(i+1)
    end_time = time.time()                     # 结束计时
    print('花费时间:%.2fs' % (end_time - start_time))
```

输出为：

```
单线程运算_ 1
单线程运算_ 2
单线程运算_ 3
单线程运算_ 4
单线程运算_ 5
花费时间:5.00s
```

【示例 2】利用线程技术重写示例 1 代码，借助多线程执行任务。

```
# 多线程运算
import threading                                    # 导入 threading 模块
import time                                         # 导入时间模块
def work(n):                                        # 线程处理函数
    print("多线程运算_", n)
    time.sleep(1)                                   # 模拟任务执行的过程
start_time = time.time()                            # 开始计时
for i in range(5):                                  # 创建 5 个线程，同时执行运算
    t = threading.Thread(target=work, args= (i+1,))
    t.start()                                       # 开始运算
end_time = time.time()                              # 结束计时
print('花费时间:%.2fs' % (end_time - start_time))
```

输出为：

```
多线程运算_ 1
多线程运算_ 2
多线程运算_ 3
多线程运算_ 4
多线程运算_ 5
花费时间:0.00s
```

提示：

threading 提供了多个类型函数，说明如下。

- active_count()：返回当前存活的线程类 Thread 对象。
- current_thread()：返回当前对应调用者控制线程的 Thread 对象。
- get_ident()：返回当前线程的“线程标识符”，为一个非零的整数。
- enumerate()：以列表形式返回当前所有存活的 Thread 对象。
- main_thread()：返回主 Thread 对象。一般情况下，主线程是 Python 解释器开始时创建的线程。
- settrace(func)：为所有 threading 模块开始的线程设置追踪函数。在每个线程的 run()方法被调用前，func 会被传递给 sys.settrace()。
- setprofile(func)：为所有 threading 模块开始的线程设置性能测试函数。在每个线程的 run()方法被调用前，func 会被传递给 sys.setprofile()。
- stack_size([size])：返回创建线程时用的堆栈大小。

【示例 3】调用 threading 类型函数，可以查看当前程序的线程状态和信息。

```
import threading
def main():
    print(threading.active_count())        # 活动线程数
```

```
    print(threading.enumerate())           # 存活的线程对象列表
    print(threading.get_ident())           # 返回当前线程的“线程标识符”
    print(threading.current_thread())      # 返回当前调用的线程对象
    print(threading.main_thread())         # 主线程
    print(threading.stack_size())          # 线程的堆栈大小
if __name__ == "__main__":
    main()
```

【补充】

Thread 对象也包含多个实例方法，简单说明如下。

- run()：用来表示线程活动。
- start()：启动线程活动。
- join([time])：等待至线程中止或指定的时间，时间由参数指定，单位为秒。
- isAlive()：返回线程是否处于活动状态。
- getName()：返回线程名称。
- setName()：设置线程名称。

【示例 4】本例完整展示了一个线程的创建过程。

```
import time                                # 导入时间模块
import threading                           # 导入 threading 模块
# 第 1 步，定义线程的工作
def work():                                # 线程函数
    print(f'线程{threading.current_thread().name}正在运行！')
    n = 0
    while n < 5:
        n = n + 1
        print(f'线程{threading.current_thread().name} >>> {n}')
        time.sleep(1)
    print(f'线程{threading.current_thread().name}结束运行')
# 第 2 步，添加线程
add_thread = threading.Thread(target=work, name="Thread-01")
# 第 3 步，启动线程
add_thread.start()                         # 执行线程
# 第 4 步，等待线程运行结束
add_thread.join()                          # 阻塞线程
```

20.2.2 自定义线程

扫一扫，看视频

■ 知识点

上一小节介绍了直接初始化一个 Thread，本小节将介绍如何自定义一个 Thread 的子类，然后重写 run()方法。

■ 上机练习

【示例】自定义 Thread 类，并重写 run()方法。

```
import time                                # 导入时间模块
import threading                           # 导入 threading 模块
# 用继承的方式实现线程创建
```

```
class TestThread(threading.Thread):
    def __init__(self, name):                    # 重写初始化函数
        super(TestThread, self).__init__()
        self.name = name
    def run(self):                               # 重写run()方法
        print(f'线程{self.name}正在运行！')
        n = 0
        while n < 5:
            n = n + 1
            print(f'线程{self.name} >>> {n}')
            time.sleep(1)
        print(f'线程{self.name}结束运行')
# 实例化线程对象
t1 = TestThread("Thread-01")
t2 = TestThread("Thread-02")
# 执行线程
t1.start()
t2.start()
```

输出为：

```
线程 Thread-01 正在运行！
线程 Thread-01 >>> 1
线程 Thread-02 正在运行！
线程 Thread-02 >>> 1
线程 Thread-02 >>> 2
线程 Thread-01 >>> 2
线程 Thread-02 >>> 3
线程 Thread-01 >>> 3
线程 Thread-02 >>> 4
线程 Thread-01 >>> 4
线程 Thread-02 >>> 5
线程 Thread-01 >>> 5
线程 Thread-02 结束运行
线程 Thread-01 结束运行
```

TestThread 类重写了__init__()初始化函数，并且在__init__()函数中调用了父类的__init__()函数，所以，当实例化 TestThread 类时会自动调用父类的__init__()函数进行初始化。当然，是否使用__init__()初始化函数，取决于实例化类时是否需要传递参数。

扫一扫，看视频

20.2.3 线程锁

■ **知识点**

在多线程中，线程之间可以共享变量，所有变量都可以被任何一个线程修改。因此，线程之间共享数据最大的危险在于多个线程同时或随意修改一个变量，从而影响其他线程的运行。

■ **上机练习**

【示例 1】本示例演示了当多线程同时操作一个变量时，由于没有锁定操作，频繁操作会使变量的值发生意外改变。

```
import time                                   # 导入 time 模块
import threading                              # 导入 threading 模块
deposit = 0                                   # 定义变量，初始为存款余额
def run_thread(n):                            # 线程处理函数
    global deposit                            # 声明为全局变量
    for i in range(1000000):                  # 无数次重复操作，对变量执行先存后取相同的值
        deposit = deposit + n
        deposit = deposit - n
# 创建两个线程，并分别传入不同的值
t1 = threading.Thread(target=run_thread, args=(5,))
t2 = threading.Thread(target=run_thread, args=(8,))
# 开始执行线程
t1.start()
t2.start()
# 阻塞线程
t1.join()
t2.join()
print(f'存款余额为：{deposit}')
```

每次执行上面的示例代码，发现变量 deposit 的值都会不同，并不是初始值 0。这是因为修改 deposit 需要多条语句，而执行这几条语句时，线程可能中断，从而导致多个线程把同一个对象的内容改乱了。

Lock 是 threading 的子类，能够实现线程锁的功能。一旦一个线程获得一个锁，当线程正在执行更改数据时，该线程因为获得了锁，其他线程就不能同时执行修改功能，只能等待，直到锁被释放，获得该锁以后才能执行更改。Lock 对象有以下两个基本方法。

- acquire()：可以阻塞或非阻塞地获得锁。
- release()：释放一个锁。

【示例 2】针对示例 1，使用 Lock 锁定线程函数中修改变量的过程，避免多个线程同时操作。这样就可以保证变量 deposit 的值永远都是 0，而不是其他值。

```
import time                                   # 导入 time 模块
import threading                              # 导入 threading 模块
deposit = 0                                   # 定义变量，初始为存款余额
lock = threading.Lock()                       # 创建 Lock 对象
def run_thread(n):                            # 线程处理函数
    global deposit                            # 声明为全局变量
    for i in range(1000000):                  # 无数次重复操作，对变量执行先存后取相同的值
        lock.acquire()                        # 获取锁
        try:                                  # 执行修改
            deposit = deposit + n
            deposit = deposit - n
        finally:
            lock.release()                    # 释放锁
# 创建两个线程并分别传入不同的值
t1 = threading.Thread(target=run_thread, args=(5,))
t2 = threading.Thread(target=run_thread, args=(8,))
# 开始执行线程
t1.start()
```

```
t2.start()
# 阻塞线程
t1.join()
t2.join()
print(f'存款余额为：{deposit}')
```

提示：

线程锁的优点：确保某段关键代码只能由一个线程从头到尾完整地执行。

线程锁的缺点如下。

- 阻止了多线程并发执行，包含锁的某段代码实际上只能以单线程模式执行，效率大大地下降了。
- 由于可以存在多个锁，不同线程持有不同的锁，并试图获取对方持有的锁时，可能会造成死锁，导致多个线程全部挂起，既不能执行，也无法结束，只能靠操作系统强制终止。

扫一扫，看视频

20.2.4 递归锁

■ 知识点

在 threading 模块中，可以定义两种类型的锁：threading.Lock 和 threading.RLock。它们的区别是：Lock 不允许重复调用 acquire()获取锁，否则容易出现死锁，而 RLock 允许在同一线程中多次调用 acquire()，不会阻塞程序，这种锁也称为递归锁。

注意：

在一个线程中，acquire()和 release()必须成对出现，即调用了 n 次 acquire()方法，就必须调用 n 次 release()方法，才能真正释放所占用的锁。

■ 上机练习

【示例】针对 20.2.3 小节的示例 2，使用 RLock 锁定线程，则可以反复获取锁而不会发生阻塞。

```
import time                                   # 导入 time 模块
import threading                              # 导入 threading 模块
deposit = 0                                   # 定义变量，初始为存款余额
rlock = threading.RLock()                     # 创建递归锁
def run_thread(n):                            # 线程处理函数
    global deposit                            # 声明为全局变量
    for i in range(1000000):                  # 无数次重复操作，对变量执行先存后取相同的值
        rlock.acquire()                       # 获取锁
        rlock.acquire()                       # 在同一线程内，程序不会堵塞
        try:                                  # 执行修改
            deposit = deposit + n
            deposit = deposit - n
        finally:
            rlock.release()                   # 释放锁
            rlock.release()                   # 释放锁
# 创建两个线程并分别传入不同的值
t1 = threading.Thread(target=run_thread, args=(5,))
t2 = threading.Thread(target=run_thread, args=(8,))
# 开始执行线程
t1.start()
```

```
t2.start()
# 阻塞线程
t1.join()
t2.join()
print(f'存款余额为：{deposit}')
```

20.2.5 同步协作

扫一扫，看视频

■ 知识点

Condition 是 threading 模块的一个子类，用于维护多个线程之间的同步协作。一个 Condition 对象允许一个或多个线程在被其他线程通知之前进行等待。其内部使用的也是 Lock 或 Rlock，同时增加了等待池功能。Condition 对象包含如下方法。

- acquire()：请求底层锁。
- release()：释放底层锁。
- wait(timeout=None)：等待，直到被通知或发生超时。
- wait_for(predicate, timeout=None)：等待，直到条件计算为真。参数 predicate 为一个可调用对象，而且它的返回值可被解释为一个布尔值。
- notify(n=1)：默认唤醒一个等待这个条件的线程。这个方法唤醒最多 n 个正在等待这个条件的线程。
- notify_all()：唤醒所有正在等待这个条件的线程。

■ 上机练习

【示例】使用 Condition 协调两个线程之间的工作，实现两个线程的交替说话。对话模拟效果为：

```
张三：床前明月光
李四：疑是地上霜
张三：举头望明月
李四：低头思故乡
```

如果只有两句，可以使用锁机制，让某个线程先执行，本例有多句话交替出现，适合使用 Condition。示例完整代码如下。

```
import threading                              # 导入 threading 模块
class ZSThead(threading.Thread):              # 张三线程类
    def __init__(self, name, cond):           # 初始化函数，接收说话人的姓名和 Condition 对象
        super(ZSThead, self).__init__()
        self.name = name
        self.cond = cond
    def run(self):
        # 必须先调用 with self.cond，才能使用 wait()和 notify()方法
        with self.cond:
            # 讲话
            print("{}:床前明月光".format(self.name))
            # 等待李四的回应
            self.cond.notify()                # 通知
            self.cond.wait()                  # 等待状态
            # 讲话
            print("{}:举头望明月".format(self.name))
```

```
            # 等待李四的回应
            self.cond.notify()                    # 通知
            self.cond.wait()                      # 等待状态
class LSThread(threading.Thread):                 # 李四线程类
    def __init__(self, name, cond):
        super(LSThread, self).__init__()
        self.name = name
        self.cond = cond
    def run(self):
        with self.cond:
            # wait()方法不仅能获得一把锁，并且能够释放cond的大锁
            # 这样张三才能进入with self.cond中
            self.cond.wait()
            print(f"{self.name}:疑是地上霜")
            # notify()释放wait()生成的锁
            self.cond.notify()                    # 通知
            self.cond.wait()                      # 等待状态
            print(f"{self.name}:低头思故乡")
            self.cond.notify()                    # 通知
cond = threading.Condition()                      # 创建条件对象
zs = ZSThead("张三", cond)                        # 实例化张三线程
ls = LSThread("李四", cond)                       # 实例化李四线程
ls.start()                                        # 李四开始说话
zs.start()                                        # 张三接着说话
```

提示：

ls.start()和 zs.start()的启动顺序很重要，必须先启动李四，让他在那里等待，因为先启动张三时，他说了话就发出了通知，但是当时李四的进程还没有启动，并且 Condition 外面的大锁也没有释放，李四没法获取 self.cond 这把大锁。

Condition 有两层锁，一把底层锁在线程调用了 wait()方法时就会释放，每次调用 wait()方法后，都会创建一把锁放进 Condition 的双向队列，等待 notify()方法的唤醒。

执行程序，输出结果如下：

```
张三：床前明月光
李四：疑是地上霜
张三：举头望明月
李四：低头思故乡
```

扫一扫，看视频

20.2.6 事件通信

■ **知识点**

Event 是 threading 模块的一个子类，用于在线程之间进行简单通信。一个线程发出事件信号，而其他线程等待该信号。Event 对象包含如下几种方法。

- is_set()：当且仅当内部标识为 True 时返回 True。
- set()：将内部标识设置为 True。所有正在等待这个事件的线程将被唤醒。当标识为 True 时，调用 wait()方法的线程不会被阻塞。

- clear()：将内部标识设置为 False。之后调用 wait()方法的线程将会被阻塞，直到调用 set()方法将内部标识再次设置为 True。
- wait(timeout=None)：等待设置标识。

上机练习

【示例】模拟红绿灯交通。其中，标识位设置为 True，代表绿灯，直接通行；标识位被清空，代表红灯；wait()等待变绿灯。

```
import threading,time                          # 导入 threading 和 time 模块
event=threading.Event()                        # 创建 Event 对象
def lighter():                                 # 红绿灯处理线程函数
    '''0<count<2 为绿灯，2<count<5 为红灯，count>5 重置标识'''
    event.set()                                # 设置标识位为 True
    count=0                                    # 递增变量，初始为 0
    while True:
        if count>2 and count<5:
            event.clear()                      # 将标识设置为 False
            print("\033[1;41m 现在是红灯 \033[0m")
        elif count>5:
            event.set()                        # 设置标识位为 True
            count=0                            # 恢复初始值
        else:
            print("\033[1;42m 现在是绿灯 \033[0m")
        time.sleep(1)
        count+=1                               # 递增变量
def car(name):                                 # 小车处理线程函数
    '''红灯停，绿灯行'''
    while True:
        if event.is_set():                     # 当标识位为 True 时
            print(f"[{name}] 正在开车...")
            time.sleep(0.25)
        else:                                  # 当标识位为 False 时
            print(f"[{name}] 看见了红灯,需要等几秒")
            event.wait()
            print(f"\033[1;34;40m 绿灯亮了,[{name}]继续开车 \033[0m")
# 开启红绿灯
light = threading.Thread(target=lighter,)
light.start()
# 开始行驶
car = threading.Thread(target=car,args=("张三",))
car.start()
```

在 Visual Studio Code 中的测试效果如图 20.1 所示。

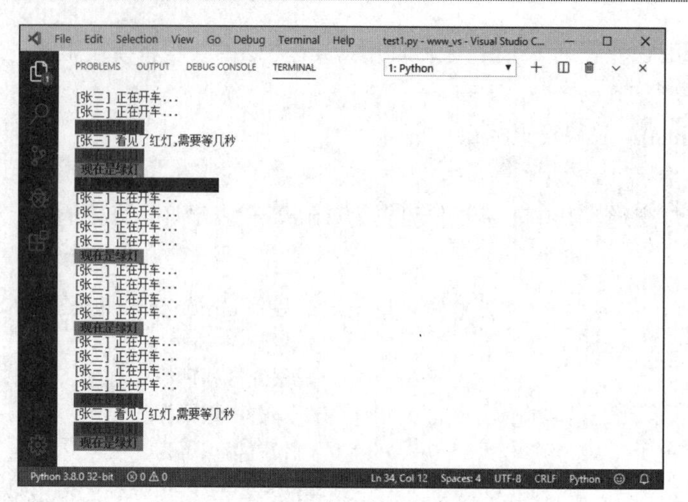

图 20.1　红绿灯和行车通信演示效果

20.3　案 例 实 战

20.3.1　并行处理指定目录下的文件

■ 案例分析

本案例演示并行处理指定某个目录下文件中的字符个数和行数，然后把统计信息存入 sum.txt 文件中，每个文件一行，信息格式为：

```
文件名 行数 字符数。
```

■ 案例实现

```
from multiprocessing import Pool                      # 导入 Pool 类
import time                                           # 导入 time 模块
import os                                             # 导入 os 模块
def getFile(path):                                    # 获取目录下的文件 list
    fileList = []
    for root, dirs, files in list(os.walk(path)):   # 遍历指定目录
        for i in files:
            if i.endswith('.txt') or i.endswith('.10w'):    # 过滤文件
                fileList.append(root + "\\" + i)
    return fileList
def operFile(filePath):                               # 统计并返回每个文件中行数和字符数
    filePath = filePath
    fp = open(filePath)
    content = fp.readlines()
    fp.close()
    lines = len(content)
    alphaNum = 0
    for i in content:
        alphaNum += len(i.strip('\n'))
```

```
    return lines, alphaNum, filePath
def out(list1, writeFilePath):                          # 将统计结果写入结果文件中
    fileLines = 0
    charNum = 0
    fp = open(writeFilePath, "w", encoding="utf-8")
    for i in list1:
        fp.write(i[2] + " 行数: " + str(i[0]) + " 字符数: "+str(i[1]) + "\n")
        fileLines += i[0]
        charNum += i[1]
    fp.close()
    print(fileLines, charNum)
if __name__ == "__main__":                              # 主进程
    # 创建多个进程去统计目录中所有文件的行数和字符数
    startTime = time.time()                             # 开始计时
    filePath = "test"                                   # 操作目录为当前目录下的 test 文件夹
    fileList = getFile(filePath)
    pool = Pool(5)                                      # 创建进程池
    resultList = pool.map(operFile, fileList)           # 并行统计每个文件的行数和字符数
    pool.close()                                        # 关闭进程池
    pool.join()                                         # 阻塞进程
    writeFilePath = "sum.txt"                           # 指定信息存储文件
    print(resultList)                                   # 打印信息
    out(resultList, writeFilePath)                      # 写入信息
    endTime = time.time()                               # 结束计时
    print("used time is ", endTime - startTime)         # 打印并行处理花费的时间
```

执行程序，在控制台输出结果如下：

```
[(4, 11, 'test\\1.txt'), (2, 6, 'test\\2.txt'), (1, 4, 'test\\3.txt')]
7 21
used time is  0.15359091758728027
```

执行程序之后，在当前目录中会看到新建的 sum.txt，打开可以看到以下统计信息。

```
test\1.txt 行数: 4 字符数: 11
test\2.txt 行数: 2 字符数: 6
test\3.txt 行数: 1 字符数: 4
```

提示：

在执行本案例程序之前，应该在当前目录下新建 test 文件夹，并放入多个测试文本文件。

20.3.2　多线程在爬虫中的应用

■ **案例分析**

在爬取博客文章的时候，一般都是先爬取列表页，然后根据列表页的爬取结果再爬取文章详情内容，而且列表页的爬取速度肯定比详情页的爬取速度快。因此，可以设计线程 A 负责爬取文章列表页，线程 B、线程 C、线程 D 负责爬取文章详情。线程 A 将列表 URL 结果放到一个类似全局变量的结构里，线程 B、C、D 从这个结构里取结果。本案例使用 threading 模块负责线程的创建、开启等操作，使用 Queue 模块负责维

护那个类似于全局变量的结构。

■ 案例实现

```
import threading                          # 导入 threading 模块
from queue import Queue                   # 导入 Queue 模块
import time                               # 导入 time 模块
# 爬取文章详情页
def get_detail_html(detail_url_list, id):
    while True:
        url = detail_url_list.get()  # Queue 队列的 get()方法用于从队列中提取元素
        time.sleep(2)                     # 延时 2s，模拟网络请求和爬取文章详情的过程
        print("thread {id}: get {url} detail finished".format(id=id,url=url))
                                          # 打印线程 ID 和被爬取了文章内容的 URL
# 爬取文章列表页
def get_detail_url(queue):
    for i in range(10000):
        time.sleep(1)                     # 延时 1s，模拟比爬取文章详情要快
        queue.put("http://testedu.com/{id}".format(id=i))
                                          # Queue 队列的 put()方法用于向 Queue 队列中放置元素
                                          # 由于 Queue 是先进先出队列
                                          # 所以先被 put 的 URL 也就会被先 get 出来
        print("get detail url {id} end".format(id=i))
                                          # 打印出得到了哪些文章的 URL
# 主函数
if __name__ == "__main__":
    # 用 Queue 构造一个大小为 1000 的线程安全的先进先出队列
    detail_url_queue = Queue(maxsize=1000)
    # 先创造 4 个线程，A 线程负责抓取列表 URL
    thread = threading.Thread(target=get_detail_url, args=(detail_url_queue,))
    html_thread= []
    for i in range(3):
        thread2 = threading.Thread(target=get_detail_html, args=(detail_url_queue,i))
        html_thread.append(thread2)  # B、C、D 线程抓取文章详情
    start_time = time.time()
    # 启动 4 个线程
    thread.start()
    for i in range(3):
        html_thread[i].start()
    # 等待所有线程结束，thread.join()函数代表子线程完成之前
    # 其父进程一直处于阻塞状态
    thread.join()
    for i in range(3):
        html_thread[i].join()
    # 等 4 个线程都结束后，在主进程中计算总爬取时间
    print("last time: {} s".format(time.time()-start_time))
```

在 Visual Studio Code 中的测试效果如图 20.2 所示。

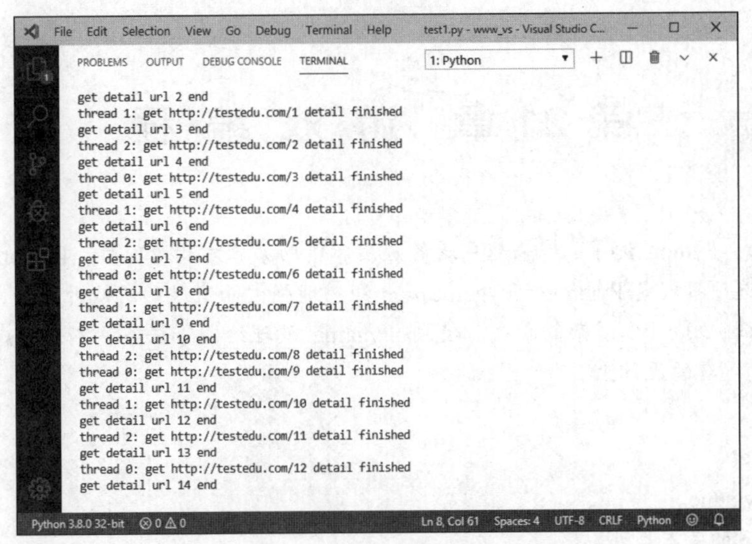

图 20.2　多线程在爬虫中的应用演示效果

从运行结果中可以看到，各个线程之间井然有序地工作着，没有出现任何报错和警告。可见使用 Queue 队列实现多线程间的通信比直接使用全局变量要安全很多，而且使用多线程比不使用多线程爬取时间也要少很多，在提高了爬虫效率的同时兼顾了线程的安全。可以说，多线程在爬取测试数据的过程中是一种非常实用的方式。

20.4　在 线 支 持

扫码，拓展学习

第21章　游戏编程

在游戏开发领域，Python获得了越来越广泛的应用。借助第三方开源项目，Python可以用于开发2D、3D游戏，其中，首选项目就是Pygame。Pygame是一组功能强大而有趣的游戏开发库，可用于管理图形、动画、声音，可以很轻松地开发复杂的游戏。使用Pygame处理绘图等任务，不用考虑烦琐的编码工作，只需将重心放在游戏逻辑的设计上。

【学习重点】

- 安装Pygame。
- 正确使用Pygame。
- 掌握Pygame的基本用法。
- 使用Pygame开发简单的游戏案例。

21.1　搭建Pygame开发环境

Pygame是一个基于SDL编写的游戏库，由Pete Shinner编写。该项目于2000年10月启动，6个月后，Pygame 1.0发布。目前，其最新版本为Pygame 2.0.1。Pygame项目官网地址为https://www.pygame.org/。

扫一扫，看视频

21.1.1　安装Pygame

■ 上机操作

安装Pygame的方法有以下两种。

方法一，在命令行窗口中直接输入下面的命令进行快速安装。

```
pip install pygame
```

方法二，访问https://www.lfd.uci.edu/~gohlke/pythonlibs/#pygame，下载与Python版本对应的Pygame版本，如pygame-1.9.6-cp37-cp37m-win_amd64.whl，如图21.1所示。

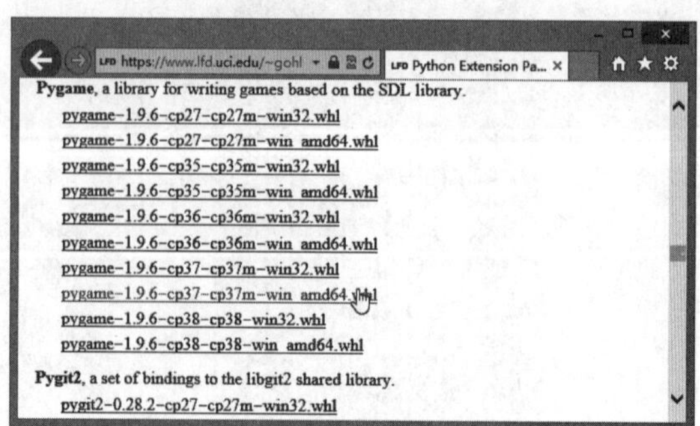

图21.1　下载Pygame

也可以访问https://pypi.org/project/pygame/#files进行下载，目前最新版本为pygame-2.0.1，cp37表示对应的Python 3.7版本，win_amd64表示64位的Windows操作系统。

然后打开命令行窗口，输入以下命令安装 Pygame，如图 21.2 所示。

```
pip install pygame-1.9.6-cp37-cp37m-win_amd64.whl
```

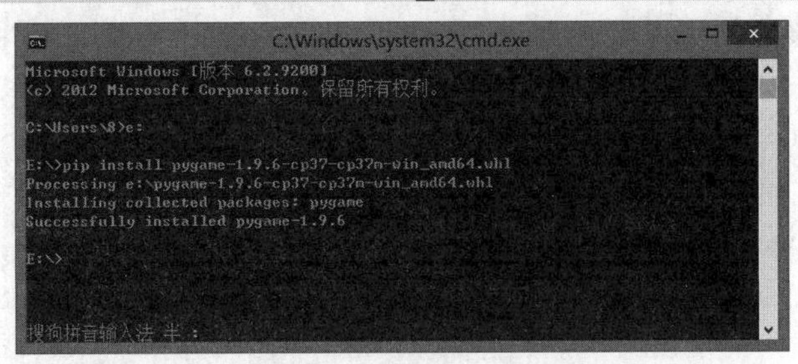

图 21.2 安装 Pygame

安装完 Pygame 框架之后，可以通过以下命令测试是否安装成功。

```
import pygame
print(pygame.ver)
```

在上面的代码中，先导入 pygame 模块。如果安装成功，则此语句将运行成功，否则表示安装失败。然后输出当前框架的版本号，输出结果为：

```
1.9.6
```

21.1.2 设计第一个游戏

■ 案例分析

下面结合一个具体的案例学习 Pygame 的基本用法。本案例创建一个游戏窗口，然后在窗口内创建一个小球，以一定的速度移动小球，当小球碰到游戏窗口的边缘时弹回，继续运动，演示效果如图 21.3 所示。

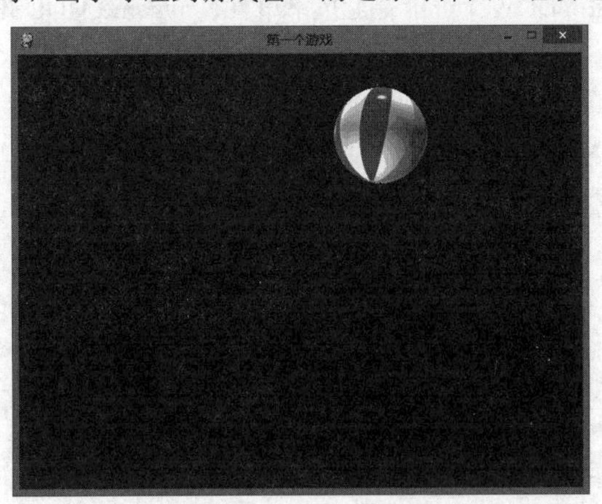

图 21.3 设计在窗口中弹跳的小球

■ 上机操作

第 1 步，创建一个游戏窗口，窗口大小设置为 640×480。

```
import pygame                           # 导入 pygame 模块
import sys                              # 导入 sys 模块
pygame.init()                           # 初始化 pygame
size = width, height = 640, 480         # 设置窗口大小
screen = pygame.display.set_mode(size)  # 显示窗口
```

在上面的代码中，首先导入 pygame 模块，调用 init()方法初始化 pygame，然后使用 display 子模块的 set_mode()方法设置窗口的宽和高。

display 子模块常用方法简单说明如下。

- pygame.display.init()：初始化 display。
- pygame.display.quit()：结束 display。
- pygame.display.get_init()：如果 display 已经被初始化，则返回 True。
- pygame.display.set_mode()：初始化一个准备显示的界面。
- pygame.display.get_surface()：获取当前的 Surface 对象。在 Pygame 中，Surface 是屏幕的一部分，用于显示游戏元素。
- pygame.display.flip()：更新整个待显示的 Surface 对象到屏幕上。
- pygame.display.update()：更新部分内容显示到屏幕上，如果没有参数，则与 flip()方法的功能相同。

第 2 步，保持窗口显示。如果运行第 1 步的代码，会发现一个一闪而过的黑色窗口，这是因为程序执行完成后会自动关闭。如果想要让窗口一直显示，需要使用 while True 循环让程序一直执行。如果要关闭窗口，还需要定义一个事件，监听“关闭”按钮，允许用户手动关闭窗口。

```
while True:                                # 死循环确保窗口一直显示
    for event in pygame.event.get():       # 遍历所有事件
        if event.type == pygame.QUIT:      # 如果单击“关闭”按钮，则退出窗口
            sys.exit()
pygame.quit()                              # 退出 pygame
```

在上面的代码中，添加了一个轮询事件的检测。pygame.event.get()方法能够获取事件队列，使用 for 语句遍历事件队列，根据 type 属性判断事件类型，如 event.type=pygame.QUIT，表示检测到关闭 pygame 窗口事件。类似的还有，pygame.KEYDOWN 表示键盘按下事件，pygame.MOUSEBUTTONDOWN 表示鼠标按下事件等。

第 3 步，加载游戏图片。先准备好一张 ball.png 图片，然后加载该图片，最后将图片显示在窗口中。

```
…
color = (0, 0, 0)                          # 设置颜色
ball = pygame.image.load('ball.png')       # 加载图片
ballrect = ball.get_rect()                 # 获取矩形区域
while True:                                # 死循环确保窗口一直显示
    …
    screen.fill(color)                     # 填充颜色
    screen.blit(ball, ballrect)            # 将图片画到窗口上
    pygame.display.flip()                  # 更新全部显示
```

在上面的代码中，使用 image 子模块的 load()方法加载图片，返回值 ball 是一个 Surface 对象。Surface 用来代表图片的 pygame 对象，可以对一个 Surface 对象进行涂画、变形、复制等各种操作。事实上，屏幕也只是一个 Surface，pygame.display.set_mode()方法就返回了一个屏幕 Surface 对象。如果将 ball 这个 Surface 对象画到屏幕 Surface 对象上，需要使用 blit()方法，最后使用 display 子模块的 flip()方法更新整个待显示的 Surface 对象到屏幕上。

第 4 步，移动图片。ball.get_rect()方法返回值 ballrect 是一个 rect 对象，该对象有一个 move()函数可以用于移动矩形。move(x, y)函数有两个参数，第 1 个参数是 x 轴移动的距离，第 2 个参数是 y 轴移动的距离。

窗口的左上角是(0, 0)，如果是 move(100, 50)，就是左移 100 像素、下移 50 像素。为实现小球不停移动，将 move()函数添加到 while 循环内。

```
…
speed = [5, 5]                          # 设置移动的 x 轴、y 轴
while True:                             # 死循环确保窗口一直显示
    …
    ballrect = ballrect.move(speed)     # 移动小球
    …
…
```

第 5 步，碰撞检测。运行上述代码，发现小球在屏幕中一闪而过，此时小球并没有真正消失，而是移动到窗口之外，因此还需要添加碰撞检测的功能。当小球与窗口任一边缘发生碰撞，则更改小球的移动方向，让它反向运动。

```
while True:                             # 死循环确保窗口一直显示
    …
    ballrect = ballrect.move(speed)     # 移动小球
    # 碰到左右边缘
    if ballrect.left < 0 or ballrect.right > width:
        speed[0] = -speed[0]
    # 碰到上下边缘
    if ballrect.top < 0 or ballrect.bottom > height:
        speed[1] = -speed[1]
```

在上面的代码中添加了碰撞检测功能。如果碰到左右边缘，更改 x 轴数据为负数；如果碰到上下边缘，更改 y 轴数据为负数。

第 6 步，限制移动速度。运行上一步代码，会发现小球在窗口中运行得非常快，这是因为运行上述代码的时间非常短。先创建一个 clock 对象，然后在 while 循环中设置运行一次的时间。

```
…
clock = pygame.time.Clock()             # 设置时钟
while True:                             # 死循环确保窗口一直显示
    clock.tick(60)                      # 每秒执行 60 次
    …
```

完整代码请参考本节示例源代码。

21.2 使用 Pygame

21.2.1 Surface

扫一扫，看视频

■ **知识点**

Surface 表示一块矩形的平面对象，仅存于内存中，是将要被渲染到屏幕上的局部或全部画面。可以通过调用 Pygame 绘图函数设置 Surface 对象的每个像素的颜色，然后显示到屏幕上。

1．创建 Surface 对象

创建 Surface 对象有多种方法，常用方法如下。

- 使用 pygame.image.load()函数

使用 pygame.image.load()函数加载图片时，返回一个 Surface 对象，Surface 对象与加载的图片具有相同的尺寸和颜色，然后可以对 Surface 对象进行涂画、变形、复制等操作。

- 使用 pygame.display.set_mode()函数

屏幕也是一个 Surface 对象。调用 pygame.display.set_mode()函数将返回一个屏幕形式的 Surface 对象。绘制到 Surface 对象上的任何内容，当调用 pygame.display.update()函数时，都会显示到窗口上。

注意：

窗口的边框、标题栏和按钮不属于 Surface 对象的一部分。

有关 pygame.display.set_mode()函数的具体说明请参考下一节内容。

- 使用 pygame.Surface()函数

pygame.Surface()是 pygame.Surface 类型的构造函数，它可以根据指定的尺寸创建一个空的 Surface 对象。具体用法如下：

```
Surface((width, height), flags=0, depth=0, masks=None)
```

参数说明如下。

- (width, height)：以元组的形式设置 Surface 对象的宽度和高度。
- flags：设置额外功能掩码。其中，HWSURFACE 将创建的 Surface 对象存放在显存中；SRCALPHA 将每个像素包含一个 alpha 通道。
- depth：设置颜色深度。
- masks：颜色遮罩，格式为（R, G, B, A），将与每个像素的颜色进行按位与计算。

2．操作 Surface 对象

Surface 对象的常用方法简单说明如下。

- pygame.surface.blit()：将一个图像画到另一个图像上。
- pygame.surface.convert()：转换图像的像素格式。
- pygame.surface.convert_alpha()：转化图像的像素格式，包含 alpha 通道的转换。
- pygame.surface.fill()：使用颜色填充 Surface。
- pygame.surface.get_rect()：获取 Surface 的矩形区域。
- pygame.surface.set_clip()：裁切矩形区域。
- pygame.surface.set_at()：设置指定坐标点的像素颜色。
- pygame.surface.get_at()：获取指定坐标点的像素颜色。
- pygame.surface.lock()：锁定 Surface 对象的内存区域，使其可以进行像素访问。
- pygame.surface.unlock()：解锁 Surface 对象的内存，使其无法进行像素访问。

■ 上机练习

【示例 1】创建一个大小为 256×256 像素的 Surface 对象。

```
import pygame   # 导入 pygame 库
```

```
# 创建一个空的 Surface 对象
bland_surface = pygame.Surface((256, 256))
```

【示例 2】随机在屏幕上画点，产生不断变幻的迷彩效果，效果如图 21.4 所示。

图 21.4　设计变幻的迷彩屏幕效果

```
import pygame                                          # 导入 pygame 库
from pygame.locals import *                            # 从 pygame.locals 子模块导入本地所有成员
from sys import exit                                   # 从 sys 模块中导入 exit 函数
from random import randint                             # 从 random 模块中导入 randint 函数
pygame.init()                                          # 初始化 pygame
screen = pygame.display.set_mode((640, 480), 0, 32)    # 定义窗口大小和背景色
while True:
    for event in pygame.event.get():                   # 监测退出事件
        if event.type == QUIT:
            exit()
    # 随机生成颜色
    rand_col = (randint(0, 255), randint(0, 255), randint(0, 255))
    for _x in range(100):
        rand_pos = (randint(0, 639), randint(0, 479)) # 随机定位
        screen.set_at(rand_pos, rand_col)            # 在随机位置设置随机颜色
    pygame.display.update()                            # 显示屏幕效果
```

21.2.2　显示

扫一扫，看视频

■ 知识点

在 Pygame 中通过 pygame.display 子模块控制窗口和屏幕的显示，其中，pygame.display.set_mode()函数可以初始化一个准备显示的窗口或屏幕。具体用法如下：

```
set_mode(resolution=(0,0), flags=0, depth=0)
```

该函数将创建一个 Surface 对象的显示界面。传入的参数用于指定显示类型。最终创建出来的显示界面将最大可能地匹配当前操作系统。

resolution 参数是一个二元组，表示宽和高；flags 参数是附件选项的集合；depth 参数表示使用的颜色深度。其中，flags 参数可选值说明如下。

- pygame.FULLSCREEN：创建一个全屏显示。

- pygame.DOUBLEBUF：双缓冲模式，推荐和 HWSURFACE 或 OPENGL 一起使用。
- pygame.HWSURFACE：硬件加速，只有在 FULLSCREEN 下可以使用。
- pygame.OPENGL：创建一个 OPENGL 渲染的显示。
- pygame.RESIZABLE：创建一个可调整尺寸的窗口。
- pygame.NOFRAME：创建一个没有边框和控制按钮的窗口。

上机练习

【示例 1】设计窗口全屏显示。当 set_mode()函数的第 2 个参数为 FULLSCREEN 时，可以得到一个全屏窗口。设计窗口，默认显示为 540×360，按 F 键可以让显示模式在窗口和全屏之间切换。

```
background_image_filename = 'bg.png'    # 准备背景图像
import pygame                            # 导入 pygame 库
from pygame.locals import *              # 导入 pygame 中所有本地成员
from sys import exit                     # 导入 exit 函数
pygame.init()                            # 初始化 pygame
screen = pygame.display.set_mode((540, 360), 0, 32)   # 初始化显示窗口
background = pygame.image.load(background_image_filename).convert()    # 加载背景图像
Fullscreen = False                       # 标识变量
while True:
    for event in pygame.event.get():     # 监听关闭窗口事件
        if event.type == QUIT:
            exit()
    if event.type == KEYDOWN:            # 监听键盘按下事件
        if event.key == K_f:             # 如果按下 F 键
            Fullscreen = not Fullscreen  # 为标识变量取反布尔值
            if Fullscreen:               # 全屏显示
                screen = pygame.display.set_mode((540, 360), FULLSCREEN, 32)
            else:                        # 指定大小窗口显示
                screen = pygame.display.set_mode((540, 360), 0, 32)
    screen.blit(background, (0,0))       # 将背景图像绘制到窗口中
    pygame.display.update()              # 更新窗口显示
```

【示例 2】设计可变尺寸的显示。在默认状态下，pygame 的显示窗口是不变的，不过使用 RESIZABLE 参数值可以改变这个默认行为。本示例设计一个可变窗口，同时在标题栏动态提示当前窗口的实时大小，演示效果如图 21.5 所示。

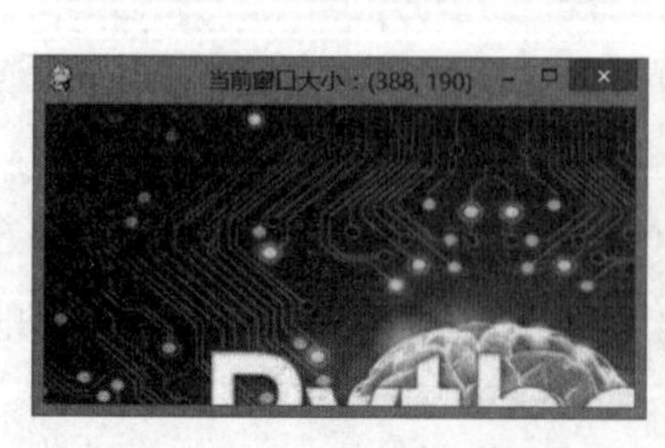

图 21.5　可变窗口及其动态提示

```
background_image_filename = 'bg.png'    # 准备背景图像
import pygame                            # 导入 pygame 库
```

```
from pygame.locals import *                      # 导入 pygame 中所有本地成员
from sys import exit                             # 导入 exit 函数
SCREEN_SIZE = (540, 360)                         # 初始窗口大小
pygame.init()                                    # 初始化 pygame
screen = pygame.display.set_mode(SCREEN_SIZE, RESIZABLE, 32)      # 初始化显示窗口
background = pygame.image.load(background_image_filename).convert() # 加载背景图像
while True:
    event = pygame.event.wait()                  # 等待并从队列中获取一个事件
    if event.type == QUIT:                       # 监测关闭事件
        exit()
    if event.type == VIDEORESIZE:                # 监测窗口大小变化事件
        SCREEN_SIZE = event.size                 # 获取调整后的窗口大小
        screen = pygame.display.set_mode(SCREEN_SIZE, RESIZABLE, 32)
                                                 # 重新初始化窗口显示
        pygame.display.set_caption("当前窗口大小："+str(event.size))
                                                 # 动态设置窗口标题信息
    screen_width, screen_height = SCREEN_SIZE
    # 使用背景图重新填满窗口
    for y in range(0, screen_height, background.get_height()):
        for x in range(0, screen_width, background.get_width()):
            screen.blit(background, (x, y)) # 将背景图像绘制到窗口中
    pygame.display.update()                      # 更新窗口显示
```

21.2.3　字体

扫一扫，看视频

■ **知识点**

Pygame 可以直接调用系统字体，也可以使用 TTF 字体。在使用字体之前，需要使用 pygame.font 子模块提供的方法创建一个 Font 对象。

一般使用系统字体创建一个字体对象的方法如下。

```
SysFont(name, size, bold=False, italic=False)
```

其中，name 指定系统字体名；size 设置字体大小；bold 和 italic 分别设置粗体和斜体。如果找不到合适的系统字体，该函数将回退并加载默认的 pygame 字体。

提示：

也可以通过一个字体文件创建字体对象，代码如下。

```
pygame.font.Font(filename, size)
pygame.font.Font(object, size)
```

其中，filename 表示字体文件的路径；object 表示字体文件的列表。

返回字体对象之后，就可以使用调用字体对象的方法完成字体操作，简单说明如下。

- render()：在一个新 Surface 对象上绘制文本。
- size()：确定多大的空间用于表示文本。
- set_underline()：控制文本是否用下划线渲染。
- set_bold()：启动粗体字渲染。
- set_italic()：启动斜体字渲染。

- metrics()：获取字符串参数每个字符的参数。
- get_underline()：检查文本是否绘制下划线。
- get_bold()：检查文本是否使用粗体渲染。
- get_italic()：检查文本是否使用斜体渲染。
- get_linesize()：获取字体文本的行高。
- get_height()：获取字体的高度。
- get_ascent()：获取字体顶端到基准线的距离。
- get_descent()：获取字体底端到基准线的距离。

上机练习

【示例】设计一个字体为80号宋体的Pygame字符串，让其在窗口中间水平滚动，效果如图21.6所示。

```
import pygame                                   # 导入pygame库
from pygame.locals import *                     # 导入pygame中所有本地成员
from sys import exit                            # 导入exit函数
pygame.init()                                   # 初始化pygame
screen = pygame.display.set_mode((640, 480), 0, 32)        # 初始化显示窗口
font = pygame.font.SysFont("宋体", 80)    # 定义字体对象，指定类型为宋体，字号为80
text_surface = font.render(u"Pygame", True, (0, 0, 255))  # 渲染字体
# 字体显示坐标
x = 0
y = (480 - text_surface.get_height())/2
background = pygame.image.load("bg.jpg").convert()         # 加载背景图片
clock = pygame.time.Clock()                     # 设置时钟
while True:
    clock.tick(60)                              # 每秒执行60次
    for event in pygame.event.get():            # 检测关闭窗口事件
        if event.type == QUIT:
            exit()
    screen.blit(background, (0, 0))             # 显示背景图片
    x -= 1                                      # 每次文字滚动的距离
    if x < -text_surface.get_width():           # 定义循环滚动显示
        x = 640 - text_surface.get_width()
    screen.blit(text_surface, (x, y))           # 在窗口中显示字体
    pygame.display.update()                     # 更新窗口显示
```

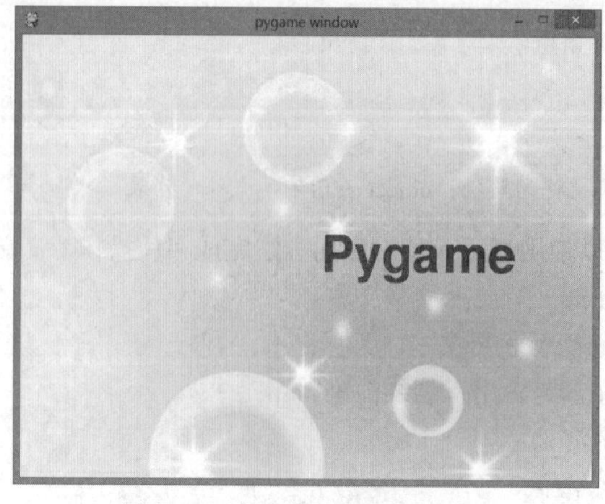

图21.6　设计水平滚动的字符串

扫一扫，看视频

21.2.4　颜色

■ 知识点

Pygame 使用 pygame.color 子模块管理颜色。通过 pygame.Color()构造函数可以创建颜色对象，具体用法如下：

```
Color(name)
Color(r, g, b, a)
Color(rgbvalue)
```

参数可以是一个颜色名、一个 HTML 颜色格式的字符串、一个十六进制数的字符串，或者一个整型像素值。具体说明如下。

- r、g、b、a 颜色值的取值范围为 0~255。如果没有设置具体的值，默认是 255（不透明）。
- HTML 格式为#rrggbbaa，其中 rr、gg、bb、aa 为两位的十六进制数。代表 alpha 的 aa 是可选的。
- 十六进制数的字符串组成形式为 0xrrggbbaa。

颜色对象包含很多属性和方法，用于对颜色进行操作，简单说明如下。

- r：获取或设置 Color 对象的红色值。
- g：获取或设置 Color 对象的绿色值。
- b：获取或设置 Color 对象的蓝色值。
- a：获取或设置 Color 对象的 alpha 值。
- cmy：获取或设置 Color 对象表示的 CMY 值。
- hsva：获取或设置 Color 对象表示的 HSVA 值。
- hsla：获取或设置 Color 对象表示的 HSLA 值。
- i1i2i3：获取或设置 Color 对象表示的 I1I2I3 值。
- normalize()：返回 Color 对象的标准化 RGBA 值。
- correct_gamma()：应用一定的伽马值调整 Color 对象。
- set_length()：设置 Color 对象的长度（成员数量）。

■ 上机练习

【示例】设计一个简单的调色板，演示效果如图 21.7 所示。

图 21.7　设计调色板

```
import pygame                                            # 导入 pygame 库
from pygame.locals import *                              # 导入 pygame 中所有本地常量
from sys import exit                                     # 导入 exit 函数
pygame.init()                                            # 初始化 pygame
screen = pygame.display.set_mode((640, 480), 0, 32)    # 初始化显示窗口
# 绘制指定高度的渐变条
def create_scales(height):
    # 创建 3 个 Surface 对象
    red_scale_surface = pygame.surface.Surface((640, height))
    green_scale_surface = pygame.surface.Surface((640, height))
    blue_scale_surface = pygame.surface.Surface((640, height))
    # 渲染渐变色
    for x in range(640):
        c = int((x/640.)*255.)                           # 计算每一点的原色浓度（百分比比重）
        # 配置三原色
        red = (c, 0, 0)
        green = (0, c, 0)
        blue = (0, 0, c)
        line_rect = Rect(x, 0, 1, height)                # 绘制 1 像素宽的矩形
        # 逐条绘制渐变色块的颜色
        pygame.draw.rect(red_scale_surface, red, line_rect)
        pygame.draw.rect(green_scale_surface, green, line_rect)
        pygame.draw.rect(blue_scale_surface, blue, line_rect)
    # 返回三原色渐变条的 Surface 对象
    return red_scale_surface, green_scale_surface, blue_scale_surface
red_scale, green_scale, blue_scale = create_scales(80)    # 创建红、绿、蓝三原色渐变条
color = [127, 127, 127]                                  # 初始圆形按钮居中显示
while True:
    for event in pygame.event.get():                     # 检测关闭窗口事件
        if event.type == QUIT:
            exit()
    screen.fill((0, 0, 0))                               # 填充窗口背景色为黑色
    screen.blit(red_scale, (0, 00))                      # 显示红色渐变条
    screen.blit(green_scale, (0, 80))                    # 显示绿色渐变条
    screen.blit(blue_scale, (0, 160))                    # 显示蓝色渐变条
    x, y = pygame.mouse.get_pos()                        # 获取鼠标指针坐标
    if pygame.mouse.get_pressed()[0]:                    # 如果按下鼠标左键
        for component in range(3):                       # 分别遍历 3 个渐变色条
            if y > component*80 and y < (component+1)*80: # 如果鼠标指针在渐变色块内
                color[component] = int((x/639.)*255.)
                                                         # 获取当前点颜色，并存入 color 数组中
        pygame.display.set_caption("调色值："+str(tuple(color)))
                                                         # 在标题栏中显示当前颜色值
    for component in range(3):                           # 逐个读取三原色渐变色块中当前值
        pos = ( int((color[component]/255.)*639), component*80+40 )
        pygame.draw.circle(screen, (255, 255, 255), pos, 20)  # 绘制 3 个原色控制按钮
    pygame.draw.rect(screen, tuple(color), (0, 240, 640, 240))
```

```
                                          # 在窗口底部区域根据红、绿、蓝的值绘制颜色
    pygame.display.update()               # 更新窗口像素颜色
```

21.2.5　绘图

■ **知识点**

在 Pygame 中，pygame.draw 子模块负责绘制简单的图形。主要绘图函数说明如下。

- pygame.draw.rect()：绘制矩形。
- pygame.draw.polygon()：绘制多边形。
- pygame.draw.circle()：根据圆心和半径绘制圆形。
- pygame.draw.ellipse()：根据限定矩形绘制一个椭圆形。
- pygame.draw.arc()：绘制弧线。
- pygame.draw.line()：绘制线段。
- pygame.draw.lines()：绘制多条连续的线段。
- pygame.draw.aaline()：绘制抗锯齿的线段。
- pygame.draw.aalines()：绘制多条连续的抗锯齿线段。

pygame.draw 子模块用于在 Surface 对象上绘制一些简单的形状，因此第 1 个参数必须指定一个 Surface 对象。然后设置 color 颜色参数，传入一个表示 RGB 颜色值的三元组，或者 RGBA 四元组。其中，A 是 Alpha 的意思，用于控制透明度。

部分函数需要设置系列绘图坐标。大部分函数用 width 参数指定图形边框的大小，如果 width = 0，则表示填充整个图形。

所有函数返回值都是一个 Rect 对象，包含实际绘制图形的矩形区域。

1. 矩形

pygame.draw.rect()函数的用法如下：

```
rect(Surface, color, Rect, width=0)
```

在 Surface 对象上绘制一个矩形。Rect 参数指定矩形的位置和尺寸；width 参数指定边框的宽度，如果设置为 0，则表示填充该矩形。

2. 多边形和圆形

pygame.draw.polygon()函数的用法如下：

```
polygon(Surface, color, pointlist, width=0)
```

pointlist 参数指定多边形的各个顶点，以数组形式提供多个顶点坐标，顶点坐标以元组形式提供。

pygame.draw.circle()函数的用法如下：

```
circle(Surface, color, pos, radius, width=0)
```

pos 参数指定圆心的位置；radius 参数指定圆的半径。

3. 椭圆和圆弧

pygame.draw.ellipse()函数定义椭圆形，用法如下：

```
ellipse(Surface, color, Rect, width=0)
```

其中，Rect 参数指定椭圆外围的限定矩形。Rect 是一个包含 4 个元素的元组，分别定义 x 轴坐标、y 轴坐标、宽度和高度。其他参数与上面函数的参数用法相同。

pygame.draw.arc()函数绘制弧线，用法如下：

```
arc(Surface, color, Rect, start_angle, stop_angle, width=1)
```

其中，两个 angle 参数指定弧线的开始和结束位置。其他参数与上面函数的参数用法相同。

4．线段

pygame.draw.line()函数可以绘制线段，用法如下：

```
line(Surface, color, start_pos, end_pos, width=1)
```

其中，start_pos 和 end_pos 参数设置两个端点坐标。

pygame.draw.lines()函数可以绘制多条连续的线段，用法如下：

```
lines(Surface, color, closed, pointlist, width=1)
```

其中，pointlist 参数是一系列端点数组。如果 closed 参数设置为 True，则绘制首尾相连的线段。

■ 上机练习

【示例 1】使用 pygame.draw.rect()函数绘制矩形，演示效果如图 21.8 所示。

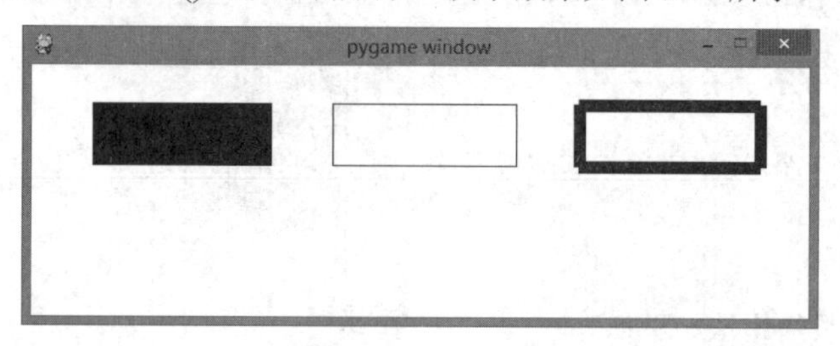

图 21.8　设计矩形

```
import pygame                                   # 导入 pygame 库
from pygame.locals import *                     # 导入 pygame 中所有本地成员
from sys import exit                            # 导入 exit 函数
pygame.init()                                   # 初始化 pygame
screen = pygame.display.set_mode((640, 200))    # 初始化显示窗口
WHITE = (255, 255, 255)                         # 定义白色
BLACK = (0, 0, 0)                               # 定义黑色
while True:
    for event in pygame.event.get():            # 检测关闭窗口事件
        if event.type == QUIT:
            exit()
    screen.fill(WHITE)
    pygame.draw.rect(screen, BLACK, (50, 30, 150, 50), 0)     # 填色
    pygame.draw.rect(screen, BLACK, (250, 30, 150, 50), 1)        # 描边，细边
    pygame.draw.rect(screen, BLACK, (450, 30, 150, 50), 10)   # 描边，粗边
    pygame.display.update()                     # 更新窗口像素颜色
```

【示例 2】绘制一个同心圆，同时使用多边形函数 polygon()绘制一个鱼形，演示效果如图 21.9 所示。

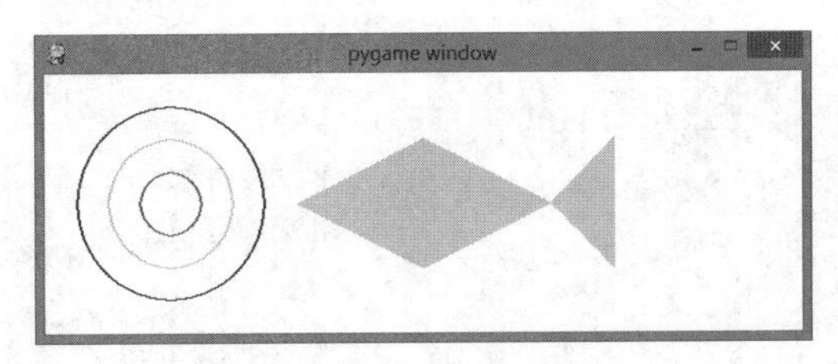

图 21.9　设计圆形和多边形

```
import pygame                                       # 导入 pygame 库
from pygame.locals import *                         # 导入 pygame 中所有本地成员
from sys import exit                                # 导入 exit 函数
pygame.init()                                       # 初始化 pygame
screen = pygame.display.set_mode((600, 200))        # 初始化显示窗口
WHITE = (255, 255, 255)                             # 定义白色
GREEN = (0, 255, 0)                                 # 定义绿色
RED = (255, 0, 0)                                   # 定义红色
BLUE = (0, 0, 255)                                  # 定义蓝色
# 定义多个坐标点的数组
points = [(200, 100), (300, 50), (400, 100), (450, 50), (450, 150), (400, 100), (300, 150)]
while True:
    for event in pygame.event.get():                # 检测关闭窗口事件
        if event.type == QUIT:
            exit()
    screen.fill(WHITE)                              # 背景色为白色
    pygame.draw.circle(screen, RED, (100, 100), 25, 1)         # 绘制同心圆的内圆
    pygame.draw.circle(screen, GREEN, (100, 100), 50, 1)  # 绘制同心圆的中圆
    pygame.draw.circle(screen, BLUE, (100, 100), 75, 1)   # 绘制同心圆的外圆
    pygame.draw.polygon(screen, GREEN, points, 0)              # 绘制多边形
    pygame.display.update()                         # 更新窗口像素颜色
```

【示例 3】绘制一个椭圆和一个圆形，同时在下面绘制一个椭圆圆弧和一个圆形圆弧，演示效果如图 21.10 所示。

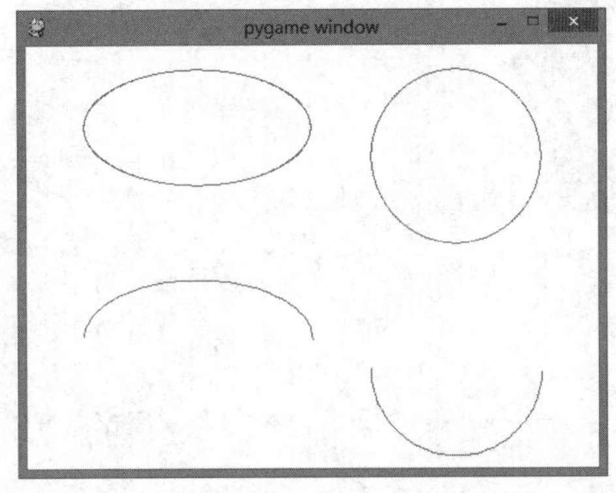

图 21.10　设计椭圆、圆形、椭圆圆弧和圆形圆弧

```
import pygame                              # 导入 pygame 库
from pygame.locals import *                # 导入 pygame 中所有本地成员
from sys import exit                       # 导入 exit 函数
import math                                # 导入 math 模块
```

```
pygame.init()                                    # 初始化 pygame
screen = pygame.display.set_mode((500, 360)) # 初始化显示窗口
WHITE = (255, 255, 255)                          # 定义白色
RED = (255, 0, 0)                                # 定义红色
while True:
    for event in pygame.event.get():             # 检测关闭窗口事件
        if event.type == QUIT:
            exit()
    screen.fill(WHITE)                           # 背景色为白色
    pygame.draw.ellipse(screen, RED, (50, 20, 200, 100), 1)   # 绘制椭圆
    pygame.draw.ellipse(screen, RED, (300, 20, 150, 150), 1)  # 绘制圆形
    pygame.draw.arc(screen, RED, (50, 200, 200, 100), 0, math.pi, 1)
                                                 # 绘制椭圆圆弧
    pygame.draw.arc(screen, RED, (300, 200, 150, 150), math.pi, math.pi * 2, 1)
                                                 # 绘制圆形圆弧
    pygame.display.update()                      # 更新窗口像素颜色
```

【示例 4】监测鼠标按键，如果按下鼠标，将绘制一个点，连续单击，把这些点连接起来，形成多个连续的线段；如果按任意键，将清屏，恢复默认状态。演示效果如图 21.11 所示。

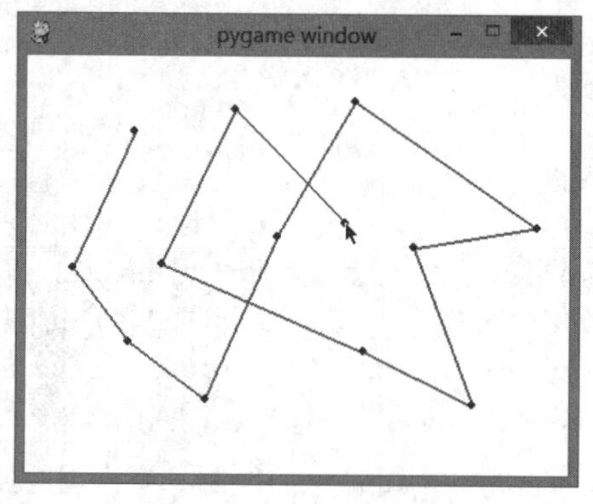

图 21.11　设计连续线段

```
import pygame                                    # 导入 pygame 库
from pygame.locals import *                      # 导入 pygame 中所有本地成员
from sys import exit                             # 导入 exit 函数
pygame.init()                                    # 初始化 pygame
screen = pygame.display.set_mode((400, 300))
                                                 # 初始化显示窗口
screen.fill((255,255,255))                       # 设置屏幕显示白色
points = []                                      # 初始鼠标单击点坐标数组
while True:
    for event in pygame.event.get():             # 检测关闭窗口事件
        if event.type == QUIT:
            exit()
        if event.type == KEYDOWN:                # 按任意键，可以清屏并把点恢复到原始状态
            points = []                          # 清空鼠标单击坐标
            screen.fill((255,255,255))           # 设置屏幕显示白色
        if event.type == MOUSEBUTTONDOWN:  # 按下任意鼠标键
```

```
        screen.fill((255,255,255))       # 设置屏幕白色显示
        x, y = pygame.mouse.get_pos()  # 获得当前鼠标单击位置
        points.append((x, y))           # 把当前鼠标坐标位置添加到坐标数组中
        # 画单击轨迹图
        if len(points) > 1:
            pygame.draw.lines(screen, (255, 0, 0), False, points, 2)
        # 与轨迹图基本一样，只不过是闭合的，因为会覆盖
        # if len(points) >= 3:
        # pygame.draw.polygon(screen, (255, 0, 0), points, 2)
        # 把每个单击点放大显示
        for p in points:
            pygame.draw.circle(screen, (0, 0, 255), p, 3)
    pygame.display.update()                # 更新显示
```

21.2.6 事件

扫一扫，看视频

■ 知识点

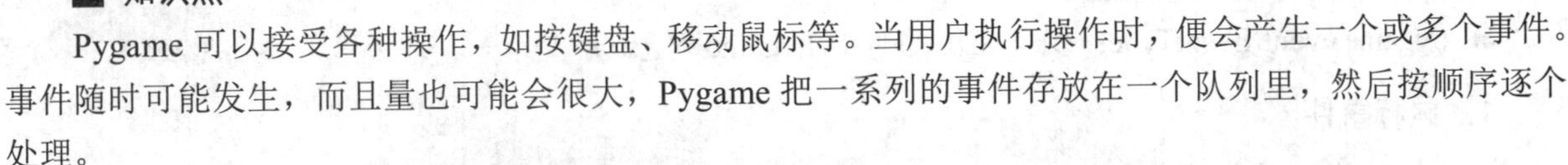

Pygame 可以接受各种操作，如按键盘、移动鼠标等。当用户执行操作时，便会产生一个或多个事件。事件随时可能发生，而且量也可能会很大，Pygame 把一系列的事件存放在一个队列里，然后按顺序逐个处理。

Pygame 使用 pygame.event 子模块处理事件、管理事件队列。事件队列依赖于 pygame.display 子模块。如果 display 没有被初始化，显示模式没有被设置，那么事件队列就不会开始工作。Pygame 支持的事件类型如表 21.1 所示。

表 21.1　Pygame 常用事件类型

事 件 类 型	产 生 途 径	参　　数
QUIT	用户按下“关闭”按钮	none
ACTIVEEVENT	Pygame 被激活或隐藏	gain、state
KEYDOWN	键盘被按下	unicode、key、mod
KEYUP	键盘被放开	key、mod
MOUSEMOTION	鼠标移动	pos、rel、buttons
MOUSEBUTTONDOWN	鼠标按下	pos、button
MOUSEBUTTONUP	鼠标放开	pos、button
JOYAXISMOTION	游戏手柄（Joystick or pad）移动	joy、axis、value
JOYBALLMOTION	游戏球（Joy ball）移动	joy、axis、value
JOYHATMOTION	游戏手柄（Joystick）移动	joy、axis、value
JOYBUTTONDOWN	游戏手柄按下	joy、button
JOYBUTTONUP	游戏手柄放开	joy、button
VIDEORESIZE	Pygame 窗口缩放	size、w、h
VIDEOEXPOSE	Pygame 窗口部分公开（expose）	none
USEREVENT	触发了一个用户事件	code

pygame.event 子模块提供了多个函数方便用户管理事件队列，简单说明如下。

- pygame.event.pump()：让 Pygame 内部自动处理事件。
- pygame.event.get()：从队列中获取事件。
- pygame.event.poll()：从队列中获取一个事件。
- pygame.event.wait()：等待并从队列中获取一个事件。
- pygame.event.peek()：检测某类型事件是否在队列中。
- pygame.event.clear()：从队列中删除所有的事件。
- pygame.event.event_name()：通过 ID 获得该事件的字符串名字。
- pygame.event.set_blocked()：控制哪些事件禁止进入队列。
- pygame.event.set_allowed()：控制哪些事件允许进入队列。
- pygame.event.get_blocked()：检测某一类型的事件是否被禁止进入队列。
- pygame.event.set_grab()：控制输入设备与其他应用程序的共享。
- pygame.event.get_grab()：检测程序是否共享输入设备。
- pygame.event.post()：放置一个新的事件到队列中。
- pygame.event.Event()：创建一个新的事件对象。
- pygame.event.EventType：代表 SDL 事件的 Pygame 对象。

1. 鼠标事件

MOUSEMOTION 事件在鼠标移动的时候发生，MOUSEBUTTONDOWN 和 MOUSEBUTTONUP 在鼠标按下和松开时发生。

使用 pygame.mouse 子模块提供的方法可以获取鼠标设备当前的状态，简单说明如下。

- pygame.mouse.get_pressed()：获取鼠标按键的情况（是否被按下）。
- pygame.mouse.get_pos()：获取鼠标光标的位置。
- pygame.mouse.get_rel()：获取鼠标一系列的活动。
- pygame.mouse.set_pos()：设置光标的位置。
- pygame.mouse.set_visible()：隐藏或显示光标。
- pygame.mouse.get_focused()：检查程序界面是否获得鼠标焦点。
- pygame.mouse.set_cursor()：设置光标在程序内的显示图像。
- pygame.mouse.get_cursor()：获取光标在程序内的显示图像。

2. 键盘事件

KEYDOWN 和 KEYUP 事件在键盘按键被按下和松开时发生。Pygame 使用 K_xxx 表示键，如字母 a 为 K_a，K_SPACE 表示空格键，K_RETURN 表示回车键等。

pygame.key 子模块负责管理键盘，它提供了多个函数用于操作键盘按键，简单说明如下。

- pygame.key.get_focused()：当窗口获得键盘的输入焦点时返回 True。
- pygame.key.get_pressed()：获取键盘上所有按键的状态。
- pygame.key.get_mods()：检测是否有组合键被按下。
- pygame.key.set_mods()：临时设置某些组合键为被按下的状态。
- pygame.key.set_repeat()：控制重复响应持续按下按键的时间。
- pygame.key.get_repeat()：获取重复响应按键的参数。

➘ pygame.key.name()：获取按键标识符对应的名字。

■ 上机练习

【示例 1】利用 pygame.mouse.get_pressed()和 pygame.mouse.get_pos()方法来跟踪用户按下什么鼠标按键，以及光标的位置。当光标在窗口内移动时，会获取当前位置的坐标，然后以该坐标值设置窗口的颜色，同时按下鼠标按键，可以在窗口标题栏中进行提示，演示效果如图 21.12 所示。

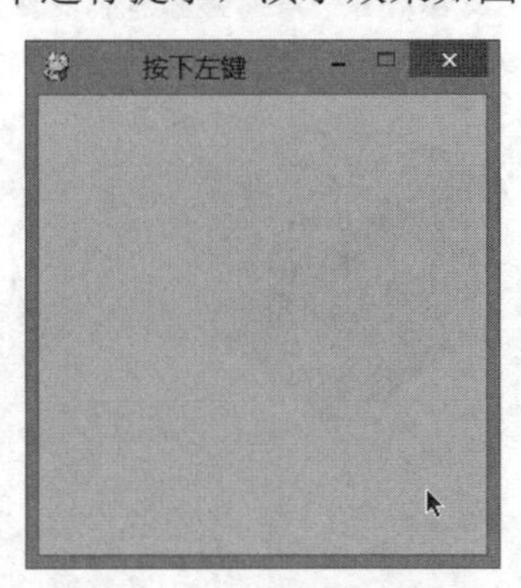

图 21.12　鼠标事件的应用

```
import pygame                                   # 导入 pygame 库
from pygame.locals import *                     # 导入 pygame 中所有本地成员
from sys import exit                            # 导入 exit 函数
pygame.init()                                   # 初始化 pygame
screen = pygame.display.set_mode((255, 255))   # 初始化显示窗口
screen.fill((255, 255, 255))                    # 设置窗口为白色
mouse_x, mouse_y = 0, 0                         # 初始化鼠标坐标点
while True:
    for event in pygame.event.get():            # 监测关闭窗口事件
        if event.type == QUIT:
            exit()
        elif event.type == MOUSEBUTTONDOWN:      # 监测鼠标按钮事件
            pressed_array = pygame.mouse.get_pressed()
            for index in range(len(pressed_array)):
                if pressed_array[index]:
                    if index == 0:              # 按下左键
                        pygame.display.set_caption("按下左键")
                                                # 在标题栏中显示提示
                    elif index == 1:            # 按下中间键
                        pygame.display.set_caption("按下滑轮")
                    elif index == 2:            # 按下右键
                        pygame.display.set_caption("按下右键")
        elif event.type == MOUSEMOTION:         # 监测鼠标移动事件
            # 当前光标的位置
            pos = pygame.mouse.get_pos()
            mouse_x = pos[0]
            mouse_y = pos[1]
    screen.fill((mouse_x, mouse_y, 0))          # 使用鼠标坐标值设置窗口颜色
    pygame.display.update()                     # 更新窗口像素颜色
```

【示例 2】利用 event.type == KEYDOWN 监测键盘响应，如果 event.key 的值为 K_LEFT、K_RIGHT、K_UP 或 K_DOWN，说明用户按下了向左方向键、向右方向键、向上方向键或者向下方向键，则递增或递减图片的坐标偏移值，最后使用 screen.blit(background, (x,y))重绘背景图，实现按下方向键移动图像的动画效果，演示如图 21.13 所示。

图 21.13　使用方向键移动物体

```
import pygame                                      # 导入 pygame 库
from pygame.locals import *                        # 导入 pygame 中所有本地成员
from sys import exit                               # 导入 exit 函数
pygame.init()                                      # 初始化 pygame
screen = pygame.display.set_mode((600, 400))  # 初始化显示窗口
background_image_filename = 'bg.jpg'     # 设置物体图
background = pygame.image.load(background_image_filename).convert()
x, y = 0, 0                                        # 初始物体位置
move_x, move_y = 0, 0                              # 初始不移动
while True:
    for event in pygame.event.get():       # 监测关闭窗口事件
        if event.type == QUIT:
            exit()
        if event.type == KEYDOWN:              # 监测键盘事件
            # 根据按下的 4 个方向键移动物体
            if event.key == K_LEFT:            # 向左移动 10 个像素
                move_x = -10
            elif event.key == K_RIGHT:     # 向右移动 10 个像素
                move_x = 10
            elif event.key == K_UP:            # 向上移动 10 个像素
                move_y = -10
            elif event.key == K_DOWN:      # 向下移动 10 个像素
                move_y = 10
        elif event.type == KEYUP:
            # 如果松开键盘键，不再移动
            move_x = 0
            move_y = 0
    # 计算出新的坐标
```

```
        x+= move_x
        y+= move_y
        screen.fill((255,255,255))        # 填充白色背景
        screen.blit(background, (x,y))    # 绘制移动物体
        pygame.display.update()           # 在新的位置上画图
```

21.2.7 动画

扫一扫，看视频

■ 知识点

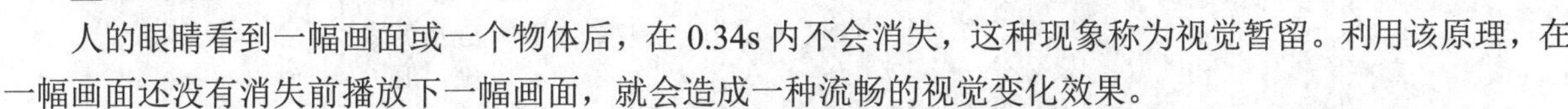

人的眼睛看到一幅画面或一个物体后，在 0.34s 内不会消失，这种现象称为视觉暂留。利用该原理，在一幅画面还没有消失前播放下一幅画面，就会造成一种流畅的视觉变化效果。

在视频或动画中，帧频（FPS）就是每秒显示帧的数量。高的帧频可以得到更流畅、更逼真的动画。当帧频高于 24 时，视觉变化会比较连贯；当帧频超过 75 时，一般就不容易察觉到有明显的流畅度提升了。

程序每秒钟绘制图像的数目，用 FPS 或帧/秒度量。修改 FPS 常量，将其设置为一个较低的值会使程序运行得很慢，较低的帧频会使动画看上去抖动或卡顿。将其设置为一个较高的值，会使程序运行得很快。

在 Pygame 中，控制动画帧频主要使用 pygame.time.Clock()函数，该函数返回一个时钟对象，该对象会在循环的每一次迭代上都设置一个小小的暂停，从而确保程序不会运行得太快。如果没有暂停，程序可能会按照计算机所能够运行的速度去运行。调用 Clock 对象的 tick(FPS)方法，确保程序根据参数 FPS 设置的帧频运行。

提示：

也可以使用 time 模块的 sleep 函数暂缓主程序的循环。

```
import time
time.sleep(0.2)                          # 程序停止 0.2s
```

■ 上机练习

【示例 1】设计一个简单的直线运动动画，演示效果如图 21.14 所示。

图 21.14 设计简单的直线运动动画

```
# 准备素材
background_image_filename = 'bg.jpg'
sprite_image_filename = 'fish.png'
from sys import exit                          # 导入 exit 函数
from pygame.locals import *                   # 导入 pygame 中所有本地成员
import pygame                                 # 导入 pygame 库
pygame.init()                                 # 初始化 pygame
screen = pygame.display.set_mode((600, 300))  # 初始化显示窗口
```

```
background = pygame.image.load(background_image_filename).convert() # 加载背景图片
sprite = pygame.image.load(sprite_image_filename) # 加载动画精灵
# sprite 的起始 x 坐标
x = 0.
while True:
    for event in pygame.event.get():              # 监测关闭窗口事件
        if event.type == QUIT:
            exit()
    screen.blit(background, (0, 0))               # 显示背景图片
    screen.blit(sprite, (x, 100))                 # 显示动画精灵
    x += 10.                                      # 递加 x 轴坐标值
    # 如果移出屏幕，则恢复开始位置继续
    if x > 640.:
        x = 0.
    pygame.display.update()                       # 在新的位置上画图
```

在上面的代码中，可以通过调节“x += 10.”让这条鱼游得自然一点，不过本例动画的帧频没有设置，程序会按最快的速度运行，所以会看到鱼一闪而过，游得非常快。

【示例 2】示例 1 的帧频过快，需要使用 pygame.time 子模块的 Clock 对象解决这个问题。

```
clock = pygame.time.Clock()
time_passed = clock.tick()
time_passed = clock.tick(30)
```

第 1 行代码可以初始化一个 Clock 对象。

第 2 行代码能够返回一个距离上一次调用的时间（以毫秒计），该方法会每帧调用一次。

第 3 行代码非常有用，放在每一个循环中。如果给 tick 方法设置了参数，就可以定义游戏绘制的最大帧频。当然，如果 CPU 性能不足，或者动画太复杂，实际的帧频达不到这个值。

本例设计通过一种更有效的手段来控制动画效果，努力设置一个恒定的速度。这样从起点到终点的运动时间点总是一样的，最终的效果也是相同的。

假设小鱼每秒游动 200 像素，这样游动 600 像素的屏幕大约需要 3s。从上一帧开始到当前帧，小鱼应该游动的像素等于速度×时间，也就是 200×time_passed_second。

示例完整代码如下。

```
# 准备素材
background_image_filename = 'bg.jpg'
sprite_image_filename = 'fish.png'
from sys import exit                              # 导入 exit 函数
from pygame.locals import *                       # 导入 pygame 中所有本地成员
import pygame                                     # 导入 pygame 库
pygame.init()                                     # 初始化 pygame
screen = pygame.display.set_mode((600, 300))      # 初始化显示窗口
background = pygame.image.load(background_image_filename).convert()  # 加载背景图片
sprite = pygame.image.load(sprite_image_filename) # 加载动画精灵
x = 0.                                            # sprite 的起始 x 坐标
clock = pygame.time.Clock()                       # Clock 对象
speed = 200.                                      # 速度（像素/秒）
while True:
```

```
    for event in pygame.event.get():                    # 监测关闭窗口事件
        if event.type == QUIT:
            exit()
    screen.blit(background, (0, 0))                     # 显示背景图片
    screen.blit(sprite, (x, 100))                       # 显示动画精灵
    time_passed = clock.tick()                          # 距离上一次调用的时间（以毫秒计）
    time_passed_seconds = time_passed / 1000.0     # 转换为秒数
    distance_moved = time_passed_seconds * speed   # 计算每一次移动的距离
    x += distance_moved                                 # 移动坐标
    if x > 640.:
        x -= 640.
    pygame.display.update()                             # 在新的位置上画图
```

【示例 3】设计小鱼环绕窗口游动，演示效果如图 21.15 所示。

```
import pygame                                   # 导入 pygame 库
import sys                                      # 导入 sys 模块
from pygame.locals import *                     # 导入 pygame 中所有本地成员
pygame.init()                                   # 初始化 pygame
FPS = 60                                        # 设置帧频（屏幕每秒刷新的次数）
fpsClock = pygame.time.Clock()                  # 获得 pygame 的时钟
DISPLAYSURF = pygame.display.set_mode((450, 350), 0, 32)  # 设置窗口大小
pygame.display.set_caption('设计动画')          # 设置标题
WHITE = (255, 255, 255)                         # 定义一个颜色（白色）
fishImg = pygame.image.load('fish.png')         # 加载动画图片
# 初始化鱼的位置
fishx = 10
fishy = 10
direction = 'right'                             # 初始化鱼的移动方向
while True:                                     # 程序主循环
    DISPLAYSURF.fill(WHITE)                     # 每次都要重新绘制背景白色
    # 判断移动的方向，并对相应的坐标做加减
    if direction == 'right':
        fishx += 2
        if fishx == 280:
            direction = 'down'
    elif direction == 'down':
        fishy += 2
        if fishy == 220:
            direction = 'left'
    elif direction == 'left':
        fishx -= 2
        if fishx == 10:
            direction = 'up'
    elif direction == 'up':
        fishy -= 2
        if fishy == 10:
```

```
        direction = 'right'
    DISPLAYSURF.blit(fishImg, (fishx, fishy)) # 该方法将用于图片绘制到相应的坐标中
    for event in pygame.event.get():     # 检测窗口关闭事件
        if event.type == QUIT:
            pygame.quit()
            sys.exit()
    pygame.display.update()                # 刷新屏幕
    fpsClock.tick(FPS)                     # 设置pygame时钟的间隔时间
```

图 21.15　设计小鱼环绕游动动画

【示例 4】设计小鱼自由游动，模拟屏保动画效果，碰到了窗口边框会反弹（把速度取反即可）。演示效果如图 21.16 所示。

图 21.16　设计小鱼自由游动动画

```
# 准备素材
background_image_filename = 'bg.jpg'
sprite_image_filename = 'fish.png'
from sys import exit                                    # 导入exit函数
from pygame.locals import *                             # 导入pygame中所有本地成员
```

```
import pygame                                    # 导入 pygame 库
pygame.init()                                    # 初始化 pygame
screen = pygame.display.set_mode((640, 480))    # 初始化显示窗口
background = pygame.image.load(background_image_filename).convert()  # 加载背景图片
sprite = pygame.image.load(sprite_image_filename) # 加载动画精灵
clock = pygame.time.Clock()                      # 获得 pygame 的时钟
x, y = 100., 100.                                # sprite 的起始 x 坐标
speed_x, speed_y = 133., 170.                    # 定义 x 轴和 y 轴运行速度
while True:
    for event in pygame.event.get():             # 监测关闭窗口事件
        if event.type == QUIT:
            exit()
    screen.blit(background, (0, 0))              # 显示背景图片
    screen.blit(sprite, (x, y))                  # 显示动画精灵
    time_passed = clock.tick(30)                 # 设置帧频
    time_passed_seconds = time_passed / 1000.0     # 转换为秒
    # 计算每一次 x 轴和 y 轴的移动距离
    x += speed_x * time_passed_seconds
    y += speed_y * time_passed_seconds
    # 到达边界则将速度取反
    if x > 640 - sprite.get_width():
        speed_x = -speed_x
        x = 640 - sprite.get_width()
    elif x < 0:
        speed_x = -speed_x
        x = 0.
    if y > 480 - sprite.get_height():
        speed_y = -speed_y
        y = 480 - sprite.get_height()
    elif y < 0:
        speed_y = -speed_y
        y = 0
    pygame.display.update()                       # 刷新屏幕
```

21.3 案 例 实 战

21.3.1 接小球游戏

■ 案例分析

本案例设计一款简单的运动类型游戏，演示效果如图 21.17 所示。

游戏功能：定义小球从屏幕顶部随机位置垂直落下，用户需要按左、右方向键用来左、右移动底部的挡板，目的是接住下落的小球，如果没有接住小球，小球触碰底部窗口边框，则游戏失败，退出游戏，并在控制台打印显示分数。每接住一次，累计增加 1 分。

设计要点：实时捕获小球的运动状态，能控制挡板左、右移动，判断小球与挡板的碰撞时机。

图 21.17　设计游戏效果

■ 案例实现

```
import pygame                                         # 导入 pygame 库
from pygame.locals import *                           # 导入 pygame 库中所有本地成员
import sys                                            # 导入系统模块
import random                                         # 导入随机模块

# 第 1 部分，初始化游戏各角色常量
BLACK = (0, 0, 0)                                     # 黑色常量
WHITE = (255, 255, 255)                               # 白色常量
bg_color = (0, 0, 70)                                 # 背景颜色
SCREEN_SIZE = [320, 400]                              # 屏幕大小
BAR_SIZE = [30, 5]                                    # 挡板大小
BALL_SIZE = [15, 15]                                  # 球的尺寸
class Game(object):                                   # 定义游戏类
    # 第 2 部分，游戏初始化
    def __init__(self):                               # 初始化构造函数
        pygame.init()                                 # 初始化 pygame 类
        self.clock = pygame.time.Clock()              # 打开定时器
        self.screen = pygame.display.set_mode(SCREEN_SIZE) # 设置窗口大小
        pygame.display.set_caption('我的第一款游戏')          # 设置标题
        # 小球的初始位置
        self.ball_pos_x = SCREEN_SIZE[0]//2 - BALL_SIZE[0]/2
        self.ball_pos_y = 0
        # self.ball_dir_x = -1 #-1:left 1:right
        self.ball_dir_y = 1  # 1:down        # 小球移动方向，向下移动
        self.ball_pos = pygame.Rect(int( self.ball_pos_x), int( self.ball_pos_y),
                                    BALL_SIZE[0], BALL_SIZE[1])       # 绘制小球
        self.score = 0                                        # 初始分数
        self.bar_pos_x = SCREEN_SIZE[0]//2 - BAR_SIZE[0]//2    # 设置挡板初始居中显示
        self.bar_pos = pygame.Rect(int(self.bar_pos_x), SCREEN_SIZE[1]-BAR_SIZE[1],
BAR_SIZE[0], BALL_SIZE[1])                                    # 绘制挡板
    # 第 3 部分，定义挡板移动函数
```

```
    def bar_move_left(self):                              # 左移
        self.bar_pos_x = self.bar_pos_x - 4
    def bar_move_right(self):                             # 右移
        self.bar_pos_x = self.bar_pos_x + 4
    def run(self):                                        # 定义运动函数
        # pygame.mouse.set_visible(0)                     # 移动鼠标指针不可见
        bar_move_left = False                             # 左移标识变量，默认不移动
        bar_move_right = False                            # 右移标识变量，默认不移动
        while True:                                       # 实时监控并处理
            # 第 4 部分，监控键盘事件
            for event in pygame.event.get():              # 遍历所有可见事件
                if event.type == QUIT:                    # 当按下关闭按键
                    pygame.quit()                         # 退出游戏
                    sys.exit()                            # 接收到退出事件后退出程序
                elif event.type == pygame.KEYDOWN and
                    event.key == pygame.K_LEFT:           # 按下向左方向键
                    bar_move_left = True                  # 设置左移标识变量为 True，启动左移
                elif event.type == pygame.KEYUP and
                    event.key == pygame.K_LEFT:           # 松开向左方向键
                    bar_move_left = False                 # 设置左移标识变量为 False，停止左移
                elif event.type == pygame.KEYDOWN and
                    event.key == pygame.K_RIGHT:          # 按下向右方向键
                    bar_move_right = True                 # 设置右移标识变量为 True，启动右移
                elif event.type == pygame.KEYUP and
                    event.key == pygame.K_RIGHT:          # 松开向右方向键
                    bar_move_right = False                # 设置右移标识变量为 False，停止右移
            # 第 5 部分，根据左右移动标识变量，确定要调用的移动函数
            if bar_move_left == True and bar_move_right == False:
                self.bar_move_left()                      # 左移
            if bar_move_left == False and bar_move_right == True:
                self.bar_move_right()                     # 右移
            # 第 6 部分，绘制屏幕
            self.screen.fill(bg_color)                    # 绘制背景色
            self.bar_pos.left = self.bar_pos_x            # 初始化挡板 x 轴坐标
            pygame.draw.rect(self.screen, WHITE, self.bar_pos) # 绘制挡板
            self.ball_pos.bottom += self.ball_dir_y * 3              # 计算小球 y 轴坐标
            pygame.draw.rect(self.screen, WHITE, self.ball_pos)    # 绘制小球
            # 第 7 部分，判断球是否落到板上
            if self.bar_pos.top <= self.ball_pos.bottom and ( self.bar_pos.left <=
self.ball_pos.right and self.bar_pos.right >= self.ball_pos.left):# 如果没有接触
                self.score += 1                           # 加分
                print("Score: ", self.score, end='\r') # 打印分值
            elif self.bar_pos.top <= self.ball_pos.bottom and (self.bar_pos.left > self.ball
pos.right or self.bar_pos.right < self.ball_pos.left):   # 如果小球 y 轴坐标值大于挡板
                print("Game Over: ", self.score)      # 提示结束游戏，打印分数
                return self.score                         # 返回分值，停止继续游戏
            # 第 8 部分，更新小球下落的初始位置
            if self.bar_pos.top <= self.ball_pos.bottom:
            # 随机 x 轴坐标值
```

```
                self.ball_pos_x = random.randint( 0, SCREEN_SIZE[0] - BALL_SIZE[0])
                self.ball_pos_y = 0                              # y 轴坐标值为 0，初始顶部显示
                self.ball_pos = pygame.Rect( self.ball_pos_x, self.ball_pos_y, BALL
SIZE[0], BALL_SIZE[1])                                           # 实时动态绘制小球
            pygame.display.update()                              # 更新游戏界面显示
            self.clock.tick(60)                                  # 设置动画频率
# 第 9 部分，开始游戏
game = Game()                                                    # 实例化游戏类对象
game.run()                                                       # 启动游戏
```

21.3.2 弹性运动

■ 案例分析

21.3.1 小节案例演示了如何使用方向键左右移动挡板，本案例在此基础上进一步设计弹性运动。演示效果如图 21.18 所示。本案例动画具有以下特点。

- 小球碰到窗口边框会自动反弹。
- 长按方向键可以加速运动。
- 当松开方向键后，设计惯性，让小球继续往前运动一段距离。
- 按 F11 键可以全屏显示。
- 可以改变窗口大小。

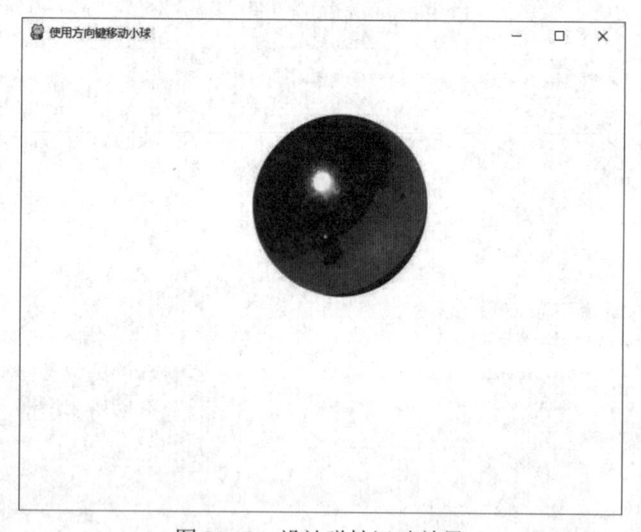

图 21.18　设计弹性运动效果

■ 案例实现

```
import pygame                                        # 导入 pygame 库
import sys                                           # 导入 sys 模块
pygame.init()                                        # 初始化 pygame 类
pygame.display.set_caption('使用方向键移动小球')     # 设置窗口标题
size = width, height = 640, 480                      # 窗口默认大小为 640×480
all_size = pygame.display.list_modes()               # 所有可用大小
full = all_size[0]                                   # 屏幕大小
divide = float(full[0]) / float(full[1])             # 屏幕长宽比
for i in all_size:
```

```
    if i[0] <= 1680:  # 如果宽大于 1680 会无法正常工作，所以要小于 1680
        if float(i[0]) / float(i[1]) == divide:    # 如果和屏幕的长宽比相同
            maximum = i                             # 就是最大分辨率
            break
background = (255, 255, 255)                        # 背景是白色
screen = pygame.display.set_mode(size, pygame.RESIZABLE)  # 设置窗口大小
screen.fill(background)                             # 屏幕背景色
direction = [0, 0]                                  # 球的方向和速度
ball = pygame.image.load('ball.jpg')                # 球的图片
position = [1, 1]                                   # 球的初始位置
status = ball.get_rect()                            # 用于获取球的大小
screen.blit(ball, position)                         # 定位小球
pygame.display.flip()                               # 显示最近的屏幕
clock = pygame.time.Clock()                         # 获取系统时钟
long_press = {'up': False, 'down': False,
             'left': False, 'right': False}          # 记录按键是否长按
fullscreen = False                                  # 初始状态不是全屏
while True:
    for i in pygame.event.get():
        if i.type == pygame.QUIT:                   # 按下退出键
            sys.exit()
        if i.type == pygame.KEYDOWN:                # 按下 F11 键（全屏）
            if i.key == pygame.K_F11:
                fullscreen = not fullscreen
                if fullscreen:
                    screen = pygame.display.set_mode(
                        maximum, pygame.FULLSCREEN | pygame.HWSURFACE)
                                                    # 开启硬件加速和全屏
                    width, height = maximum
                else:
                    screen = pygame.display.set_mode(size, pygame.RESIZABLE)
                    width, height = size
            if i.key == pygame.K_UP:                # 增加长按状态（按下方向键）
                long_press['up'] = True
            if i.key == pygame.K_DOWN:
                long_press['down'] = True
            if i.key == pygame.K_LEFT:
                long_press['left'] = True
            if i.key == pygame.K_RIGHT:
                long_press['right'] = True
        if i.type == pygame.KEYUP:                  # 取消长按状态（松开方向键）
            if i.key == pygame.K_UP:
                long_press['up'] = False
            if i.key == pygame.K_DOWN:
                long_press['down'] = False
            if i.key == pygame.K_LEFT:
                long_press['left'] = False
            if i.key == pygame.K_RIGHT:
                long_press['right'] = False
```

```
    if i.type == pygame.VIDEORESIZE:          # 改变窗口大小时，也改变尺寸
        now_size = list(i.size)               # 记录改变前的大小
        if i.size[0] >= status.width + 2 and i.size[1] >= status.height + 2:
            size = width, height = i.size
            screen = pygame.display.set_mode(size, pygame.RESIZABLE)
        else:                                 # 如果窗口大小小于球的大小
            if i.size[0] < status.width + 2: # 确保球不碰到边缘，左右各加 1 像素间距
                now_size[0] = status.width + 2
            if i.size[1] < status.height + 2:
                now_size[1] = status.height + 2
            screen = pygame.display.set_mode(now_size, pygame.RESIZABLE)
clock.tick(200)                               # 每秒 200 帧
# 检测是否碰到边缘
if position[0] <= 0:                          # 碰到左边缘
    position[0] = 1
    direction[0] = -direction[0]
if position[1] <= 0:                          # 碰到上边缘
    position[1] = 1
    direction[1] = -direction[1]
if position[0] + status.width >= width:       # 碰到右边缘
    position[0] = width - status.width - 1
    direction[0] = -direction[0]
if position[1] + status.height >= height:     # 碰到下边缘
    position[1] = height - status.height - 1
    direction[1] = -direction[1]
# 长按时，球不断加速
if long_press['up']:
    direction[1] -= 0.015
if long_press['down']:
    direction[1] += 0.015
if long_press['left']:
    direction[0] -= 0.015
if long_press['right']:
    direction[0] += 0.015
position[0] += direction[0]                   # 改变球的位置
position[1] += direction[1]                   # 同上
screen.fill(background)
screen.blit(ball, (int(position[0]), int(position[1])))    # 更新球的位置
pygame.display.flip()
direction[0] *= 0.996                         # 让球不断减速
direction[1] *= 0.996                         # 同上
```

21.4 在线支持

扫码，拓展学习

4 项目实战

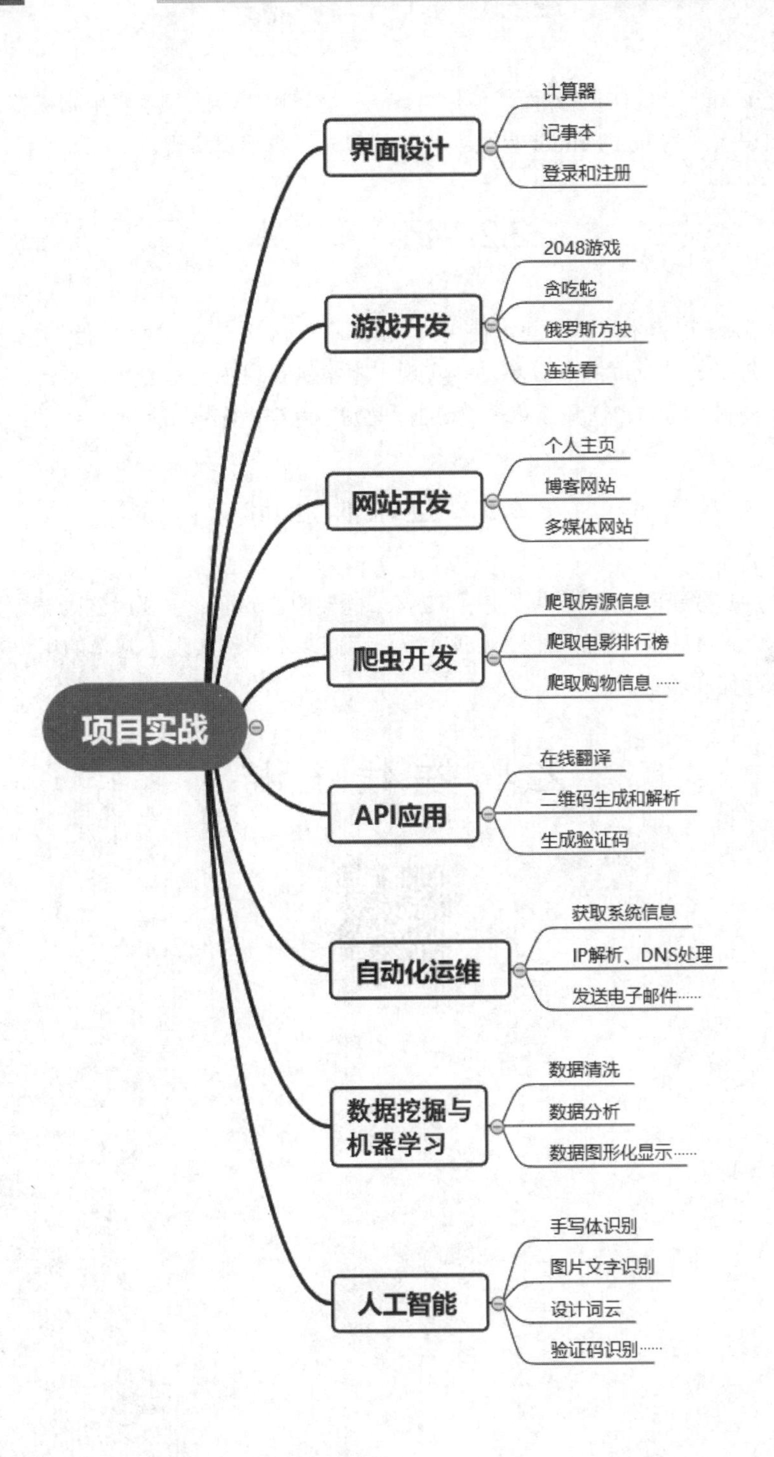

项目实战
界面设计
计算器
记事本
登录和注册
游戏开发
2048游戏
贪吃蛇
俄罗斯方块
连连看
网站开发
个人主页
博客网站
多媒体网站
爬虫开发
爬取房源信息
爬取电影排行榜
爬取购物信息……
API应用
在线翻译
二维码生成和解析
生成验证码
自动化运维
获取系统信息
IP解析、DNS处理
发送电子邮件……
数据挖掘与机器学习
数据清洗
数据分析
数据图形化显示……
人工智能
手写体识别
图片文字识别
设计词云
验证码识别……

第 22 章　项目 1：界面设计

扫描，拓展学习

22.1　计　算　器

本案例模拟 Windows 计算器经典界面，使用 Tkinter 框架构建界面，主要用到标签、按钮和文本框、菜单等组件。涉及知识点：Python Tkinter 界面编程、计算器逻辑运算实现。

扫描，拓展学习

22.2　记　事　本

本案例模拟 Windows 记事本基本界面，使用 Tkinter 框架构建界面，主要用到文本框、菜单等组件。涉及知识点：Python Tkinter 界面编程、菜单功能实现。本案例实现了基本的文件新建、打开、保存等文件操作功能，可以执行复制、剪贴、恢复、重做、选择和查找等文本编辑功能。

扫描，拓展学习

22.3　登录和注册

本案例设计一个用户登录和注册模块，使用 Tkinter 框架构建界面，主要用到画布、文本框、按钮等组件。涉及知识点：Python Tkinter 界面编程、pickle 数据存储。本案例实现了基本的用户登录和注册互动界面，并提供用户信息存储和验证。

22.4　在 线 支 持

扫描，拓展学习

第 23 章　项目 2：游戏开发

扫描，拓展学习

23.1　2048

2048 是一款比较流行的数字游戏。游戏规则：每次可按上、下、左、右方向键滑动数字，每滑动一次，所有数字都会往滑动方向靠拢，同时在空白位置随机出现一个数字，相同数字在靠拢时会相加。不断叠加最终拼出 2048 数字算成功。

扫描，拓展学习

23.2　贪　吃　蛇

贪吃蛇是一款经典的益智游戏，通过上、下、左、右方向键控制蛇的方向，寻找吃的东西，每吃一口就能增加积分，蛇的身子会越吃越长。游戏是基于 PyGame 框架制作。

扫描，拓展学习

23.3　俄罗斯方块

俄罗斯方块是由 4 个小方块组成不同形状的板块，随机从屏幕上方落下，按方向键调整板块的位置和方向，在底部拼出完整的一行或几行。这些完整的横条会消失，给新落下来的板块腾出空间，并获得分数奖励。没有被消除掉的方块不断堆积，一旦堆到顶端便告失败，游戏结束。

扫描，拓展学习

23.4　连　连　看

连连看是一款流行的识图游戏。当点击两个相同的方块，且方块之间连接线不受阻碍，则两个方块会自动消失。把所有的图案全部消除即可获得胜利。

23.5　在 线 支 持

扫描，拓展学习

第 24 章　项目 3：网站开发

扫描，拓展学习

24.1　个 人 主 页

Django 是最适合开发 Web 应用的完美框架。本案例讲解快速搭建一个个人博客网站，中间会涉及很多知识点，读者可以结合第 18 章来详细学习，通过一步步操作感性认识 Django 实战能力。

扫描，拓展学习

24.2　博 客 网 站

本案例将使用 Django Web 框架快速开发一个漂亮的博客网站。整个网站布局大气，内容呈现灵活，文章管理功能强大。

扫描，拓展学习

24.3　多媒体网站

本案例以多媒体网站为例，介绍 Django 在实际项目开发中的应用，该网站包含 6 个功能模块：网站首页、音乐排行榜、音乐播放、音乐点评、曲目搜索和用户管理。通过本例练习，掌握 Django 后台数据管理，以及前台静态页面模板化。

24.4　在 线 支 持

扫描，拓展学习

第 25 章　项目 4：爬虫开发

25.1　爬取主题图片

扫描，拓展学习

本案例使用网络爬虫技术抓取百度图片，根据指定的关键字搜索相关主题的图片，然后把图片下载到本地指定的文件夹中。

25.2　爬取房源信息

扫描，拓展学习

本案例使用网络爬虫技术抓取指定网站的房源信息，然后通过地图服务把这些信息呈现在地图上。

25.3　网站分词索引与站内搜索

扫描，拓展学习

本案例使用 Python 建立一个指定网站专用的 Web 搜索引擎，它能爬取所有指定的网页信息，然后准确地进行中文分词，创建网站分词索引，从而实现对网站信息的快速检索展示。

25.4　有道翻译信息爬取

扫描，拓展学习

本案例分别使用 userlib 和 requests 爬取有道翻译的信息，要求输入英文后获取对应的中文翻译信息。

25.5　分页爬取 58 同城的租房信息

扫描，拓展学习

本案例分页爬取 58 同城的租房信息。信息内容要求有“标题、图片、户型、价格”，并且获取指定页的所有租房信息。

25.6　获取猫眼电影 TOP100 榜单信息

扫描，拓展学习

本案例爬取猫眼电影榜单栏中 TOP100 的所有电影信息，抓取字段包括序号、图片、电影名称、主演、时间、评分，并将信息写入文件中。

25.7　豆瓣图书TOP250信息爬取

本案例分页爬取豆瓣网图书TOP250信息，然后使用三种网页信息解析方法，并将信息写入文件中。本案例主要练习网页信息解析库的使用、Fiddler抓包工具、浏览器伪装、Ajax信息爬取和验证码识别。

25.8　使用Scrapy爬虫框架

Scrapy是一个使用Python开发的，为了爬取网站数据，提取结构性数据而编写的应用框架。可以应用在数据挖掘、信息处理或存储历史数据等一系列的程序中。

25.9　使用Scrapy爬取新浪网的分类导航信息

本案例使用Scrapy框架爬取新浪网的分类导航信息。通过Scrapy框架的深入学习，学会使用Selector选择器解析网页的信息，掌握Scrapy框架结构、运行原理和框架内部各个组件的使用。

25.10　使用Scrapy爬取当当网的图片信息

本案例使用Scrapy爬取当当网站所有关于python关键字的图片信息，将图书图片下载存储到指定目录，而图书信息写入到数据库中。通过练习，掌握自定义Spider类爬取处理信息。

25.11　在 线 支 持

第 26 章　项目 5：API 应用

扫描，拓展学习

26.1　在 线 翻 译

本案例借助百度翻译开放平台提供的 API，实现在线翻译功能，可以翻译单词或句子，能够将英文翻译成中文，也可以将中文翻译成英文或者其他语言。

扫描，拓展学习

26.2　二维码生成和解析

本案例主要演示使用 Python 生成和解析二维码的基本方法。

扫描，拓展学习

26.3　验　证　码

PIL 是图像处理的模块，主要的类包括 Image、ImageFont、ImageDraw、ImageFilter。使用 Python 生成随机验证码，需要使用 PIL 模块。本案例结合示例演示 Python 常规验证码的生成方法。

26.4　在 线 支 持

扫描，拓展学习

第 27 章　项目 6：自动化运维

扫描，拓展学习

27.1　获取系统性能信息模块 psutil

psutil 用于在 Python 中检索有关运行进程和系统资源利用率的信息，如 CPU、内存、磁盘、网络等。主要用于系统监视，分析和限制系统资源及运行进程的管理。

扫描，拓展学习

27.2　IP 地址处理模块 IPy

IPy 是用于处理 IPv4 和 IPv6 地址和网络的工具，提供了包括网段、网络掩码、广播地址、子网数、IP 类型的处理等功能。

扫描，拓展学习

27.3　DNS 处理模块 dnspython

dnspython 是 Python 的 DNS 工具包，支持几乎所有的记录类型。可以用于查询，区域传输和动态更新。它支持 TSIG 认证消息和 EDNS0（扩展 DNS）。

扫描，拓展学习

27.4　文件内容差异对比方法

difflib 作为 Python 的标准库模块，无须安装，作用是对比文件之间的差异，且支持输出可读性比较强的 HTML 文档，使用 difflib 可以对比代码、配置文件的差别，在版本控制方面是非常有用。

扫描，拓展学习

27.5　文件目录差异对比方法

filecmp 可以实现文件、目录、遍历子目录的差异对比功能。例如，报告中输出目标比原始多出的文件或子目录，即使文件同名也会判断是否为同一个文件等，Python2.3 或更高版本默认自带 filecmp 模块，无须额外安装。

扫描，拓展学习

27.6　发送电子邮件模块 smtplib 和 email

Python 发送邮件需要用到 smtplib 和 email 内置模块。直接导入，无须下载。smtplib 提供了一种很方便的途径发送电子邮件，它对 SMTP 协议进行了简单的封装。

扫描，拓展学习

27.7 探测Web服务

pycurl是libcurl的Python接口。pycurl可用于从Python程序获取URL标识的对象，类似于urllib模块。libcurl是一个免费且易于使用的客户端URL传输库，支持FTP、FTPS、HTTP、HTTPS等协议。

27.8 在线支持

扫描，拓展学习

第 28 章　项目 7：数据挖掘与机器学习

扫描，拓展学习

28.1　NumPy 与矩阵运算

NumPy 是 Numeric Python 的缩写，是一个开源的数值计算的 Python 扩展，可用来存储和处理大型矩阵，比 Python 自身的嵌套列表结构要高效的多，提供了许多高级的数值编程工具，如矩阵数据类型、矢量处理，以及精密的运算库。

扫描，拓展学习

28.2　Pandas 数据处理

Pandas 是一个强大的结构化数据分析工具集，它使用 NumPy 提供高性能的矩阵运算为基础，用于数据挖掘和数据分析，同时也提供数据清洗功能。

扫描，拓展学习

28.3　Matplotlib 数据可视化

Matplotlib 是一个强大的 Python 画图工具。如果手中有很多数据，可是不知道该怎么呈现这些数据，可以使用 Matplotlib 绘制线图、散点图、等高线图、条形图、柱状图、3D 图形，甚至设计图形动画等。

扫描，拓展学习

28.4　数 据 清 洗

原始数据不能直接用来分析，因为它们会有各种问题，如包含无效信息，列名不规范、格式不一致，存在重复值、缺失值、异常值等。数据清洗就是清理掉数据中各种问题，方便后期数据的精准分析。

扫描，拓展学习

28.5　数 据 分 析

本案例尝试从不同角度分析指定项目中某个 API 的调用情况，数据采用时间为每分钟一次，包括调用次数、响应时间等信息，数据量大约有 18 万条。

扫描，拓展学习

28.6　清洗爬取的网站数据

本案例爬取豆瓣读书的图书数据，大约包含 6 万多条，然后尝试对这些数据进行清洗。

扫描，拓展学习

28.7　分析爬取的网站数据

本案例针对上一示例所抓取的豆瓣读书数据，经过上一节数据清洗之后，本节尝试对数据进行分析，分析图书销量、出版时间、评价、定价等关系。

扫描，拓展学习

28.8　Excel 数据分析

本案例主要实现对淘宝销售数据的分析，数据比较有针对性，除了多表合并功能不要求 Excel 表格格式，其他功能建议使用本案例自带的数据进行演示。

28.9　在 线 支 持

扫描，拓展学习

第 29 章　项目 8：人工智能

扫描，拓展学习

29.1　Keras 深度学习

深度学习是机器学习的一个新领域，Keras 是搭建在 theano/tensorflow 基础上的深度学习框架，是一个高度模块化的神经网络库。本案例简单介绍 Keras 框架，并结合示例演示如何通过 Keras 训练自动识别手写文字。

扫描，拓展学习

29.2　Python 视觉实现——手写体识别

本案例在上节知识基础上，通过 TensorFlow 库实现手写体自动识别，以便深入理解卷积神经网络的实战应用。

扫描，拓展学习

29.3　使用 Tesseract-OCR 识别图片文字

Tesseract 是一个免费、开源的 OCR 组件，主要针对的是打印体的文字识别，支持多国语言（如中文、英文、日文、韩文等），对手写的文字识别能力较弱，但需要样本训练。本节主要介绍 Tesseract-OCR 的安装和基本使用。

扫描，拓展学习

29.4　使用 jTessBoxEditor 提高文字识别准确率

本案例使用 jTessBoxEditor 进行训练，帮助 Tesseract-OCR 提高手写文字识别准确率。为了方便介绍，本案例仅针对数字样本进行演示训练。

扫描，拓展学习

29.5　识别验证码并能够自动登录

本案例使用深度学习技术实现验证码识别，具体演示如何成功识别验证码，并自动登录一个网站，获取登录页面信息。

扫描，拓展学习

29.6　基于 KNN 算法的验证码识别

本案例使用 Python 实现基于 KNN 算法的验证码识别。经过图片处理、切割、标注和训练，然后使用

KNN 训练结果识别新的验证码。

扫描，拓展学习

29.7　基于百度 AI 识别抓取的表情包

本案例先爬取网络表情图像，然后利用百度 AI 识别表情包上的说明文字，并利用表情文字重命名文件。这样当发表情包时，不需要逐个打开图像查找表情，直接根据文件名选择表情并发送。

扫描，拓展学习

29.8　停车智能管理系统

本案例设计一个停车管理系统，主要功能包括：自动识别车牌号，自动计费，实现车辆进出、停泊等基本功能管理。

扫描，拓展学习

29.9　设计网评词云

本案例先爬取豆瓣电影中最新电影的影评，经过数据清理和词频统计后对最新一部电影的影评信息进行词云展示。

如何设计词云以及 wordcloud 库的使用请参考 29.10 节在线支持。

29.10　在 线 支 持

扫描，拓展学习